高等学校能源与动力专业规划教材

# 工程热力学

## Engineering Thermodynamics

潘颢丹　贾冯睿　主编

化学工业出版社

·北京·

本书在编写过程中，充分结合了能源动力、石油、化工、农工行业的特点，以清洁能源的开发与利用为结合点，力求满足各相近专业的需求。全书共12章，分为两篇：第一篇（1～8章）为工程热力学，主要介绍热力学基本概念、热力学第一和第二定律、理想气体和水蒸气的性质及热力过程、气体的流动和压缩、热力装置及循环以及化学热力学的基础知识等；第二篇（9～12章）为热分析动力学，主要介绍热分析动力学基础知识、动力学方程和热分析曲线的动力学分析方法等。本书在加强基础理论的同时还注重联系工程实际，以便更好地培养学生的创新实践和解决实际问题的能力。

　　本书可作为普通高等学校能源动力类、石油工业类、通风空调类、化学化工类、机械类等专业工程热力学教学用书，也可供有关科技工作者参考。

**图书在版编目（CIP）数据**

　　工程热力学/潘颢丹，贾冯睿主编 . —北京：化学
工业出版社，2019.6
　　高等学校能源与动力专业规划教材
　　ISBN 978-7-122-34237-9

　　Ⅰ.①工…　Ⅱ.①潘…②贾…　Ⅲ.①工程热力学-
高等学校-教材　Ⅳ.①TK123

　　中国版本图书馆 CIP 数据核字（2019）第 060598 号

责任编辑：郝英华　　　　　　　　装帧设计：史利平
责任校对：宋　玮

出版发行：化学工业出版社（北京市东城区青年湖南街13号　邮政编码100011）
印　　刷：三河市航远印刷有限公司
装　　订：三河市宇新装订厂
787mm×1092mm　1/16　印张18¾　字数457千字　2020年3月北京第1版第1次印刷

购书咨询：010-64518888　　　　　　售后服务：010-64518899
网　　址：http://www.cip.com.cn
凡购买本书，如有缺损质量问题，本社销售中心负责调换。

定　　价：58.00元

# 前言
FOREWORD

石油工业是经济发展的血液。随着国民生活水平的提高，社会经济活动强度逐渐增大，对能源的需求十分迫切。在石油、石化行业过程中，涉及大量的能量转换与利用设备，均涉及传热学的基础理论和应用。因此，围绕石油石化行业背景下的传热学的学习和研究具有重要的意义。

本书的主要内容：绪论，以石油石化行业为背景及存在的复杂性工程问题引入，介绍工程热力学发展简史、工程应用情况和基础知识点，绘制全书的逻辑框架思路图；第1~4章为热力学基础，除了经典热力学定律介绍和讲解之外，引入复杂性工程的具体问题，重点剖析问题中有关热力学角度的解释和分析；第5~8章为热力学应用，在经典知识的基础上，阐述在具体设备和循环中热力学知识的应用，例如喷管、压缩机、蒸汽动力循环等；第9~12章为热分析动力学基础，包括热分析动力学理论、方法和技术的介绍，以及用微、积分法处理热分析曲线的成果。

本书由辽宁石油化工大学、沈阳农业大学、沈阳化工大学、沈阳工程学院共同编写，其中由辽宁石油化工大学潘颢丹、贾冯睿担任主编，副主编由辽宁石油化工大学刘飞、李壮担任，沈阳农业大学陈东雨、沈阳化工大学吴静、沈阳工程学院李振南、辽宁石油化工大学岳悦、王春华、马丹竹也参与了此书的编写工作。本书绪论、第1章、第3章、第4章由李壮编写，第2章由李壮、岳悦、王春华、马丹竹编写，第5章由潘颢丹、吴静、贾冯睿编写，第6~8章由潘颢丹编写，第9章由刘飞、陈东雨、李振南编写，第10~12章由刘飞编写。

由于编者水平所限，书中不妥之处，恳请读者批评指正！

编者
2019 年 11 月

# 目录
CONTENTS

## 第2章　热力学第一定律　　　　32

## 第3章　理想气体的热力性质和过程　　　　50

## 第 4 章　热力学第二定律　　　　　　　　　　　79

## 第8章　化学热力学基础　　189

# 第二篇　热分析动力学

## 第9章　热分析动力学方程　214

## 第10章　温度积分的近似解　221

# 第 11 章　热分析曲线的动力学分析-积分法　　242

# 绪　论

▶▶

## 0.1 热能及其利用

人类在生产和日常生活中，需要各种形式的能量。自然能源的开发和利用是人类社会进步的起点，而能源开发和利用的程度又是社会生产发展的一个重要标志。

所谓能源，是指提供各种能量的物质资源。自然界以自然形态存在的、可以利用的能源称为一次能源，主要有风能、水力能、太阳能、地热能、化学能和核能等，其中有些可直接加以利用，但通常需要经过适当加工转换后才能利用。由一次能源加工转换后的能源称为二次能源，其中主要是热能、机械能和电能。因此，能量的利用过程，实质上是能量的传递和转换过程，大致如图0-1所示。

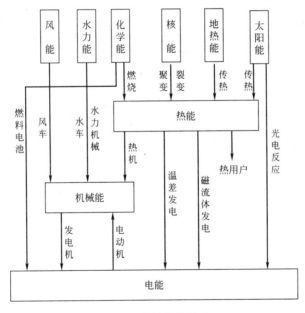

图 0-1　能量转换关系

由图0-1可见，在能量转换过程中，热能不仅是最常见的形式，而且具有特殊重要的作用。一次能源中除太阳能通过光电反应，化学能通过燃料电池直接提供电能以及风能、水力能直接提供机械能外，其余各种一次能源往往都要首先转换成热能的形式。据统计，经过热能形式而被利用的能量，在我国占90%以上，世界其他各国平均超过85%。因此，热能的有效开发利用对于人类社会的发展有着重要意义。

热能的利用，有以下两种基本方式：一种是热利用，即将热能直接用于加热物体，以满足烘干、蒸煮、采暖、空调、熔炼等需要。这种方式的利用可追溯到几千年以前。另一种是动力利用，通常是指通过各种热能动力装置将热能转换成机械能或者再转换成电能加以利用，如热力发电、车辆、船舶、飞机、火箭等，为人类的日常生活和工农业及交通运输提供动力。自从18世纪中叶发明蒸汽机以来，至今仅200多年的时间，但却开创了热能动力利用的新纪元，使人类社会生产力和科学技术突飞猛进。从世界各国的国民经济发展来看，各工业发达国家能源消费量的增加与国民生产总值的增加呈正比关系。由此可见热能动力利用的重要性。然而，热能通过各种热能动力装置转换为机械能的有效利用程度较低。早期蒸汽机的热效率只有 $1\%\sim2\%$。目前，燃气轮机装置和内燃机的热效率只有 $20\%\sim30\%$，内燃机的为 $25\%\sim35\%$，蒸汽电站的也只有 $40\%$ 左右。如何更有效地实现热能转换，是一个十分迫切而又重要的课题。尽管我国改革开放以来能源生产发展迅速，目前已成为世界第一能源生产大国和能源消费大国，而且燃料资源比较丰富，但按人口占有量来说并不富足，特别是我国目前利用热能的技术水平与世界上发达国家相比还有差距。为了更加有效、更加经济地利用热能，促进国民经济的持续发展，需要掌握有关能量转换规律方面的知识，而工程热力学正是有关研究热能及其转换规律的一门学科，对于热能工作者来说，这是一门十分重要的专业基础课。

## 0.2 热力学及其发展简史

### 0.2.1 什么是工程热力学？

当人类面对科学技术和生产力的迅猛发展并享受着由此带来的丰富的物质文明和精神文明的时候，可曾经常关心过：这一切的物质基础——能源，作为地球上有限的资源，即将枯竭！当人类面对汹涌而来的信息化浪潮，并由衷地为它所具备的，同时也是人类自己所具备的强大功能和神奇发出赞叹的时候，可曾想过：热能，作为人类自钻木取火时代就掌握和利用的第一种生产和生活工具，曾经拥有一个辉煌的过去，为人类社会的发展做出了杰出的贡献，而它的现在和将来又会如何发展呢？当人类面对由于自身迅速发展伴随而来的能源和环境等一系列问题困扰的时候，不禁要问：人类有能力解决这些问题吗？如何才能解决这些问题呢？

给出这些问题的答案离不开工程热力学。热力学是研究能量及其相互转换规律的科学，即是一门关于能量的普遍学说。由于运动都伴随着能量，而能量是对运动的普遍概括和高度抽象，因此，热力学理论也具有高度的抽象性和概括性，其研究领域几乎涉及所有学科，目前甚至很难对热力学的研究领域划分出一个明确的范围。但是，作为面向工程应用的工程热力学，它所涉及的是工程上应用最广泛的两种能量——机械能和热能。机械能是工程中应用最多的能量，绝大多数的能量最终都体现到机械能上，如机器运转、汽车前进、飞机与火箭飞行等都依赖机械运动；而热能则是大多数能量转换都必须经过的环节，比如汽车前进、飞机与火箭飞行等的机械运动都是通过发动机由燃料燃烧的热能转换来的。机器运转虽然可以用电机驱动，但大多数电能也是通过火力发电即热能这个环节获得的，只有很小比例的电能可以不通过热能得到，如水力发电、太阳能电池、风力发电、潮汐能发电等。更不用说直接利用热能的室内供暖、空调等，这部分消耗的能量几乎占人类总耗能的 $1/4\sim1/3$，生产工艺中直接用热的比例更大。据统计，全世界每年通过热能这个环节消耗的能量在总能量中约占 70%，我国则要更多。工程热力学是研究热能与机械能及其相互转换规律的一门工程科学，其目的就是提高机械能和热能之间相互转换的效率，以消耗最少的热能，获得最多的机械能，或者以花费最少的机械能，获得最多的热能。

## 0.2.2　工程热力学发展简史

（1）热力学第一定律是在不断与"第一类永动机"和"热质说"的较量中产生的

在 19 世纪早期，不少人沉迷于一种神秘机械——第一类永动机的制造。因为这种设想中的机械只需要一个初始的力量就可使其运转起来，之后再不需要任何动力和燃料，却能自动不断地做功。在热力学第一定律提出之前，人们围绕制造永动机的可能性展开过激烈的争论。直至热力学第一定律发现后，第一类永动机的神话才彻底破灭。

热力学第一定律是能量转换与守恒定律在热力学上的具体表现，它指明：热是物质运动的一种形式，外界传给物质系统的能量（热量），等于系统内能（热力学能）的增加和系统对外所做功的总和。它否认了能量的无中生有，因此不需要动力和燃料就能做功的第一类永动机就成了天方夜谭式的幻想。18 世纪末至 19 世纪初，随着蒸汽机在生产中的广泛应用，人们越来越关注热和功的转换问题，热力学应运而生。

在热学领域，当时占据统治地位的是所谓"热质说"，也称"热素说"。这一理论实际上沿袭了牛顿物质微粒说的思想，认为热是由一种没有重量、可以在物体中自由流动且具有相互排斥性的物质（即热质）组成的，它既不能被创造，也不能被消灭，温度则是热质的密度或强度。按照这一理论，可以解释热水在室温下会冷却、气体受热膨胀等现象：热质由于相互排斥会从密度高（温度高）的地方移向密度低（温度低）的地方；气体吸收热质后体积增大。该理论于 1783 年由被称为现代化学之父的法国科学家拉瓦锡正式提出。拉瓦锡发现了氧，从而推翻了过去错误的"燃素说"，建立了正确的燃烧氧化学说，但他却把"燃素说"的某些东西保存下来，形成了"热素说"或"热质说"，他把"热质"和"光"一起列为无机界 23 种化学元素之一。实际上，热量历史上采用的单位"卡路里"（简称"卡"）就与热质说有关，其原文来自法语 calorie 就是"热质"的意思。英国格拉斯哥大学的布莱克教授由于发现了潜热和比热容的概念，对热力学做出了杰出的贡献，瓦特蒸汽机的发明正是与他的启发和指导有关，但他用热质说来解释摩擦生热却被证实是错误的。他认为：摩擦由于产生碎屑，而碎屑的比热容比原来的物质小，这样，就把热从原物体中给"逼"了出来，使温度升高，在整个过程中热质的总量不变。

能量转换与守恒定律在热力学上称为热力学第一定律，其完整的数学形式是德国的克劳修斯（Rudolf Clausius，1822—1888）在 1850 年首先提出的，他全面分析了热量 $Q$、功 $W$ 和气体状态的某一特定函数 $U$（即热力学能或内能）之间的联系，对一无限小过程，其微分方程为 $\delta Q = dU + \delta W$，即气体在一个变化中所取得的热量 $\delta Q$，一部分用于内能 $U$ 的增加 $dU$，一部分用于对外做功 $\delta W$。

实际上，热力学第一定律的本质含义是很广泛的，并不只适用于热学现象。如果不仅仅涉及系统的内能，$U$ 所表示的是系统所含的一切形式的能量，如机械能、内能、电磁能、化学能等；$W$ 也表示各种形式的功如机械功、电磁功、化学功等，那么就可以将热力学第一定律理解为普遍的能量转换与守恒定律。它表明，自然界的一切物质都具有能量，对应于不同的运动形式，能量也有不同的形式，如机械运动的动能和势能，热运动的内能，电磁运动的电磁能，化学运动的化学能，原子核运动的核能等，它们分别以各种运动形式特定的状态参数来表示。当运动形式发生变化或运动量发生转移时，能量也从一种形式转换为另一种形式，从一个系统传递至另一个系统，在转换和传递中总能量始终不变。

（2）热力学第二定律的发现更深刻地揭示了热的本质

在热力学第一定律之后，人们开始考虑热能转换为功的效率问题。这时，又有人想设计这样一种热机——它可以从一个热源取热，并把热百分之百地转换为功。这种热机被称为第二类永动机。1824 年，法国陆军工程师卡诺设想了一个只有两个热源没有摩擦的理想热机。通过对热和功在这个热机内两个温度不同的热源之间的简单循环（即卡诺循环）的研究，卡诺得出结论：热机必须在两个热源之间工作，热机的效率仅取决于两热源间的温差，热机效率即使在理想状态下也不可能达到 100%，即热量不能完全转换为功。卡诺定理本身虽然是正确的，但卡诺却应用了错误的"热质说"理论对它进行证明。卡诺认为：热机所做的功是由于热质从高温热源流向低温热源的结果，而热质的量并不减少，就像水从高处流向低处推动水车做功而水的总量保持不变一样。与水流的类比使卡诺得到了一个有益的见解：至少要有两个热源才能工作。但把热作为热质已经被热力学第一定律所否定。对卡诺定理的严格证明是在 1850 年建立了热力学第二定律后由克劳修斯完成的。卡诺定理在时间上早于热力学第二定律，但在逻辑上只能成为热力学第二定律的一个推论。实际上，瓦特发明的冷凝器就是蒸汽机的一个冷源，从实践上已经支持了卡诺的结论。

1850 年，德国物理学家克劳修斯（Rudolf Clausius，1822—1888）指出：一个自动运作的机器，不可能把热从低温物体移到高温物体而不发生任何变化。这就是热力学第二定律。不久，开尔文（Lord Kelvin，1824—1907）在不知道克劳修斯工作的情况下又独自提出：不可能从单一热源取热，使之完全变为有用功而不产生其他影响；或不可能用无生命的机器把物质的任何部分冷至比周围最低温度还低，从而获得机械功。这就是热力学第二定律的"开尔文说法"。在更早的时候（1848 年），开尔文还用卡诺定理即热力学第二定律建立了完全客观的、不依赖于物性的热力学温标，为了纪念他，这种温标被称为开尔文温标。正是热力学第二定律使得温度的测量具有了科学性。奥斯特瓦尔德（W. Ostwald，1853—1932）将热力学第二定律表述为：第二类永动机不可能制造成功。

在提出热力学第二定律的同时，克劳修斯还提出了熵的概念，即 $S=Q/T$，并将热力学第二定律表述为：在孤立系统中，实际发生的过程总是使整个系统的熵增加。但在这之后，克劳修斯错误地把孤立体系熵增原理扩展到了整个宇宙中，认为在整个宇宙中热量不断地从高温转向低温，直至一个时刻不再有温差，宇宙总熵值达到极大。这时将不再会有任何力量能够使热量发生转移，此即"热死论"或"热寂说"。"热寂说"自其诞生的 100 多年时间里引发了旷日持久的大争论。直到 20 世纪，由宇宙大爆炸理论给出了合理的解释，才算是尘埃落定。

为批驳"热寂说"，苏格兰物理学家麦克斯韦（J. C. Maxwell，1831—1879）曾设想了一个无影无形的精灵（麦克斯韦妖），它处在一个盒子中的一道闸门边，允许速度快的微粒通过闸门到达盒子的一边，也允许速度慢的微粒通过闸门到达盒子的另一边。这样，经过一段时间后，盒子两边产生温差。麦克斯韦妖其实就是耗散结构的一个雏形。法国物理学家布里渊（M. L. Brillouin，1854—1948）1956 年从信息论角度，使热力学中争论了一个世纪之久的"麦克斯韦妖"的佯谬问题得到了满意的解释，同时把热力学熵与信息直接联系起来。在 1948 年，信息论的创始人申农（C. E. Shannon，1916—2001）引出信息熵的概念后，得到了信息就是负熵，或者说熵就是负信息的结论。

1877 年，玻耳兹曼（L. E. Boltzmann 1844—1906）发现了宏观的熵与体系的热力学概率 $\Omega$ 之间的关系 $S = k \ln \Omega$，其中 $k$ 为玻耳兹曼常数。它给出了熵的微观意义。玻耳兹曼的观点具有方法论的意义，著名科学家劳厄（M. V. Laue，1879—1960）说过："熵和概率之间的联系是物理学最深刻的思想之一"。这个正确的观点，有力地推动了热理论的发展。

热力学第二定律的意义实际上已经远远超出了热机热效率的范畴，它指出了自然过程进行的方向性，说明了能量品质的高低。自牛顿以来，人们普遍认为宇宙就像一架大机器，它的各个部分都毫无损伤地一直运转着。反映在理论上，表现为各个基本运动定律对于时间是对称的，在运动的基本方程中时间的符号可正可负。如果物体发生了某一种运动，则相反的运动也同样可以发生，只不过物体所经历的各个状态的顺序彼此相反而已，就像电影胶片反向放映时各个镜头按照倒回的顺序一一再现出来那样。这助长了一种形而上学的观点：宇宙中只有守恒律，宇宙可以完全恢复它原有的一切面貌，它可以以同样的形式永远存在下去。但是，熵增原理（或者说热力学第二定律）却揭示出自发过程的不可逆性，运动的转换对于时间的增加方向和减小方向具有质的不对称性。正如某些人所说：世界正在走下坡路，这台机器的各部分正在用旧。如机械运动可以完全转换为热，但散失了的热却不能完全转换为机械功，这里虽然能量仍是守恒的，但却逐步丢失了它的有用价值。炒鸡蛋时虽然质量仍然守恒，但它的有机结构却无法重新复原。在这些过程中都普遍存在的某种不守恒性可以用熵的增长统一地表示出来。可见，热力学第二定律引入的新概念"熵"和物理学上的其他许多概念是完全不同的，它描写的不是系统的僵死不变的状态，而是揭示出系统的某种发展的趋势。这也正是热力学第二定律的特殊性所在。如果说热力学第一定律只是在能量转换发生后计算一下各个能量变化的数量的话，热力学第二定律就是用来判断能量转换能否发生，向什么方向发生；如果说热力学第一定律只是对能量的数量进行计算的话，热力学第二定律就是用来计算能量的品质的。人们常说：数量好算，方向难辨，品质更难评。正是从这个意义上讲，热力学第二定律比热力学第一定律更重要。实际上正是有了热力学第二定律，热力学才成为一门独立的学科。

### 0.2.3 工程热力学的主要研究内容和研究方法

如上所述，工程热力学研究的主要课题，归纳起来，包括以下几个方面。

① 研究能量转换的客观规律，即热力学第一定律与第二定律。这是工程热力学的理论基础。其中，热力学第一定律从数量上描述了热能与机械能相互转换时的关系；热力学第二定律从质量上说明热能与机械能之间的差别，指出能量转换的方向性。

② 研究工质的基本热力性质。

③ 研究各种热工设备中的工作过程，即应用热力学基本定律，分析计算工质在各种热工设备中所经历的状态变化过程和循环，探讨、分析影响能量转换效率的因素以及提高转换效率的途径。

④ 研究与热工设备工作过程直接有关的一些化学和物理化学问题。目前，热能的主要来源是依靠燃料的燃烧，而燃烧是剧烈的化学反应过程，因此需要讨论化学热力学的基础知识。

随着科技进步与生产发展，工程热力学的研究与应用范围已不限于只是作为建立热机（或制冷装置）理论的基础，现已扩展到许多工程技术领域中，如高能激光、热泵、空气分离、空气调节、海水淡化、化学精炼、生物工程等，都需要应用工程热力学的基本理论和基本知识。因此，工程热力学已成为许多相关专业必修的一门技术基础课。

热力学有两种不同的研究方法：一种是宏观研究方法，另一种是微观研究方法。

宏观研究方法不考虑物质的微观结构，把物质看成连续的整体，并且用宏观物理量来描述它的状态。通过大量的直接观察和实验，总结出基本规律，再以基本规律为依据，经过严密逻辑推理，导出描述物质性质的宏观物理量之间的普遍关系及其他一些重要推论。由于热力学基本定律是无数经验的总结，因而具有高度的可靠性和普遍性。

应用宏观研究方法的热力学叫作宏观热力学，或经典热力学或唯象热力学。工程热力学主要应用宏观研究方法。

在热力学和工程热力学中，还普遍采用抽象、概括、理想化和简化处理的方法，将较为复杂的实际现象与问题，突出本质，突出主要矛盾，略去细节，抽出共性，建立起合适的物理模型，以便能更本质地反映客观事物。例如将空气、燃气、湿空气等理想化为理想气体处理，将高温烟气以及各种可能的热源概括成为具有一定温度的抽象热源，将实际不可逆过程理想化为可逆过程，以便分析计算，然后再依据经验给予必要校正等。当然，运用理想化和简化方法的程度要视分析研究的具体目的和所要求的精度而定。

宏观研究方法也有它的局限性，由于它不涉及物质的微观结构，因而往往不能解释热现象的本质及其内在原因。

微观研究方法正好弥补了这个不足。应用微观研究方法的热力学叫做微观热力学，或统计热力学。它从物质的微观结构出发，即从分子、原子的运动和它们的相互作用出发，研究热现象的规律。在对物质的微观结构及微粒运动规律作某些假设的基础上，应用统计方法，将宏观物理量解释为微观量的统计平均值，从而解释热现象的本质及其发生的内部原因。由于作了某些假设，所以其结论与实际并不完全符合，这是它的局限性。

作为应用科学之一的工程热力学，以宏观研究方法为主，微观理论的某些结论用来帮助理解宏观现象的物理本质。

## 0.3 热分析动力学概论

尽管用热分析方法研究物质反应动力学的最早工作可以追溯到 20 世纪 20 年代，但是作为一种系统的方法，它的真正建立和发展主要还是在 20 世纪 50 年代。一方面，为了满足当时应用方面的需要，如随着科学技术的迅速发展，尤其是航天技术的兴起，需要有一种有效的方法评估高分子材料的热稳定性和使用寿命等；另一方面，热分析技术的日臻成熟和热分析仪的商品化为实验的开展创造了条件，再加上计算机技术的发展使繁复的数据处理成为可能。热分析技术的出现使人们可以在变温（或等温），通常是线性升温条件下对固体物质的反应（包括物理变化等）动力学进行研究，形成了一种"非等温动力学"（non-isothermal kinetics）的分支。由于它被认为较之传统的等温法（iso-thermal）有许多优点：一条非等温的热分析曲线即可包含并代替多条等温曲线的信息和作用，使分析快速简便；再加上严格的等温实验实际上也很难实现（尤其是反应开始时），因此它已逐渐成为热分析动力学（TAK）的核心，多年来在各个方面有很大的发展，被广泛地应用在各个领域之中。例如，研究无机物质的脱水、分解、降解（如氧化降解）和配合物的解离；金属的相变和金属的玻璃晶华；石油的高温裂解和煤的热裂解；高聚物的聚合、固化、结晶、降解等诸多过程的机理和变化速率，从而能确定如高聚物等材料的使用寿命和热稳定性、药物的稳定性；评定石油和含能材料等易燃易爆物质的危险性等；热分析动力学获得的结果还可以作为工业生产中反应器的设计和最佳工艺条件评定的重要参数。

但是，由于在非等温法研究非均相体系的 TAK 中，基本上沿用了等温、均相体系的动力学理论和方程，其适用性和所得结果的可靠性一直是个有争议的问题。长期以来，大量的用这种方法研究的成果和一些有关的评论文章几乎同时出现在该领域的学术期刊中。国际热分析协会（ICTA，现为国际热分析及量热学联合会 ICTAC）在 1985 年专门成立了"动力学分会"（Kinetic Committee），致力于研究 TAK 的有关问题，为促进该领域情况的交流和理论、方法的完善起到很大作用。

### 0.3.1 热分析动力学理论

（1）动力学方程

研究化学反应动力学的工作始于 19 世纪后期，从 Wilhelmy 发现蔗糖在酸性条件下的转化速率与剩余蔗糖量成正比这一事实而建立的起始动力学方程，到 Guldberg 和 Waage 正式提出的质量作用定律（law of mass action）；从 Van't Hoff 提出的反应级数概念到 Arrhenius 等各种速率常数关系式的出现，描述在等温条件下的均相反应的动力学方程在 19 世纪末基本完成：

$$\frac{dc}{dt} = k(T)f(c) \tag{0-1}$$

式中，$c$ 为产物的浓度；$t$ 为时间；$k(T)$ 为速率常数的温度关系式（temperature dependence of rate constants，以下简称速率常数）；$f(c)$ 为反应机理函数，在均相反应中一般都用 $f(c) = (1-c)^n$ 的反应级数形式来表示反应机理。

在热分析法研究非等温条件下的非均相反应时，基本上沿用了上述等温均相反应的动力学方程，只做了一些调整以适应新体系的需要。

① 从均相到非均相。用动力学的基本概念研究非均相反应或固态反应始于 20 世纪初。由于在均相体系中的浓度（$c$）概念在非均相体系中已不再适用，因而用 $\alpha$ 进行了代替，$\alpha$ 是反应物向产物转化的百分数，表示在非均相体系中反应进展的程度。此外，鉴于非均相反应的复杂性，从 20 世纪 30 年代起建立了许多不同的动力学模式函数 $f(\alpha)$，来代替反映均相反应机理的反应级数表达式。

② 从等温到非等温。早期的动力学研究工作都是在等温情况下进行的，到 20 世纪初开始采用非等温法跟踪非均相反应速率的尝试。但是，用这种方法获得的结果来进行动力学的评价则直到 20 世纪 30 年代才开始，热分析技术的广泛应用无疑在促进非等温动力学的发展中起到很大的作用。由于它常采用等速升温的方法，即升温速率 $\beta = dT/dt$ 是个常数，因此 Vallet 提出在动力学方程中进行 $dt = dT/\beta$ 的置换。

于是，经过转换后的非等温、非均相反应的动力学方程就成为以下的形式：

$$\frac{dc}{dt} = k(T)f(c) \xrightarrow{c \to \alpha} \frac{d\alpha}{dT} = \left(\frac{1}{\beta}\right)k(T)f(\alpha) \tag{0-2}$$

式中，$\beta$ 为升温速率（一般为常数）；$\alpha$ 为转化百分率。

（2）速率常数

在这些关系式中，有些一开始是纯粹的经验公式。其中 Arrhenius 通过模拟平衡常数-温度关系式的形式提出的速率常数-温度关系式最为常用：

$$k = A \exp\left(-\frac{E}{RT}\right) \tag{0-3}$$

式中，$A$ 为指前因子；$E$ 为活化能；$R$ 为摩尔气体常量；$T$ 为热力学温度。式(0-3)在均相反应中几乎能适用于所有的基元反应和大多数复杂反应，式中两个重要参数的物理意义分别由碰撞理论（collision theory）和建立在统计力学、量子力学和物质结构之上的活化络合物理论（activated-complex theory）所诠释。在非均相体系的反应动力学方程中它也被原封不动地引入（此后，Dollimore 等用 Harcourt-Esson 关系式进行了研究固体反应动力学的尝试）。

将式(0-3)代入式(0-2)，可分别得到非均相体系在等温与非等温条件下的两个常用动力学方程式：

$$\frac{\mathrm{d}\alpha}{\mathrm{d}t} = A \exp\left(-\frac{E}{RT}\right) f(\alpha) \quad （等温） \tag{0-4}$$

$$\frac{\mathrm{d}\alpha}{\mathrm{d}T} = \left(\frac{A}{\beta}\right) \exp\left(-\frac{E}{RT}\right) f(\alpha) \quad （非等温） \tag{0-5}$$

动力学研究的目的就在于求解出能描述某反应的上述方程中的"动力学三因子"（kinetic triplet）$E$、$A$ 和 $f(\alpha)$。

（3）动力学模式（机理）函数

① 传统的动力学模式函数。动力学模式函数表示了物质反应速率与 $\alpha$ 之间所遵循的某种函数关系，代表了反应的机理，直接决定了 TA 曲线的形状，它的相应积分形式被定义为

$$G(\alpha) = \int_0^\alpha \mathrm{d}(\alpha)/f(\alpha) \tag{0-6}$$

如前所述，在非均相反应中所用的传统的动力学模式函数是鉴于均相反应中反应级数形式已无法描述非均相体系的复杂性而提出的。建立这些模式函数的尝试开始于 20 世纪 20 年代的后期。MacDonald-Hinshelwood 于 1925 年提出了在固体分解过程中产物核形成和生长的概念，这一概念也引起其他模式函数的建立。此后，随着实验事实的逐渐累积，导致了 20 世纪 30 年代后期和 40 年代的动力学模式函数的迅速发展。有关动力学模式函数的系统介绍最早可见 Jacobs-Tompkins 的专著，此后 Brown-Dollimore-Galway 和 Šesták 的著作也有过总结，Galway-Brown 在 1999 年也出版了有关专著。这些动力学模式函数都是设想固相反应中，在反应物和产物的界面上存在有一个局部的反应活性区域，而反应进程则由这一界面的推进来进行表征，再按照控制反应速率的各种关键步骤，如产物晶核的形成和生长、相界面反应或是产物气体的扩散等分别推导出来的。在推导过程中假设反应物颗粒具有规整的几何形状和各向同性的反应活性。

尽管这些动力学模式函数能对许多固态物质的反应过程做出基本描述，但是由于非均相反应本身的复杂性，加上实际样品颗粒几何形状的非规整性和堆积的非规则性，以及反应物质物理化学性质的多变性等，常常会出现实际的 TA 曲线与理想机理不相符合的情况。例如，D3 模式就是假设具有规整立方体或球状的样品颗粒在反应过程中，反应界面沿着三维方向由外向内各向同性地等速推进。但是，近年来用扫描电子显微镜等技术对一些金属盐类的分解和脱水过程进行直接跟踪观察的结果证明实际情况并非如此，这就出现了一个如何让模式函数能体现这种偏离的问题。另外，近年来对于一些经典的动力学模式函数本身的使用条件及解释等也进行了新的讨论。

② 经验模式函数和调节模式函数。动力学模式函数的正确与否对参数 $E$ 和 $A$ 的影响很

大，因此，人们开始寻求与实际情况更为相符的动力学模式函数，以便改善所获结果的可靠性。其中，Šesták 提出在动力学模式函数 $f(\alpha)$ 上引入一个"调节函数"$a(\alpha)$ 来代表真实的动力学模式函数 $h(\alpha)$，即

$$h(\alpha) = f(\alpha)a(\alpha) \tag{0-7}$$

使之能尽可能地接近于真实的反应动力学行为。最简单的 $h(\alpha)$ 形式是在表 0-1 中的理想模式 $f(\alpha)$ 的表达式中引入分数指数 $N$ 代替原来的整数指数 $n$。例如，Koga-Tanaka 对相界面反应、核形成和生长反应机理的模式函数指数的分数形式进行了探讨；Ozao-Ochiai 通过假设在时间 $t$ 时，反应物体积的收缩速率与被扩散物质的量的比例关系以及沿着扩散方向的浓度梯度保持为常数，探讨了扩散模式函数的分数指数表达式，又由 Koga-Malek 做了进一步的研究。在这些公式中的 $N$ 被理解为广义的"分数线度"。经过调节后的 $f(\alpha)$ 与实测 TA 曲线的拟合度及由此得到的结果大为改善，并为等温动力学处理结果所证实和显微技术直接观察的结果所支持。对于更复杂的体系，可用 Šesták 和 Berggren 提出、后经 Gorbatchev 进一步简化的经验模式函数：

$$h(\alpha) = \alpha^m (1-\alpha)^n \tag{0-8}$$

式(0-8) 在文献中被正式称为 SB$(m, n)$ 动力学模式函数。式(0-8) 中的 $m$、$n$ 被称为动力学模式指数，决定了 TA 曲线的形状。尽管作为一个经验模式函数的参数，式中的 $m$、$n$ 的物理意义不很明确，但是 Criado 等认为式(0-8) 能更好地描写一些反应过程，如硝酸镍的分解反应。此外，它也尤其适合那些由于样品颗粒性质（如非球形样品颗粒）引起的有拖尾延长现象的反应过程。Lu（陆振荣）等在研究铀酰离子和酰胺类系列配合物的热分解时也发现了 SB 模式函数的适用性，并试着探讨了 $m$、$n$ 与样品物理状态的关系。也有人认为该模式函数在扩散型过程中不太合适。ICTAC 已呼吁对 Šesták 提出的调节函数和经验模式函数予以重视，因为它们能较好地对固体动力学过程做出唯象性的描述。

表 0-1 常用固态反应动力学模式函数

| 模式 | 符号 | $f(\alpha)$ | $G(\alpha)$ |
|---|---|---|---|
| 成长与生长(JMA) | Am | $m(1-\alpha)[-\ln(1-\alpha)]^{1/(1-m)}$ | $[-\ln(1-\alpha)]^{1/m}$ |
| 相界面反应 | Rn | $n(1-\alpha)^{1-1/n}$ | $1-(1-\alpha)^{1/n}$ |
| 一维扩散 | D1 | $\dfrac{1}{2\alpha}$ | $\alpha^2$ |
| 二维扩散 | D2 | $-1/\ln(1-\alpha)$ | $\alpha+(1-\alpha)\ln(1-\alpha)$ |
| 三维扩散(Jander) | D3 | $3(1-\alpha)^{2/3}/\{2[1-(1-\alpha)^{-1/3}]\}$ | $[1-(1-\alpha)^{1/3}]^2$ |
| 三维扩散(Ginstring-Brounshtein) | D4 | $3/\{2[(1-\alpha)^{-1/3}-1]\}$ | $1-(2\alpha/3)-(1-\alpha)^{2/3}$ |

## 0.3.2 动力学方程的发展史

由于热分析动力学中所用的动力学方程只是借用了均相等温体系的方程，并做了一些非均相非等温的修整所成，它的适用性一直是有疑问的。这主要体现在以下几个方面。

（1）从等温到非等温

虽然在式(0-2) 中只是做了一个 $\mathrm{d}t = \mathrm{d}T/\beta$ 的微小修改，但它却意味着一个具有重要物理意义的承诺，即反应条件从等温到非等温的改变不会影响反应动力学。初看起来这似乎很合理，至少在处理基元反应时是如此，但对于包含了多个基元步骤的复杂反应来说就并非如

此。事实上，由于等温反应动力学至少在方法论上比较成熟，因此人们乐意用等温测试的结果与非等温测定的结果进行比较或对后者作为校核。当然，用两种方法研究所得到的结果一致的反应体系很多，但是也有许多工作报道了两者处理结果的不一致。MacCallum 和 Tanner 于 1970 年曾试图从理论上解释这种矛盾，他们通过将转化百分率 $\alpha$ 表达为时间和温度的全微分来进行证明，但终因在论证过程中的一些不合理而未遂。Vyazovkin-Wight 对此从两个方面做了解释：①由于在动力学分析中采用了迫使实验数据与各种动力学模式计算曲线拟合的方法；②由于等温和非等温的实验体系必须在不同的温度区域中进行，而固体反应一般都是非基元反应，其动力学机理容易随温度的变化而变化。当然，等温到非等温的转变还引入了一个复杂的数学问题——温度积分。

（2）从均相到非均相

非均相体系的反应过程远比均相反应复杂，除了上述对动力学模式函数要做相应的调整外，用反应转化率 $\alpha$ 来代替相反应的浓度 $c$ 是否理想和 Arrhenius 速率温度关系式是否能在非均相体系中继续适用也是一个问题。

① $\alpha$ 和 $c$。由于热分析是一种测定样品整体物理性质（能量、质量等）随温度和时间变化的技术，因此表征反应进度的 $\alpha$ 也只是一个表观、综合的概念，如果一个反应实际上包含了多个基元反应，就无法将这种物理量的变化合理地分解成某个基元反应的贡献，而固态反应往往是多个基元反应平行、部分重叠或递次发生的过程，因此这是由非均相反应体系本身的复杂性所决定的。固体反应的多步骤性早在 20 世纪 20 年代中期就引起了人们的关注。例如，MacDonald 和 Hinshelwood 于 1925 年首先提出了草酸银热分解反应包含了两种不同的速率过程，即银核的形成和随之而来的银核的生长过程。Bruzs 于 1926 年提出了碳酸钴的热分解不是一个简单的基元反应，而是由两个连续反应所组成。进一步的研究发现，甚至是产物核的形成和生长这两步本身也是由多步过程组成的。最早揭示这一现象的是 Bagdassarian 于 1945 年和 Erofeev 于 1946 年，后来由 Allnatt 和 Jacobs 于 1968 年进行了总结。近年来，人们对非均相反应的复杂本质有了更进一步的认识。

② Arrhenius 速率常数的适用性。由均相等温反应体系中提出的 Arrhenius 速率常数表达式在非均相非等温体系中是否能适用，一直是个令人关注的焦点。Bruzs 于 1926 年最早将该关系式使用在非均相体系中，他研究了 $CoCO_3$ 和 $ZnCO_3$ 的热分解反应活化能，此后，Polanyi-Wigner 于 1928 年、Bradley 于 1931 年和 1956 年、Topley 于 1932 年、Shannon 于 1964 年、Cordes 于 1968 年，一直到 Galwey-Brown 于 1995 年都在他们从事的非均相反应动力学中比较成功地应用了这一速率常数公式。事实上，一些固体的热分解反应能很好地用过度络合物的理论来进行解释，而这本身就是 Arrhenius 关系式的支持理论之一。此外，对于一些像成核和核生长或扩散机理的反应过程，Arrhenius 公式中的活化能概念对它们的解释也显得很成功。这在 Hanney 主编的 *Treatise of Solid State Chemistry*（1975 年）一书中分别由 Raghavan-Cohen 和 Clare 所撰写的第 5 卷和第 6 卷中得到阐述。

但是，关于 Arrhenius 关系式中两个重要参数 $E$ 和 $A$ 在非均相体系中的物理意义及其解释的实际问题也确实存在。例如，对于同一体系的不同研究结果表明，所得到的这两个参数往往相差很大。这除了由于实验条件和数据处理方法等方面的原因外，确实也是由非均相体系本身的复杂性所造成的，一个很明显的例子是活化能 $E$ 的问题。

动力学方程式中关于活化能的最早解释是：使反应物中不能反应的非活化（inactive）分子激发为能反应的活化（active）分子这一过程所需要吸收的能量。从这个概念上讲，这是一个只与过程始态、终态有关的热力学量。因此，Arrhenius 于 1899 年期望 $E$ 在某一指定的反应过程中始终保持为常数。但是，几乎在这个概念提出的同时，它在均相反应中的"不规范行为"就被发现。最早的例子可能是在 Van't Hoff 的 *Etudes de Dynamique Chemique* 一书中提到的氯乙酸钠和氢氧化钠反应，在这个反应中，活化能被发现会随温度的变化而变化。而在以后的非均相体系中，已经有不少研究表明，活化能还会随反应的进程 $\alpha$ 的变化而变化。事实上，由于 Arrhenius 式中的活化能概念完全是针对基元反应而言的，而对于复杂的非均相反应来说，实验测得的实际活化能是由各个基元反应步骤及其对整个反应的相对贡献的大小所确定的，因此在不少非均相反应中，它应该就是温度或温度和反应程度的函数。

综上所述，将均相等温反应的动力学方程移植到非均相非等温反应体系的研究就是一个从比较简单的体系向复杂体系转化的过程，因此，动力学方程在应用过程中出现的种种疑问正好反映了人们对复杂事物本质的了解在不断深化，预兆了新体系的动力学理论将会日臻完善。事实上，一些新的观点和建议也在不断地出现，如考虑将动力学方程的右端绝对地分为分别只与 $T$ 和 $\alpha$ 有关的两个部分是否妥当；用其他形式的速率常数，如温度级数形式来代替 Arrhenius 关系式是否可能。另外，由于动力学补偿效应的存在，用上述的 $E$、$A$、$f(\alpha)$ 三因子能否唯一地决定一个动力学方程，是否可用 $E$、$T$、$\alpha$ 来代替等。

# 第 一 篇

# 工程热力学

## 第①章

### 基本概念

## 1.1 热力系统

### 1.1.1 系统与外界

分析任何现象时，首先应明确研究的对象，分析热力现象也不例外。通常根据所研究问题的需要，人为地划定一个或多个任意几何面所围成的空间作为热力学研究对象。这种空间内的物质的总和称为热力学系统，简称为系统或体系。系统之外的一切物质统称为外界。系统与外界的边界面称为边界。系统与外界之间，通过边界进行能量的传递与物质的迁移。

边界面的选取可以是真实的，也可以是假想的，可以是固定的，也可以是移动的。作为系统的边界，可以是这几种边界面的组合。图 1-1（a）表示的是电加热器对水罐中的水加热的情况。如果只取水作为系统，则其边界如图 1-1（b）所示，这时作为界面的罐子壁面部分是真实的、固定的，而水与空气之间的界面则是假想的、可移动的。如果考虑罐子容器及其中的水作为系统，其边界如图 1-1（c）所示；如果把电加热器、水罐及其中的水作为系统，则其边界如图 1-1（d）所示。由此可见，随着研究者所关心的具体对象不同，系统的划分可以很不相同，系统所含内容也就不同。于是，同一物理现象由于划分系统的方式不同而成为不同的问题。

### 1.1.2 系统的分类

按系统与外界是否进行物质交换，系统可分为闭口的与开口的两种。

系统与外界之间没有物质交换时，这种系统称为闭口系统。例如取气缸中的空气作为系统。如图 1-2（a）所示，即为闭口系统，虚线表示边界。

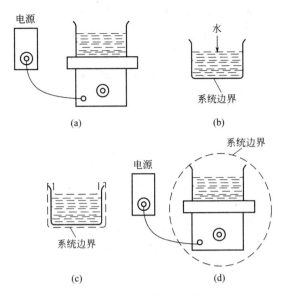

图 1-1　系统与外界示例图

　　闭口系统由于与外界没有物质交换，系统内包含的物质质量为一不变的常量，所以又叫做控制质量系统。但应注意：闭口系统具有恒定的质量；但具有恒定质量的系统不一定都是闭口系统。例如，在一个稳定流动的系统中，进入与离开系统的质量是恒定的，因而系统内的质量也将不变，但这样的系统显然不是闭口系统。

　　开口系统是指与外界有物质交换的系统。例如水蒸气流经汽轮机，如图 1-2(b) 所示，虚线标出的是所选定的边界。这时水蒸气从汽轮机入口不断地流入汽轮机，做功后又从汽轮机出口不断地流出去。通过边界，系统与外界之间不仅存在着能量交换（例如对外做功等），而且还有物质的交换。

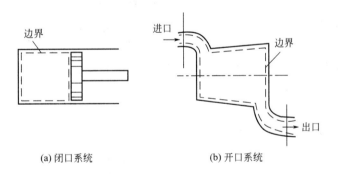

图 1-2　开口系统与闭口系统示例图

　　通常，开口系统总是一种相对固定的空间，故又称为控制容积系统，大多数热工设备都是开口系统。如果开口系统内工质的质量与参数随时间变化，则称为不稳定流动开口系统，设备的启动、停车过程都属于这种情况。如果开口系统内工质的质量与参数均不随时间变化，则称为稳定流动开口系统。

　　根据系统与外界之间所进行的能量交换情况，有所谓简单系统、绝热系统与孤立系统。

　　简单系统是指与外界之间只存在热量及一种形式准静态功的交换的系统。

　　绝热系统是指与外界之间完全没有热量交换的系统。

孤立系统是指与外界之间既无物质交换又无能量交换的系统。

绝对的绝热系统与孤立系统是不存在的。但是可以认为：

任何非孤立系统＋相关的外界＝孤立系统

孤立系统一定是闭口的；反之则不然。同样，孤立系统一定是绝热的，但绝热系统不一定都是孤立的。

系统也可按其内部状况的不同而分为均匀系统、非均匀系统、单元系统、多元系统、可压缩系统和简单可压缩系统。

均匀系统是指内部各部分化学成分和物理性质都均匀一致的系统，它是由单相组成的。

非均匀系统是指内部各部分化学成分和物理性质不一致的系统，如由两个或两个以上的相所组成的系统。

单元系统是指只包含一种化学成分物质的系统。

多元系统是指由两种或两种以上物质组成的系统。

可压缩系统是指由可压缩流体组成的系统。

简单可压缩系统是指与外界只有热量及准静态容积变化功（膨胀功或压缩功）交换的可压缩系统。

工程热力学中讨论的大部分系统都是简单可压缩系统。

## 1.2 热力学状态及基本状态参数

### 1.2.1 热力学状态

热力系统在某一瞬间所处的宏观物理状况称为系统的状态。用以描述系统所处状态的一些宏观物理量则称为状态参数。通常系统由工质组成，因此所谓系统的状态，也就指系统内工质在某瞬间所呈现的宏观物理状况；而描述工质状态的参数也就称为工质的状态参数。

系统或工质的状态是要通过参数来表征的；而状态参数又单值地取决于状态。换句话说，状态一定，描写状态的参数也就一定，若状态发生变化，至少有一种参数随之改变。状态参数的变化只取决于给定的初始与最终状态，而与变化过程中所经历的一切中间状态或路径无关。

### 1.2.2 状态参数及其特性

在给定的状态下状态参数的单值性，在数学上表现为点函数，具有下列积分特性和微分特性。

（1）积分特性

当系统由初态 1 变化到终态 2 时，任一状态参数 $z$ 的变化量等于初、终态下该状态参数的差值，而与其中经历的路径（如 $a$ 或 $b$）无关，即

$$\Delta z = \int_{1,a}^{2} dz = \int_{1,b}^{2} dz = z_2 - z_1 \tag{1-1}$$

当系统经历一系列状态变化而又恢复到初态时，其状态参数的变化为零，即它的循环积分为零，即

$$\oint dz = 0 \tag{1-2}$$

（2）微分特性

由于状态参数是点函数，它的微分是全微分。设状态参数 $z$ 是另外两个变量 $x$ 和 $y$ 的函数，则

$$dz = \left(\frac{\partial z}{\partial x}\right)_y dx + \left(\frac{\partial z}{\partial y}\right)_x dy \tag{1-3}$$

在数学上的充要条件为：

$$\frac{\partial^2 z}{\partial x \partial y} = \frac{\partial^2 z}{\partial y \partial x} \tag{1-4}$$

如果某物理量具有上述数学特征，则该物理量一定是状态参数。

给定状态下的状态参数按其数值是否与系统内物质数量有关，可分为广延参数与强度参数两类。

在给定状态下，凡与系统内所含物质的数量有关的状态参数称为广延参数。这类参数具有可加性，在系统中它的总量等于系统内各部分同名参数值之和。若系统（不论是否为均匀系统）被分为 $k$ 个子系统，则整个系统的广延参数 $Y$ 为

$$Y = \sum_{i=1}^{k} Y_i \tag{1-5}$$

式中，$Y_i$ 为第 $i$ 个子系统的同名参数值。容积、能量、质量等均是广延参数。显然，无论系统是否均匀，广延参数均有确定的数值。

在给定的状态下，凡与系统内所含物质的数量无关的状态参数称为强度参数，如压力、温度、密度等。强度参数不具可加性。如果将一个均匀系统划分为若干个子系统，则各子系统及整个系统的同名强度参数都具相同的值。但非均匀系统内各处的同名强度参数不一定都具相同的值，因而就整个系统而言，强度参数有没有确定的值，将视系统的组成而定。例如，某种物质的蒸气、液体和固体共存于一个系统所形成的三相混合物，其中每一相都是均匀的，但整个混合物是非均匀系统，虽然此非均匀系统中各相的压力相等，但它们的密度却并不相同，整个系统的密度将视系统的组成而定。

单位质量的广延参数，具有强度参数的性质，称为比参数。如果系统内物质的状态参数均匀一致，则系统的广延参数除以系统的总质量，即为比参数。例如，对于容积为 $V$，质量为 $m$ 的均匀系统，其比容（$v = V/m$）即为比参数。如果系统内各部分状态不均匀，则广延参数对质量的微商为比参数。通常广延参数用大写字母表示，由广延参数转化而来的比参数用相应的小写字母表示，而且为了书写方便，把除比容以外的其他比参数的"比"字省略。

类似地，均匀系统的任意广延参数除以系统的总摩尔数就成为所谓的摩尔参数，例如摩尔体积、摩尔能量等。对于非均匀系统，同样应以广延参数对摩尔量的微商表示。

还有一些参数，它们与热力系统的内部状态无关，常常需要借助外部参考系来确定，例如热力系统作为一个整体的运动速度、动能与重力位能等，它们描述热力系统的力学状态，称为力学状态参数或外参数。

## 1.2.3 基本状态参数

压力、比容和温度是三个可以测量而且又常用的状态参数，称为基本状态参数。其他的

状态参数可依据这些基本状态参数之间的关系间接导出。

流体单位面积上作用力的法向分量称为压力（又称压强），以 $p$ 表示，即

$$p=F_n/A \tag{1-6}$$

式中，$F_n$ 为作用于面积 $A$ 上的力的法向分量。对于流体经常用"压力"概念，而固体则用"应力"。静止流体内任一点的压力值，在各个方向是相同的。气体的压力是气体分子运动撞击表面，而在单位面积上所呈现的平均作用力。

（1）绝对压力、表压力和真空度

工质真实的压力常称为绝对压力，用 $p$ 表示，一般用弹簧管式压力计或测量微小压力的 U 形管压力计测量。

弹簧管式压力计的基本原理如图 1-3 所示。弹性弯管的一端封闭，另一端与被测工质相连，在管内作用着被测工质的压力，而管外作用着大气压力。弹性弯管在管内外压差的作用下产生变形，从而带动指针转动，指示出被测工质与大气之间的压差。

U 形管压力计如图 1-4 所示。U 形管内盛有用来测压的液体，通常是水或水银。U 形管的一端接被测的工质，而另一端与大气环境相通。当被测的压力与大气压力不等时，U 形管两边液柱高度不等。此高度差即指示出被测工质与大气之间的压差。

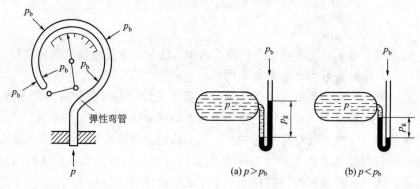

图 1-3　弹簧管式压力计原理示意图　　　图 1-4　U 形管压力计压差关系图

由此可见，不管用什么压力计，测得的是工质的绝对压力 $p$ 和大气压力 $p_b$ 之间的相对值。

当绝对压力高于大气压力（$p>p_b$）时，压力计指示的数值称为表压力，用 $p_g$ 表示，如图 1-5(a) 所示。显然

$$p=p_g+p_b \tag{1-7}$$

当绝对压力低于大气压力（$p<p_b$）时，压力计指示的读数称真空度，用 $p_v$ 表示，如图 1-5(b) 所示。显然

$$p=p_b-p_v \tag{1-8}$$

若以绝对压力为零时作为基线，则可将工质的绝对压力、表压力、真空度和大气压力之间的关系用图 1-5 表示。

作为工质状态参数的压力是绝对压力，但测得的是与大气压力的相对值，因此必须同时知道大气压力值。大气压力是地面之上的空气柱重量所造成的，它随各地的纬度、高度和气候条件而变化，可用气压计测定。工程计算中，如被测工质绝对压力值很高，可将大气压力近似地取为 0.1MPa；如果被测工质绝对压力值较小，就必须按当时当地大气压力的具体数

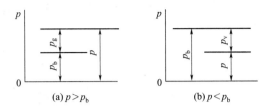

图 1-5　绝对压力、表压力、真空度和大气压的关系

值计算。

不难理解，若压力计处于特定外界时，则 $p_b$ 应为此外界的压力，而测得的 $p_g$ 或 $p_v$ 均应是相对于此 $p_b$ 的相对压力。

实际测量时，除了弹簧管式压力计和 U 形管压力计，其他的压力计还包括负荷式压力计和电测式压力测量仪表。负荷式压力计是直接按压力的定义制作的，常见的是活塞式压力计，这类压力计误差很小，主要作为压力基准仪表使用。电测式压力测量仪表（压力传感器）利用金属或半导体的物理特性直接将压力转换为电压、电流信号或频率信号输出，或是通过电阻应变片等将弹性体的形变转换为电压、电流信号输出，代表性产品有压电式、压阻式、电容式、振频式、电容式和应变式等。

（2）压力单位

在法定计量单位中，压力单位的名称是帕斯卡（Pascal），简称帕，符号是 Pa，它的定义是：

$$1Pa = 1N/m^2 \tag{1-9}$$

即 $1m^2$ 面积上作用 1N 的力称为 1 帕斯卡。工程上由于帕（Pa）这个单位太小，常用千帕（kPa）或兆帕（MPa）作为压力单位。

下面介绍其他几种曾被广泛应用的压力单位。

① 巴（bar）：$1bar = 10^5 Pa = 0.1MPa = 100kPa$

此压力单位与大气压力值相当接近，在工程上曾被广泛应用，但我国法定计量单位已予以废除。

② 毫米汞柱（mmHg）和毫米水柱（mmH$_2$O）：这是用液柱高度表示的压力单位，与压力的关系为

$$p = \rho g h \tag{1-10}$$

式中，$h$ 为液柱高度；$\rho$ 为液体密度。

由于水的密度可取为，$\rho_{H_2O} = 1000kg/m^3$（4℃时），汞的密度可取为 $\rho_{Hg} = 13595kg/m^3$（0℃时），则由式(1-10)可得出以 1mmHg 柱与 1mmH$_2$O 柱高度为压力单位时相应的压力值为

$$1mmHg = 133.322Pa \approx 133.3Pa$$

$$1mmH_2O = 9.80665Pa \approx 9.81Pa$$

③ 标准大气压（物理大气压）（atm）：这是以纬度 45°的海平面上的常年平均大气压力的数值为压力单位，其值为 760mmHg，由此

$$1atm = 760mmHg = 1.01325 \times 10^5 Pa = 1.013bar$$

④ 工程大气压（at）：这是工程单位制的压力单位，即 $1at = 1kgf/cm^2$，由此

$$1at = 1kgf/cm^2 = 10^4 mmH_2O = 9.80665 \times 10^4 Pa = 0.980665bar = 735.6mmHg$$

**【例 1-1】** 用一个水的斜管微压计去测量管中的气体压力（见图 1-6），斜管中的水面比直管中的水面沿斜管方向高出 14cm，大气压力为 $1.01×10^5\,Pa$，求管中 $D$ 点气体的压力。

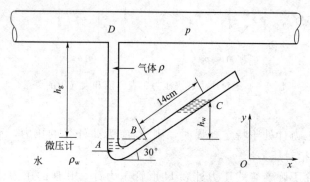

图 1-6 斜管微压计示意图

**解：** 由于气体的密度 $\rho_g$ 远小于水的密度 $\rho_w$，故微压计垂直管中气柱造成的压力可以忽略不计，即 $p_A = p_D$。所以有

$$p = p_b + \rho_w g h_w = 1.01×10^5 + 10^3 × 9.81 × 0.14 × \sin30° = 1.017×10^5\,Pa$$

（3）比容及密度

比容在数值上等于单位质量工质所占的容积，在法定计量单位制中单位是 $m^3/kg$。但它不是容积的概念，而是描绘分子聚集疏密程度的比参数。如果质量为 $m(kg)$ 的工质占有容积 $V(m^3)$，则比容 $v$ 的数值为

$$v = \frac{V}{m} \tag{1-11}$$

密度在数值上等于单位容积内所包含的工质的质量，是强度参数，单位是 $kg/m^3$。如果在容积 $V(m^3)$ 内含有工质的质量为 $m(kg)$，则密度 $\rho$ 的数值为

$$\rho = \frac{m}{V} \tag{1-12}$$

不难看到，比容与密度互为倒数，即

$$\rho v = 1 \tag{1-13}$$

可见它们不是互相独立的参数。可以任意选用其中的一个，热力学中通常选用比容 $v$ 作为独立状态参数。

（4）温度

温度概念的建立及其测量是以热力学第零定律为基础的。

若将冷热程度不同的两个系统相互接触，它们之间会发生热量传递。在不受外界的影响下，经过一段足够长的时间，它们将达到相同的冷热程度，而不再进行热量传递，这种情况称为热平衡。

经验表明，如果 A，B 两系统可分别与 C 系统处于热平衡，只要不改变它们各自的状态，令 A 与 B 相互接触，可以发现它们的状态仍维持恒定不变，这说明两者也处于热平衡。由此可以得出如下结论。

与第三个系统处于热平衡的两个系统，彼此也处于热平衡。按照 1931 年福勒（R. H. Fowler）的提议，这个结论称为热力学第零定律。

根据这个定律，处于同一热平衡状态的各个系统，无论其是否相互接触，必定有某一宏

观特性是彼此相同的。我们将描述此宏观特性的物理量称为温度，或者说，我们把这种可以确定一个系统是否与其他系统处于热平衡的物理量定义为温度。

因为温度是系统状态的函数，所以它是一个状态参数。由于处于热平衡状态的系统，其内部各部分之间必定也处于热平衡，也即处于热平衡状态的系统内部每一部分都具有相同的温度，所以温度是一个强度参数。

温度与其他状态参数的区别在于，只有温度才是热平衡的判据，而其他参数如压力、比容等无法判断系统是否热平衡。

处于热平衡的系统具有相同的温度，这是可以用温度计测量物体温度的依据。当温度计与被测物体达到热平衡时，温度计的温度即等于被测物体的温度。

温度计的温度读数，是利用它所采用的测温物质某种物理特性来表示的。当温度改变时，物质的某些物理性质，如液体的体积、定压下气体的容积、定容下气体的压力、金属导体的电阻、不同金属组成的热电偶电动势等都随之变化。只要这些物理性质随温度改变而且发生显著的单调变化，就都可用来标志温度，相应地就可建立各种类型的温度计，如水银温度计、气体温度计、电阻温度计等。

（5）温标

为了进行温度测量，需要有温度的数值表示方法，即需要建立温度的标尺或温标。建立任何一种温标都需要选定测温物质及其某一物理性质、规定温标的基准点以及分度的方法。例如，旧的摄氏温标规定标准大气压下纯水的冰点温度和沸点温度为基准点，并规定冰点温度为 0℃。沸点温度为 100℃。这两个基准点之间的温度，按照温度与测温物质的某物理性质（如上述的液柱体积或金属的电阻等）的线性函数确定。

采用不同的测温物质，或者采用同种测温物质的不同测温性质所建立的温标，除了基准点的温度值按规定相同外，其他的温度值都有微小差异。因而，需要寻求一种与测温物质的性质无关的温标，这就是建立在热力学第二定律基础上的热力学温标。用这种温标确定的温度称为热力学温度，以符号 $T$ 表示，计量单位为开尔文（Kelvin），以符号 K 表示。

国际计量大会决定，热力学温标选用水的气、液、固三相平衡共存的状态点——三相点为基准点，并规定它的温度为 273.15K。因此，热力学温度的每单位开尔文，等于水三相点热力学温度的 1/273.15。

与热力学温度并用的有热力学摄氏温度，简称摄氏温度，以符号 $t$ 表示，其单位为摄氏度，以符号℃表示。1960 年国际计量大会规定了新的摄氏温度，按以下定义式确定。

$$t/℃ = T/K - 273.15 \tag{1-14}$$

也就是说，摄氏温度的零点（$t = 0℃$）相当于热力学温度的 273.15K，而且这两种温标的温度间隔完全相同。

按此新的定义，水的三相点温度为 0.01℃。

在国外，其他常用的温标还有华氏温标（符号 $t_F$，单位为℉）和朗肯温标（符号 $T_F$，单位为°R）。

摄氏温度与华氏温度的换算关系为

$$t/℃ = \frac{5}{9}(t_F/℉ - 32) \tag{1-15}$$

朗肯温度与华氏温度的换算关系为

$$T_F/°R = t_F/℉ + 459.67 \tag{1-16}$$

朗肯温度的零点与热力学温度的零点相同，它们的换算关系为

$$T_F/°R = \frac{9}{5} \cdot T/K \qquad (1-17)$$

各种温标的比较，见图1-7。

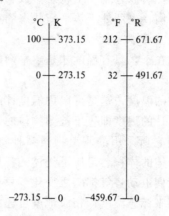

图 1-7  摄氏、华氏、朗肯与热力学温标的关系

【例1-2】 已知华氏温度为167℉，若换算成摄氏温度和热力学温度，各为多少？又若摄氏温度是−20℃，则相当于华氏与朗肯温度各是多少？

**解：**按式(1-15)，当华氏温度为167℉时，摄氏温度为

$$t/℃ = \frac{5}{9}(t_F/°F - 32) = \frac{5}{9}(167 - 32) = 75$$

据式(1-14)，热力学温度为

$$T/K = t/℃ + 273.15 = 75 + 273.15 = 348.15$$

当摄氏温度为−20℃时，华氏温度为

$$t_F/°F = \frac{9}{5}t/℃ + 32 = -4$$

朗肯温度为

$$T_F/°R = t_F/°F + 459.67 = 455.67$$

## 1.3 平衡状态

热力系统可能呈现各种不同的状态，其中具有特别重要意义的是平衡状态。

在不受外界影响（重力场除外）的条件下，如果系统的状态参数不随时间变化，则该系统所处的状态称为平衡状态。

显然，对于平衡状态的描述，不涉及时间以及状态参数对时间的导数。但应注意这里所说的"平衡"是指系统的宏观状态而言的，在微观上因系统内的粒子总在永恒不息地运动，不可能不随时间而变化。

引起系统状态变化的原因可以是外部的，也可以是内部的。在没有外界影响的条件下，系统的状态还不一定处于"平衡"状态。当系统内各部分工质的温度不一致时，在温差的推动下，各部分之间将发生热量自发地从高温工质向低温工质传递，这时系统的状态不可能维持不变，除非直至温差消失而达到平衡。这种平衡称为热平衡。可见温差是驱动热流的不平衡势差，而温差的消失则是建立热平衡的必要条件。同样，当系统内部存在不平衡力时，在力差（例如压力差）的推动下，各部分之间将发生相对位移，系统的状态也不可能维持不

变，除非直至力差消失而达到平衡。这种平衡称为力学平衡。所以力差也是驱动状态变化的一种不平衡势差，而力差的消失是建立力学平衡的必要条件。对于有相变和化学反应的情况，也必由于存在其他势差如化学势差，当这种势差消失时达到相应的相平衡或化学平衡。由上可见，倘若系统内部存在温差、力差、化学势差等驱使状态变化的不平衡势差，就不可能处于平衡状态。因此，处于平衡状态的系统应既无外部势差又无内部势差，亦即不存在任何驱使状态变化的不平衡势差。

不平衡势差是驱使状态变化的原因，而处于平衡状态的系统，其参数不随时间改变则是不存在不平衡势差的结果。总之，就平衡状态而言，不存在不平衡势差是其本质，而状态参数不随时间改变仅是现象。判断系统是否处于平衡状态，要从本质上加以分析。例如稳态导热中，系统的状态不随时间改变，但此时在外界的作用下系统有内、外势差存在，该系统的状态只能认为处于"稳态"，而并非平衡状态。可见，平衡必稳定；反之，稳定未必平衡。

此处还需要注意的是，平衡与均匀也是两个不同的概念。平衡是相对时间而言的，而均匀是相对空间而言的。平衡不一定均匀。例如处于平衡状态下的水和水蒸气，虽气液两相的温度与压力分别相同，但比容相差很大，显然并非均匀系统。但是对于单相系统（特别是气体组成的单相系统），如果忽略重力场对压力分布的影响，则可以认为平衡必均匀，即平衡状态下单相系统内部各处的热力参数均匀一致。不仅温度、压力以及其他比参数均匀一致，而且它们均不随时间改变。因此，对于整个系统就可用一组统一的并具有确定数值的状态参数来描述其状态，使热力分析大为简化。工程热力学中只研究系统的平衡状态。

## 1.4　状态方程和状态参数坐标图

### 1.4.1　状态公理

热力系统的状态可以用状态参数来描述，每个状态参数分别从不同的角度描述系统某一方面的宏观特性。

若要确切地描述热力系统的状态，是否必须知道所有的状态参数呢？

如前所述，若存在某种不平衡势差，就会引起闭口系统状态的改变以及系统与外界之间的能量交换。每消除一种不平衡势差，就会使系统达到某一种平衡。各种不平衡势差是相互独立的。因而，确定闭口系统平衡状态所需的独立变量数目应该等于不平衡势差的数目。由于每一种不平衡势差会引起系统与外界之间某种方式的能量交换，所以这种确定闭口系统平衡状态所需的独立变量数目也就应等于系统与外界之间交换能量方式的数目。在热力过程中，除传热外，系统与外界还可以传递不同形式的功。因此，对于组元一定的闭口系统，当其处于平衡状态时，可以用与该系统有关的准静态功形式的数目 $n$ 加一个象征传热方式的独立状态参数构成的 $n+1$ 个独立状态参数来确定。这就是所谓的"状态公理"。

### 1.4.2　状态方程

对于由气态工质组成的简单可压缩系统，与外界交换的准静态功只有容积变化功（膨胀功或压缩功）一种形式，因此简单可压缩系统平衡状态的独立状态参数只有两个。也就是说，只要给定了任意两个独立的状态参数的值，系统的状态就被确定，其余的状态参数也将随之确定，而且均可表示为这两个独立状态参数的函数。如以 $p$，$T$ 为独立状态参数，则有

$$v = f(p, T)$$

或者写成隐函数形式

$$f(p,v,T)=0 \tag{1-18}$$

此式反映了工质处于平衡状态时基本状态参数 $p$，$v$，$T$ 之间的制约关系，称为状态方程。状态方程的具体形式取决于工质的性质。理想气体的状态方程 $pv=RT$ 最为简单。其他工质的状态方程将在后面章节中介绍。

### 1.4.3　状态参数坐标图

对于只有两个独立状态参数的系统，可以任选两个独立状态参数作为坐标组成平面坐标图。系统任一平衡状态都可用这种坐标图上的相对应点代表。经常用的坐标图有 $p$-$v$ 图，如图 1-8 所示，纵轴表示状态参数 $p$，横轴表示状态参数 $v$。图中点 1 表示由 $p_1$，$v_1$ 这两个独立状态参数所确定的平衡状态。如果系统处于不平衡状态，由于无确定的状态参数值，也就无法在图上表示。

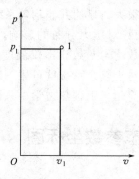

图 1-8　$p$-$v$ 坐标图示例

## 1.5　准静态过程与可逆过程

当存在某种不平衡势差时，会破坏系统原有的平衡，使系统的状态发生变化。系统状态的连续变化称为系统经历了一个热力过程，简称过程。

严格地讲，系统经历的实际过程，由于不平衡势差作用必将经历一系列非平衡态。这些非平衡态实际上已无法用少数几个状态参数描述。因为一个系统的非平衡态是很不均匀的，为此，研究热力过程时，需要对实际过程进行简化，建立某些理想化的物理模型。准静态过程和可逆过程就是两种理想化的模型。

### 1.5.1　准静态过程

如果造成系统状态改变的不平衡势差无限小，以至该系统在任意时刻均无限接近于某个平衡态，则称这样的过程为准静态过程。

下面以气体在气缸内的绝热碰撞为例，如图 1-9(a) 所示。设想由理想绝热材料制成气缸与活塞，气缸中储有气体，并以这部分气体作为系统。起初，气体在外界压力作用下处于平衡状态 1，参数为 $p_1$，$v_1$ 和 $T_1$。显然此时外界压力 $p_{o,1}$，与气体压力 $p_1$ 相等，活塞静止不动。如果外界压力突然减小很多，即 $p_{o,2} \ll p_{o,1}$，这时活塞两边存在一个很大的压力势差，气体压力势必将推动活塞右行，系统的平衡遭到破坏，气体膨胀，其压力、温度不断变化，呈现非平衡性。经过一段时间后，气体压力与外界压力趋于相等。且气体内部压力、温度也趋于均匀，即重新建立了平衡，到达一个新的平衡态2。这一过程除了初态1与终态2以外都是非平衡态。在 $p$-$v$ 图上除1，2点外都无法确定，通常以虚线代表所经历的非平衡过程，如图1-9（b）中虚线 $b$ 所示。曲线上除1与2以外的任何一点均无实际意义，绝不能看成是系统所处的状态。

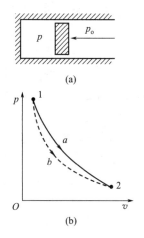

图1-9 准静态过程示例：
气缸内气体绝热膨胀

上述例子中，若外界压力每次只改变一个很小的量，等待系统恢复平衡以后，再改变一个很小的量，以此类推，一直变化到系统达到终态点2，气体内部压力与温度到处均匀，而且压力等于外界压力 $p_{o,2}$ 值。这样，在初态1与终态2之间又增加了若干个平衡态。外界压力每次改变的量越小，中间的平衡态越多。极限情况下，外界压力每次只改变一个微小量，那么初、终态之间就会有一系列的连续平衡态，也就是说，状态变化的每一步，系统都处在平衡态，这样的过程即为准静态过程。在 $p$-$v$ 图上就可以在1、2点之间用实线表示，如图1-9（b）中的曲线 $a$。

准静态过程是一种理想化的过程，一切实际过程只能接近于准静态。如上所述，准静态过程要求一切不平衡势差无限小，使得系统在任意时刻皆无限接近于平衡态，这就必须要求过程进行得无限缓慢。

实际过程都不可能进行得无限缓慢，那么准静态过程的概念还有什么实际意义呢？在什么情况下，才能将一个实际过程看成是准静态过程？

处于非平衡态的系统经过一定时间便趋向于平衡，从不平衡态到平衡态所需要经历的时间间隔称为弛豫时间。如果系统某一个状态参数变化时所经历的时间比其弛豫时间长，也就是说系统有足够的时间恢复平衡态，这样的过程就可以近似看成准静态过程。幸好，系统的弛豫时间很短，即恢复平衡的速度相当快，特别是热力平衡的恢复更快，虽然工程上的过程也以相当快的速度进行，但大多数还是可以作为准静态过程处理。以两冲程内燃机的工作为例，通常内燃机的转速为2000r/min，每分钟4000个冲程，每个冲程为0.15m，则活塞运动速度为 $4000×0.15/60=10m/s$，而空气压力波的传播速度是350m/s远大于10m/s，即空气在体积变化的过程中有足够的时间恢复平衡，所以可将内燃机气缸内的过程近似地看做准静态过程。

建立准静态过程的概念，其好处如下：可以用确定的状态参数变化描述过程；可以在参数坐标图上表示过程；可以用状态方程进行必要的计算；可以计算过程中系统与外界的功热交换。

### 1.5.2 可逆过程

如果当准静态过程进行时不伴随摩擦损失，这样的准静态过程会有什么特性呢？

仍以图1-9（a）所示的气缸为例，在无摩擦的准静态过程中，气体压力始终和外界压力相等，气体膨胀时，对外做功。当气体到达状态2后，外界推动活塞逆行，使气体沿原过程线逆向进行准静态压缩过程，外界对气体做功。由于正向、逆向过程中均无摩擦损失，因而压缩过程所需的功与原来过程所产生的功相等，也就是说，气体膨胀后经原来路径返回原状时，外界也同时恢复到原来的状态，没有留下任何影响。上述准静态过程中系统与外界同时复原的特性称为可逆性。这种具有可逆特性的过程称为可逆过程。它的一般定义如下。

系统经历一个过程后，如令过程逆行，使系统与外界同时恢复到初始状态而不留下任何痕迹，则此过程称为可逆过程。

实现可逆过程需要什么条件呢？

若上述准静态过程伴随有摩擦，活塞与气缸壁之间的摩擦将使正向过程中传给外界的功减少，并使逆向过程所需的外界功增大。这样，原先正向过程中外界得到的功不足以在逆行时将系统压缩恢复到初态，即外界虽然恢复了原状但不能同时令系统恢复原状，因此这种过程不具有可逆性，也就不成为可逆过程。

实现可逆过程需要满足的充分必要条件是：

① 过程进行中，系统内部以及系统与外界之间不存在不平衡势差，或过程应为准静态的；

② 过程中不存在耗散效应。

也就是说，无耗散的准静态过程为可逆过程。准静态过程是针对系统内部的状态变化而言的，而可逆过程则是针对过程中系统所引起的外部效果而言的。可逆过程必然是准静态过程，而准静态过程则未必是可逆过程，它只是可逆过程的条件之一。

应当特别注意准静态过程和可逆过程之间的联系与区别。它们之间的共同之处都是无限缓慢进行的、由无限接近平衡态所组成的过程。因此可逆过程与准静态过程一样，在状态参数坐标图上也可用连续的实线描绘。但其差别却是本质的，即准静态过程虽然是过程理想化了的物理模型，但并不排斥耗散效应的存在，而可逆过程是一个理想化的极限模型。这类过程进行的结果不会产生任何能量损失，可以作为实际过程中能量转换效果比较的标准，所以可逆过程是热力学中极为重要的概念。

实际过程都或多或少地存在摩擦、温差传热等不可逆因素，因此，严格地讲实际过程都是不可逆的。如果只是内部存在不可逆因素（例如系统内部的摩擦等），称为内不可逆；反之，如果只是外部存在不可逆因素（例如系统与外界之间的摩擦或温差传热等），称为外不可逆；而系统内、外部如果都存在不可逆因素，则称为完全不可逆。作这样的划分，只是为了分析的方便。可逆过程是相对于不可逆过程的一种理想极限境界。

### 1.5.3 过程功

系统与外界之间在不平衡势差作用下会发生能量交换。能量交换的方式有两种，即做功和传热。本节先讨论功，主要讨论准静态过程的功。

功是系统与外界交换能量的一种方式。在力学中，功的定义为系统所受的力和沿力作用方向所产生的位移的乘积。若系统在力 $F$ 作用下，在力的方向上产生位移 $dx$，则所做的微元功为

$$\delta W = F \, dx$$

式中，$\delta W$ 表示功量的微小变化，若系统移动有限距离，则所做的功为

$$W = \int_1^2 F \, dx$$

　　系统与外界之间交换的功量可以多种多样。并不是任何情况下都能容易地确定与功有关的力和位移。因而，需要建立一个具有普遍意义的热力学定义，即系统与外界在边界上发生的一种相互作用，其唯一效果可归结为外界举起了一个重物。这里，举起重物实际上是力作用于物体使之产生位移的结果。在功的热力学定义中并非意味真的举起了重物，而是说产生的效果相当于重物的举起。机械功、电功、磁功等都符合这个定义。这个定义突出了做功与传热的区别，任何形式的功其全部效果可以统一用举起重物来概括；而传热的全部效果，无论通过什么途径，都不可能与举起重物的效果相当。

　　热力学中规定，系统对外界做功为正值；而外界对系统做功为负值。

　　在法定计量单位中，功的单位为 J（焦［耳］），1J 的功相当于系统在 1N 力作用下产生 1m 位移时完成的功量，即

$$1J = 1N \cdot m$$

　　单位质量的系统所做的功称为比功，用 $w$ 表示，单位为 J/kg。

　　单位时间内完成的功称为功率，单位为 W（瓦［特］），即

$$1W = 1J/s$$

　　制定国际单位制（SI 制）以前，已流行过许多功量单位，不同单位换算参见附表 1。

　　（1）准静态过程中的容积变化功——膨胀功和压缩功

　　系统容积变化所完成的膨胀功或压缩功统称容积变化功，它是一种基本功量。

　　如图 1-10 所示，取气缸里质量为 $m$ 的气态工质为系统，其压力为 $p$。设活塞面积为 $A$，则系统作用于活塞的总作用力为 $pA$。由于讨论的是准静态过程，这个力应该随时与外界对活塞的反方向作用力相差无限小。至于这个反方向的作用力来源于何处无关紧要，它可以是外界负载的作用，也可包括活塞与气缸壁面间的摩擦。这样，当活塞移动一微小距离 $dx$，则系统在微元过程中对外做功为

$$\delta W = pA\,dx = p\,dV \tag{1-19}$$

式中，$dV$ 为活塞移动 $dx$ 时工质的容积变化量。

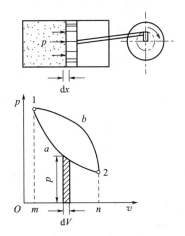

图 1-10　准静态容积变化功推导示例

　　若活塞从位置 1 移动到位置 2，系统在整个过程中所做的功为

$$W = \int_1^2 p\,dV \tag{1-20}$$

　　这就是任意准静态过程容积变化功的表达式。这种在准静态过程中完成的功称为准静态

功。由式(1-19) 和式(1-20) 可见，准静态功可以仅通过系统内部的参数来描述，而无须考虑外界的情况，只要已知过程的初、终状态以及描写过程性质的 $p=f(V)$，就可确定准静态的容积变化功。在 $p$-$V$ 图中，积分 $\int_1^2 p\,\mathrm{d}V$ 相当于过程曲线 1-2 下的面积 $12nm1$，所以，这种功在 $p$-$V$ 图上可用过程曲线下的面积表示，也因此 $p$-$V$ 图又称为示功图。

显然，若过程曲线不同，即使从同一初态过渡到同一终态，容积变化功是不相同的，如图中面积 $1b2nm1$ 与 $1a2nm1$ 所示，可见准静态容积变化功是与过程特性有关的过程量，而不是系统的状态参数。

此外，如气体膨胀，$\mathrm{d}V>0$，因而 $\delta W>0$，功量为正，表示气体对外做功。反之，如气体被压缩，$\mathrm{d}V<0$，因而 $\delta W<0$，功量为负，表示外界对气体做功。

容积变化功只涉及气体容积变化量，而与此容积的空间几何形状无关，因此不管气体的容积变化是发生于如图 1-10 所示的气缸等规则容器内抑或发生在不规则流道的流动过程中，其准静态功都可用式(1-19) 或式(1-20) 计算。

还应注意，可逆过程是无耗散效应的准静态过程。因此，可逆过程的容积变化功显然也可用这两个式子确定。但是，非准静态过程就不能用这两个式子。

对于单位质量气体准静态或可逆过程中的比容积变化功可表示为

$$\delta w=\frac{1}{m}p\,\mathrm{d}V=p\,\mathrm{d}v \tag{1-21}$$

$$w=\int_1^2 p\,\mathrm{d}v \tag{1-22}$$

（2）其他形式的准静态功

除容积变化功外，系统还可能有其他形式的准静态功。

① 拉伸机械功。以原来长度为 $L$ 的金属丝为系统，在外力 $\tau$ 的作用下将被拉伸 $\mathrm{d}L$。这时外界将消耗功，或者说系统对外界所做的拉伸功为

$$\delta W=-\tau\,\mathrm{d}L$$

式中，负号表示拉伸时外界对系统做功，即 $\delta W$ 为负值。

② 表面张力功。液体的表面张力有使表面收缩的趋势，若要扩大其表面积外界需克服表面张力而做功。

图 1-11 表示一个金属框架，里面装有液体薄膜，框架的一边（长为 $L$）可移动。设该边上单位长度受到的表面张力为 $f$，薄膜有正、反两面，所以该边上受到的力为 $2fL$，方向

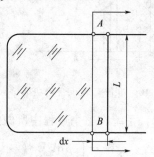

图 1-11　表面张力功推导示例

朝薄膜内部，使薄膜收缩。若以薄膜为系统，外界对其施加外力 $F(=2fL)$，使该边沿 $F$ 方向移动 $\mathrm{d}x$，外力对系统所做的功为

$$\delta W' = 2fL\,\mathrm{d}x = f\,\mathrm{d}A$$

则系统对外界所做的功为

$$\delta W = -f\,\mathrm{d}A$$

式中，$A = 2L\,\mathrm{d}x$；负号表示液膜表面积增加时外界对系统做功。

还可能有其他准静态功。类比的力学定义，可将上述这些准静态功表示为一个广义力 $F$（如 $\tau$，$f$ 等）和一个广义位移 $\mathrm{d}X$（如 $\mathrm{d}L$，$\mathrm{d}A$ 等）的乘积，即

$$\delta W = -F\,\mathrm{d}X$$

### 1.5.4 热量与熵

（1）热量

系统与外界之间依靠温差传递的能量称为热量。这是与功不同的另一种能量传递方式。

按照定义，热量是系统与外界之间所传递的能量，而不是系统本身所具有的能量，不由系统的状态确定，而是与传热时所经历的具体过程有关。所以，热量不是系统的状态参数，而是一个与过程特征有关的过程量。

热量用符号 $Q$ 代表。微元过程中传递的微小热量则用 $\delta Q$ 表示，此 $\delta Q$ 并不是热量的无限小的增量。如将 $\delta Q$ 对有限过程积分，其结果为 $Q$ 而并非 $\Delta Q$。

热力学中规定：系统吸热时热量取正值，放热时取负值。

法定计量单位中，热量的单位为 J。工程上曾用 cal（卡）为单位。两者的换算关系为

$$1\mathrm{cal} = 4.1868\mathrm{J}$$

不同单位制的换算参见附表 1。

单位质量的工质与外界交换的热量，用符号 $q$ 表示，单位为 J/kg。

（2）熵

热量和功量是能量传递的两种不同方式，具有一定的类比性。例如，可逆过程的容积变化功与传热量，两者均为过程量，与系统本身的状态无关；又如，实现可逆过程容积变化功的推动力是无限小的压力势差，而可逆过程传热的推动力为无限小的温度势差，并且压力与温度均为系统的强度参数。类似地，既然可逆过程容积变化功的标志是广延参数 $V$ 的微小增量 $\mathrm{d}V$，当 $\mathrm{d}V > 0$ 表示系统膨胀做功，当 $\mathrm{d}V < 0$ 表示系统被压缩得到外界提供的功量，$\mathrm{d}V = 0$ 表示系统与外界无容积变化功的交换，那么，作为可逆过程传热的标志一定也是某个广延参数的微小增量。我们就把这个新的广延参数叫作熵，以符号 $S$ 表示，而且应当具有下列性质，即 $\mathrm{d}S > 0$ 表示系统吸热，$\mathrm{d}S < 0$ 表示系统放热，$\mathrm{d}S = 0$ 表示系统与外界无热量的交换。这样一来，可逆过程的传热量也就可以用与容积变化功类似的方式表示。参照可逆过程容积变化功的计算式 $\delta W = p\,\mathrm{d}V$，可逆过程传热量的计算式为

$$\delta Q_{\mathrm{rev}} = T\,\mathrm{d}S \tag{1-23}$$

由此可得熵的定义式为

$$\mathrm{d}S = \delta Q_{\mathrm{rev}}/T \tag{1-24}$$

式中，$\delta Q_{\mathrm{rev}}$ 为系统在微元可逆过程中与外界交换的热量；$T$ 是传热时系统的热力学温度；$\mathrm{d}S$ 为此微元可逆过程中系统熵的变量。也就是说，微元可逆过程中系统与外界交换的

热量 $\delta Q_{rev}$ 除以传热时系统的热力学温度 $T$ 所得的商，即为系统熵的微小增量 $dS$。

每千克工质的熵称为比熵（也常简称为熵），用小写 $s$ 表示。比熵的定义式为

$$ds = \delta q_{rev}/T \tag{1-25}$$

熵是广延参数，具有可加性，均匀系统 $m(kg)$ 工质的熵为

$$S = ms$$

熵的单位为 J/K，比熵的单位为 J/(kg·K)。

在第 4 章中，我们将从热力学第二定律出发严格地导出熵，而且证明它是一个状态参数。

（3）$T$-$S$ 图

与 $p$-$V$ 图类似，可以用热力学温度 $T$ 作为纵坐标，熵 $S$ 作为横坐标构成 $T$-$S$ 图，称为温熵图。

如图 1-12 所示，图上任何一点表示一个平衡态。任何一个可逆过程可用一条连续的曲线表示，如图中的 1-2 曲线。该过程的任一状态若产生一个 $dS$ 的微小变化，则系统与外界交换的微元热量 $\delta Q_{rev}$ 相当于图中画剖面线的微小面积。整个可逆过程 1-2 中系统与外界交换的热量 $Q_{rev}$ 可以用过程线 1-2 下的面积代表。因此，$T$-$S$ 图是表示和分析热量的重要工具，称为示热图。

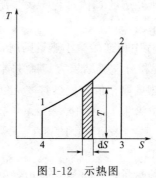

图 1-12　示热图

根据 $\delta Q_{rev} = TdS$，且热力学温度 $T > 0$，所以，如 $T$-$S$ 图中沿可逆过程线熵增加，则该过程线下的面积所代表的热量为正值，即系统从外界吸热，反之，所代表的热量为负值，即系统向外界放热。

# 1.6 热力循环

热能和机械能之间的转换，通常都是通过工质在相应的热力设备中进行循环的过程来实现的。工质从初始状态出发经历某些过程之后又恢复到初始状态，称为工质经历了一个热力循环，简称循环。含有不可逆过程的循环，称不可逆循环；全部由可逆过程组成的循环称为可逆循环，在 $p$-$V$ 图或 $T$-$S$ 图上，可逆循环用闭合实线表示。不可逆循环中的不可逆过程用虚线表示。循环有正向循环和逆向循环。

（1）正向循环

正向循环指工质经历一个循环要对外做出功量，也叫作动力循环（热机循环）。在 $p$-$V$ 图和 $T$-$S$ 图上，正向循环都是按顺时针方向运行，如按图 1-13 中的 1-2-3-4-1 方向运行。

（2）逆向循环

逆向循环指工质经历一个循环，要接受外界提供的功量，以实现把热量从低温热源传递

到高温热源的目的，也叫制冷循环。

如果用作供热则叫供热循环（热泵循环）。在 $p\text{-}V$ 和 $T\text{-}S$ 图上，逆向循环都是按逆时针方向运行的，如按图 1-13 中 1-4-3-2-1 方向运行。

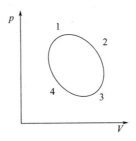

图 1-13　热力循环示意图

循环的经济指标用工作系数来表示，即

$$\text{工作系数} = \text{得到的收益} / \text{付出的代价}$$

热机循环的经济性用循环热效率 $\eta_t$ 来衡量，即

$$\eta_t = W_{net} / Q_1 \tag{1-26}$$

式中，$W_{net}$ 是循环对外界做出的功量；$Q_1$ 是为了完成 $W_{net}$ 输出从高温热源取得的热量。

制冷循环的经济性用制冷系数 $\varepsilon$ 来衡量，即

$$\varepsilon = Q_2 / W_{net} \tag{1-27}$$

式中，$Q_2$ 是该循环从低温热源（冷库）取出的热量；$W_{net}$ 为取出 $Q_2$ 所耗费的功量。

热泵循环的经济性用供热系数

$$\varepsilon' = Q_1 / W_{net} \tag{1-28}$$

式中，$Q_1$ 为热泵循环给高温热源（供暖的房间）提供的热量；$W_{net}$ 为循环提供 $Q_1$ 所耗费功量。

## 思考题

[1-1] 进行任何热力分析是否都要选取热力系统？

[1-2] 引入热力平衡态解决了热力分析中的什么问题？

[1-3] 简述平衡态与稳定态的联系与差别。不受外界影响的系统稳定态是否是平衡态？

[1-4] 表压力或真空度为什么不能当作工质的压力？工质的压力不变化，测量它的压力表或真空表的读数是否会变化？

[1-5] 准静态过程如何处理"平衡状态"又有"状态变化"的矛盾？

[1-6] 准静态过程的概念为什么不能完全表达可逆过程的概念？

[1-7] 有人说，不可逆过程是无法恢复到起始状态的过程。这种说法对吗？

[1-8] $w = \int p \, dv$，$q = \int T \, ds$ 可以用于不可逆过程吗？为什么？

## 习题 ▶▶

[1-1] 试将 1 物理大气压表示为下列液体的液柱高（mm）：

（1）水；（2）酒精；（3）液态钠。

已知它们的密度分别为 $1000kg/m^3$、$789kg/m^3$ 和 $860kg/m^3$。

［1-2］如图 1-14 所示，管内充满密度 $\rho_1 = 900kg/m^3$ 的流体，用 U 形管压力计去测量该流体的压力，U 形管中是密度为 $1005kg/m^3$ 的水。已知 $h_1 = 15cm$，$h_m = 54cm$，大气压是 $1.01 \times 10^5 Pa$。试求在管内 $E$ 处流体的压力为多少毫米汞柱？已知水银的密度是 $13600kg/m^3$。

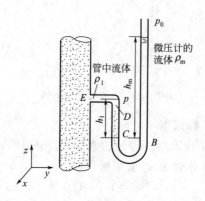

图 1-14 习题 1-2 图

［1-3］用图 1-6 所示的那种斜管微压计去测量管中水的压力。微压计中的流体是水银，斜管与水平夹角是 $15°$，斜管中水银柱长度为 $77mm$，而垂直管中水银柱为 $8mm$ 且水银柱上面的水柱为 $60cm$。试求管中水的压力。大气压为 $763mmHg$。

［1-4］人们假定大气环境的空气压力和密度之间的关系是 $p = c\rho^{1.4}$，$c$ 为常数，在海平面上空气的压力和密度分别为 $1.013 \times 10^5 Pa$ 和 $1.177kg/m^3$，如果在某山顶上测得大气压为 $5 \times 10^4 Pa$。试求山的高度。重力加速度为常量，$g = 9.81m/s^2$。

［1-5］某冷凝器上的真空表读数为 $750mmHg$，而大气压力计的读数为 $761mmHg$，试问冷凝器的压力为多少帕？

［1-6］在山上的一个地方测得大气压力为 $742mmHg$，连接在该地一汽车发动机进气口的真空表的读数为 $510mmHg$，试问该发动机进气口的绝对压力是多少毫米汞柱？多少帕？

［1-7］如图 1-15 所示的一圆筒容器，表 A 的读数为 $360kPa$；表 B 读数为 $170kPa$，表示 I 室压力高于 II 室的压力。大气压力为 $760mmHg$。试求：（1）真空室以及 I 室和 II 室的绝对压力；（2）表 C 的读数；（3）圆筒顶面所受的作用力。

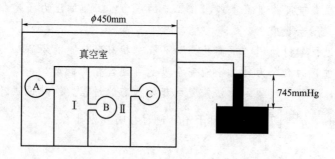

图 1-15 习题 1-7 图

［1-8］若某温标的冰点为 $20°$，沸点为 $75°$，试导出这种温标与摄氏温标的关系（一般为

线性关系)。

[1-9] 一种新的温标，其冰点为 100°N，沸点为 400°N。试建立这种温标与摄氏温标的关系。如果氧气处于 600°N，试求出为多少开尔文（K）？

[1-10] 若用摄氏温度计和华氏温度计测量同一个物体的温度。有人认为这两种温度计的读数不可能出现数值相同的情况，对吗？若可能，读数相同的温度应是多少？

[1-11] 有人定义温度作为某热力学性质 $z$ 的对数函数关系，即

$$t'' = a\ln z + b$$

已知 $t''_1 = 0°$ 时 $z = 6cm$；$t''_s = 100°$ 时 $z = 36cm$。试求当 $t'' = 10°$ 和 $t'' = 90°$ 时的 $z$ 值。

[1-12] 铂金丝的电阻在冰点时为 10.000Ω，在水的沸点时为 14.247Ω，在硫的沸点（446℃）时为 27.887Ω。试求出温度 $t/℃$ 和电阻 $R/Ω$ 的关系式 $R = R_g(1 + At + Bt^2)$ 中的常数 $A$，$B$ 的数值。

[1-13] 气体初态为 $p_1 = 0.5MPa$，$V_1 = 0.4m^3$，在压力为定值的条件下膨胀到 $V_2 = 0.8m^3$，求气体膨胀所做的功。

[1-14] 一系统发生状态变化，压力随容积的变化关系为 $pV^{1.3} =$ 常数。若系统初态压力为 600kPa，容积为 0.3m³，求系统容积膨胀至 0.5m³ 时对外所做的膨胀功。

[1-15] 气球直径为 0.3m，球内充满压力为 150kPa 的空气。由于加热，气球直径可逆地增大到 0.4m，并且空气压力正比于气球直径而变化。试求该过程空气对外做功量。

[1-16] 1kg 气体经历如图 1-16 所示的循环，$A$ 到 $B$ 为直线变化过程，$B$ 到 $C$ 为定容过程，$C$ 到 $A$ 为定压过程。试求循环的净功量。如果循环为 A-C-B-A，则净功量有何变化？

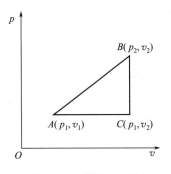

图 1-16 习题 1-16 图

# 第2章

# 热力学第一定律

▶▶

热力学第一定律是能量转换与守恒定律在热力学中的应用。它确定了热能与其他形式能量转换时相互之间的数量关系。热力学第一定律是热力学的基本定律，根据这个定律所建立的闭口体系和开口体系方程式是进行热力分析和热工计算的基础。

本章的重点是根据热力学第一定律解析式来讨论闭口体系和开口体系能量方程的建立及其应用。

## 2.1 热力学第一定律及其实质

运动是物质存在的形式，而能量是物质运动的量度，故任何物质都具有能量。物质存在各种不同形态的运动，相应地也就具有各种不同形式的能量。人类在长期生产实践和大量科学实验的基础上，建立了能量转换与守恒定律。它指出："自然界一切物质都具有能量。能量既不可能被创造，也不可能被消灭，而只能从一种形式转变为另一种形式。在转换中，能量的总量恒定不变。"

能量转换与守恒定律是自然界的基本规律之一。它不是从任何其他理论推论得出的，而是人类无数实践经验的科学总结，它的正确性已被无数事实所证明。这个定律广泛地适用于机械的、电的、热的、电磁的、化学的、生物的各种变化过程中。根据这个定律，可以断定要想制造一种不断做功而不需要供给能量的机器，即"第一类永动机"是不可能的。因为功必须由能量转换而来，不可能无中生有地创造能量，而使永动机不断地自动做功。所以说："第一类永动机是不可能造成的。"

能量转换与守恒定律的建立不仅对自然科学的发展起了很大的推动作用，并且对于确立科学的宇宙观也有很重要的意义。这个定律深刻地揭示了物质运动的统一性（可相互转换）和永恒性（能量守恒即意味着运动的不生不灭）。因此，恩格斯称这个定律为"伟大的基本的运动定律"，列宁也称它是"唯物主义基本原理的基础"。

能量转换与守恒定律在热力学中的应用便是热力学第一定律，它说明在热能和机械能的相互转换过程中，若消耗了一定量的机械能，则必定得到相当数量的热能；反之，消耗了一定量的热能，则必定产生相当数量的机械能。这就是说，在热能和机械能之间存在着一定的当量关系，所以热力学第一定律也叫做当量原理。这已为大量实验所证明。

图 2-1 是当量原理示意图，轮轴上的叶轮置于盛有气体的热力学体系内，轮轴另一端的鼓轮上绕一重物，重物下降，则轮轴转动，通过叶轮作用，对该体系内的气体产生搅拌作用。设这时的体系与外界没有热量的交换，即绝热的，那么重物下降表明外界通过叶轮对体系做功，由于搅拌作用而使体系内的气体温度升高；然后让叶轮停止转动，即外界没有对体系做功，而让热力学体系对外放出能量，因而温度降低，最后又恢复至原来的温度。该热力

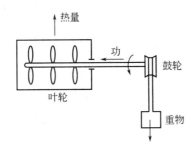

图 2-1　当量原理示意图

学体系经过这样的变化过程，起始状态和终了状态完全一样，并未发生任何变化，根据热力学第一定律可知，外界对体系所做的功，从能量上来说，应该与体系向外界散失的热量是相等的。若用 $W$ 表示重物下降时对体系所做的功，$Q$ 表示体系向外散失的热量，那么上述的当量关系就可写成

$$Q = W$$

在 SI 制中，力的单位是牛顿（N），位移的单位是米（m），因此，功的单位是牛顿米（N·m），又叫做焦耳，简称焦，用符号 J 表示。SI 制中热量的单位采取与功相同的单位，也用焦耳表示。

在 SI 制中，功率的单位为瓦特，简称瓦，用符号 W 表示，那么每秒钟完成 1 焦耳的功，就叫做 1 瓦。那么每秒钟完成 1 千焦耳的功，就叫做 1 千瓦，用符号 kW 表示。因此，功的单位表示除用牛顿·米或焦耳外，还可用千瓦小时（kW·h）表示。

$$1\text{kW·h} = 1000\text{W} \times 3600\text{s} = 3.6 \times 10^5 \text{J} = 3600\text{kJ}$$

假若热力学体系由起始状态经过一系列中间状态，最后又回到起始状态，这样所形成的一个闭合过程，叫做热力循环，或简称循环。在其中每一微小过程中，体系与外界可以有功的交换，也可以有热量的交换，若体系与外界交换的功为 $\mathrm{d}W$，交换的热量为 $\mathrm{d}Q$，那么在整个热力循环中，体系与外界交换的净功 $W_0$ 应是每一微小过程中功 $\mathrm{d}W$ 的代数和，即

$$W_0 = \oint \mathrm{d}W \tag{2-1a}$$

体系与外界交换的净热量 $Q_0$ 也应该是每一微小过程中热量 $\mathrm{d}Q$ 的代数和，即

$$Q_0 = \oint \mathrm{d}Q \tag{2-1b}$$

由于体系完成了一个循环，体系的状态没有发生变化，所以根据热力学第一定律，式（2-1a）和式（2-1b）应该相等，即

$$\oint \mathrm{d}Q = \oint \mathrm{d}W \tag{2-2}$$

## 2.2　热力学能和总能

根据体系完成一个循环的热力学第一定律，设某体系由状态 1 经过程 $A$ 变化到状态 2，并且由状态 2 经过程 $C$ 回到状态 1，如图 2-2 所示，可得

$$\int_{1A2} \mathrm{d}Q + \int_{2C1} \mathrm{d}Q = \int_{1A2} \mathrm{d}W + \int_{2C1} \mathrm{d}W \tag{2-3a}$$

若该体系由状态 1 经过另一过程 $B$ 到状态 2，并且由状态 2 仍然经过程 $C$ 又回到状态 1

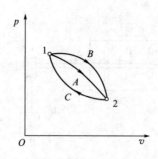

图 2-2 起始、终了状态相同下不同过程组成的循环

（图 2-2），同理可得

$$\int_{1B2} \mathrm{d}Q + \int_{2C1} \mathrm{d}Q = \int_{1B2} \mathrm{d}W + \int_{2C1} \mathrm{d}W \tag{2-3b}$$

式(2-3a) 减式(2-3b)，得

$$\int_{1A2} \mathrm{d}Q - \int_{1B2} \mathrm{d}Q = \int_{1A2} \mathrm{d}W - \int_{1B2} \mathrm{d}W$$

或

$$\int_{1A2} (\mathrm{d}Q - \mathrm{d}W) = \int_{1B2} (\mathrm{d}Q - \mathrm{d}W) \tag{2-3c}$$

式(2-3c) 表示体系由状态 1 到状态 2，不管是经过过程 $A$ 还是过程 $B$，$\int (\mathrm{d}Q - \mathrm{d}W)$ 的值相同，即变化量（$\mathrm{d}Q - \mathrm{d}W$）与变化途径无关，而只决定于起始点和终了点的状态，因此，（$\mathrm{d}Q - \mathrm{d}W$）应该是某一状态参数的全微分。现令该参数以 $E$ 表示，则式(2-3c) 可以积分为起始点和终了点的该状态参数之差，即

$$\int_1^2 (\mathrm{d}Q - \mathrm{d}W) = \int_1^2 \mathrm{d}E = E_2 - E_1$$

或

$$Q_{12} - W_{12} = E_2 - E_1 \tag{2-4}$$

式中，$Q_{12}$ 为过程中体系与外界之间交换的热量，对体系加热，$Q_{12}$ 取正值，反之，体系向外放热，$Q_{12}$ 取负值；$W_{12}$ 为过程中体系与外界之间交换的功，体系对外界做功，$W_{12}$ 取正值，反之，外界对体系做功，$W_{12}$ 取负值；$E_1$，$E_2$ 分别为体系起始、终了状态的总能量，取与功相同的单位。

式(2-4) 表明外界对体系的加热量减去体系对外界所做的功，将使体系本身的总能量增加，式(2-4) 也可写成

$$Q_{12} = E_2 - E_1 + W_{12} \tag{2-5a}$$

该式说明外界对体系的加热量等于体系总能量的变化，并对外界做功。

对于微元过程，式(2-5a) 可写成

$$\mathrm{d}Q = \mathrm{d}E + \mathrm{d}W \tag{2-5b}$$

式(2-4) 或式(2-5a) 与式(2-5b) 叫做热力学第一定律解析式。无论对于理想气体还是真实气体，可逆过程还是不可逆过程，流动的气体还是静止的气体，这个解析式都是适用的。

对于 1kg 气体而言，各种能量均用小写英文字母表示其物理量，热力学第一定律解析式可写成

$$q_{12}=e_2-e_1+w_{12} \tag{2-6a}$$
$$\mathrm{d}q=\mathrm{d}e+\mathrm{d}w \tag{2-6b}$$

在以后各章节中，若无特殊说明，可以认为体系的工质是 1kg。

式(2-4)或式(2-6)中的功和总能量，将根据具体情况确定，用不同的方法去划定体系（闭口体系或开口体系），或用不同的坐标系（即坐标固定在怎样的参考点上）去分析所研究的对象，它们的内容也就有所不同。这一点在以后的章节中将有所说明。

**【例 2-1】** 4kg 气体在进行状态变化过程中，加入热量 754kJ，并做功 490kJ，求在这一过程中每千克气体的能量变化合多少千焦？

**解：** 利用式(2-6)得每千克气体的能量变化为

$$e_2-e_1=q_{12}-w_{12}=\frac{1}{m}(Q_{12}-W_{12})=\frac{1}{4}\times(754-490)=66\mathrm{kJ/kg}$$

### 2.2.1 内部储存能

储存于系统内部的能量，称为热力学能（也称内能，以下统一用"内能"）。它与系统内工质的内部粒子微观运动和粒子的空间位置有关。

气体工质的内能包括下面几项：

① 分子的移动动能；

② 分子的转动动能；

③ 分子内部原子振动动能和位能，称为气体分子的内动能，它是温度的函数；

④ 分子间的位能。

气体的分子间存在着作用力，因此气体内部还具有因克服分子之间的作用力所形成的分子位能，也称气体的内位能。它是比容和温度的函数。

此外，分子的内部能量还有：与分子结构有关的化学能和原子内部的原子能等。由于我们所讨论的热力过程一般不涉及化学反应和核反应，因此这两部分能量保持不变。故一般热力学分析中的内能是分子内动能和内位能的总和，而它们都是和热能有关的能量，所以内能也称为热能。在涉及化学反应的化学热力学部分，应把化学能包括在内能之中。

通常用 $U$ 表示质量为 $m(\mathrm{kg})$ 的系统的内能，单位为 J，用 $u$ 表示单位质量工质的内能，称为比内能（简称内能），单位是 J/kg，并可写成

$$u=\frac{U}{m}$$

既然气体工质的内动能决定于工质的温度，内位能决定于工质的比容和温度，所以，气体工质的内能是其温度和比容的函数，即

$$u=f(T,v)$$

由此可见，工质内能决定于工质所处的状态，内能是状态参数。

### 2.2.2 外部储存能

外部储存能包括宏观动能和重力位能，它们的大小要借助在系统外的参考坐标系测得的参数来表示。

（1）宏观动能

系统作为一个整体，相对系统以外的参考坐标，因宏观运动速度而具有的能量，称为宏

观动能，简称动能，用 $E_k$ 表示。如果系统的质量为 $m$，速度为 $c$，则系统的动能为

$$E_k = \frac{1}{2}mc^2$$

（2）重力位能

系统由于重力场的作用而具有的能量称为重力位能，简称位能，用 $E_p$ 表示。如果系统的质量为 $m$，系统质量中心在参考坐标系中的高度为 $z$，则它的重力位能为

$$E_p = mgz$$

式中，$g$ 为重力加速度；$c$ 和 $z$ 是力学参数，处于同一热力状态的物体可以有不同的 $c$ 和 $z$，因此，$c$ 和 $z$ 是独立于热力系统内部状态的参数。系统的宏观动能和重力位能称为外部储存能，是系统本身所储存的机械能。

### 2.2.3 总储存能

总储存能（简称总能）为内能、动能和位能之和，即

$$E = U + E_k + E_p \tag{2-7}$$

如果系统的质量为 1kg，它的总能量称为比总能量，则

$$e = u + e_k + e_p = u + \frac{c^2}{2} + gz \tag{2-8}$$

系统总能的变化量可写成

$$dE = dU + dE_k + dE_p$$

和

$$\Delta E = \Delta U + \Delta E_k + \Delta E_p$$

在研究能量转换时，我们关心的是系统所储存能量的变化 $\Delta E$，而不是系统所储存能量的绝对值。对于内能，重要的也是其变化量 $\Delta U = U_2 - U_1 = \int_1^2 dU$，至于其绝对值，可根据使用方便而选定某一状态的内能值为基点，从而给出其他状态下内能的数值。

## 2.3 推动功/流动功

开口系统与外界交换的功除了前面已介绍过的容积变化功外，还有因工质出、入开口系统而传递的功，这种功叫推动功。推动功是为推动工质流动所必需的功，它常常是由泵、风机等所供给。

按照功的力学定义，推动功应等于推动工质流动的作用力和工质位移的乘积。如图 2-3 所示，现有质量为 $\delta m_{in}$ 的工质，在压力 $p_{in}$ 的作用下，位移 $dL$ 进入系统，则推动功 $\delta W_{f,in}$ 为

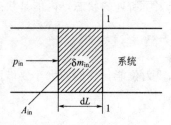

图 2-3 推动功示意图

$$\delta W_{f,in} = p_{in} A_{in} dL$$

式中，$A_{in}$ 代表截面积。显然，$A_{in} dL$ 即 $\delta m_{in}$ 所占的容积

$$A_{in} dL = dV_{in} = v_{in} \delta m_{in}$$

所以

$$\delta W_{f,in} = \delta m_{in} p_{in} v_{in}$$

如果质量为 1kg 的工质流进开口系统，则外界所需做出的推动功为

$$w_{f,in} = \frac{\delta W_{f,in}}{\delta m_{in}} = p_{in} v_{in}$$

同理，当系统出口处工质状态为（$p_{out}, v_{out}$）时，1kg 工质流出系统，系统所需做出的推动功为 $p_{out} v_{out}$。

可见，1kg 工质的推动功在数值上等于其压力和比容的乘积 $pv$。推动功又叫流动功。它是工质在流动中向前方传递的功，并且只有在工质流动过程中才出现。当工质不流动时虽然工质也具有一定的状态参数 $p$ 和 $v$，但这时的乘积 $pv$ 并不代表推动功。

## 2.4　热力学第一定律的基本能量方程式

### 2.4.1　闭口系统的能量方程式

为了定量分析系统在热力过程中的能量转换，需要根据热力学第一定律，导出参与能量转换的各项能量之间的数量关系式，这种关系式称为能量方程。

分析工质的各种热力过程时，一般来说，凡工质流动的过程，按开口系统分析比较方便；而工质不流动的过程，则按闭口系统分析。因此，对于闭口系统来说，比较常见的情况是在状态变化过程中，动能和位能的变化为零或可忽略不计。下面推导闭口系统的能量方程。

以活塞气缸间一定质量的工质为系统，按定义，这是一个闭口系统。设系统开始时处于平衡态 1，过程中系统吸热 $Q$，对外膨胀做功 $W$，最后到达平衡态 2。显然，在此过程中，系统的内能发生变化。

若进入系统的能量为 $Q$，离开系统的能量为 $W$，系统中储存能量的变化是 $\Delta U$，于是：

$$Q - W = \Delta U$$

即

$$Q = \Delta U + W \tag{2-9}$$

式中，$Q$ 代表在热力过程中闭口系统与外界交换的净热量，传热量 $Q$ 是过程量；$W$ 为闭口系统通过边界与外界交换的净功。对于没有表面效应、重力效应和电磁效应等的简单可压缩闭口系统，$W$ 为该系统与外界交换的容积变化功。在准静态过程中容积变化所做的功为

$$W = \int_1^2 p \, dV$$

式(2-9)是热力学第一定律的一个基本表达式，称为闭口系统能量方程，它对闭口系统各种过程（可逆过程或不可逆过程）、各种工质都适用。

如果在过程中，闭口系统与外界交换的功，除容积变化功外，还有其他形式的功（如电功等），则 $W$ 应为容积变化功及其他形式功的总和。

若考虑宏观动、位能参与能量转换时，闭口系统能量方程式（2-9）中的 $\Delta U$ 应改为前述的总储存能变化 $\Delta E$。

式（2-9）中规定，系统对外做功，$W$ 为正值；反之，$W$ 为负值。

对于微元过程，式（2-9）为

$$\delta Q = dU + \delta W \tag{2-10}$$

闭口系统经历一个循环时，由于 $\oint dU = 0$，所以

$$\oint \delta Q = \oint \delta W \tag{2-11}$$

式（2-11）是系统经历循环时的能量方程，由此可以看出，第一类永动机是不可能制造成功的。

### 2.4.2 开口系统的能量方程式

推导开口系统能量方程式常采用两种方法。一是选择一定的空间区域（例如热力设备）为开口系统，然后分别计算通过所选的开口系统边界与外界交换的能量及开口系统本身能量的变化，按照能量守恒的原则，列出能量平衡方程。另一种方法是将热力设备内的工质和流动工质一起取为复合的闭口系统，利用上节已导出的闭口系统能量方程式得到开口系统能量方程式。下面具体介绍第二种方法。

如图 2-4 所示，设图中虚线所围成的空间是某种热力设备，假定此热力设备内的工质在 $\tau$ 时刻的质量为 $m_\tau$，它具有的能量为 $E_\tau$，在 $\tau + \delta\tau$ 时刻具有的质量为 $m_{\tau+\delta\tau}$，能量为 $E_{\tau+\delta\tau}$。在时间间隔 $\delta\tau$ 内，有质量为 $\delta m_{in}$ 的工质流进此热力设备，而有质量为 $\delta m_{out}$ 的工质流出。进、出热力设备的工质状态参数分别为 $p_{in}$、$v_{in}$、$e_{in}$ 和 $p_{out}$、$v_{out}$、$e_{out}$。同时，还假定在时间间隔 $\delta\tau$ 内热力设备与外界交换的净热量为 $\delta Q$，与外界交换的净功为 $\delta W_{net}$。净功应包含沿开口系统边界与外界交换的除推动功以外的所有功的总和。

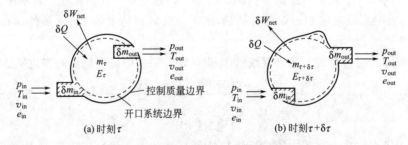

图 2-4 开口系能量方程推导示意图

现在取实线所围成的部分作为热力系统。显然，这是一个具有一定质量的闭口系统。在 $\tau$ 时刻，此闭口系统的能量为 $E_\tau + e_{in}\delta m_{in}$，在 $\tau + \delta\tau$ 时刻，它的能量为 $E_{\tau+\delta\tau} + e_{out}\delta m_{out}$。因此，在时间间隔 $\delta\tau$ 内，闭口系统能量的变化为：

$$
\begin{aligned}
dE &= (E_{\tau+\delta\tau} + e_{out}\delta m_{out}) - (E_\tau + e_{in}\delta m_{in}) \\
&= (E_{\tau+\delta\tau} - E_\tau) + (e_{out}\delta m_{out} - e_{in}\delta m_{in}) \\
&= dE_{c,v} + (e_{out}\delta m_{out} - e_{in}\delta m_{in})
\end{aligned}
$$

式中，$dE_{c,v}$ 为热力设备内的储存能变化。

闭口系统与外界交换的功由以下两部分组成。

质量为 $\delta m_{in}$ 与 $\delta m_{out}$ 的工质在边界处与外界交换的功，也就是 $\delta m_{in}$ 与 $\delta m_{out}$ 工质在进、出热力设备时的推动功。因此这一部分功等于 $(p_{out}v_{out}\delta m_{out} - p_{in}v_{in}\delta m_{in})$。

热力设备在时间间隔 $\delta\tau$ 内与外界交换的除推动功以外的净功 $\delta W_{net}$。

所以，闭口系统在时间间隔 $\delta\tau$ 内与外界交换的功为

$$\delta W = \delta W_{net} + (p_{out}v_{out}\delta m_{out} - p_{in}v_{in}\delta m_{in})$$

根据闭口系统能量方程式，得

$$\delta Q = dE_{c,v} + (e_{out}\delta m_{out} - e_{in}\delta m_{in}) + (p_{out}v_{out}\delta m_{out} - p_{in}v_{in}\delta m_{in}) + \delta W_{net} \tag{2-12}$$

考虑到在单位质量储存能 $e$ 中包含状态参数 $u$，而且 $pv$ 也是状态参数的一种乘积，为了方便起见，通常将它们两者合在一起，用符号 $h$ 代表，即定义

$$h = u + pv \tag{2-13}$$

或

$$H = U + PV \tag{2-14}$$

式中，$H$ 称为焓，而 $h$ 称为比焓（以后有时也简称为焓）。显然，这样定义的焓与是否流动毫无关系，即对于流动或不流动时都适用。

利用比焓的定义，式(2-12)可写为

$$\delta Q = dE_{c,v} + \left(h + \frac{c^2}{2} + gz\right)_{out}\delta m_{out} - \left(h + \frac{c^2}{2} + gz\right)_{in}\delta m_{in} + \delta W_{net} \tag{2-15}$$

式(2-12)与式(2-15)实质上是热力设备的能量方程，而热力设备本身是一种开口系统，因此这两个式子通常称为"开口系统的能量方程"。

将式(2-15)两边除以 $\delta\tau$，得

$$\frac{\delta Q}{\delta\tau} = \frac{dE_{c,v}}{\delta\tau} + \frac{\delta m_{out}}{\delta\tau}\left(h + \frac{c^2}{2} + gz\right)_{out} - \frac{\delta m_{in}}{\delta\tau}\left(h + \frac{c^2}{2} + gz\right)_{in} + \frac{\delta W_{net}}{\delta\tau}$$

令 $\dot{Q} = \lim\limits_{\delta\tau\to 0}\frac{\delta Q}{\delta\tau}$，$\dot{m}_{out} = \lim\limits_{\delta\tau\to 0}\frac{\delta m_{out}}{\delta\tau}$，$\dot{m}_{in} = \lim\limits_{\delta\tau\to 0}\frac{\delta m_{in}}{\delta\tau}$ 以及 $\dot{W}_{net} = \lim\limits_{\delta\tau\to 0}\frac{\delta W_{net}}{\delta\tau}$，则得到以传热率、功率等形式表示的开口系统能量方程：

$$\dot{Q} = \frac{dE_{c,v}}{\delta\tau} + \dot{m}_{out}\left(h + \frac{c^2}{2} + gz\right)_{out} - \dot{m}_{in}\left(h + \frac{c^2}{2} + gz\right)_{in} + \dot{W}_{net} \tag{2-16}$$

式中，$\dot{Q}$ 为传热率，表示单位时间内开口系统与外界交换的热量，单位为 J/s 或 kJ/s；$\dot{m}_{in}$ 与 $\dot{m}_{out}$ 分别为开口系统进、出口处的质量流率，单位为 kg/s，也可用 $q_{min}$、$q_{mout}$ 表示；$\dot{W}_{net}$ 为开口系统与外界交换的净功率，单位为 W 或 kW；$\dfrac{dE_{c,v}}{\delta\tau}$ 为单位时间内开口系统储存能的变化。

倘若进、出开口系统的工质有若干股，则上式可写成

$$\dot{Q} = \frac{dE_{c,v}}{\delta\tau} + \sum\dot{m}_{out}\left(h + \frac{c^2}{2} + gz\right)_{out} - \sum\dot{m}_{in}\left(h + \frac{c^2}{2} + gz\right)_{in} + \dot{W}_{net} \tag{2-17}$$

式(2-12)、式(2-15)～式(2-17)是开口系统能量方程的一般形式，结合具体情况可简化成各种不同的形式。

## 2.5 焓

上面已定义了焓，从它的定义式(2-13)可以看出，由于 $u$、$p$、$v$ 都是状态参数，故 $h$ 也必

为一种状态参数，并可写成任意两个独立参数的函数形式，例如 $h=f(T,p)$ 或 $h=f(T,v)$。

在分析开口系统时，因为有工质的流动，内能 $u$ 与推动功 $pv$ 必然同时出现，在此特定情况下，焓可以理解为由于工质流动而携带的、取决于热力状态参数的能量，即内能与推动功的总和。

焓既然作为一种客观存在的状态参数，不仅在开口系统中出现，而且分析闭口系统时，它同样存在。但在分析闭口系统时，焓的作用相对次要些，一般使用内能参数。然而，在分析闭口系统经历定压变化时，焓却有其特殊作用。由闭口系统能量方程式（2-9）可知，当其经历定压过程时 $W=p\cdot\Delta V$，因而

$$Q_p=\Delta U+p\Delta V=\Delta(U+pV)=\Delta H$$

也就是说，焓的变化等于闭口系统定压过程中与外界交换的热量。

焓的单位是 J 或 kJ，比焓的单位为 J/kg 或 kJ/kg。

工程上，我们关心的是在热力过程中工质焓的变化，而不是工质在某状态下焓的绝对值。因此，与内能一样，焓的起点可人为规定，但如果已预先规定了内能的起点，焓的数值必须根据其定义式确定。

【例 2-2】 由压缩空气总管向储气罐充气（参见图 2-5）。如果总管中气体的参数保持恒定，并且罐壁是绝热的，试导出此充气过程的能量方程。

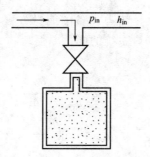

图 2-5 充气过程示意图

**解：** 开口系统的能量方程是普遍适用的。但结合具体情况可予以简化。

取储气罐作为系统。显然这是一个开口系统。设在 $\delta\tau$ 时间内充入储气罐的质量为 $\delta m_{in}$。开口系统的能量方程为

$$\delta Q=\delta m_{out}\left(h+\frac{c^2}{2}+gz\right)_{out}-\delta m_{in}\left(h+\frac{c^2}{2}+gz\right)_{in}+\delta W_{net}+dE_{c,v}$$

根据题意，对上式可作如下的简化：

① 因储气罐是绝热的，故 $\delta Q=0$；

② 储气罐没有气体流出，故 $\delta m_{out}=0$；

③ 开口系统与外界没有功传递，即 $\delta W_{net}=0$；

④ 储气罐内气体无宏观运动，且忽略它的重力位能，即 $\left(\frac{c^2}{2}+gz\right)_{c,v}=0$；

⑤ 充气的动、位能均很小，可忽略，即 $\frac{c_{in}^2}{2}+gz_{in}=0$。

将上述条件代入能量方程，得

$$h_{in}\delta m_{in}=dE_{c,v}=dU_{c,v}$$

如果在 $\tau$ 时间内进入此储气罐的质量为 $m_{in}$，则

$$\int_0^\tau dU_{c,v} = \int_0^{m_{in}} h_{in} \delta m_{in}$$

因 $h_{in}$ 恒定，可得 $\Delta U_{c,v} = h_{in} m_{in}$。

这说明，充气过程中，储气罐内气体内能的增量等于充入气体带入的焓。

## 2.6 稳定流动能量过程

### 2.6.1 稳定流动能量方程

工程上，一般热力设备除了启动、停止或加减负荷外，常处在稳定工作的情况下，即开口系统内任何一点的工质，其状态参数均不随时间改变，通常称为稳定流动过程或稳态稳流过程。反之，则为不稳定流动或瞬变流动过程。

稳定流动系统进、出口处工质的质量流率相等，即 $\dot{m}_{in} = \dot{m}_{out} = \dot{m}$，且不随时间变化，系统内工质数量保持不变，即 $\dfrac{\delta m_{c,v}}{d\tau} = 0$，储存的能量也保持不变，即 $\dfrac{dE_{c,v}}{d\tau} = 0$，为此则要求传热率 $\dot{Q}$ 和 $\dot{W}$ 不变，并且单位时间内进入系统的能量和离开系统的能量相平衡。

将上述稳定流动的条件，代入开口系统能量方程的一般式(2-16)，可得出

$$\dot{Q} = \dot{m}\left[\left(h + \frac{c^2}{2} + gz\right)_{out} - \left(h + \frac{c^2}{2} + gz\right)_{in}\right] + \dot{W}_{net}$$

用 $\dot{m}$ 除上式，并令 $q = \dfrac{\dot{Q}}{\dot{m}}$，$w_{net} = \dfrac{W_{net}}{\dot{m}}$，可得出每千克工质流经开口系统时的能量方程式，即

$$q = (h_{out} - h_{in}) + \frac{1}{2}(c_{out}^2 - c_{in}^2) + g(z_{out} - z_{in}) + w_{net}$$

或

$$q = \Delta h + \frac{1}{2}\Delta c^2 + g\Delta z + w_{net}$$

式中，$q$ 代表每千克工质流经开口系统时与外界交换的热量，单位为 J/kg 或 kJ/kg；$w_{net}$ 表示与外界交换的净功量，单位为 J/kg 或 kJ/kg。此时由于无其他的边界功，所以开口系统的净功只有热力设备与外界交换的机械功。在工程上这个机械功常常通过转动的轴输入、输出，所以习惯上称之为轴功，这里用 $W_s$（或 $w_s$）表示。上式中 $w_{net} = w_s$，则

$$q = \Delta h + \frac{1}{2}\Delta c^2 + g\Delta z + w_s \tag{2-18}$$

对于微元的流动过程，则有

$$\delta q = dh + \frac{1}{2}dc^2 + g\,dz + \delta w_s \tag{2-19}$$

当流过 $m$ 千克工质时，稳定流动能量方程式为

$$Q = \Delta H + \frac{1}{2}m\Delta c^2 + mg\Delta z + W_s \tag{2-20}$$

其微分形式为

$$\delta Q = dH + \frac{1}{2}m\,dc^2 + mg\,dz + \delta W_s \tag{2-21}$$

在式(2-18)和式(2-20)中，等式右边的后三项是工程技术上可利用的能量，将它们合并在一起，以符号 $W_t$（或 $w_t$）表示，称为技术功，即

$$W_t = \frac{1}{2}m\,\Delta c^2 + mg\,\Delta z + W_s$$

或

$$w_t = \frac{1}{2}\Delta c^2 + g\,\Delta z + w_s \tag{2-22}$$

利用技术功将稳定流动能量方程写成下列形式：

$$q = \Delta h + w_t \tag{2-23}$$

及

$$\delta q = dh + \delta w_t \tag{2-24}$$

或

$$Q = \Delta H + W_t \tag{2-25}$$

$$\delta Q = dH + \delta W_t \tag{2-26}$$

综上可见，在稳定流动过程中，技术功 $w_t$ 是由 $q-\Delta h$ 转换而来的，而式(2-22)表示了技术功的实际表现形式。

式(2-18)~式(2-26)是稳定流动能量方程的不同表达式。导出这些方程时，除了应用稳定流动的条件外，别无其他限制，所以这些方程对于任何工质、任何稳定流动过程，包括可逆和不可逆的稳定流动过程，都是适用的。

对于周期性动作的热力设备，如果每个周期内，它与外界交换的热量、功量保持不变，与外界交换的质量保持不变，进、出口截面上工质参数的平均值保持不变，仍然可用稳定流动能量方程分析其能量转换关系。

### 2.6.2 稳定流动过程中几种功的关系

到目前为止，我们已介绍过在简单可压缩系统中容积变化功 $W$、推动功 $W_f$、技术功 $W_t$ 和轴功 $W_s$，下面推导在稳定流动过程中这些功量之间的关系。

在稳定流动过程中，由于开口系本身的状况不随时间而变，因此整个流动过程的总效果相当于一定质量的工质从进口截面穿过开口系，在其中经历了一系列的状态变化，由进口截面处的状态1变化到出口截面处的状态2，并与外界发生功量和热量的交换。这样，开口系稳定流动能量方程也可看成是流经开口系的一定质量的工质的能量方程。

另一方面，由前已知闭口系能量方程也是描述一定质量工质在热力过程中的能量转换关系的。所以，式(2-20)与式(2-9)应该是等效的。对比这两个方程：

$$Q = \Delta U + \Delta(pV) + \frac{1}{2}m\,\Delta c^2 + mg\,\Delta z + W_s$$

$$Q = \Delta U + W$$

可得

$$W = \Delta(pV) + \frac{1}{2}m\,\Delta c^2 + mg\,\Delta z + W_s$$

对于 1kg 工质则为

$$w = \Delta(pv) + \frac{1}{2}\Delta c^2 + g\Delta z + w_s$$

对于由工质组成的简单可压缩系统，式中的 $w$ 就是工质在热力过程中与外界交换的容积变化功（或称膨胀功）。因此，工质在稳定流动过程中所做的膨胀功，一部分消耗于维持工质进出开口系统时的推动功代数和，一部分用于增加工质的宏观动能和重力位能，其余部分才作为热力设备输出的轴功。

考虑到前面定义的技术功 $w_t$，则上式可改写为

$$w = \Delta(pv) + w_t$$

或

$$w_t = w - \Delta(pv)$$

此式表明，工质稳定流经热力设备时所做的技术功等于膨胀功与推动功差值的代数和。

### 2.6.3　准静态条件下的技术功 $w_t$

对于简单可压缩系统的准静态过程，膨胀功 $w = \int_1^2 p\,\mathrm{d}v$ ，则

$$w_t = \int_1^2 p\,\mathrm{d}v - (p_2 v_2 - p_1 v_1) = \int_1^2 p\,\mathrm{d}v - \int_1^2 \mathrm{d}(pv) = -\int_1^2 v\,\mathrm{d}p \qquad (2\text{-}27)$$

根据式(2-27)，准静态过程的技术功在 $p$-$v$ 图上可以用过程线左侧的一块面积表示，如图 2-6 所示的面积 $12ba1$。

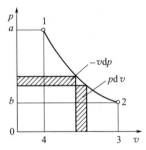

图 2-6　技术功与膨胀功关系图

由图 2-6 可见，

$$w_t = S_{12ba1} = S_{12341} + S_{140a1} - S_{230b2}$$

式中，$S$ 表示面积。

这同样表明，工质稳定流经热力设备时所做的技术功为膨胀功与推动功差值的代数和。

式(2-27)中，比容 $v$ 恒为正值，积分号前的负号表示技术功的正负与 $\mathrm{d}p$ 相反。若 $\mathrm{d}p < 0$，也就是说过程中工质压力降低，则技术功为正，对外界做功，例如蒸汽机、汽轮机和燃气透平等；反之，若 $\mathrm{d}p > 0$，即过程中工质压力升高，则技术功为负，外界对工质做功，例如风机、压气机和泵等。

### 2.6.4　准静态条件下热力学第一定律的两个解析式

将式(2-27)代入式(2-23)，则在准静态条件下稳定流动能量方程可写成如下形式

$$q = \Delta h - \int_1^2 v\,\mathrm{d}p \qquad (2\text{-}28)$$

或其微分形式为

$$\delta q = \mathrm{d}h - v\mathrm{d}p \tag{2-29}$$

式(2-28) 可利用焓的定义式改写为

$$q = \Delta u + p_2 v_2 - p_1 v_1 - \int_1^2 v\mathrm{d}p = \Delta u + \int_1^2 p\mathrm{d}v \tag{2-30}$$

由此可见，式(2-28) 与式(2-30) 这两个表达式形式上似乎不同，其实质是相同的，统称准静态条件下热力学第一定律的解析式，既适用于闭口系统准静态过程，又适用于开口系统准静态稳定流动过程。

若工质进、出热工设备的宏观动能和宏观重力位能的变化量很小，可忽略不计，则技术功等于轴功，即 $w_t = w_s$。

### 2.6.5  准静态稳流过程中的机械能守恒关系式

将式(2-27) 代入式(2-22)，还可得到准静态稳流过程中的机械能守恒式

$$\int_1^2 v\mathrm{d}p + \frac{1}{2}\Delta c^2 + g\Delta z + w_s = 0 \tag{2-31}$$

对于有摩擦现象的准静态稳流过程，可类似得到广义的机械能守恒式

$$\int_1^2 v\mathrm{d}p + \frac{1}{2}\Delta c^2 + g\Delta z + w_s + w_F = 0 \tag{2-32}$$

式中，$w_F$ 代表克服摩擦阻力所做的功。

在式(2-31) 与式(2-32) 中，若工质不对外做出轴功，则可分别改写为

$$\int v\mathrm{d}p + \frac{1}{2}\Delta c^2 + g\Delta z = 0 \tag{2-33}$$

与

$$\int v\mathrm{d}p + \frac{1}{2}\Delta c^2 + g\Delta z + w_F = 0 \tag{2-34}$$

以上两式分别称为伯努利（Bernoulli）方程与广义的伯努利方程，它反映了压力、速度、重力位能及摩擦阻力之间转换关系，是流体力学的基本方程之一。

## 2.7  能量方程式的应用

本节分析几种常用的热力设备，说明稳定流动能量方程的应用。

### 2.7.1  动力机

利用工质膨胀而获得机械功的热力设备，称为动力机械，如燃气涡轮、汽轮机等，参见图 2-7。工质流经动力机械时，工质膨胀，压力降低，对外做轴功。由于工质进、出口速度相差不大，故可认为 $(c_2^2 - c_1^2)/2 \approx 0$；进、出口高度差很小，即 $g(z_2 - z_1) \approx 0$；又因工质流经动力机械所需的时间很短，可近似看成绝热过程，因此，稳定流动能量方程简化为

$$w_s = h_1 - h_2$$

这就是说，动力机械对外做出的轴功是依靠工质的焓降转变而来的。

图 2-8 显示了一个实际热力发电厂汽轮机各部位的参数。

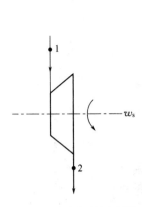

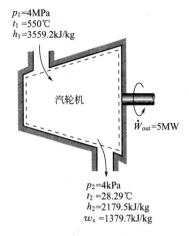

图 2-7　动力机械示意图　　　　　图 2-8　汽轮机参数

### 2.7.2　压力机

当工质流经泵、风机、压气机等一类压缩机械时受到压缩，压力升高，外界对工质做功，情况与上述动力机恰恰相反。一般情况下，进、出口工质的动、位能差均可忽略，如无专门冷却措施，工质对外略有散热，但数值很小，可略去不计，因此，稳定流动能量方程可写成

$$-w_s = h_2 - h_1$$

即工质在压缩机械中被压缩时外界所做的轴功等于工质焓的增加。

倘若压气机的散热量不能忽略，则

$$w_s = h_1 - h_2 + q$$

图 2-9 显示了一个实际空气压缩机各部位的参数。

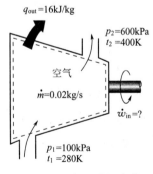

图 2-9　空气压缩机参数

### 2.7.3　换热器

图 2-10 为换热器示意图。工质流经换热器时，通过管壁与另外一种流体交换热量。显然，这种情况下，$w_s = 0$，$g(z_2 - z_1) = 0$，又由于进、出口工质速度变化不大，则 $(c_2^2 - c_1^2)/2 \approx 0$，根据稳定流动能量方程，可得

$$q = h_2 - h_1$$

即工质吸收的热量等于焓的增量。如果算出的 $q$ 为负值，则说明工质向外放热。

图 2-11 为一个实际换热器的换热流程和参数点，工质 R134a 被水从 70℃冷却到 35℃，同时水从 15℃被加热到 25℃。

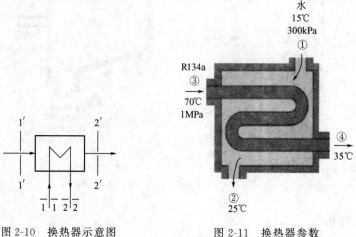

图 2-10　换热器示意图　　　　　图 2-11　换热器参数

## 2.7.4　特殊管道

喷管是一种特殊的管道，是汽轮机中热功转换的主要部件。工质流经喷管后，压力下降，速度增快，参看图 2-12。

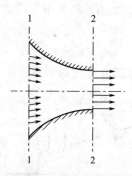

图 2-12　工质流经喷管后速度增快

通常，工质位能变化可忽略；由于管内流动，不对外做轴功，$w_s = 0$；又因工质流速一般很高，可按绝热处理，因此，稳定流动能量方程可写成

$$\frac{1}{2}(c_2^2 - c_1^2) = h_1 - h_2$$

即工质动能的增量等于其焓降。

上式还可表示成出口流速的表达式：

$$c_2 = \sqrt{2(h_1 - h_2) + c_1^2}$$

## 2.7.5　绝热节流

工程上最常见的就是流体管道上的各种阀门，这些阀门的开启，改变了管道的流通面

积。工质在管内流过这些缩口或狭缝时，会遇到阻力，使工质的压力降低，形成旋涡，这种现象称为节流，参看图 2-13。

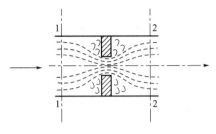

图 2-13　绝热节流

工质以速度 $c_1$ 在管内流动，当接近缩口（例如闸板）时，由于通道面积突然缩小，流速剧增。经过缩口后，通道截面扩大，流速又渐降低。因为流经缩口的时间极短可看作绝热，同时对外又不做功，位能差通常可略去不计。由于在缩口处工质内部产生强烈扰动，存在旋涡，即使同一截面上，各同名参数值也不相同，故不便分析，但在距缩口稍远的上、下游处，呈稳定面处的流速变化不大，且同一截面上各同名参数值均匀一致，这时，一般情况下，上、下游截面处的流速变化不大，动能差也常可忽略。因此，稳定流动能量方程可简化为

$$h_2 = h_1$$

即在忽略动、位能变化的绝热节流过程中，节流前后的工质焓值相等。但需注意，由于在上、下游截面之间，特别在缩口附近，流速变化很大，焓值并不处处相等，即不能把此绝热节流过程理解为定焓过程。

## 思考题

[2-1] 工质膨胀时是否必须对工质加热？工质边膨胀边放热可能否？工质边被压缩边吸入热量可以否？工质吸热后内能一定增加？对工质加热，其温度反而降低，有否可能？

[2-2] 一绝热刚体容器，用隔板分成两部分，左边储有高压理想气体（内能是温度的单值函数），右边为真空。抽去隔板时，气体立即充满整个容器。工质内能、温度将如何变化？如该刚体容器为绝对导热的，则工质内能、温度又如何变化？

[2-3] 图 2-14 中，过程 1-2 与过程 1-a-2 有相同的初、终点，试比较 $W_{12}$ 与 $W_{1a2}$，$\Delta U_{12}$ 与 $\Delta U_{1a2}$，$Q_{12}$ 与 $Q_{1a2}$。

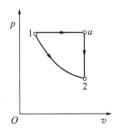

图 2-14　思考题 2-3 图

[2-4] 推动功与过程有无关系？

[2-5] 你认为"任何没有体积变化的过程就一定不对外做功"的说法是否正确？

[2-6] 说明下述说法是否正确：（1）气体膨胀时一定对外做功；（2）气体压缩时一定消耗外功。

[2-7] 下列各式是否正确：

$$\delta q = \mathrm{d}u + \delta w$$
$$\delta q = \mathrm{d}u + p\,\mathrm{d}v$$
$$\delta q = \mathrm{d}u + \mathrm{d}(pv)$$

各式的使用条件是什么？

 **习题** ▶▶

[2-1] 试判断下列各式是否正确。正确者打"对"，错误者打"错"，并改正。

(1) 热力学第一定律解析式可写为 $q = \Delta u + pv$                                      （　　）

(2) 闭口体系能量方程式可写为 $q = \Delta h + \int_{1}^{2} p\,\mathrm{d}v$                   （　　）

(3) 开口体系能量方程式可写成 $\mathrm{d}q = \mathrm{d}u + \mathrm{d}\left(\dfrac{c^2}{2}\right) + \mathrm{d}w_{\mathrm{net}}$           （　　）

[2-2] 怎样判断理想气体的内能是否发生变化？为气体加热，气体的内能是否一定会发生变化？为什么？

[2-3] 开口体系能量方程式能否写成如下形式：$q_{12} + w_{\mathrm{net}} = E_2 - E_1$，式中 $E = h + c^2/2$。若能够，请说明该式的物理意义。

[2-4] 气体作绝热流动时，气体的参数按以下关系 $pv = $ 常数进行变化，试证明压力功为

$$\int_{1}^{2} - v\,\mathrm{d}p = \frac{\gamma}{\gamma - 1}(p_1 v_1 - p_2 v_2)$$

[2-5] 如果将涡轮喷气发动机中的压气机、燃烧室和涡轮中的气体分别作为研究对象，试分析各体系与外界有哪些能量交换，并请分别列出它们的能量方程式。

[2-6] 闭口体系的能量方程式和焓的定义式分别为

$$\mathrm{d}q = \mathrm{d}u + p\,\mathrm{d}v;\quad \mathrm{d}h = \mathrm{d}u + \mathrm{d}(pv)$$

两式的形式非常相像，为什么 $q$ 不是状态参数而 $h$ 却是状态参数？

[2-7] 汽缸内储有完全不可压缩的流体，汽缸的一端被封闭，另一端是活塞。汽缸是静止的且与外界无热交换。试问：（1）活塞能否对流体做功？（2）流体的压力会改变吗？（3）若使用某种方法把流体压力从 2bar 提高到 40bar，则内能和焓有无变化？为什么？

[2-8] 容积功、推（流）动功、压力功和叶轮（轴）功各有何区别？有何联系？试用 $p$-$V$ 图说明。

[2-9] 为什么 $pv$ 项出现在开口体系能量方程式中，而不出现在闭口体系能量方程式中？$pv$ 是不是储存能？

[2-10] 对气体加入 12kJ 的热量，使气体内能增加 75kJ，这是压缩过程还是膨胀过程？外功是多少？

[2-11] 为保证适宜的座舱温度，需要从压气机分别引入冷、热空气调节温度，若冷空气温度为 5℃，热空气的温度为 200℃，问每混合 1kg 温度为 15℃ 的混合气，需要多少热空气和冷空气（设混合前后的空气压力不变）。

[2-12] 储存空气的汽缸容积为 0.4m³，汽缸内的空气压力 $p_1 = 5\mathrm{bar}$，温度 $t_1 = 400℃$，

在定压条件一下从空气中抽出热量，使过程终了时空气的温度 $t_2＝0℃$，求：抽出的热量、终态容积、内能变化和对空气所作的压缩功。（设空气的气体常数为 287J/(kg·K)）

[2-13] 某燃气轮机装置，在稳定工况下工作（见图 2-15）。压气机进口处，气体的焓为 $h_1＝280kJ/kg$，出口处气体的焓为 $h_2＝560kJ/kg$ 经过燃烧室时，每千克气体的吸热量为 $q_{2-3}＝650kJ/kg$；流经涡轮做功后，涡轮出口处气的焓为 $h_4＝750kJ/kg$。假设忽略散热损失及燃气轮机进出口气体的动能差，并且忽略加入的燃料量。试求：

（1）每千克气体流经涡轮时所做的功；

（2）每千克气体流经燃气轮机装置时，装置所做的功；

（3）若气体流量为 5kg/s，计算燃气轮机装置的功率。

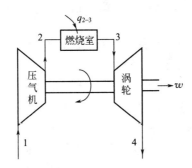

图 2-15　习题 2-13 图

[2-14] 有一台锅炉每小时生产水蒸气 40t，已知供给锅炉的水的焓为 417.4kJ/kg，而锅炉生产的水蒸气的焓为 2874kJ/kg，煤的发热量为 30000kJ/kg。若水蒸气和水的流速及离地高度的变化可忽略不计，试求当燃烧产生的热中利用于产生水蒸气的比率即锅炉的效率为 0.85 时，锅炉每小时的耗煤量。

[2-15] 容器由隔板分成两部分，如图 2-16 所示。左边盛有压力为 600kPa，温度为 27℃ 的空气，右边则为真空，而容积为左边的 5 倍。如果将隔板抽出，空气迅速膨胀充满整个容器。试求最后容器内的压力和温度。设膨胀是在绝热条件下进行的。

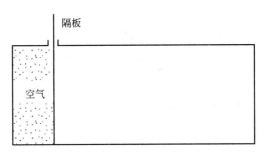

图 2-16　习题 2-15 图

[2-16] 空气在某压气机中被压缩，压缩前空气的参数是：$p_1＝1bar$，$v_1＝0.85m^3/kg$；压缩后的参数是：$p_2＝8bar$，$v_2＝0.175m^3/kg$。设在压缩过程中每千克空气的内能增加 146kJ，同时向外放出热量 50kJ，压气机每分钟生产压缩空气 10kg。求：

（1）在压缩过程中对每千克气体所做的功；

（2）每生产 1kg 的压缩空气所需的功（压力功）；

（3）带动此压气机至少要用多大功率的电动机。

# 第**3**章

# 理想气体的热力性质和过程

## 3.1 理想气体及其状态方程

凡遵循克拉贝龙（Clapeyron）状态方程的气体，称为理想气体。对于不同物量的气体，克拉贝龙状态方程有下列几种形式：

$$pv = RT \qquad \text{（对 1kg 气体）} \tag{3-1a}$$

$$pV_m = R_m T \qquad \text{（对 1kmol 气体）} \tag{3-1b}$$

$$pV = mRT = nR_m T \qquad \text{（对 } m \text{ kg 或 } n \text{ kmol 气体）} \tag{3-1c}$$

式中，$V_m$ 为摩尔容积。按阿伏加德罗假说，在相同压力和温度下，各种气体的摩尔容积相同。在标准状态（$T_0 = 273.15\text{K}$，$p_0 = 1.01325 \times 10^5\text{Pa}$）下，各种理想气体的 $V_m$ 均相同，都是 $22.414\text{m}^3/\text{kmol}$。

$R_m$ 是摩尔气体常数。按照阿伏加德罗假说，由式（3-1b）可以得出，$R_m$ 不仅与气体所处的状态无关，而且还与气体种类无关，因此又称为通用气体常数。$R_m$ 值的大小可根据标准状态参数由式（3-1b）确定，即

$$R_m = \frac{1.01325 \times 10^5 \times 22.414}{273.15} = 8314\text{J}/(\text{kmol} \cdot \text{K})$$

选用不同的 $p$，$V_m$，$T$ 单位，$R_m$ 单位和数值也不相同，参见表 3-1。$R$ 是气体常数，它与所处状态无关，但随气体种类而异。气体常数 $R$ 与通用气体常数 $R_m$ 的关系为

$$R_m = M \cdot R \tag{3-2}$$

式中，$M$ 为摩尔质量。不同气体其 $M$ 值不同，$R$ 亦不同。例如，氧、氮和空气的 $M$ 值分别为 $32.00\text{kg/kmol}$，$28.02\text{kg/kmol}$ 和 $28.97\text{kg/kmol}$，则氧、氮和空气的 $R$ 值分别为 $259.8\text{J}/(\text{kg} \cdot \text{K})$，$296.8\text{J}/(\text{kg} \cdot \text{K})$ 和 $287.1\text{J}/(\text{kg} \cdot \text{K})$。

表 3-1  不同单位时通用气体常数 $R_m$ 值

| $R_m$ | 单位 |
| --- | --- |
| 8.314 | kJ/(kmol · K) |
| 8314 | J/(kmol · K) |
| 1.986 | kcal/(kmol · K) |

克拉贝龙状态方程描述了同一状态下理想气体 $p$，$V$，$T$ 三个参数之间的关系。由于它只适用于理想气体，故又称理想气体状态方程。

运用理想气体状态方程进行计算时，有三点必须注意：

(1) 必须采用绝对压力，而不能用表压力；

（2）必须使用热力学温度，而不能用摄氏温度或华氏温度；

（3）$p$，$V$，$V_m$，$T$，$M$ 等量的单位必须与通用气体常数 $R_m$ 的单位协调一致。例如，若 $R_m$ 的单位取 [J/(kmol·K)]，则其他参数的单位应如表 3-2 所示。

表 3-2　$R_m$ 单位为 J/(kmol·K) 时其他参数的单位

| $R_m$ | $p$ | $T$ | $V$ | $m$ | $M$ | $V_m$ |
|---|---|---|---|---|---|---|
| 8314J/(kmol·K) | Pa | K | m³ | kg | kg/kmol | m³/kmol |

克拉贝龙状态方程只是气体性质的一种近似描述。当气体的密度很大时，各种气体的 $p$，$V$，$T$ 之间的关系就会显著地偏离这个方程，即使在低密度条件下，两者也只是大致相符。只有当气体的压力极低，即 $p \to 0$，$V \to \infty$ 时，气体的性质才能完全符合这一方程。因此，理想气体可看作实际气体的压力 $p \to 0$，比容 $v \to \infty$ 时的极限状态的气体。借助于对这种极限状态下的气体所作的微观分析，可以建立理想气体的物理模型。

实际气体分子本身具有体积，分子之间存在相互作用力，这两项因素对于分子的运动状况均产生一定的影响。但是，当气体的密度比较低，即分子间的平均距离比较大时，分子本身所占的体积与气体的总容积相比，是微乎其微的，分子间的作用力也极其微弱，特别是当 $p \to 0$，$v \to \infty$ 时，上述两种因素的作用更趋近于零。因此可认为理想气体是一种假想的气体，它的分子是一些弹性的、不占据体积的质点，分子之间除了相互碰撞外，没有相互作用力。

那么，实际计算中，如何确定某种气体能否看作理想气体？一般来说，当温度不太低、压力不太高时（例如常温下压力不超过 7MPa），对于氧、氮、氢、一氧化碳、空气等单原子或双原子气体，它们的性质很接近理想气体，误差不会超过百分之几，计算时可作为理想气体处理。因此对于常用工质——空气、燃气，在一般计算中，都可视为理想气体。然而，对于 $CO_2$，$H_2O$ 等三原子气体，则需要按照实际气体处理，除非它们在混合气体中的分压力很低时，例如大气中的水蒸气和烟气中的 $CO_2$ 气，可视为理想气体处理。

## 3.2　理想气体的比热容

应用能量方程分析热力过程时，涉及内能和焓的变化以及热量的计算。这些都要借助于热容。

### 3.2.1　热容的定义

系统温度升高 1K（或 1℃）所需要的热量，称为热容量，简称热容。

热容的单位取决于热量和物质量的单位。

如果物质量的单位采用千克（kg），则相应的热容称为质量热容，以 $c$ 表示，单位为 J/(kg·K) 或 kJ/(kg·K)，其定义式表示为

$$c = \frac{\delta q}{dT} \tag{3-3}$$

如果物质量的单位采用摩尔（mol），则相应的热容称为摩尔热容，以 $C_m$ 表示，单位为 J/(kmol·K) 或 kJ/(kmol·K)。

如果物质量的单位采用标准状态下的立方米（m³），则相应的热容称为容积热容，以 $C'$ 表示，单位为 J/(m³·K) 或 kJ/(m³·K)。

三者之间的换算关系为

$$C_m = Mc = 22.414C' \tag{3-4}$$

### 3.2.2 理想气体的比定容热容和比定压热容

热量是过程量，因此在不同的加热过程中，比热容的值是不同的，即比热容与过程的特征有关。在热工计算中常用的是定容过程和定压过程中的比热容，它们相应地称为比定容热容和比定压热容，其定义式分别为

$$c_V = \frac{\delta q_V}{dT} \tag{3-5}$$

$$c_p = \frac{\delta q_p}{dT} \tag{3-6}$$

根据热力学第一定律，能量方程为

$$\delta q = du + p\,dv = dh - v\,dp$$

由于内能是状态参数，$u = f(T, v)$，则 du 为全微分，可表示为

$$du = \left(\frac{\partial u}{\partial T}\right)_v dT + \left(\frac{\partial u}{\partial v}\right)_T dv$$

代入上述能量方程，得

$$\delta q = \left(\frac{\partial u}{\partial T}\right)_v dT + \left[\left(\frac{\partial u}{\partial v}\right)_T + p\right]dv$$

对于定容过程 dv=0，则

$$\delta q_V = \left(\frac{\partial u}{\partial T}\right)_v dT$$

即

$$\frac{\delta q_V}{dT} = \left(\frac{\partial u}{\partial T}\right)_v$$

代入式(3-5) 得

$$c_V = \left(\frac{\partial u}{\partial T}\right)_v \tag{3-7}$$

因此，比定容热容 $c_V$ 是在定容条件下，内能对温度的偏导数。也可理解为单位质量的物质，在定容过程中，温度变化 1K 时内能变化的数值。

同理，焓是状态参数，$h = f(T, p)$，dh 为全微分，可表示为

$$dh = \left(\frac{\partial h}{\partial T}\right)_p dT + \left(\frac{\partial h}{\partial p}\right)_T dp$$

代入能量方程，得

$$\delta q = \left(\frac{\partial h}{\partial T}\right)_p dT + \left[\left(\frac{\partial h}{\partial p}\right)_T - v\right]dp$$

对于定压过程 dp=0，则

$$\delta q_p = \left(\frac{\partial h}{\partial T}\right)_p dT$$

或
$$\frac{\delta q_p}{\mathrm{d}T} = \left(\frac{\partial h}{\partial T}\right)_p$$

代入式(3-6) 得
$$c_p = \left(\frac{\partial h}{\partial T}\right)_p \tag{3-8}$$

因此，比定压热容 $c_p$ 是在压力不变的条件下，焓对温度的偏导数，也可理解为单位质量的物质，在定压过程中，温度变化 1K 时焓变化的数值。

由式(3-7) 与式(3-8) 可见，$c_V$ 与 $c_p$ 这两个量都是状态参数的偏导数，因而它们本身也是状态参数。

由以上推导不难得到
$$\mathrm{d}h_p = \mathrm{d}q_p = c_p \mathrm{d}T$$

该式表明定压过程的焓的变化量是由于定压加热量所引起的，它只决定于起始温度和终了温度。与内能的性质相似，理想气体的焓变化也只是决定于起始温度和终了温度，而与变化途径无关。因此，理想气体经历任意过程的焓变化就可以用在该温度范围内的定压加热量进行计算，即
$$\Delta h = h_2 - h_1 = \int_{T_1}^{T_2} c_p \mathrm{d}T$$

若 $c_p$ 为定值，则理想气体的焓变化为
$$\Delta h = h_2 - h_1 = c_p (T_2 - T_1)$$

当 $p$ 为常数时，将闭口系统能量方程代入式(3-6)，可得
$$c_p = \left(\frac{\mathrm{d}q}{\mathrm{d}T}\right)_p = \left(\frac{\partial u}{\partial T}\right)_p + p \left(\frac{\partial v}{\partial T}\right)_p$$

对于理想气体，由于内能仅是温度的函数，因此，不论是什么过程，内能对温度的变化率都相等，其大小即为定容比热，即
$$\left(\frac{\partial u}{\partial T}\right)_p = \left(\frac{\partial u}{\partial T}\right)_v = \frac{\mathrm{d}u}{\mathrm{d}T} = c_V$$

此外，由 $pv = RT$ 可得
$$\left(\frac{\partial v}{\partial T}\right)_p = \frac{R}{p}$$

则可得到理想气体的定压比热容与定容比热容的关系式，即梅耶公式
$$c_p = c_V + R$$

因为 $R > 0$，所以 $c_p > c_V$。其物理意义是：在定容条件下使 1kg 气体温度升高 1K 时，需消耗 $c_V$ (kJ) 的热量，这些热量全部用于增加气体的内能；而在定压条件下使 1kg 气体温度升高 1K 需要 $c_p$ (kJ) 的热量，这些热量除了 $c_V$ (kJ) 部分用以增加气体的内能外，还有 $(c_p - c_V)$ (kJ) 用于产生与温度升高相关联，并使压力保持不变的膨胀功。可见，气体常数 $R$ 是定压条件下的比功，即 1kg 气体在定压条件下加热，升高温度 1K 时的膨胀功。

由于理想气体的 $c_p$ 与 $c_V$ 之差为一常数，所以在测定各种气体的比热容时，只要用实验的方法找出其中之一就行了，大多数的实验研究都是直接去测定 $c_p$ 的值。因为测定 $c_p$ 比较容易得到准确的数值。

定压比热容与定容比热容的比值，叫做比热［容］比或绝热指数或等熵指数，用符号 $\gamma$ 或 $\kappa$ 表示，即

$$\gamma = \frac{c_p}{c_V}$$

对于不同种类气体的 $\gamma$ 值，随着气体所具有的原子数目的增多而减少。

## 3.3 理想气体的内能、焓和熵

### 3.3.1 理想气体内能和焓的特性

气体的内能由内动能和内位能组成，因而气体的内能是温度和比容的函数，即 $u = f(T, v)$。

对于理想气体，分子之间没有相互作用力，当然也就不存在分子之间的内位能。因此，理想气体的内能与比容无关，仅是温度的单值函数，即

$$u = f(T)$$

及

$$\left(\frac{\partial u}{\partial v}\right)_T = 0 \tag{3-9}$$

此结论与实验结果一致，焦耳的绝热自由膨胀实验证实了这一点。

根据理想气体内能仅是温度单值函数的特性，凡温度相同的状态，理想气体的内能必相同。例如图 3-1 上定温线即定内能线。因此，只要过程的初温与终温分别相同，则任何过程中理想气体内能的变化量都相等。例如，图 3-1 中的 1-2，1-2′，1-2″各过程中，内能的变化量相等。即

$$\Delta u_{12} = \Delta u_{12'} = \Delta u_{12''}$$

将式(3-9)代入内能的全微分式，可得出理想气体的内能和温度的关系式，即

$$du = c_V dT + \left(\frac{\partial u}{\partial v}\right)_T dv = c_V dT \tag{3-10}$$

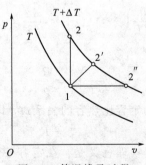

图 3-1 等温线及过程

需要注意的是，虽然式(3-10)中含有比定容热容 $c_V$，但此式不只限于定容过程，而适用于理想气体的一切过程。

根据焓的定义，理想气体的焓可表示为

$$h = u + pv = u + RT$$

式中，$R$ 为一常数，而内能又是温度的单值函数，所以，理想气体的焓也只是温度的单值函数，即

$$h = f(T)$$

$$\left(\frac{\partial h}{\partial p}\right)_T = 0 \tag{3-11}$$

根据比定压热容的关系式(3-8)，焓的全微分式可写为 $dh = c_p dT + \left(\dfrac{\partial h}{\partial p}\right)_T dp$，由于理想气体的 $\left(\dfrac{\partial h}{\partial p}\right)_T = 0$，因此，它的焓和温度的关系式为

$$dh = c_p dT \tag{3-12}$$

此式虽含有定压比热容 $c_p$，但同样适用于理想气体的一切过程。

根据理想气体焓的特性，同样可以推论，在状态参数坐标图上，理想气体的定温线即定焓线。并且只要过程初温与终温分别相同，则任何过程中理想气体焓的变化均相同。例如图 3-1 中 1-2，1-2′，1-2″各过程中焓的变化相同，即 $\Delta h_{12} = \Delta h_{12'} = \Delta h_{12''}$。

### 3.3.2 理想气体内能和焓的计算

如果已知比热容与温度的关系式，代入式(3-10) 与式(3-12)，进行积分就可确定理想气体的 $\Delta u$ 与 $\Delta h$，即

$$\begin{cases} \Delta u = \displaystyle\int_1^2 c_V dT \\ \Delta h = \displaystyle\int_1^2 c_p dT \end{cases}$$

工程上可以使用下列几种方法计算。具体选用哪一种方法，取决于所要求的精度。

① 按定比热容求算。

② 按真实比热容求算。

③ 按气体热力性质表上所列的 $u$ 和 $h$ 计算。附表 2 是空气的热力性质表，列有不同温度时的焓和内能值。该表规定 $T = 0\mathrm{K}$ 时，$h = 0$，$u = 0$，基准点的选择是任意的，对 $\Delta u$ 与 $\Delta h$ 的计算无影响，但注意，只有规定 0K 为基准时，$h$ 和 $u$ 才同时为零。这种方法既准确又方便，特别是已知初温和 $\Delta h$（或 $\Delta u$），求解终温时更为明显，因为不需迭代求解。

④ 按平均比热容求算，$t_1$ 与 $t_2$ 之间的平均比定压热容用 $c_p \Big|_{t_1}^{t_2}$ 表示，其定义式为

$$c_p \Big|_{t_1}^{t_2} = \frac{\displaystyle\int_{t_1}^{t_2} c_p dt}{t_2 - t_1} \tag{3-13}$$

类似地，平均比定容热容用 $c_V \Big|_{t_1}^{t_2}$ 表示，定义式为

$$c_V \Big|_{t_1}^{t_2} = \frac{\displaystyle\int_{t_1}^{t_2} c_V dt}{t_2 - t_1} \tag{3-14}$$

由定义式可以看出，平均比热容与初、终温都有关，如选定一个确定的起算点温度 $t_0$，则从 $t_0$ 到任意终温 $t$ 的平均比热容仅取决于终温 $t$，附表 3～附表 6 以 $t_0 = 0℃$ 为起算点，终温 $t$ 为参变量，给出了 7 种气体的平均比热容值。若要利用附表 3 和附表 4 计算从 $t_1$ 到 $t_2$ 的焓差 $\Delta h_{12}$ 与内能差 $\Delta u_{12}$，则应按下式进行：

$$\Delta h_{12} = \Delta h_{02} - \Delta h_{01} = c_p \Big|_0^{t_2} \cdot t_2 - c_p \Big|_0^{t_1} \cdot t_1 \tag{3-15}$$

$$\Delta u_{12} = \Delta u_{02} - \Delta u_{01} = c_V \Big|_0^{t_2} \cdot t_2 - c_V \Big|_0^{t_2} \cdot t_1 \tag{3-16}$$

而由 $t_1$ 到 $t_2$ 之间的平均比热容为

$$c_p \Big|_{t_1}^{t_2} = \frac{\Delta h_{12}}{t_2 - t_1} = \frac{c_p \Big|_0^{t_2} \cdot t_2 - c_p \Big|_0^{t_1} \cdot t_1}{t_2 - t_1} \tag{3-17}$$

$$c_V \Big|_{t_1}^{t_2} = \frac{\Delta u_{12}}{t_2 - t_1} = \frac{c_V \Big|_0^{t_2} \cdot t_2 - c_V \Big|_0^{t_1} \cdot t_1}{t_2 - t_1} \tag{3-18}$$

类似地，可利用附表 5 和附表 6 分别计算由 $t_1$ 到 $t_2$ 之间的平均定压容积热容和平均定容容积热容。

**【例 3-1】** 空气在加热器中由 300K 加热到 400K，空气流量 $m = 0.2\text{kg/s}$，求空气每秒的吸热量。试分别用真实比热容、平均比热容、气体热力性质表以及定热容方法求算。

**解：**（1）真实比热容法

由表 3-3 查出 $c_{p.m} = a_0 + a_1 T + a_2 T^2 + a_3 T^3$ 中各系数为

$$a_0 = 28.15, \quad a_1 = 1.967 \times 10^{-3}, \quad a_2 = 4.801 \times 10^{-6}, \quad a_3 = -1.966 \times 10^{-9}$$

由于

$$\Delta h = \int_1^2 c_p \, \mathrm{d}T = \frac{1}{M} \int_1^2 c_{p.m} \, \mathrm{d}T$$

$$\Delta h = \frac{1}{28.97} \Big[ 28.15 \times (400 - 300) + \frac{1}{2} \times 1.967 \times 10^{-3} \times (400^2 - 300^2)$$

$$+ \frac{1}{3} \times 4.801 \times 10^{-6} \times (400^3 - 300^3) - \frac{1}{4} \times 1.966 \times 10^{-9} \times (400^4 - 300^4) \Big]$$

$$= 101.29 \text{kJ/kg}$$

$$\dot{Q} = \dot{m} \Delta h = 0.2 \times 101.29 = 20.26 \text{kJ/s}$$

**表 3-3　理想气体定压摩尔热容 $c_{p,m}$**　　　　　　kJ/(kmol·K)

| 气体 | $a_0$ | $a_1 \times 10^3$ | $a_2 \times 10^6$ | $a_3 \times 10^9$ | 温度范围/K | 最大误差/% |
|---|---|---|---|---|---|---|
| $H_2$ | 29.21 | −1.916 | −4.004 | −0.8705 | 273~1800 | 1.01 |
| $O_2$ | 25.48 | 15.20 | 5.062 | 1.312 | 273~1800 | 1.19 |
| $N_2$ | 28.90 | −1.570 | 8.081 | −28.73 | 273~1800 | 0.59 |
| CO | 28.16 | 1.675 | 5.372 | −2.222 | 273~1800 | 0.89 |
| $CO_2$ | 22.26 | 59.811 | −35.01 | 7.470 | 273~1800 | 0.647 |
| 空气 | 28.15 | 1.967 | 4.801 | −1.966 | 273~1800 | 0.72 |
| $H_2O$ | 32.24 | 19.24 | 10.56 | −3.595 | 273~1500 | 0.52 |

（2）平均比热容法

$$\Delta h = c_p \Big|_0^{t_2} \cdot t_2 - c_p \Big|_0^{t_1} \cdot t_1$$

查附表 3，应用插入法求得

$$t_1 = 27℃, \ c_p \Big|_0^{t_1} = 1.0045 \text{kJ/(kg·K)}$$

$$t_2 = 127℃, \ c_p \Big|_0^{t_2} = 1.0076 \text{kJ/(kg·K)}$$

$$\Delta h = 1.0076 \times 127 - 1.0045 \times 27 = 100.85 \text{kJ/kg}$$

$$\dot{Q} = \dot{m} \Delta h = 0.2 \times 100.85 = 20.17 \text{kJ/s}$$

（3）气体热力性质表

查附表 2 得

$$T_1 = 300\text{K}, \ h_1 = 300.19 \text{kJ/kg}$$

$$T_2 = 400\text{K}, \ h_2 = 400.98 \text{kJ/kg}$$

$$\Delta h = 400.98 - 300.19 = 100.79 \text{kJ/kg}$$

$$\dot{Q}=\dot{m}\,\Delta h=0.2\times100.79=20.16\text{kJ/s}$$

（4）定热容法

对于像空气这种双原子气体，其

$$c_{p,\text{m}}=\frac{7}{2}R_\text{m}=\frac{7}{2}\times8.314=29.10\text{kJ/(kmol}\cdot\text{K)}$$

$$\Delta h=c_p\cdot(400-300)=\frac{c_{p,\text{m}}}{M}\times100=\frac{29.10}{28.97}\times100=100.45\text{kJ/kg}$$

$$\dot{Q}=\dot{m}\,\Delta h=0.2\times100.45=20.09\text{kJ/s}$$

可以看出，前三种方法计算结果极为接近，最后一种方法相差略大些。

### 3.3.3　理想气体的熵

根据熵的定义式 $ds=\dfrac{\delta q_\text{rev}}{T}$ 以及 $\delta q=du+p\,dv=dh-v\,dp$，得出

$$ds=\frac{du+p\,dv}{T}=\frac{du}{T}+\frac{p}{T}dv$$

$$ds=\frac{dh-v\,dp}{T}=\frac{dh}{T}-\frac{v}{T}dp$$

对于理想气体 $du=c_V\,dT$，$dh=c_p\,dT$，$pv=RT$ 因此，理想气体熵的变化的计算式为

$$ds=c_V\frac{dT}{T}+R\frac{dv}{v} \tag{3-19a}$$

$$s_2-s_1=\int_1^2 c_V\frac{dT}{T}+R\ln\frac{v_2}{v_1}\text{（真实比热容）} \tag{3-19b}$$

或

$$s_2-s_1=c_V\ln\frac{T_2}{T_1}+R\ln\frac{v_2}{v_1}\text{（定比热容）} \tag{3-19c}$$

另外，也可用下式计算

$$ds=c_p\frac{dT}{T}-R\frac{dp}{p} \tag{3-20a}$$

$$s_2-s_1=\int_1^2 c_p\frac{dT}{T}-R\ln\frac{p_2}{p_1}\text{（真实比热容）} \tag{3-20b}$$

$$s_2-s_1=c_p\ln\frac{T_2}{T_1}-R\ln\frac{p_2}{p_1}\text{（定比热容）} \tag{3-20c}$$

对式（3-20a）积分得

$$s=c_p\ln T-R\ln p+c' \tag{3-20d}$$

或

$$\Delta s_{12}=s_2-s_1=c_p\ln\frac{T_2}{T_1}-R\ln\frac{p_2}{p_1} \tag{3-20e}$$

应用 $pv=RT$ 及 $c_p=c_V+R$，对式（3-20）稍加变换可得出以（$p$，$v$）为变量的 $\Delta s$ 计算式：

$$ds=c_V\frac{dp}{p}+c_p\frac{dv}{v} \tag{3-21a}$$

$$s_2-s_1=\int_1^2 c_V\frac{dp}{p}+\int_1^2 c_p\frac{dv}{v}\text{（真实比热容）} \tag{3-21b}$$

$$s_2 - s_1 = c_V \ln \frac{p_2}{p_1} + c_p \ln \frac{v_2}{v_1} \text{(定比热容)} \tag{3-21c}$$

由上述诸式可以看出，过程中理想气体熵的变化完全取决于它的初、终态，而与过程无关，这就证明了理想气体的熵是一个状态参数。

为了简化运算，在按真实比热容计算时，可用查表来取代 $\int_1^2 c_p \dfrac{dT}{T}$ 的积分运算。为此，选择一个基准温度 $T_0$，则 $\int_{T_0}^T c_p \dfrac{dT}{T}$ 只是温度 $T$ 的函数，用符号 $s_T^0$ 表示，即

$$s_T^0 = \int_{T_0}^T c_p \frac{dT}{T}$$

附表 2 的气体热力性质表中列有各种温度下的 $s_T^0$ 值。

由式（3-20b），理想气体熵的变化为

$$s_2 - s_1 = \int_{T_1}^{T_2} c_p \frac{dT}{T} - R \ln \frac{p_2}{p_1} = \int_{T_0}^{T_2} c_p \frac{dT}{T} - \int_{T_0}^{T_1} c_p \frac{dT}{T} - R \ln \frac{p_2}{p_1} = s_{T_2}^0 - s_{T_1}^0 - R \ln \frac{p_2}{p_1}$$

$$\tag{3-19d}$$

因此，对于理想气体，只要分别查得 $T_1$，$T_2$ 下的 $s_{T_1}^0$ 和值 $s_{T_2}^0$，由式（3-19d）即可方便地计算熵的变化。

## 3.4 研究热力过程的目的和方法

热能和机械能的相互转换是通过工质的一系列状态变化过程实现的，不同过程表征着不同外部条件。研究热力过程的目的就在于研究外部条件对热能和机械能转换的影响，具体地讲，就是力求通过有利的外部条件，合理安排热力过程，达到提高热能和机械能转换效率的目的。

研究热力过程的基本任务是，根据过程进行的条件，确定过程中工质状态参数的变化规律，并分析过程中的能量转换关系。

分析热力过程的依据是热力学第一定律的能量方程，理想气体参数关系式以及准静态过程或可逆过程的特征。

分析时，通常采用抽象、简化的方法，将复杂的实际不可逆过程简化为可逆过程处理，然后借助某些经验系数进行修正，并且将实际过程中状态参数变化的特征加以抽象，概括成具有简单规律的典型过程（如定压、定容、定温、绝热过程等）。本章仅限于研究理想气体的可逆过程，对过程中的能量转换，也只限于分析能量数量之间的平衡关系。对不可逆因素引起的能量质的变化（做功能力损失）将在后续章节讨论。水蒸气的热力过程将在第 5 章讨论。

热力过程的分析内容和步骤可概括为以下几点。

① 确定过程中状态参数的变化规律，即

$$p = f(v), T = f(p), T = f(v)$$

这种变化规律反映了过程的特征，称为过程方程。

② 根据已知参数以及过程方程，确定未知参数。

③ 将过程中状态参数的变化规律表示在 $p$-$v$ 图和 $T$-$s$ 图上，以便利用图示方法进行定性分析。

④ 根据理想气体特点，确定过程中的 $\Delta u = c_V \Delta T$ 和 $\Delta h = c_p \Delta T$。

⑤ 根据准静态和可逆过程的特征，求出 $\delta w$ 和 $\delta w_t$。

⑥ 运用热力学第一定律的能量方程或比热容计算过程中的热量。

## 3.5 理想气体的基本热力过程

### 3.5.1 定容过程和定压过程

（1）定容过程

气体在容积不变或比容保持不变的条件下进行的热力过程叫做定容过程。工程上，某些热力装置中的加热过程是在接近于定容的情况下进行的。例如，活塞式航空发动机和脉动式喷气发动机的燃烧过程就近似于定容过程。

① 定容过程中状态参数的变化规律。根据过程的特点，其过程方程式为

$$V = 常数 \text{ 或 } v = 常数 \tag{3-22}$$

定容过程方程式在 $p\text{-}v$ 图上是一条与 $v$ 坐标轴相垂直的直线，如图 3-2(a) 上 1-2 或 1-2′ 所示：起始、终了两状态之间的参数变化关系根据式(3-22) 及 $pv = RT$ 可求得

$$\frac{p}{T} = \frac{R}{v} = 常数$$

或

$$\frac{p_2}{p_1} = \frac{T_2}{T_1} \tag{3-23}$$

上式说明，在定容过程中，气体的压力与热力学温度成正比。当对气体加热时，温度升高，压力增大，如图 3-2(a) 中线段 1-2 所示；反之，气体放热，温度降低，压力减小，如图 3-2(b) 中线段 1-2′所示。

理想气体的内能和焓只是温度的单值函数，对于任何热力过程，两状态之间内能和焓的变化均可按下式计算：

$$\Delta u = \int_1^2 c_V \mathrm{d}T$$

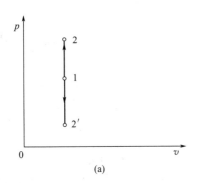
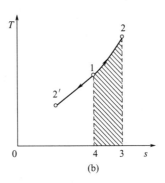

图 3-2　定容过程

$$\Delta h = \int_1^2 c_p \mathrm{d}T$$

如果比热容取为定值，则

$$\Delta u = c_V(T_2 - T_1)$$

$$\Delta h = c_p(T_2 - T_1)$$

因此，今后不再重复讨论其他热力过程中 $\Delta u$ 和 $\Delta h$ 的计算式。

根据理想气体 $\Delta s$ 的一般计算式，结合定容过程的特点，可得定容过程中两状态之间熵的变化为

$$\Delta s_V = \int_1^2 c_V \frac{\mathrm{d}T}{T}$$

如果取比热容为定值，则由式(3-19b)，得

$$\Delta s_V = (s_2 - s_1)_V = c_V \ln \frac{T_2}{T_1}$$

定容加热过程使气体的温度升高，所以图 3-2(a) 中线段 1-2 代表定容加热过程，因而熵亦增加；反之，放热过程，温度下降，熵亦减小，如图 3-2(b) 中线段 1-2′所示。

在比热容为定值的情况下，对式(3-19a)进行不定积分，即得某一状态下的熵值为

$$s = \int \mathrm{d}s = \int \frac{\mathrm{d}q}{T} = \int \frac{c_V}{T} \mathrm{d}T + \int \frac{R}{v} \mathrm{d}v \qquad (3\text{-}24a)$$

定容过程在 $T\text{-}s$ 图上的过程方程式为

$$s_V = c_V \ln T + C \qquad (3\text{-}24b)$$

它表明定容过程在 $T\text{-}s$ 图上是一条对数曲线，曲线的斜率为

$$\left(\frac{\mathrm{d}T}{\mathrm{d}s}\right)_V = \frac{T}{c_V} \qquad (3\text{-}24c)$$

由此可见，斜率随着温度的升高而增大，即温度越高，曲线的斜率在 $T\text{-}s$ 图上越陡峭，如图 3-2(b) 中的线段 1-2 所示。

② 定容过程中的能量转换。定容过程中，$v = $ 常数，则 $\mathrm{d}v = 0$。所以，不论是加热或是放热，气体对外均不做容积功，即

$$w_v = \int_1^2 p\,\mathrm{d}v = 0$$

表现在 $p\text{-}v$ 图上，过程线下的面积为零。

根据闭口体系能量方程式，可得定容过程中的加热量，即

$$q_V = \Delta u = u_2 - u_1 = c_V(T_2 - T_1)$$

可见，在定容过程中，加入气体的热量，全部用于增加气体的内能。这是定容过程中能量转换的特点。

定容过程的热量除了用比热容公式计算外，也可用熵的定义式(1-25)计算，即

$$q_V = \int_1^2 T\,\mathrm{d}s$$

此热量在 $T\text{-}s$ 图上是该定容过程线 1-2 下面的面积。

【例 3-2】 汽缸内有 0.002kg 空气，温度为 300℃，压力为 8bar，定容加热后的压力为 40bar，求加热后的温度，加给空气的热量和加热前后熵的变化。设空气的定容比热容为 0.718kJ/(kg·K)。

**解：**已知 $T_1 = 273 + 300 = 573\mathrm{K}$，$p_1 = 8\mathrm{bar}$，$p_2 = 40\mathrm{bar}$，故加热后的空气温度为

$$T_2 = \frac{p_2}{p_1} \times T_1 = \frac{40}{8} \times 573 = 2865\mathrm{K}$$

加热量为

$$Q_V = mc_V(T_2 - T_1) = 0.002 \times 0.718 \times (2865 - 573) = 3.29 \text{kJ}$$

加热前后熵的变化为

$$\Delta s_V = s_2 - s_1 = m\Delta s = mc_V \ln \frac{T_2}{T_1} = 0.002 \times 0.718 \ln \frac{2865}{573} = 0.0023 \text{kJ/K}$$

**【例 3-3】** 某一理想气体的定压比热为 2.20kJ/(kg·K)，分子量为 16.04。质量为 8kg 的该气体在定容情况下自 17℃加热至 187℃。求该气体的容积功、焓的变化、换热量和熵的变化。

**解**：因为容积 $V$=常数

所以容积功 $W_V = \int_1^2 p \, \mathrm{d}V = 0$

$c_p = 2.20$kJ/(kg·K) 是给定值，所以假定 $c_p$ 为常数，因此，焓的变化可用下式求得

$$\Delta H = m\Delta h = mc_p(t_2 - t_1) = 8 \times 2.2 \times (187 - 17) = 2990 \text{kJ}$$

因为

$$c_V = c_p - R = c_p - \frac{\mu R}{\mu} = 2.20 - \frac{8.314}{16.04} = 1.682 \text{kJ/(kg·K)}$$

于是 $Q_V = mc_V \Delta t = 8 \times 1.682 \times (187 - 17) = 2288 \text{kJ}$

正值表示对该气体进行加热。

加热前后熵的变化为

$$\Delta S_V = S_2 - S_1 = mc_V \ln \frac{T_2}{T_1} = 8 \times 1.682 \ln \frac{273 + 187}{273 + 17} = 6.208 \text{kJ/K}$$

（2）定压过程

气体在压力保持不变的条件下进行的热力过程叫定压过程。实际热力设备中的某些加热过程与放热过程是在接近于定压的情况下进行的。例如，有些活塞式柴油机和涡轮喷气发动机中的燃烧过程，压力变化很小，近似于定压过程。

① 定压过程中状态参数的变化规律。根据过程的特点，其过程方程为

$$p = 常数 \tag{3-25}$$

定压过程方程式在 $p\text{-}v$ 图上是一条与 $p$ 坐标轴相垂直的直线，如图 3-3（a）上线段 1-2 或 1-2′所示，其中 1-2 为定压加热线，1-2′为定压放热线。起始、终了两状态之间的参数变化关系根据式（3-25）和状态方程 $pv = RT$ 得到，即

$$\frac{v}{T} = \frac{R}{p} = 常数$$

或

$$\frac{v_2}{v_1} = \frac{T_2}{T_1} \tag{3-26}$$

即在定压过程中，气体的比容与热力学温度成正比。对气体加热，温度升高，比容增大；反之，气体放热，温度降低，比容减小，故定压加热过程为膨胀过程，定压放热过程为压缩过程。

根据式：

$$\mathrm{d}s = c_p \frac{\mathrm{d}T}{T} - R \frac{\mathrm{d}p}{p}$$

结合过程特点 $p$=常数，可得定压过程中两个状态之间熵的变化为

$$\Delta s_p = \int_1^2 c_p \frac{\mathrm{d}T}{T}$$

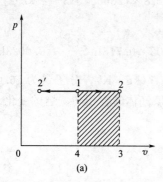 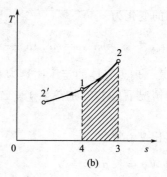

图 3-3 定压过程

如果比热容取为定值,根据式(3-20c) 得

$$\Delta s_p = (s_2 - s_1)_p = c_p \ln \frac{T_2}{T_1}$$

定压加热过程使气体的温度升高,熵亦增加,如图 3-3(b) 中线段 1-2 所示,反之 1-2′
表示定压放热过程。

定压过程在 $T$-$s$ 图上的过程方程式可利用式(3-20d) 求得

$$s_p = c_p \ln T + C' \tag{3-27}$$

上式表明,定压过程在 $T$-$s$ 图上是一条对数曲线,其斜率为

$$\left(\frac{\partial T}{\partial s}\right)_p = \frac{T}{c_p} \tag{3-27a}$$

可见,定压过程的斜率也是随着温度的升高而增大的,如图 3-3(b) 中的线段 1-2 所示。

定压过程与定容过程在 $T$-$s$ 图上都是对数曲线,但由于 $c_p > c_V$,所以由式(3-24c) 和
式(3-27a) 得出,在同一温度下

$$\left(\frac{\partial T}{\partial s}\right)_V > \left(\frac{\partial T}{\partial s}\right)_p$$

这表明在同一温度下,$T$-$s$ 图上的定压线较定容线平坦一些,两种过程线的相对位置如
图 3-4 所示。

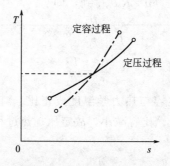

图 3-4  $T$-$s$ 图上定压、定容线的比较(相对位置)

② 定压过程中能量转换。定压过程中气体所作的容积功为

$$w_p = \int_1^2 p \, \mathrm{d}v = p(v_2 - v_1)$$

在图 3-3(a) 上,直线 1-2 下的面积表示气体的膨胀功,直线 1-2′ 下的面积表示气体的

压缩功。

对气体的加热或放热量按闭口体系能量方程式求得

$$q_p = \Delta u + \int_1^2 p\,dv$$
$$= u_2 - u_1 + p(v_2 - v_1)$$
$$= (u_2 + pv_2) - (u_1 + pv_1)$$
$$= h_2 - h_1$$

亦可按比热容的定义式求得

$$q_p = c_p(T_2 - T_1)$$

上式说明，定压过程的热量是用来改变气体的焓，热量在 $h\text{-}s$ 图上可用一线（$h_2 - h_1$）来表示 [图 3-5(a)]，这比在 $T\text{-}s$ 图上用定压过程线 1-2 下面的面积 [图 3-5(b)] 表示要简单得多。

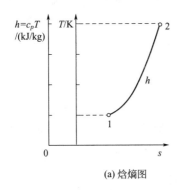 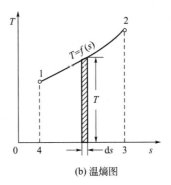

(a) 焓熵图　　　　　　　　　　(b) 温熵图

图 3-5　焓熵图和温熵图

【例 3-4】　压力为 8bar，温度为 327℃ 的空气进入燃烧室内定压加热，使其温度升高到 927℃。设燃气的定压比热容 $c_p = 1.157\text{kJ/(kg·K)}$，燃气的气体常数 $R = 0.287\text{kJ/(kg·K)}$。求（1）燃烧前后气体的比容；（2）每千克气体的加热量；（3）容积功；（4）内能的变化量；（5）熵的变化量。

**解：**（1）燃烧前气体的比容

由状态方程得

$$v_1 = \frac{RT_1}{p_1} = \frac{0.287 \times 10^3 \times (327 + 273)}{8 \times 10^5} = 0.2153\text{m}^3/\text{kg}$$

燃烧后气体的比容

$$v_2 = v_1 \frac{T_2}{T_1} = 0.2153 \times \frac{927 + 273}{327 + 273} = 0.4306\text{m}^3/\text{kg}$$

（2）每千克气体的加热量

$$q_p = c_p(T_2 - T_1) = 1.157 \times (1200 - 600) = 694.2\text{kJ/kg}$$

（3）每千克气体的容积功

$$w_p = p(v_2 - v_1) = R(T_2 - T_1) = 0.287 \times (1200 - 600) = 172.2\text{kJ/kg}$$

（4）每千克气体内能的变化量

$$\Delta u = c_V(T_2 - T_1) = (c_p - R)(T_2 - T_1) = (1.157 - 0.287) \times 600 = 522\text{kJ/kg}$$

（5）每千克气体熵的变化量

$$\Delta s_p = s_2 - s_1 = c_p \ln \frac{T_2}{T_1} = 1.157 \ln \frac{1200}{600} = 0.802 \text{kJ/(kg} \cdot \text{K)}$$

### 3.5.2 定温过程和定熵过程(可逆绝热过程)

(1) 定温过程

气体在温度保持不变的条件下进行的加热或放热过程叫定温过程。充分冷却，并且运转速度比较低的压气机的压缩过程是接近定温过程的。在研究发动机循环的经济性及理解其他过程的有关性质时，定温过程具有一定的指导意义。

① 定温过程中状态参数的变化规律。根据定温过程的特点 $T=$ 常数和理想气体的状态方程式 $pv = RT$，可得定温过程的方程式为

$$pv = 常数 \tag{3-28}$$

可见，定温过程线在 $p$-$v$ 图上是一条以 $p$ 轴和 $v$ 轴为渐近线的等轴双曲线，而在 $T$-$s$ 图上是一条垂直于 $T$ 坐标轴的水平线，如图 3-6 所示。其中，1-2 代表定温加热过程，1-2′代表定温放热过程。起始终了状态之间的参数变化关系式为

$$T_1 = T_2 \tag{3-29a}$$

$$\frac{p_2}{p_1} = \frac{v_1}{v_2} \tag{3-29b}$$

即在定温过程中，气体的压力与比容成反比。所以，定温膨胀过程［图 3-6(a) 中的 1-2］，比容增大，压力降低，定温压缩过程［图 3-6(a) 中的 1-2′］，比容减小，压力升高。

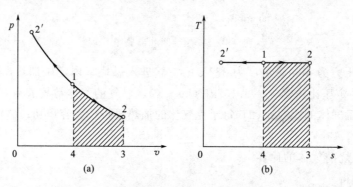

图 3-6 定温过程

理想气体的内能和焓仅是温度的函数，而在定温过程中，$T=$ 常数，故内能和焓不变，即

$$u_2 = u_1$$

$$dh = 0 \text{ 或 } h_2 = h_1$$

两状态之间熵的变化由式(3-19c) 或 (3-20c) 可得

$$\Delta s_T = (s_2 - s_1)_T = R \ln \frac{v_2}{v_1} \tag{3-30}$$

或

$$\Delta s_T = (s_2 - s_1)_T = -R \ln \frac{p_2}{p_1} = R \ln \frac{p_1}{p_2} \tag{3-31}$$

对于图 3-6(a) 中线段 1-2 所表示的定温膨胀过程，$v_2 > v_1$，$p_2 < p_1$，则有 $\ln(v_2/v_1) > 0$，$\ln(p_1/p_2) > 0$，将其代入式(3-30) 和式(3-31) 得 $\Delta s_T = (s_2 - s_1)_T > 0$，可见，定温膨胀

过程在 $T\text{-}s$ 图上应为水平向右的直线，越向右，比容越大，而压力越低。

　　根据式(3-30)可知，$v_2$ 和 $v_1$ 两条不同比容的定容线在 $T\text{-}s$ 图上是在任意温度下水平距离都相等（图 3-7 上的 $ab = cd$）的对数曲线，即在任意温度下，不同比容在 $T\text{-}s$ 图上定容线的相对位置是保持不变的，同理，根据式(3-31)可以看出，两条压力不同的定压线在 $T\text{-}s$ 图上也具有相同的特征，如图 3-8 所示。

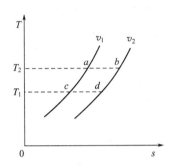 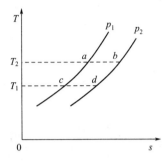

图 3-7　$T\text{-}s$ 图上不同比容定容线的相对位置　　图 3-8　$T\text{-}s$ 图上不同压力定压线的相对位置

　　若 $$v_2 = 2v_1 \text{ 或 } p_2 = \frac{1}{2}p_1$$

则由式(3-30)或式(3-31)，可得

$$(s_2 - s_1)_T = R\ln 2$$

同理，若 $v_3 = 2v_2$ 或 $p_3 = \dfrac{1}{2}p_2$

则 $$(s_3 - s_2)_T = R\ln 2$$

　　由此可见，若比容按几何级数递增时，这些不同比容的定容过程线在 $T\text{-}s$ 图上的水平距离依次地都是相等的，而且比容大的定容线偏向右方；若按几何级数递减时，这些不同压力的定压线在 $T\text{-}s$ 图上的水平距离也是依次相等的，只是压力小的定压线偏向右方，如图 3-9 所示。

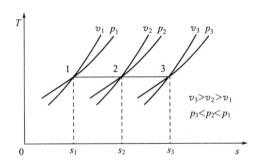

图 3-9　不同比容的定容线和不同压力的定压线在 $T\text{-}s$ 图上的相对位置

　　② 定温过程的能量转换。理想气体在定温过程中所做的容积功为

$$w_T = \int_1^2 p\,\mathrm{d}v = \int_1^2 RT\,\frac{\mathrm{d}v}{v} = RT\ln\frac{v_2}{v_1} = RT\ln\frac{p_1}{p_2} \tag{3-32}$$

　　膨胀过程 1-2 中，$v_2 > v_1$，$p_1 < p_2$，可见膨胀功为正值，它在 $p\text{-}v$ 图上是过程 1-2 下面的阴影面积，如图 3-6(a) 所示。

定温过程的热量按闭口体系能量方程式计算

$$q_T = \Delta u + w_T$$

由于过程中，$\Delta u = \Delta h = 0$，故

$$q_T = w_T = RT \ln \frac{v_2}{v_1} \tag{3-33}$$

即定温过程中的加热量全部用来做膨胀功；反之，在定温压缩过程中，外界对气体所做的功全部转变为热量向外放出，这是理想气体定温过程中能量转换的特点。

定温过程中 $dT = 0$，而且该过程中又确定与外界有热量的交换，根据比热容的定义，可见定温过程的比热容

$$c_T = \frac{dq_T}{dT} = \infty \tag{3-34}$$

所以定温过程的热量不能通过比热容和温度变化的乘积来计算。

由于定温过程中 $T =$ 常数，过程的热量亦可由熵的变化直接计算

$$q_T = \int_1^2 T ds = T \Delta s_T = RT \ln \frac{v_2}{v_1}$$

【例 3-5】 压力为 1bar，温度为 290K 的 1kg 空气，在汽缸内进行定温压缩，设终了状态的压力为 6bar，求起始和终了状态的比容以及气体与外界交换的热量。

**解：**起始状态的比容

$$v_1 = \frac{RT_1}{p_1} = \frac{0.287 \times 1000 \times 290}{1 \times 10^5} = 0.8324 \, \text{m}^3/\text{kg}$$

终了状态的比容

$$v_2 = v_1 \frac{p_1}{p_2} = 0.8324 \times \frac{1}{6} = 0.1387 \, \text{m}^3/\text{kg}$$

因 $T_1 = T_2$，$\Delta u = 0$，故

$$q_T = w_T = RT \ln \frac{v_2}{v_1} = 0.287 \times 1000 \times 290 \ln \frac{0.1387}{0.8324} = -149.2 \, \text{kJ/kg}$$

负号表示气体向外界放热。

（2）定熵过程

定熵过程又叫做可逆绝热过程。气体在和外界没有热量交换的条件下进行的热力过程叫绝热过程。严格地说，绝热过程实际上并不存在，除非气体用热绝缘物质与外界隔绝，而绝对热绝缘物质是不存在的，所以真正的绝热过程是没有的。但是，当过程进行很快时，工质与外界交换热量很少，则可近似地看作绝热过程。例如，在涡轮喷气发动机中，空气在压气机内的压缩过程，燃气在涡轮内和喷管内进行的膨胀过程都可近似地看作是绝热过程。过程进行得很快必定是不可逆过程，不过由于气体分子运动得更快，内部状态更快地趋于均匀一致，所以它很快接近于平衡过程；此外，还假定它是没有摩擦的，因此它就是一个可逆过程。把某些实际过程近似地看成是可逆的绝热过程，对分析问题有很大的实用价值。

在可逆绝热过程中，不仅整个过程总的热量交换为零，而且在过程的每个微元段中工质与外界的热量交换也为零，所以可逆过程是

$$q = 0$$
$$dq = 0 \tag{3-35}$$

根据式 $\mathrm{d}s = \dfrac{\delta q_{\mathrm{rev}}}{T}$，得

$$\mathrm{d}s = \frac{\mathrm{d}q}{T} = 0 \text{ 或 } s = 常数 \tag{3-36}$$

式(3-36)表明可逆的绝热过程就是定熵过程，既然过程中的熵值不变，所以该过程在 $T$-$s$ 图上是一条与 $s$ 坐标轴相垂直的直线，如图 3-10 所示。

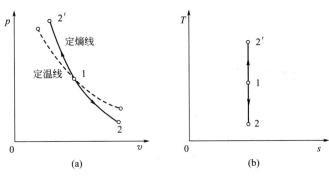

图 3-10　定熵过程

① 可逆绝热过程中的状态参数的变化规律。在定熵过程中，气体的温度、压力、比容都发生变化，它们之间的变化规律比较复杂，可以利用熵与压力、温度和比容的关系

$$\frac{\mathrm{d}q}{T} = \frac{c_V}{T}\mathrm{d}T + \frac{R}{v}\mathrm{d}v$$

$$\mathrm{d}s = \frac{c_p}{T}\mathrm{d}T - \frac{R}{p}\mathrm{d}p$$

$$\mathrm{d}s = \frac{c_V}{p}\mathrm{d}p + \frac{c_p}{v}\mathrm{d}v$$

得

$$\mathrm{d}s = c_V \frac{\mathrm{d}p}{p} + c_p \frac{\mathrm{d}v}{v} = 0$$

或

$$\frac{\mathrm{d}p}{p} + \frac{c_p}{c_V}\frac{\mathrm{d}v}{v} = 0$$

由于

$$\gamma = \frac{c_p}{c_V}$$

故上式可写成

$$\frac{\mathrm{d}p}{p} + \gamma \frac{\mathrm{d}v}{v} = 0$$

如果取比热容为常数，则 $\gamma$ 也为常数，对上式积分，得

$$\ln p + \gamma \ln v = 常数$$

或

$$pv^{\gamma} = 常数 \tag{3-37}$$

若利用式(3-6) 和式(3-20a)，则可分别推得

$$Tv^{\gamma-1} = 常数 \tag{3-38}$$

$$T/p^{\frac{\gamma-1}{\gamma}} = 常数 \tag{3-39}$$

式(3-37)、式(3-38) 和式(3-39) 都是定熵过程方程式。

由式(3-37) 可知，该过程在 $p\text{-}v$ 图上是以 $p$ 轴和 $v$ 轴为渐近线的高次双曲线，如图 3-10(a) 中线段 1-2 和 1-2′所示，图中 1-2 为定熵膨胀过程，比容增大，压力降低；而 1-2′为定熵压缩过程，比容减小，压力升高。

虽然这个结论同样适用于定温过程，但定熵过程与定温过程在 $p\text{-}v$ 图上的位置是有区别的。这可用通过状态 $1(p_1,v_1)$ 作出的定熵与定温线加以说明。经过状态 1 的定熵过程线的斜率由式(3-21a) 或式(3-37) 推出

$$\left(\frac{\mathrm{d}p}{\mathrm{d}v}\right)_s = -\gamma\,\frac{p_1}{v_1} \tag{a}$$

经过状态 1 的定温过程线的斜率从 $pv=$ 常数，可得

$$\left(\frac{\mathrm{d}p}{\mathrm{d}v}\right)_T = -\frac{p_1}{v_1} \tag{b}$$

由于 $\gamma>1$，比较式(a) 和式(b) 可知

$$\left|\left(\frac{\mathrm{d}p}{\mathrm{d}v}\right)_s\right| > \left|\left(\frac{\mathrm{d}p}{\mathrm{d}v}\right)_T\right| \tag{c}$$

这表明，在 $p\text{-}v$ 图上，定熵线比定温线［在图 3-10 (a) 上用虚线表示］要陡峭一些。

定熵过程起始和终了状态之间的参数关系由过程方程式(3-37) 和式(3-38) 及式(3-39)求得，即

$$\frac{p_2}{p_1} = \left(\frac{v_1}{v_2}\right)^{\gamma} \tag{3-37a}$$

$$\frac{T_2}{T_1} = \left(\frac{v_1}{v_2}\right)^{\gamma-1} \tag{3-38a}$$

$$\frac{T_2}{T_1} = \left(\frac{p_2}{p_1}\right)^{\frac{\gamma-1}{\gamma}} \tag{3-39a}$$

由上述关系式可见，当气体绝热膨胀时，$v_2>v_1$，则压力与温度均降低，如图 3-10(a)(b) 中的线段 1-2 所示的过程就是属于这种情况。

② 可逆绝热过程中的能量转换。可逆绝热过程中的热量

$$q=0$$

由于在定熵过程中

$$pv^{\gamma} = p_1 v_1^{\gamma} = p_2 v_2^{\gamma} = 常数$$

或

$$p = \frac{p_1 v_1^{\gamma}}{v^{\gamma}} = \frac{p_2 v_2^{\gamma}}{v^{\gamma}} = \frac{C}{v^{\gamma}}$$

所以气体的容积功为

$$w_s = \int_1^2 C\,\frac{\mathrm{d}v}{v^{\gamma}} = C \times \frac{1}{1-\gamma}(v_2^{1-\gamma} - v_1^{1-\gamma})$$

$$= \frac{p_2 v_2^{\gamma} v_2^{1-\gamma} - p_1 v_1^{\gamma} v_1^{1-\gamma}}{1-\gamma} = \frac{1}{\gamma-1}(p_1 v_1 - p_2 v_2) \tag{3-40}$$

或

$$w_s = \frac{R}{\gamma-1}(T_1 - T_2) = \frac{RT_1}{\gamma-1}\left(1 - \frac{T_2}{T_1}\right) \tag{3-40a}$$

或
$$w_s = \frac{RT_1}{\gamma-1}\left[1-\left(\frac{p_2}{p_1}\right)^{\frac{\gamma-1}{\gamma}}\right] \tag{3-40b}$$

由式(3-40a) 和式(3-40b) 可见，起始状态下的温度越高，起始与终了状态的压力比越大，则容积功越大，气体膨胀时，$T_2<T_1$，$p_2<p_1$，从式(3-40a) 和式(3-40b) 计算出的容积功数值为正值，这与原先规定膨胀功为正是一致的；反之，压缩时，计算出的功数值为负值。

定熵过程的容积功可以根据闭口系统能量方程式得出
$$w_s = -\Delta u = u_1 - u_2 \tag{3-41}$$

对于理想气体，内能仅是温度的函数，若比热为定值，则 $c_V = \dfrac{R}{\gamma-1}$，从式(3-41) 得出

$$w_s = u_1 - u_2 = c_V(T_1 - T_2) = \frac{R}{\gamma-1}(T_1 - T_2) \tag{3-41a}$$

其结果与式(3-40a) 相同。

**【例 3-6】** 温度为 10℃，压力为 1.1bar 的空气，经过可逆绝热压缩后，容积缩小为原来的 $\dfrac{1}{7}$，求压缩终了时空气的压力温度和压缩 1kg 空气所消耗的容积功。

**解：** $T_1 = 273 + 10 = 283\text{K}$，$p_1 = 1.1\text{bar}$，$\dfrac{v_2}{v_1} = \dfrac{1}{7}$

根据式(3-37a)，得空气的终了压力为
$$p_2 = p_1\left(\frac{v_1}{v_2}\right)^{\gamma} = 1.1 \times 7^{1.4} = 16.77\text{bar}$$

根据式(3-38a)，得空气的终了温度为
$$T_2 = T_1\left(\frac{v_1}{v_2}\right)^{\gamma-1} = 283 \times 7^{0.4} = 616\text{K}$$

根据式(3-40a) 得绝热容积功为
$$w_s = \frac{RT_1}{\gamma-1}\left(1-\frac{T_2}{T_1}\right) = \frac{0.287\times10^3\times283}{1.4-1}\left(1-\frac{616}{283}\right) = -238.9\text{kJ/kg}$$
负号表示压缩功。

### 3.5.3　理想气体热力过程的综合分析

（1）多变过程方程

过程方程为 $p \cdot v^n =$ 定值的过程，称为多变过程，其中，$n$ 为多变指数。在某一多变过程中，$n$ 为一定值。但不同的多变过程，其 $n$ 值各不相同。可以是 $-\infty$ 到 $+\infty$ 之间的任何一个实数，相应的多变过程也可有无限多种。总之，多变过程是一些符合 $p \cdot v^n =$ 定值规律的过程的总称。

对于很复杂的实际过程，可把它分作几段不同多变指数的多变过程来描述，每一段中 $n$ 保持不变。

当多变指数为某些特定的值时，多变过程便表现为某些典型的热力过程。例如：

$n=0$，$p=$ 定值，为定压过程；

$n=1$，$pv=$ 定值，为定温过程；

$n=\gamma$，$pv^{\gamma}=$定值，为绝热过程；

$n=\pm\infty$，$v=$定值，为定容过程。

因此，可把四种典型过程看作是多变过程的 4 个特例。

（2）多变过程的分析

① 状态参数的变化规律。根据过程方程 $pv^n=C$，及状态方程 $pv=RT$，可得

$$pv^n=\text{定值}，\frac{p_2}{p_1}=\left(\frac{v_1}{v_2}\right)^n$$

$$Tv^{n-1}=\text{定值}，\frac{T_2}{T_1}=\left(\frac{v_1}{v_2}\right)^{n-1}$$

$$\frac{T}{p^{\frac{n-1}{n}}}=\text{定值}，\frac{T_2}{T_1}=\left(\frac{p_2}{p_1}\right)^{\frac{n-1}{n}} \tag{3-42}$$

$\Delta u$，$\Delta h$ 和 $\Delta s$，可按理想气体的有关公式计算。

② 过程中的能量转换

1）膨胀功 $w=\int_1^2 p\mathrm{d}v$。当 $n\neq1$，代入过程方程 $p=\dfrac{p_1 v_1^n}{v^n}$ 得

$$w=\frac{1}{n-1}(p_1 v_1-p_2 v_2)=\frac{1}{n-1}R(T_1-T_2) \tag{3-43a}$$

除定压过程外，即 $0\neq n\neq1$ 时，上式还可进一步写成

$$w=\frac{1}{n-1}RT_1\left[1-\left(\frac{p_2}{p_1}\right)^{\frac{n-1}{n}}\right] \tag{3-43b}$$

当 $n=1$ 时，则 $pv=C$，于是得

$$w=RT\ln\frac{v_2}{v_1}=RT\ln\frac{p_1}{p_2} \tag{3-43c}$$

2）技术功 $w_\mathrm{t}=-\int v\mathrm{d}p$。当 $n=\infty$ 时，代入过程方程的微分式

$\mathrm{d}p=-n\cdot c\cdot\dfrac{\mathrm{d}v}{v^{n+1}}=-n\cdot p\cdot\dfrac{\mathrm{d}v}{v}$，则 $w_\mathrm{t}=n\int p\mathrm{d}v=n\cdot w$，可见这种情况下，技术功为膨胀功的 $n$ 倍。

当 $n=\infty$ 时，则

$$w_\mathrm{t}=-v\cdot\Delta p \tag{3-44}$$

3）热量。当 $n=1$ 时，

$$q=w_。 \tag{3-45a}$$

当 $n\neq1$ 时，若取定比热容，则

$$q=c_V(T_2-T_1)+\frac{1}{n-1}R(T_1-T_2)=\left(c_V-\frac{R}{n-1}\right)(T_2-T_1)$$

由于 $c_V=\dfrac{R}{\gamma-1}$，上式可改写为

$$q=\frac{n-\gamma}{n-1}c_V(T_2-T_1)=c_\mathrm{m}(T_2-T_1) \tag{3-45b}$$

式中，$c_\mathrm{m}=\dfrac{n-\gamma}{n-1}c_V$，称为多变比热容，显然，

$$n=0, c_m = c_p$$

$$n=1, c_m = \infty$$

$$n=k, c_m = 0$$

$$n=\infty, c_m = c_V$$

为便于参考，将四种典型热力过程和多变过程公式汇总在表 3-4 中。

表 3-4　气体的各种热力过程

| 过程 | 过程方程式 | 初、终状态参数之间的关系 | 功量交换/(J/kg) | | 热量交换 $q/(\text{J/kg})$ |
|---|---|---|---|---|---|
| | | | $w$ | $w_t^{①}$ | |
| 定容 | $v=$定数 | $v_2 = v_1$ <br> $\dfrac{T_2}{T_1} = \dfrac{p_2}{p_1}$ | $0$ | $v(p_1 - p_2)$ | $c_V(T_2 - T_1)$ |
| 定压 | $p=$定数 | $p_2 = p_1$ <br> $\dfrac{T_2}{T_1} = \dfrac{v_2}{v_1}$ | $p(v_2 - v_1)$ <br> 或 $R(T_2 - T_1)$ | $0$ | $c_p(T_2 - T_1)$ |
| 定温 | $pv=$定数 | $T_2 = T_1$ <br> $\dfrac{p_2}{p_1} = \dfrac{v_1}{v_2}$ | $p_1 v_1 \ln \dfrac{v_2}{v_1}$ | $w$ | $w$ |
| 绝热 | $pv^\gamma=$定数 | $\dfrac{p_2}{p_1} = \left(\dfrac{v_1}{v_2}\right)^\gamma$ <br> $\dfrac{T_2}{T_1} = \left(\dfrac{v_1}{v_2}\right)^{\gamma-1}$ <br> $\dfrac{T_2}{T_1} = \left(\dfrac{p_2}{p_1}\right)^{\frac{\gamma-1}{\gamma}}$ | $\dfrac{p_1 v_1 - p_2 v_2}{\gamma-1}$ <br> 或 $\dfrac{R}{\gamma-1}(T_2 - T_1)$ | $\gamma w$ | $0$ |
| 多变 | $pv^n=$定数 | $\dfrac{p_2}{p_1} = \left(\dfrac{v_1}{v_2}\right)^n$ <br> $\dfrac{T_2}{T_1} = \left(\dfrac{v_1}{v_2}\right)^{n-1}$ <br> $\dfrac{T_2}{T_1} = \left(\dfrac{p_2}{p_1}\right)^{\frac{n-1}{n}}$ | $\dfrac{p_1 v_1 - p_2 v_2}{n-1}$ <br> 或 $\dfrac{R}{n-1}(T_1 - T_2)$ | $nw$ | $c_m(T_2 - T_1) = \left(c_V - \dfrac{R}{n-1}\right) \times (T_2 - T_1)$ |

① 忽略流动工质的动能变化时的计算式。

如果需要精确的考虑比热容不是常量，可以用平均比热容代替表内 $c_V$ 或 $c_p$，$n=\infty$ 时除外。

（3）应用 $p\text{-}v$ 图与 $T\text{-}s$ 图分析多变过程

① $p\text{-}v$ 图与 $T\text{-}s$ 图上多变过程线的分布规律。从同一个初态出发，在 $p\text{-}v$ 图与 $T\text{-}s$ 图上画出四种典型热力过程的过程线，其相对位置如图 3-11 所示。通过比较过程线的斜率，可以说明分布规律。

$p\text{-}v$ 图上，多变过程线的斜率为

$$\frac{\mathrm{d}p}{\mathrm{d}v} = -n\frac{p}{v} \tag{3-46}$$

如果从同一初态出发，其 $p/v$ 的值相同，过程线的斜率随 $n$ 值而变，因而可得不同的过程线例如

$n=0$，$\dfrac{\mathrm{d}p}{\mathrm{d}v}=0$，即定压线为一水平线；

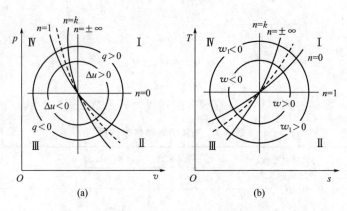

图 3-11　各过程在 $p\text{-}v$ 图和 $T\text{-}s$ 图上的表示

$n=1$，$\dfrac{\mathrm{d}p}{\mathrm{d}v}=-\dfrac{p}{v}<0$，即定温线为一斜率为负的等边双曲线；

$n=k$，$\dfrac{\mathrm{d}p}{\mathrm{d}v}=-k\dfrac{p}{v}<0$，即定熵线为一高次双曲线，相同状态下，定熵线的斜率的绝对值大于定温线的斜率，因而在 $p\text{-}v$ 图上定熵线比定温线更陡；

$n\rightarrow\pm\infty$，$\dfrac{\mathrm{d}p}{\mathrm{d}v}\rightarrow\infty$，即定容线为一垂直直线。

此外，由式(3-46)还可以得出，当 $n<0$ 时，$\dfrac{\mathrm{d}p}{\mathrm{d}v}>0$，$\mathrm{d}p$ 与 $\mathrm{d}v$ 同号，过程线分布在图 3-11 所示的 Ⅰ、Ⅲ 象限内，$n$ 的变化范围为负无穷到 0；当 $n\geqslant0$ 时，$\dfrac{\mathrm{d}p}{\mathrm{d}v}\leqslant0$ 过程线分布在第 Ⅱ、Ⅳ 象限内，$n$ 的变化范围为 0 到正无穷，综合起来，$p\text{-}v$ 图上过程线的分布规律为：从定容线出发，$n$ 由负无穷到 0 到正无穷，按顺时针方向递增。

$T\text{-}s$ 图上，过程线的斜率可根据 $\delta q_{\mathrm{rev}}=T\mathrm{d}s=c_{\mathrm{m}}\mathrm{d}T$ 得出，即 $\dfrac{\mathrm{d}T}{\mathrm{d}s}=\dfrac{T}{c_{\mathrm{m}}}$，过程线的斜率同样随着 $n$ 而变，例如，

$n=0$，$\dfrac{\mathrm{d}T}{\mathrm{d}s}=\dfrac{T}{c_p}>0$，即定压线为一斜率为正的对数曲线；

$n=1$，$\dfrac{\mathrm{d}T}{\mathrm{d}s}=0$，即定温线为一水平线；

$n=k$，$c_{\mathrm{m}}=0$，$\dfrac{\mathrm{d}T}{\mathrm{d}s}\rightarrow\infty$，即定熵线为一垂直直线；

$n\rightarrow\pm\infty$，$\dfrac{\mathrm{d}T}{\mathrm{d}s}=\dfrac{T}{c_V}>0$，即定容线为一斜率为正的对数曲线。相同温度下，由于 $c_p>c_V$，因而定容线斜率比定压线的大，在 $T\text{-}s$ 图上定容线比定压线更陡。

$T\text{-}s$ 图上，从定容线开始，过程线的多变指数 $n$ 也是按顺时针方向递增。

② 过程中 $q$，$\Delta u$ 和 $w$ 值的正负的判断。膨胀功的正负应以过起点的定容线为分界。$p\text{-}v$ 图上，由同一起点出发的多变过程线，若位于定容线的右方，各过程的 $w$ 为正，反之为负。$T\text{-}s$ 图上，$w>0$ 的过程线位于定容线的右下方；$w<0$ 的过程线位于定容线的左上方。

技术功 $w_{\mathrm{t}}$ 的正负应以过起点的定压线为分界。$p\text{-}v$ 图上，由同一起点出发的多变过程

线，若位于定压线的下方，各过程的 $w_t$ 为正，反之为负。$T\text{-}s$ 图上，$w_t>0$ 的过程线位于定压线的右下方；$w_t<0$ 的位于定压线的左上方。

热量 $q$ 的正负以过起点的定熵线为分界。显然，$T\text{-}s$ 图上，任意同一起点的多变过程线，若位于定熵线的右方，$q>0$，反之，则 $q<0$。图上，若位于定熵线右上方，$q>0$，反之，则 $q<0$。

$\Delta u(\Delta h,\ \Delta T)$ 的正负以过起点的定温线为分界。$T\text{-}s$ 图上，任意同一起点的多变过程线，若位于定温线之上，$\Delta u(\Delta h,\ \Delta T)>0$；反之，则 $\Delta u(\Delta h,\ \Delta T)<0$。$p\text{-}v$ 图上，$\Delta u(\Delta h,\Delta T)>0$ 的过程位于定温线的右上方；反之，则位于定温线的左下方。

**【例 3-7】** 空气在活塞式压气机中被压缩，初状态为 $V_1=0.052\mathrm{m}^3$，$p_1=0.1\mathrm{MPa}$，$t_1=40℃$，可逆多变压缩到 $p_2=0.565\mathrm{MPa}$，$V_2=0.013\mathrm{m}^3$，然后排至储气罐，如图 3-12 所示。求多变过程的多变指数 $n$，压缩终温 $t_2$，气体压缩与外界交换的功量和热量，以及压缩过程中的气体内能，焓和熵的变化。

**解：** 缸内定量的气体被压缩，取为闭口系，在图 3-12 中为 1-2 的可逆多变过程。压缩空气质量为

$$m=\frac{p_1V_1}{RT_1}=\frac{0.1\times10^6\times0.052}{287.1\times313}=0.058\mathrm{kg}$$

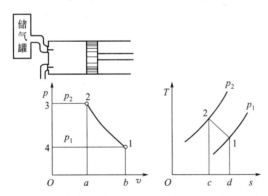

图 3-12 活塞式压缩过程在 $p\text{-}v$ 图和 $T\text{-}s$ 图上的表示

根据多变过程方程式，对定量气体可写成 $p_1V_1^n=p_2V_2^n$。由上述求得多变指数为

$$n=\frac{\ln(p_2/p_1)}{\ln(V_1/V_2)}=\frac{\ln(0.565/0.1)}{\ln(0.052/0.013)}=1.25$$

压缩终温

$$T_2=T_1\left(\frac{V_1}{V_2}\right)^{n-1}=(40+273)\times\left(\frac{0.052}{0.013}\right)^{1.25-1}=442\mathrm{K}$$

内能、焓、熵的变化量

$$\Delta U=mc_V(T_2-T_1)=0.058\times0.717\times(442-313)=5.36\mathrm{kJ}$$

$$\Delta H=mc_p(T_2-T_1)=0.058\times1.004\times(442-313)=7.51\mathrm{kJ}$$

$$\Delta S=m\left(c_V\ln\frac{T_2}{T_1}+R\ln\frac{V_2}{V_1}\right)=0.058\left(0.717\ln\frac{442}{313}+0.287\ln\frac{0.013}{0.052}\right)=-0.0087\mathrm{kJ/K}$$

气体与外界交换的热量

$$Q=m\cdot q=m\frac{n-\gamma}{n-1}c_V(T_2-T_1)$$

$$=0.058\times\frac{1.25-1.4}{1.25-1}\times0.717\times(442-313)$$

$$=-3.21\text{kJ}$$

式中，热量为负，说明气体压缩时放出热量，其熵变化量为负。

气体与外界交换的膨胀功

$$W=\int_1^2 p\mathrm{d}V=\frac{1}{n-1}(p_1V_1-p_2V_2)$$

$$=\frac{1}{1.25-1}(0.1\times10^6\times0.052-0.565\times10^6\times0.013)$$

$$=-8580\text{J}=-8.58\text{kJ}$$

式中，功量为负，说明气体压缩消耗外功。

若讨论压气机整个工作过程，则应把吸气过程 4-1，压缩过程 1-2 和排气过程 2-3 包括在内，而把压气机取作开口系。

压气机的技术功

$$W_t=\int_1^2 V\mathrm{d}p=n\int_1^2 p\mathrm{d}V=1.25\times(-8.58)=-10.7\text{kJ}$$

式中，功量为负，说明压气机消耗外功压缩气体。

### 思考题

[3-1] 容积为 1m³ 的容器中充满 $N_2$，其温度为 20℃，表压力为 1000mmHg，当时当地大气压为 760mmHg。为了确定其质量，不同的人分别采用了下列几种计算式并得出了结果，请判断它们是否正确？若有错误请改正。

(1) $m=\dfrac{pVM}{R_mT}=\dfrac{1000\times1.0\times28}{8.3143\times30}=168.4\text{kg}$

(2) $m=\dfrac{pVM}{R_mT}=\dfrac{\dfrac{1000}{735.6}\times0.980665\times10^5\times1.0\times28}{8.3143\times293.15}=1531.5\text{kg}$

(3) $m=\dfrac{pVM}{R_mT}=\dfrac{\left(\dfrac{1000}{735.6}+1\right)\times0.980665\times10^5\times1.0\times28}{8.3143\times293.15}=2658\text{kg}$

(4) $m=\dfrac{pVM}{R_mT}=\dfrac{\left(\dfrac{1000}{760}+1\right)\times1.013\times10^5\times1.0\times28}{8.3143\times293.15}=2.658\text{kg}$

[3-2] 理想气体的 $c_p$ 与 $c_V$ 之差及 $c_p$ 与 $c_V$ 之比值是否在任何温度下都等于一个常数？

[3-3] 知道两个独立参数可确定气体的状态。例如已知压力和比容就可确定内能和焓。但理想气体的内能和焓只决定于温度，与压力、比容无关，前后有否矛盾，如何理解？

[3-4] 热力学第一定律的数学表达式可写成

$$q=\Delta u+w$$

或

$$q=c_V\Delta T+\int_1^2 p\mathrm{d}v$$

两者有何不同？

[3-5] 如果比热容是温度 $t$ 的单调递增函数，当 $t_2 > t_1$ 时，平均比热容 $c\Big|_0^{t_1}$、$c\Big|_0^{t_2}$、$c\Big|_{t_1}^{t_2}$ 中哪一个最大？哪一个最小？

[3-6] 如果某种工质的状态方程遵循 $pv = RT$，这种物质的比热容一定是常数吗？这种物质的比热容仅仅是温度的函数吗？

[3-7] 理想气体的内能和焓为零的起点是以它的压力值、温度值还是压力与温度一起来规定的？

[3-8] 若已知空气的平均摩尔定压热容公式为 $c_{p,m}\Big|_0^t = 6.949 + 0.000576t$，现要确定 80～220℃ 之间的平均摩尔定压热容，有人认为 $c_{p,m}\Big|_{80}^{220} = 6.949 + 0.000576 \times (220 + 80)$，但有人认为 $c_{p,m}\Big|_{80}^{220} = 6.949 + 0.000576 \times \left(\dfrac{220 + 80}{2}\right)$，你认为哪个正确？

[3-9] 有人从熵和热量的定义式 $ds = \dfrac{\delta q_{rew}}{T}$，$\delta q_{rew} = c\,dT$，以及理想气体比热容 $c$ 是温度的单值函数等条件出发，导得 $ds = \dfrac{c\,dT}{T} = f(T)$，于是他认为理想气体的熵应是温度的单值函数。判断是否正确？为什么？

[3-10] 在 $u$-$v$ 图上画出定比热容理想气体的可逆定容加热过程、可逆定压加热过程、可逆定温加热过程和可逆绝热膨胀过程。

[3-11] 试求在定压过程中加给空气的热量有多少是利用来做功的，有多少用来改变内能。

[3-12] 将满足下列要求的多变过程表示在 $p$-$v$ 图和 $T$-$s$ 图上（工质为空气）：

(1) 工质又升压、又升温、又放热；

(2) 工质又膨胀、又降温、又放热；

(3) $n = 1.6$ 的膨胀过程，判断 $q$，$w$，$\Delta u$ 的正负；

(4) $n = 1.3$ 的压缩过程，判断 $q$，$w$，$\Delta u$ 的正负。

[3-13] 对于定温压缩的压气机，是否需要采用多级压缩？为什么？

[3-14] 在 $T$-$s$ 图上，如何将理想气体任意两状态间的内能变化和焓的变化表示出来。

[3-15] 有人认为理想气体组成的闭口系统吸热后，温度必定增加，你的看法如何？在这种情况下，你认为哪一种状态参数必定增加？

## 习题 ▶▶

[3-1] 容量为 $0.027m^3$ 刚性储气筒，装有 $7 \times 10^5 Pa$，20℃ 的空气，筒上装有一排气阀，压力达到 $8.75 \times 10^5 Pa$ 时就开启，压力降为 $8.4 \times 10^5 Pa$ 时才关闭。若由于外界加热的原因造成阀门的开启。

(1) 当阀门开启时，筒内温度为多少？

(2) 因加热而失掉多少空气？设筒内空气温度在排气过程中保持不变。

[3-2] 压气机在大气压力为 $1 \times 10^5 Pa$，温度为 20℃ 时，每分钟吸入空气为 $3m^3$。如经此压气机压缩后的空气送入容积为 $8m^3$ 的储气筒，问需多长时间才能使筒内压力升高到

$7.8465 \times 10^5$ Pa。设筒内空气的初温、初压与压气机的吸气状态相同，筒内空气温度在空气压入前后无变化。

[3-3] 一绝热刚体气缸，被一导热的无摩擦的活塞分成两部分。最初活塞被固定在某一位置，气缸的一侧储有 0.4MPa，30℃的理想气体 0.5kg，而另一侧储有 0.12MPa，30℃的同样气体 0.5kg。然后放松活塞任其自由移动，最后两侧达到平衡。设比热容为定值，试求：(1) 平衡时的温度；(2) 平衡时的压力。

[3-4] 发电机发出的电功率为 6000kW，发电机效率为 95%。试求为了维持发电机正常运行所必须的冷却空气流量。假定空气温度为 20℃，空气终温不得超过 55℃，并设空气平均比定压热容可取为 $c_p = 1$kJ/(kg·K)（设发电机损失全部变为热量，由冷却空气带走。）

[3-5] 被封闭在气缸中的空气在定容下被加热，温度由 360℃升高到 1700℃，试计算每千克空气需吸收的热量。

(1) 用平均比热容表数据计算；

(2) 用理想气体理论定摩尔热容计算；

(3) 比较 (2) 的结果与 (1) 的结果的偏差。

[3-6] 在空气加热器中，空气流量为 108000m³/h（标准大气压和 0℃下），使在 $p =$ 830mmHg 的压力下从 $t_1 = 20$℃升高到 $t_2 = 270$℃，试求空气在加热器出口处的容积流量和每小时需提供的热量。

(1) 用平均比热容表数据计算；

(2) 用理想气体理论定摩尔热容值计算。

[3-7] 如图 3-13，为了提高进入空气预热器的冷空气温度，采用再循环管。已知冷空气原来的温度为 20℃，空气流量为 90000m³/h（标准状态下），从再循环管出来的热空气温度为 350℃。若将冷空气温度提高至 40℃，求引出的热空气量（标准状态下 m³/h。用平均比热容表数据计算，设过程进行中压力不变。）又若热空气再循环管内空气表压力为 150mmH₂O，流速为 20m/s，当地的大气压为 750mmHg，求再循环管的直径。

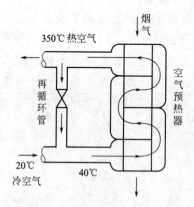

图 3-13　习题 3-7 图

[3-8] 有 5g 氩气，经历一内能不变的过程，初态为 $p_1 = 6.0 \times 10^5$ Pa，$t_1 = 600$K，膨胀终了的容积 $V_2 = 3V_1$，氩气可视为理想气体，且假定比热容为定值，求终温、终压及总熵变量，已知 Ar 的 $R = 0.208$kJ/(kg·K)。

[3-9] 3kg 空气，$p_1 = 1.0$MPa，$T_1 = 900$K，绝热膨胀到 $p_2 = 0.1$MPa，试按气体热力性质表计算：(1) 终态参数 $v_2$ 和 $T_2$；(2) 膨胀功和技术功；(3) 内能和焓的变化。

[3-10] 某理想气体（其 $M$ 已知）由同一初态 $p_1$，$T_1$，经历如下两过程，一是定熵压缩到状态 2，其压力为 $p_2$，二是由定温压缩到状态 3，但其压力也为 $p_2$，且两个终态的熵差为 $\Delta s_2$，试推导 $p_2$ 的表达式。

[3-11] 图 3-14 所示的两室，由活塞隔开。开始时两室的体积均为 0.1m³，分别储有空气和 $H_2$，压力各为 $0.9807 \times 10^5$Pa，温度各为 15℃，若对空气侧壁加热，直到两室内气体压力升高到 $1.9614 \times 10^5$Pa 为止，求空气终温及外界加入的 $Q$，已知 $c_{V,a} = 715.94$J/(kg·K)，$\gamma_{H_2} = 1.41$，活塞不导热，且与气缸间无摩擦。

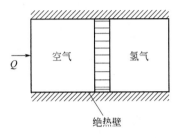

图 3-14　习题 3-11 图

[3-12] 6kg 空气由初态 $p_1 = 0.3$MPa，$t_1 = 30$℃，经下列不同过程膨胀到同一终压 $p_2 = 0.1$MPa：（1）定温；（2）定熵；（3）$n = 1.2$。试比较不同过程中空气对外做功、交换的热量和终温。

[3-13] 一氧气瓶容量为 0.04m³，内盛 $p_1 = 147.1 \times 10^5$Pa 的氧气，其温度与室温相同，即 $t_1 = t_0 = 20$℃。

（1）如开启阀门，使压力迅速下降到 $p_2 = 73.55 \times 10^5$Pa，求此时氧的温度 $T_2$ 和所放出的氧的质量 $\Delta m$；

（2）阀门关闭后，瓶内氧气经历怎样的变化过程？足够长时间后其温度与压力为多少？

（3）如放气极为缓慢，以至瓶内气体与外界随时处于热平衡，当压力也自 $147.1 \times 10^5$Pa 降到 $73.55 \times 10^5$Pa 时，所放出的氧应较（1）为多还是少？

[3-14] 2kg 某种理想气体按可逆多变过程膨胀到原有体积的 3 倍，温度从 300℃ 降到 60℃，膨胀期间作膨胀功 418.68kJ，吸热 83.736kJ，求 $c_p$ 和 $c_V$。

[3-15] 试导出理想气体定比热容多变过程熵差的计算式为

$$s_2 - s_1 = \frac{n-\gamma}{n(\gamma-1)} R \ln \frac{p_2}{p_1}$$

及

$$s_2 - s_1 = \frac{n-\gamma}{(n-1)(\gamma-1)} R \ln \frac{T_2}{T_1} \quad (n \neq 1)$$

[3-16] 试证理想气体在 $T$-$s$ 图上任意两条定压线（或定容线）之间的水平距离相等。

[3-17] 空气为 $p_1 = 1 \times 10^5$Pa，$t_1 = 50$℃，$V_1 = 0.032$m³，进入压气机按多变过程压缩至 $p_2 = 32 \times 10^5$Pa，$V_2 = 0.0021$m³，试求：

（1）多变指数 $n$；

（2）所需轴功；

（3）压缩终了空气温度；

（4）压缩过程中传出的热量。

[3-18] 大气在 $p_1$ 为 750mmHg 和 $t_1$ 为 10℃ 下进入压气机，被压缩至 $p_2 = 5.885 \times$

$10^5$Pa 按 $n=1.3$ 的多变过程压缩时，压气机多变效率为 70%。如果带动压气机的电动机功率为 100kW，试求该压气机在标准状态下的压气量（$m^3$/h）为多少？若压气机绝热压缩效率亦为 70%，结果又如何？

[3-19] 压气机中气体压缩后的温度不宜过高，取极限值为 150℃，吸入空气的压力和温度为 $p_1=0.1$MPa，$t_1=20$℃。在单级压气机中压缩 250$m^3$/h 空气，若压气机缸套中流过 465kg/h 的冷却水，在气缸套中水温升高 14℃。求可能达到的最高压力，以及压气机必需的功率。

# 第4章

# 热力学第二定律

▶▶

## 4.1 自发过程的方向性

### 4.1.1 能量转换过程

"钻木取火"是借助摩擦使功变热的典型现象。在实验室里，我们可以观察这样一个简单的实验。如图4-1所示，在一个密闭的、绝热的刚性容器中盛有定量的某种气体，并有一重物升降装置带动的搅拌器置于容器中。重物下降做功，使搅拌器转动，通过搅拌，气体温度升高。这种过程可以自发（无条件）进行，而且过程中功可以百分之百地转变为热。

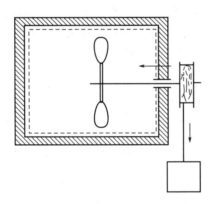

图 4-1 重物下降带动搅拌器的装置

但反过来，让气体降温，使搅拌器反转带动重物上升，却是不可能的。这个实验说明，功可以自发地转变为热，而热不可能自发地转变为功。

### 4.1.2 传热过程

日常生活及工程实践告诉我们，热可以从温度较高的物体自发地、不须付出任何代价地传给温度较低的物体。反之，要使热由低温物体传向高温物体必须付出其他的代价，例如，消耗功可以达到制冷的效果。

### 4.1.3 自由膨胀过程

高压气体向真空空间膨胀可以自发进行，因膨胀过程中没有阻力（真空），过程中气体不做功，因此，此膨胀也称无阻膨胀。但相反的压缩过程却不可能自发进行。

### 4.1.4 混合过程

将一滴墨水滴到一杯清水中，墨水与清水很快就混为一体，或者把两种不同的气体放在一起，两种气体也就混合为混合气体。这都是常见的自发过程，不须任何其他代价，只要使两种物质接触在一起就能完成。而相反的分离过程却是不可能自发进行的，如果要将混合着的液体或气体分离必须以付出其他代价为前提，如消耗功或热量。

## 4.2 热力学第二定律的表述及实质

18世纪初，人们已经懂得使用蒸汽机能把热量转变为功。可是后来发现它的热效率很低，这就促使人们去研究效率低的原因，究竟是热机本身设计上有缺点，还是另有理论上的限制，从而不能得到较高的效率。公元1824年法国工程师卡诺在他发表的《论火的动力》这篇论文中，总结了热机工作过程最本质的东西，即热机必须在两个热源之间工作，同时还提出了关于热机效率的定理（即卡诺定理）。虽然当时卡诺是用谬误的"热质论"证明了这一定理，他所用的证明办法是错误的，但是他的结论却是正确的。直到1850年和1851年，先后由克劳修斯和开尔文独立地提出热力学第二定律的两种说法以后，这才利用热力学第二定律有力地证明了卡诺定理。

热力学第二定律是自然科学中的重要定律之一，它不是从任何原理推导出来的，而是人类经验的总结，它的一切推论经过实践证明都是正确的。热力学第二定律有不同的表述形式，由于各种表述方式所阐明的是同一个客观规律，所以，它们是彼此等效的。这里只介绍两种比较经典的说法。

1850年克劳修斯从热量传递方向性的角度，将热力学第二定律表述为："不可能将热从低温物体传至高温物体而不引起其他变化"。这称为热力学第二定律的克劳修斯表述（简称克氏表述）。它说明热从低温物体传至高温物体是一个非自发过程，要使之实现，必须花费一定的"代价"或具备一定的"条件"（或者说要引起其他变化），例如制冷机或热泵中，此代价就是消耗的功量或热量。反之，热从高温物体传至低温物体可以自发地进行，直到两物体达到热平衡为止。因此它指出了传热过程的方向、条件及限度。

1851年，开尔文从热功转换的角度将热力学第二定律表述为："不可能从单一热源取热，并使之完全变为有用功而不引起其他变化。"此后不久普朗克也发表了类似的表述："不可能制造一部机器，它在循环工作中将重物升高而同时使热库冷却。"开尔文与普朗克的表述基本相同，因此把这种表述称为开尔文-普朗克表述（简称开氏表述）。此表述的关键也仍然是"不引起其他变化"。前面讲过的理想气体等温过程，虽然可以从单一热源取热并使之完全变成了功，但它却引起了"其他变化"，即气体的体积变大。因此，不是说热不能完全变为功，而是在"不引起其他变化"的条件下，热不能完全变为功。

热力学第一定律否定了创造能量与消灭能量的可能性，我们把违反热力学第一定律的热机称为第一类永动机。那么假设有一种热机，它不引起其他变化而能使从单一热源获取的热完全转变为功，这种热机就可以利用大气、海洋作为单一热源，使大气、海洋中取之不尽的热能转变为功，成为又一类永动机。它虽然没有违反热力学第一定律，却违反了热力学第二定律，因此，被称为第二类永动机。显然，这同样是不可能的。因而，热力学第二定律又可以表述为第二类永动机是不可能制造成功的。

幻想制造第一类永动机的人目前已经几乎很少见到了。但是关于第二类永动机的设想却时有出现。值得注意的是，进行这种毫无价值的尝试的人自己却并不意识到违反客观规律，甚至否认这是第二类永动机。因此，深入理解热力学第二定律，正确地解释、分析、指导创造活动显得更为重要。

乍看起来，热力学第二定律的两种表述针对不同的现象，没有什么联系。但是它们反映的都是热过程的方向性的规律，实质上应该是统一的、等效的。

现在我们着手证明上述两种表述的等价性。采用反证法证明，即违反了克氏表述必导致违反开氏表述；反之，违反了开氏表述也必导致违反克氏表述。

[证明一]：违反开氏表述的必然导致违反克氏表述。

如图 4-2 所示，假定在两热源 $T_1$，$T_2$ 上（$T_1 > T_2$）间工作的热机 A 是违反开氏表述的单热源热机。从 $T_1$ 吸热 $Q_1$，对外做功 $W = Q_1$，带动制冷机 B，从低温热源 $T_2$ 吸热 $Q_2$，向高温热源放热 $Q_1'$。对制冷机 B 来说 $Q_2 + W = Q_1'$，那么热源 $T_1$ 得到净热量为 $Q_1' - Q_1 = Q_2$。若设想 A 与 B 联合工作，未消耗任何外功，却使热量 $Q_2 = Q_1' - Q_1$，从热源 $T_2$ 传到了热源 $T_1$。以上结论显然违反克氏表述。追溯原因，制冷机 B 并没有违反自然规律，此处只有 A 违反开氏表述。所以，凡违反开氏表述必然导致违反克氏表述。

[证明二]：违反克氏表述的必然导致违反开氏表述。

如图 4-3 所示，假设和克劳修斯表述相反，热量 $Q_2$ 能够从温度为 $T_2$ 的低温热源自发地传给温度为 $T_1$ 的高温热源，并且另有一热机 E 在热源 $T_1$、$T_2$ 之间工作，从 $T_1$ 热源吸热 $Q_1$，放给低温热源的热量刚好等于 $Q_2$。根据热力学第一定律，热机做出净功 $W = Q_1 - Q_2$，那么，对于高温热源 $T_1$ 来说，放出热量 $Q_1 - Q_2$，而低温热源没有任何变化。整个系统的唯一效果是从热源吸热 $Q_1 - Q_2$ 全部变成为功，而没有引起其他变化。显然，这是违反开尔文表述的。因此证明了凡违反克氏表述的必导致违反开氏表述。

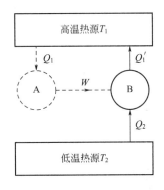

图 4-2　证明违反开氏表述必然导致
违反克氏表述的模型

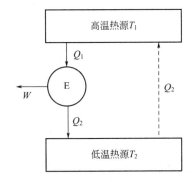

图 4-3　证明违反克氏表述必然
导致违反开氏表述的模型

自克劳修斯、开尔文等人之后，不断出现从其他角度出发的热力学第二定律的表述。例如，因为热过程是有方向的，热、功转换不是完全可逆的，那么也可以说热与功在转换时数量上可以相等，但质量上却不同。由于能量的形态不同，能量的质不同，相互转化的程度与条件也不尽相同，因此有从能量“质”的角度出发的热力学第二定律表述。还有从数学概念出发非常抽象的喀喇氏表述，也有从稳定平衡原理出发的表述等，这些都已超出本书的范围，不再赘述。

## 4.3 卡诺循环与多热源可逆循环

根据前面关于热力学第二定律的论述，热机循环的热效率不可能达到百分之百。为了确定给定条件下热机循环效率可能达到的最大限度，则还需要进一步分析卡诺循环的热效率，并研究卡诺定理。

卡诺定理主要讨论在两个定温热源之间工作的热机效率高低问题。所谓定温热源是指具有温度为 $T$ 的热源，当它吸热或放热时本身保持温度不变。工作在两个定温热源之间的循环既可以是可逆的，也可以是不可逆的。即使是可逆的，所用的工质也可以任意选择。

### 4.3.1 卡诺循环

卡诺循环是一种工作于两个定温热源之间的可逆循环。它由四个可逆过程：两个定温过程和两个定熵过程所组成。工质首先从高温（定温）热源 $T_1$ 吸取热量 $Q_1$，并作可逆的定温膨胀；然后与热源 $T_1$ 断开，在绝热的情况下继续进行可逆的膨胀；再使工质与低温（定温）热源 $T_2$ 接触，在定温条件下放出热量 $Q_2$，并作可逆的定温压缩；最后再与冷源 $T_2$ 断开，使其在绝热情况下可逆地被压缩到起始状态，从而完成一个循环。$p$-$v$ 图和 $T$-$s$ 图上的卡诺循环，如图 4-4 所示。

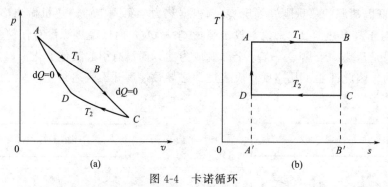

图 4-4  卡诺循环

图中：$A$-$B$—可逆循环的定温膨胀过程（吸热）；

$B$-$C$—可逆的绝热膨胀过程；

$C$-$D$—可逆的定温压缩过程（放热）；

$D$-$A$—可逆的绝热压缩过程。

卡诺循环的特点是：①它只有两个温度不同的定温热源；②它完全是可逆的。按照卡诺循环工作的热机，通常叫做卡诺机。

工质为理想气体的卡诺循环热效率，可利用第 3 章热力过程有关公式推导出来。

定温膨胀过程 $A$-$B$ 的吸热量

$$Q_1 = mRT_1 \ln \frac{v_{\mathrm{B}}}{v_{\mathrm{A}}} \tag{a}$$

定温压缩过程 $C$-$D$ 的吸热量

$$Q_2 = mRT_2 \ln \frac{v_{\mathrm{C}}}{v_{\mathrm{D}}} \tag{b}$$

式中，$m$ 为工质的质量；$T_1$，$T_2$ 为热源的温度。

由于 $B$-$C$ 和 $D$-$A$ 均为定熵过程，故有

$$\frac{T_2}{T_1}=\left(\frac{v_B}{v_C}\right)^{\gamma-1}$$

及

$$\frac{T_2}{T_1}=\left(\frac{v_A}{v_D}\right)^{\gamma-1}$$

所以

$$\frac{v_B}{v_C}=\frac{v_A}{v_D}$$

或

$$\frac{v_B}{v_A}=\frac{v_C}{v_D} \tag{c}$$

式（a）除以式（b），并将式（c）代入，则有

$$\frac{Q_1}{Q_2}=\frac{T_1}{T_2} \tag{4-1}$$

上式说明，理想气体卡诺循环的吸热量及放热量与吸热温度及放热温度成比例。将式（4-1）代入下式

$$\eta_t=\frac{W_0}{Q_1}=\frac{Q_1-Q_2}{Q_1}=1-\frac{Q_2}{Q_1}$$

就可得到工质为理想气体的卡诺循环热效率 $\eta_{tc}$ 公式

$$\eta_{tc}=1-\frac{T_2}{T_1}=\frac{T_1-T_2}{T_1} \tag{4-2}$$

$\eta_t$ 为热效率，用于评价循环对热能的利用程度，通常取转变为循环功的热量与工质由高温热源吸入的热量之比，是衡量循环经济性的指标。$\eta_{tc}$ 为卡诺循环热效率。

从上述卡诺循环的分析中，可以得到如下的重要结论：

① 卡诺循环的热效率决定于高温热源和低温热源的温度，也就是工质在吸热和放热时的温度。提高 $T_1$ 或降低 $T_2$，均可以提高其热效率。

② 卡诺循环的热效率只能小于 1，绝不能等于 1。因为 $T_1=\infty$ 和 $T_2=0$ 都是不可能的。这就说明，在热力发动机中，不可能将加入的热量全部转换为功，必定有部分热量转移给低温热源。

③ 当 $T_1=T_2$ 时，循环的热效率为零。这表明，在温度平衡的体系中，不可能使热量转换为功。或者说，利用单一热源做功的循环机器，即第二类永动机，是不可能造成的。换句话说，要想通过循环利用热量来产生功，一定要有两个温度不同的热源。

如果把卡诺循环沿相反方向（逆时针方向）进行，即按图 4-4（a）、（b）中 $ADCBA$ 次序进行，就得到逆向卡诺循环，这是一种理想的制冷或供暖循环。其工质为理想气体的相应的制冷系数 $\varepsilon_c$ 及供暖系数 $\varepsilon_w$ 分别为

$$\varepsilon_c=\frac{Q_2}{W_0}=\frac{Q_2}{Q_1-Q_2}=\frac{T_2}{T_1-T_2} \tag{4-3}$$

$$\varepsilon_w=\frac{Q_1}{W_0}=\frac{Q_1}{Q_1-Q_2}=\frac{T_1}{T_1-T_2} \tag{4-4}$$

### 4.3.2　概括性卡诺循环

工作于两个恒温热源间的可逆循环，除了卡诺循环外是否还有其他循环？答案是肯定的，这就是双热源间的极限回热循环，称为概括性卡诺循环。它由两个可逆定温过程 $a$-$b$， *c-d* 以及两个同类型其他可逆过程 *d-a*，*b-c* 组成。工质是理想气体时，这两个过程的多变指数 $n$ 相同，如图 4-5 所示。借助温度由 $T_1$ 到 $T_2$（或 $T_2$ 到 $T_1$）连续变化的蓄热器，可以满足 *b-c* 和 *d-a* 过程按无温差传热。工质在可逆过程 *b-c* 中放给蓄热器的热量（面积 *bcmnb*），在可逆过程 *d-a* 中又从蓄热器收回（面积 *daghd*）。蓄热器不是热源，经过一个循环，蓄热器无所得失。该循环仍然只有两个温度分别为 $T_1$、$T_2$ 的热源。循环中工质的吸热量 $q_1 = T_1 \Delta s_{ab}$，放热量 $q_2 = T_2 \Delta s_{dc}$（$T$-$s$ 图上线段 $ab = ji = dc$），循环静功 $W_{net} = q_1 - q_2 = (T_1 - T_2) \Delta s_{ab}$，循环热效率

$$\eta_t = 1 - \frac{q_2}{q_1} = 1 - \frac{T_2 \Delta s_{ab}}{T_1 \Delta s_{ab}} = 1 - \frac{T_2}{T_1} = \eta_{tc}$$

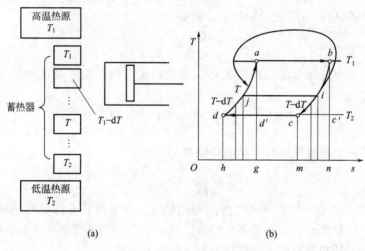

图 4-5　概括性卡诺循环

显然，概括性卡诺循环的热效率与卡诺循环相同。多变指数 $n$ 可以为任何自然数。因而在 $T_1$ 和 $T_2$ 间工作的可逆循环有无数个。这种利用工质原本排出的热量来加热工质本身的方法称为回热。回热可有多种方法，借助蓄热器就是其中一种。回热是提高热效率的一种行之有效的方法，被广泛采用。由两个定容过程和定温过程组成的斯特林发动机循环，以及近代燃气轮机装置和大、中型蒸汽动力装置已普遍地采用回热。

### 4.3.3　逆卡诺循环

按与卡诺循环相同的路线而反方向进行的循环即逆向卡诺循环。如图 4-6 中 *a-d-c-b-a*，它按逆时针方向进行。各过程中功和热量的计算式与正向卡诺循环相同，只是传递方向相反。

采用类似的方法，可以求得逆向卡诺循环的经济指标：逆向卡诺制冷循环的制冷系数为

$$\varepsilon_c = \frac{q_2}{w_{net}} = \frac{q_2}{q_1 - q_2} = \frac{T_2}{T_1 - T_2}$$

逆向卡诺循环的供暖系数为

$$\varepsilon_w = \frac{q_1}{w_{net}} = \frac{q_1}{q_1 - q_2} = \frac{T_1}{T_1 - T_2}$$

制冷循环和热泵的热力循环特征相同，只是二者工作温度范围有差别。制冷循环以环境

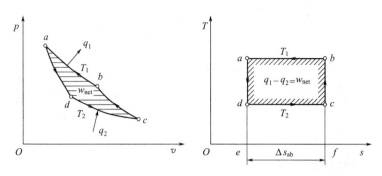

图 4-6　逆向卡诺循环

大气作为高温热源向其放热；而热泵循环通常以环境大气作为低温热源从中吸热。对于制冷循环，降低环境温度 $T_1$，提高冷库温度 $T_2$，则制冷系数增大；对于热泵循环，提高环境温度 $T_2$，降低室内温度 $T_1$，供暖系数增大，且 $\varepsilon_\mathrm{W}$ 总是大于 1。

　　逆向卡诺循环是理想的、经济性最高的制冷循环和热泵循环。由于种种困难，实际的制冷机和热泵难以按逆向卡诺循环工作，但逆向卡诺循环有着极为重要的理论价值，它为提高制冷机和热泵的经济性指出了方向。

### 4.3.4　多热源可逆循环

　　可以证明，热源多于两个的可逆循环，其热效率低于同温度区间工作的卡诺循环。如图 4-7 所示，在吸热过程 $e$-$h$-$g$ 和放热过程 $g$-$l$-$e$ 中工质的温度都在变化，要使循环过程可逆，必须有无穷多个热源和冷源，热源的温度依次自 $T_e$ 逐个连续升高到 $T_h$，再降低到 $T_g$；冷源则从 $T_g$ 逐个连续降低到 $T_l$，再升高到 $T_e$。任何时候工质和热源间均保持无温差传热。例如工质温度变化到 $T_i$ 时向温度为 $T_i$ 的热源吸取热量，$\delta q = T_i \mathrm{d}s$，从而保证了循环 $e$-$h$-$g$-$l$-$e$ 实现可逆。可逆循环的热效率 $\eta_\mathrm{t} = 1 - \dfrac{q_2'}{q_1'} = 1 - \dfrac{\text{面积 } gnmelg}{\text{面积 } ehgnme}$。工作在 $T_1 = T_h$，$T_2 = T_l$ 的卡诺循环 $A$-$B$-$C$-$D$-$A$ 的热效率 $\eta_\mathrm{tc} = 1 - \dfrac{q_2}{q_1} = 1 - \dfrac{\text{面积 } DCnmD}{\text{面积 } ABnmA}$。

　　由于 $q_1' < q_1$，$q_2' > q_2$，所以 $\eta_\mathrm{t} < \eta_\mathrm{tc}$，为了便于分析比较任意可逆循环的热效率，热力学中引入平均温度的概念，$T$-$s$ 图上的热量以当量矩形面积代替时，矩形高度即平均温度 $\overline{T}$。图 4-7 中可逆循环 $e$-$h$-$g$-$l$-$e$ 的平均吸热温度和平均放热温度分别为 $\overline{T}_1$ 和 $\overline{T}_2$，其热效率也可以表示为

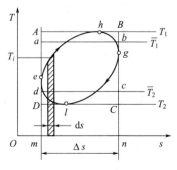

图 4-7　多热源可逆循环

$$\eta_t = 1 - \frac{q_2'}{q_1'} = 1 - \frac{\overline{T_2}\Delta s}{\overline{T_1}\Delta s} = 1 - \frac{\overline{T_2}}{\overline{T_1}} \tag{4-5}$$

显然，$\overline{T_1} < T_1$，$\overline{T_2} > T_2$，与卡诺循环的 $\eta_c = 1 - \dfrac{T_2}{T_1}$ 比较，同样得到 $\eta_t < \eta_c$。由此可得出结论：工作于两个热源间的一切可逆循环（包括卡诺循环）的热效率高于相同温限间多热源的可逆循环。

## 4.4 卡诺定理

卡诺定理的基本内容是：在两个定温热源之间工作的任何热机的热效率不可能大于在相同热源之间工作的可逆机的热效率。

设有两台热机，机器 H 为任何热机，机器 R 为可逆热机。若两台机器在相同两个热源之间工作，则按卡诺定理，必有 $\eta_H \not> \eta_R$。

卡诺定理的证明如下：当两台机器正向运转时，如图 4-8(a) 所示，都从热源 $T_1$ 吸取相同数量的热量 $Q_1$。如果热机 H 的热效率大于可逆机 R 的热效率，则热机 H 所做的功 $W_H$ 应大于可逆机 R 所做的功 $W_R$，而热机 H 的排热量 $Q_2'$ 必小于可逆机 R 的排热量 $Q_2$。现令可逆机 R 逆向运转，因 R 是可逆机，所以逆向运转时各有关量均应与正向运转时的数值相等，只是方向相反，如图 4-8(b) 所示。

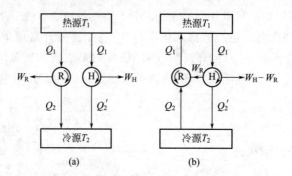

图 4-8 相同热源之间工作的可逆机和任何热机

既然 $W_H > W_R$，则从 $W_H$ 中取出相当于 $W_R$ 的功用来带动可逆机 R 逆向运转就够了，余下 $W_H - W_R$ 的功向外界输出。最后，两台机器联合工作的结果是：热源 $T_1$ 无任何变化，已不起热源的作用，于是形成由单一热源 $T_2$ 取出 $Q_2 - Q_2'$ 的热量转变为 $W_H - W_R$ 的功。显然这是违反热力学第二定律的，所以原来假设的其他任何热机 H 的热效率大于可逆机 R 的热效率是不能成立的，这就证明了卡诺定理。

卡诺机是在两个定温热源之间工作的可逆机，由此可见，在两个定温热源之间工作的任何热机的热效率均不能大于卡诺机的热效率。

## 4.5 熵的导出

如图 4-9 所示，体系从状态 1 沿过程 A 变化到状态 2，再沿过程 C 回到初始状态，若全

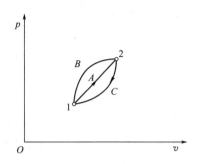

部过程为可逆的，则根据克劳修斯积分式 $\oint\left(\dfrac{\mathrm{d}Q}{T}\right)_{\mathrm{re}}=0$，得

$$\int_{1-A}^{2}\left(\frac{\mathrm{d}Q}{T}\right)_{\mathrm{re}}+\int_{2-C}^{1}\left(\frac{\mathrm{d}Q}{T}\right)_{\mathrm{re}}=0 \tag{a}$$

图 4-9　相同起始、终了状态下的不同过程

式中，下脚标 re 代表可逆。

假设体系从状态 1 沿可逆过程 $B$ 变化到状态 2 以后，再沿可逆过程 $C$ 回到起始状态 1，同样有

$$\int_{1-B}^{2}\left(\frac{\mathrm{d}Q}{T}\right)_{\mathrm{re}}+\int_{2-C}^{1}\left(\frac{\mathrm{d}Q}{T}\right)_{\mathrm{re}}=0 \tag{b}$$

比较式(a) 和式(b)，得

$$\int_{1-A}^{2}\left(\frac{\mathrm{d}Q}{T}\right)_{\mathrm{re}}=\int_{1-B}^{2}\left(\frac{\mathrm{d}Q}{T}\right)_{\mathrm{re}}$$

上式表明，$(\mathrm{d}Q/T)_{\mathrm{re}}$ 的积分是一个与积分路径无关的量，显然对于任意工质，$(\mathrm{d}Q/T)_{\mathrm{re}}$ 具有某一状态参数全微分特征，这个状态参数叫做"熵"，用符号 $S$ 表示。则 $(\mathrm{d}Q/T)_{\mathrm{re}}$ 即为熵的全微分，即

$$\mathrm{d}S=\left(\frac{\mathrm{d}Q}{T}\right)_{\mathrm{re}} \tag{4-6}$$

或

$$S_2-S_1=\int_{1}^{2}\left(\frac{\mathrm{d}Q}{T}\right)_{\mathrm{re}} \tag{4-6a}$$

对于 1kg 工质，熵的表达式为

$$\mathrm{d}s=\left(\frac{\mathrm{d}q}{T}\right)_{\mathrm{re}} \tag{4-7}$$

状态参数熵是个可加量，故 $\mathrm{d}S=m\,\mathrm{d}s$。

由此可知，熵对任意工质均为状态参数。

## 4.6　热力学第二定律的数学表达式

### 4.6.1　克劳修斯积分式

设任一工质在具有多热源情况下完成一个可逆循环 $ABCDA$，如图 4-10 所示。现用一组相互无限接近的可逆绝热线 $DG$，$FE$，…，将循环分割成无穷多个微元循环，如 $DGEFD$，$FEMNF$，$NMBHN$，…。因为 $G$ 与 $E$，$E$ 和 $M$，…以及 $H$ 与 $N$，$N$ 与 $F$，…

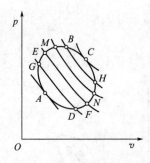

图 4-10  可逆微元循环

相邻的两点是无限接近的，可以把这两点之间的换热过程看成是定温换热过程。这样，每个微元循环都可看作卡诺循环。全部微元循环加起来的总结果就等于原来的循环，因为其中相邻的两个循环的可逆绝热线是彼此反向的，所引起的效果相互抵消为零。在分割成的无穷多个微元循环中，我们取微元卡诺循环 $FEMNF$ 来进行分析，根据式(4-1)，可得到下列关系式

$$\frac{\mathrm{d}Q_2}{\mathrm{d}Q_1} = \frac{T_2}{T_1}$$

式中，$\mathrm{d}Q_1$ 和 $\mathrm{d}Q_2$ 分别表示微元卡诺循环的吸热量和排热量的绝对值；$T_1$ 和 $T_2$ 分别是热源和冷源的温度，而在可逆过程中，热源温度与工质温度相等，所以 $T_1$ 和 $T_2$ 也分别是吸热时和放热时工质的温度。从本节开始，我们对热量 $Q$ 和功 $W$ 要考虑它们的正负号，上式中 $\mathrm{d}Q_2$ 是放热量，为负值，应在 $\mathrm{d}Q_2$ 前面加一个负号，即

$$\frac{-\mathrm{d}Q_2}{\mathrm{d}Q_1} = \frac{T_2}{T_1}$$

或

$$\frac{\mathrm{d}Q_1}{T_1} + \frac{\mathrm{d}Q_2}{T_2} = 0$$

式中，$\mathrm{d}Q_1/T_1$ 为加热量与加热时的温度之比；$\mathrm{d}Q_2/T_2$ 为放热量与放热时的温度之比，放热量 $\mathrm{d}Q_2$ 本身为负值。

于是，对于任一微元卡诺循环 $i$ 有

$$\left(\frac{\mathrm{d}Q_1}{T_1} + \frac{\mathrm{d}Q_2}{T_2}\right)_i = 0$$

现将全部微元卡诺循环的这种关系式加在一起，则可写成

$$\sum\left(\frac{\mathrm{d}Q_1}{T_1} + \frac{\mathrm{d}Q_2}{T_2}\right)_i = 0$$

或

$$\sum\frac{\mathrm{d}Q_1}{T_1} + \sum\frac{\mathrm{d}Q_2}{T_2} = 0$$

由于相邻两条绝热过程线相距为无穷小，故上式可写成

$$\int_{A\text{-}B\text{-}C}\frac{\mathrm{d}Q_1}{T_1} + \int_{C\text{-}D\text{-}A}\frac{\mathrm{d}Q_2}{T_2} = 0$$

或

$$\oint\left(\frac{\mathrm{d}Q}{T}\right)_{\mathrm{re}} = 0 \tag{4-8}$$

式中，注脚 re 表示可逆，上式叫做克劳修斯积分式，它表明任意工质在可逆循环中微元换热量与换热时温度之比的循环积分等于零。这表明 $(\mathrm{d}Q/T)_{\mathrm{re}}$ 具有状态参数全微分的

特性。

### 4.6.2　不可逆过程的熵变

上面分析的都是可逆过程和可逆循环，如果是不可逆循环，则被一组可逆绝热线分割出来的微元循环必有一部分或者全部是不可逆循环。现选图 4-11 上的一个微元不可逆循环 $A'B'C'D'A'$ 来进行分析，这个不可逆循环是由两个不可逆换热过程 $B'C'$ 和 $D'A'$ （虚线）和两个可逆绝热过程 $A'B'$ 和 $C'D'$ （实线）组成。根据卡诺定理推论，必有

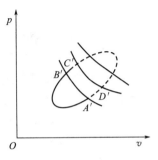

图 4-11　不可逆微元循环

$$\eta_{ir} < \eta_{re} = \eta_{tc}$$

或

$$1 - \left( \frac{-dQ_{2ir}}{dQ_{1ir}} \right) < 1 - \frac{T_2}{T_1}$$

则

$$\frac{dQ_{1ir}}{T_1} + \frac{dQ_{2ir}}{T_2} < 0$$

式中，注脚 ir 表示不可逆。其中 $\eta_{ir}$ 是该微元不可逆循环的热效率；$\eta_{tc}$ 是在相同的热源、冷源之间工作的相应卡诺循环的热效率；$T_1$ 和 $T_2$ 分别是热源和冷源的温度。将全部微元循环的这种关系式加在一起，不管全部为微元不可逆循环或部分为微元不可逆循环而另一部分为微元可逆循环，其总结果均为

$$\oint \left( \frac{dQ}{T} \right)_{ir} < 0 \tag{4-9}$$

上式称为克劳修斯不等式。通过克劳修斯不等式可以得到下述一个重要关系式。为此，假设体系从状态 1 沿不可逆过程 $A'$ 到状态 2 （见图 4-12），再沿可逆过程 $B$ 回到初始状态 1。

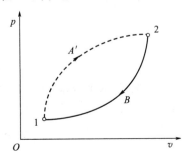

图 4-12　不可逆循环

根据式(4-9)，应有

$$\int_{1-A'}^{2}\left(\frac{\mathrm{d}Q}{T}\right)_{\mathrm{ir}}+\int_{2-B}^{1}\left(\frac{\mathrm{d}Q}{T}\right)_{\mathrm{re}}<0$$

或

$$\int_{1-A'}^{2}\left(\frac{\mathrm{d}Q}{T}\right)_{\mathrm{ir}}<\int_{1-B}^{2}\left(\frac{\mathrm{d}Q}{T}\right)_{\mathrm{re}}$$

由式(4-6a)，可得

$$\int_{1}^{2}\left(\frac{\mathrm{d}Q}{T}\right)_{\mathrm{ir}}<S_2-S_1 \tag{4-10}$$

上式表明，在两个状态之间的不可逆过程中，$(\mathrm{d}Q/T)_{\mathrm{ir}}$ 的积分不等于两个状态间熵的变化，而是小于它。

需要指出的是，不能把式(4-10)错误地理解为"在两个确定的状态之间不可逆过程熵的变化小于可逆过程熵的变化"。因为熵是状态参数，根据状态参数的特性，在确定的起始、终了状态之间，不论经过什么过程，也不管过程是可逆的还是不可逆的，其熵值变化量相同。式(4-10)的主要意义在于表明不能用不可逆过程的 $(\mathrm{d}Q/T)_{\mathrm{ir}}$ 积分来计算两个状态之间熵的变化量。如果要计算两个状态之间熵的变化量，要用两个状态之间可逆过程的 $(\mathrm{d}Q/T)_{\mathrm{re}}$ 的积分来计算。如果工质为理想气体，则可用第 3 章中有关公式来进行计算。

不可逆过程中 $(\mathrm{d}Q/T)_{\mathrm{ir}}$ 的积分为什么会小于熵的变化呢？这是由于在不可逆过程中，那些引起不可逆的因素，如体系内部的摩擦现象等对熵的变化所造成的影响没有计及在 $(\mathrm{d}Q/T)_{\mathrm{ir}}$ 内。这里，$(\mathrm{d}Q/T)_{\mathrm{ir}}$ 中的 $\mathrm{d}Q$ 仅是热源与工质之间的换热量，$T$ 是交换热量时热源的温度，而不是工质的温度，所以 $(\mathrm{d}Q/T)_{\mathrm{ir}}$ 的积分就相应地变小了，而不等于两个状态间熵的变化。这一点可通过下面一个特殊事例加以说明。例如，体系在与外界绝热情况下所进行的过程中，当 $\mathrm{d}Q=0$，这时有：

① 如果进行的过程是可逆的，则

$$\Delta S=\int_{1}^{2}(\mathrm{d}Q/T)_{\mathrm{re}}=0$$

由此可见，对外绝热的可逆过程就是定熵过程。

② 如果进行的过程是不可逆的，则

$$\Delta S=S_2-S_1>\int_{1}^{2}\left(\frac{\mathrm{d}Q}{T}\right)_{\mathrm{ir}}=0$$

显然，这是一个熵增加的过程。但体系熵的增加不是由于体系与外界之间交换热量所引起的（因 $\mathrm{d}Q=0$），而是由于体系内部不可逆性（如摩擦等）导致熵的增加。

## 4.7 熵方程

上一节由克劳修斯积分等式导出了新的状态参数熵，由克劳修斯积分等式和不等式得出了过程判据。本节将根据热力学第二定律数学式，导出各种热力系的熵方程，进一步揭示过程不可逆性、方向性和熵的内在联系，得出热现象又一重要原理——孤立系统熵增原理。在 4.8 节中还将通过实例来说明这个原理。

（1）闭口系统（控制质量）熵方程

据上节微元过程热力学第二定律数学表达式：$s_2 - s_1 \geqslant \int_1^2 \dfrac{\delta q}{T_r}$

即
$$\mathrm{d}S \geqslant \frac{\delta Q}{T_r}$$

式中，等号用于可逆过程，不等号用于不可逆过程，表明不可逆微元过程的熵变大于过程中 $\dfrac{\delta Q}{T_r}$，其差值即为不可逆因素造成的熵产 $\delta S_g$，即

$$\delta S_g = \mathrm{d}S - \frac{\delta Q}{T_r} \geqslant 0 \text{ 或 } \mathrm{d}S = \frac{\delta Q}{T_r} + \delta S_g$$

式中，$\dfrac{\delta Q}{T_r}$ 是系统与外界换热量与热源温度的比值，称热熵流，简称熵流，用 $\delta Q_{f,Q}$ 表示，是系统与外界换热引起的系统熵变，可正、可负、可为零，视系统吸热还是绝热而定。系统吸热，$\delta Q_{f,Q}$ 为正；系统放热，$\delta Q_{f,Q}$ 为负；过程绝热，$\delta Q_{f,Q}$ 为零。因而闭口系统的熵变

$$\mathrm{d}S = \delta S_g + \delta S_{f,Q} \tag{4-11}$$
$$\Delta S = S_g + S_{f,Q} \tag{4-12}$$

式(4-12)就是闭口系统（控制质量）的熵方程。它表示：闭口系统的熵变等于热熵流和熵产之和。

若闭口系统绝热，则热熵流为零，式(4-12)就简化为式 $\Delta S = S_g \geqslant 0$，由于熵产大于等于零，故不可逆绝热过程中，工质的熵必定增大。这里需要强调以下几点。

① 系统的熵变只取决于系统的初、终态，可正可负；熵流和熵产不只取决于系统的初、终态，与过程有关。

② 熵产是非负的，任何一可逆过程中均为零，不可逆过程中永远大于零；熵流取决于系统与外界的换热情况，系统吸热为正，放热为负，绝热为零。

③ 系统与外界传递任何形式的可逆功时，都不会因此而引起系统熵的变化，也不会引起外界熵的变化。

（2）开口系统（控制体积）熵方程

下面分析开口系统的熵变构成。显然，物质流进（出）系统，其自身的熵就带进（出）系统造成熵的增减；其次，据熵流、熵产的概念，系统与外界换热和系统发生了不可逆过程也会造成系统熵的增减。考察图 4-13 所示的开口系统，初始时刻 $\tau$ 系统的熵为 $S$，在微元时间段内外界向系统输入质量 $\sum\limits_i \delta m_i$，系统向外界输出质量 $\sum\limits_j \delta m_j$，系统与温度为 $T_{r,l}$ 的热源交换热量为 $\sum\limits_l \delta Q_l$，交换功的代数和为 $\delta W_{tot}$。经 $\mathrm{d}\tau$ 时间后该系统熵变为

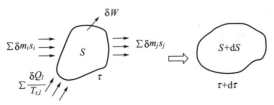

图 4-13　开口系统熵方程导出模型

$$dS_{cv} = \sum_i s_i \delta m_i - \sum_j s_j \delta m_j + \sum_l \frac{\delta Q_l}{T_{r,l}} + \delta S_g$$

$$dS_{c,v} = \delta S_{f,m} + \delta S_{f,Q} + \delta S_g \qquad (4\text{-}13)$$

式中，$\delta S_{f,m} = \sum_i s_i \delta m_i - \sum_j s_j \delta m_j$ 称为质熵流，$\sum_i s_i \delta m_i$ 是输入系统的物质自身带进的熵，$\sum_j s_j \delta m_j$ 是离开系统的物质带走的熵；$\delta S_{f,Q} = \sum_l \frac{\delta Q_l}{T_{r,l}}$ 是（热）熵流的代数和；$\delta S_g$ 是熵产。控制体积的熵变等于熵流与熵产之和。开口系统中熵流包括热熵流和质熵流，后者是因物质迁移而引起的。式（4-13）即为一般开口系统的熵方程。

对于闭口系统，因系统与外界无质量交换，式（4-13）即退化为闭口系统熵方程式（4-11）。

考虑工程上最常见的一股流体流入，一股流体流出的稳态稳流系统（图4-14）。因稳定，所以 $dS_{C,v} = 0$，$\delta m_1 = \delta m_2 = \delta m$，代入式（4-13），得其熵方程为

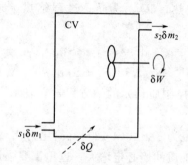

图 4-14  稳态稳流装置示意图

$$\delta S_g = \delta m(s_2 - s_1) - \delta S_{f,Q} \qquad (4\text{-}14)$$

或

$$S_g = m(s_2 - s_1) - S_{f,Q} \qquad (4\text{-}15)$$

$$s_2 - s_1 = s_g + s_{f,Q} \qquad (4\text{-}16)$$

对于绝热的稳态稳流过程

$$s_2 - s_1 = s_g \geqslant 0 \qquad (4\text{-}17)$$

式中，$s_1$ 和 $s_2$ 分别是进、出口截面上工质的比熵。式（4-17）表明，可逆绝热的稳态稳流过程中，开口系统的总熵保持不变，即 $\Delta S_{CV} = 0$，进口截面上的比熵等于出口截面的比熵；不可逆绝热的稳态稳流过程中，虽然开口系统的总熵仍然保持不变，即 $\Delta S_{CV} = 0$，但由于工质在过程中的不可逆性，出口截面的比熵大于进口截面的比熵。

【例 4-1】 1kg 温度为 100℃ 的水在温度恒为 500K 的加热器内在标准大气压力下定压加热，完全汽化为 100℃ 的水蒸气。已知需要加入热量 $q = 2257.2$kJ/kg。试求：（1）水在汽化过程中的比熵变 $\Delta s_{1\text{-}2}$；（2）过程中的熵流和熵产；（3）恒温加热器温度为 800K 时水的熵变及过程中的熵流和熵产。

**解**：（1）取容器中的工质为热力系统，它是闭口系统。在定压的汽化过程中工质温度不变，$T = (100 + 273.15)$ K $= 373.15$K。已知热源温度 $T_r = 500$K，加热量 $q = 2257.2$kJ/kg。显然 $T_r > T$，有限温差传热是不可逆过程，但工质的比熵变无法利用不可逆过程关系式 $\Delta s_{1\text{-}2} > q/T_r$ 求出。如图4-15所示，设想一个中间热源，热量 $q$ 由热源先传给中间热源，再由它传给系统。中间热源的温度与水温相同，$T' = T$，它们之间是可逆传热过程。而中间

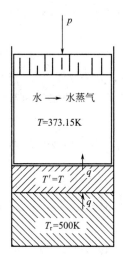

图 4-15 例 4-1 附图

热源的温度与热源不同，它们之间是不可逆的传热过程。因而转化为热力系统内部可逆、外部不可逆问题，按比熵变的意义，得：

$$\Delta s_{1-2} = \int \frac{\delta q}{T_r} = \frac{q}{T'} = \frac{q}{T} = \frac{2257.2 \text{kJ/kg}}{373.15 \text{K}} = 6.0490 \text{kJ/(kg} \cdot \text{K)}$$

对于无摩擦损耗，只存在温差传热的不可逆问题，都可以按此方法处理。$\mathrm{d}S = \frac{\delta Q}{T}$ 与 $\mathrm{d}s = \frac{\delta q}{T}$ 对闭口系统可逆过程和内部可逆过程都适用。如果在吸热过程中工质温度是变化的，则需要设置无数多个中间热源，随时都与工质温度相同，工质熵变仍按 $\Delta s_{1-2} = \int_1^2 \frac{\delta q}{T}$ 计算。

（2）由闭口系统的熵方程，式（4-12）

$$\Delta s_{1-2} = s_g + s_{f,Q}$$

其中熵流

$$s_{f,Q} = \int_1^2 \frac{\delta q}{T_r} = \frac{q}{T_r} = \frac{2257.2 \text{kJ/kg}}{500 \text{K}} = 4.5144 \text{kJ/(kg} \cdot \text{K)}$$

熵产：

$$s_g = \Delta s_{1-2} - s_{f,Q} = 6.0490 \text{kJ/(kg} \cdot \text{K)} - 4.5144 \text{kJ/(kg} \cdot \text{K)} = 1.5346 \text{kJ/(kg} \cdot \text{K)} > 0$$

熵产 $s_g > 0$，验证了温差传热是不可逆过程。

（3）若 $T_r = 800 \text{K}$，其他条件不变。这时仍设想一个温度 $T' = T$ 的中间热源。工质的熵变仍为 $6.0490 \text{kJ/(kg} \cdot \text{K)}$。由于热源温度改变，故熵流

$$s_{f,Q} = \int_1^2 \frac{\delta q}{T_r} = \frac{q}{T_r} = \frac{2257.2 \text{kJ/kg}}{800 \text{K}} = 2.8215 \text{kJ/(kg} \cdot \text{K)}$$

熵产

$$s_g = \Delta s_{1-2} - s_{f,Q} = 6.0490 \text{kJ/(kg} \cdot \text{K)} - 2.8215 \text{kJ/(kg} \cdot \text{K)} = 3.2275 \text{kJ/(kg} \cdot \text{K)} > 0$$

熵产 $s_g > 0$，验证了温差传热是不可逆过程。

讨论：

① 计算结果（1）和（3）的 $\Delta s_{1-2}$ 相同。热源温度不同并不影响热力系的熵变，因为

热力系的熵变是状态参数，两个不同的不可逆过程可以借助同样的内可逆过程计算 $\Delta s_{1-2}$；

② 由（2）、（3）的计算结果 $s_{g(3)} > s_{g(2)}$，表明传热温差大，不可逆程度也更严重，可见过程的熵产是不可逆程度的量度。

**【例 4-2】** 体积为 $V$ 的刚性容器，初态为真空，打开阀门，大气环境中参数为 $p_0$，$T_0$ 的空气充入。设容器壁具有良好的传热性能，充气过程中容器内空气保持和环境温度相同，最后达到热力平衡，即 $T_2 = T_0$，$p_2 = p_0$。试证明非稳态定温充气过程是不可逆过程。

**解**：取容器内空间为控制体积，先求出通过边界面的传热量 $Q$。根据控制体积能量方程一般表达式

$$\delta Q = dU_{cv} + h_j \delta m_j - h_i \delta m_i + \delta W_i$$

已知容器为刚性，$\delta W_i = 0$，无气体流出 $\delta m_j = 0$，流入空气量等于控制体积内的气增量，$\delta m_i = dm$ 且 $h_i = h_0$，故上式化简为

$$\delta Q = dU_{cv} - h_0 dm$$

积分上式得

$$Q_{1-2} = U_2 - U_1 - h_0(m_2 - m_1)$$

将 $m_1 = 0$，$U_1 = 0$，$u_2 = u_0$，$h_0 - u_0 = p_0 v_0$ 代入，则

$$Q_{1-2} = u_2 m_2 - m_2 h_0 = (u_2 - h_0)m_2 = -p_0 v_0 m_2 = -p_0 V$$

根据控制体积熵方程

$$dS_{CV} = \sum_i s_i \delta m_i - \sum_j s_j \delta m_j + \sum_l \frac{\delta Q_l}{T_{r,l}} + \delta S_g$$

又因 $\delta m_j = 0$，代入后积分得

$$(S_2 - S_1)_{CV} = \frac{Q_{1-2}}{T_0} + s_0(m_2 - m_1) + S_g$$

初态真空，$m_1 = 0$，$S_1 = 0$，且 $S_2 = m_2 s_2 = m_2 s_0$，$Q_{1-2} = -p_0 V$

$$S_g = \frac{p_0 V}{T_0} > 0$$

由 $S > 0$ 可以断定充气过程是不可逆过程。

## 4.8 孤立系统的熵增原理

将体系和与体系发生能量交换的外界合并在一起构成一个大的封闭体系，这个大体系可以看成与其他事物完全隔绝而被称为孤立体系，如图 4-16 所示。对孤立体系而言，在体系

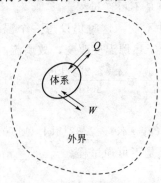

图 4-16　孤立体系

内部的各个组成部分"体系"与"外界"之间可以有功和热量的交换，但体系与外界无任何能量的交换。显然 $dQ_{iso}=0$（注脚 iso 表示孤立体系）。取 $dQ=0$，并将式（4-6）和式（4-10）合并可得

$$S_2 - S_1 \geqslant \int_1^2 \frac{dQ}{T} = 0$$

或 $$dS_{iso} \geqslant 0 \tag{4-18}$$

式中，$S_{iso}$ 是整个孤立体系的熵（即包括体系内部的各个组成部分的"体系"与"外界"熵的总和），不等号对应孤立体系内进行的过程是不可逆的，而等号则对应为可逆的。上式表明："在孤立体系内一切实际过程（不可逆过程）都朝着使体系熵增加的方向进行，或在极限情况下（可逆过程）维持体系的熵不变，而任何使体系熵减少的过程是不可能发生的。"或者简单地说："孤立体系中，熵的值只能增加，极限情况下保持不变，但不可能减少。"这就是孤立体系熵增原理。普朗克称它为热力学第二定律最通用的说法，因为它把热力学第二定律的各种说法用状态参数"熵"统一起来了。所以，也可以说式（4-18）就是热力学第二定律的解析式。

孤立体系中可以包括热源、冷源和工质等物体，整个孤立体系的熵等于这些物体熵的总和，孤立体系熵的变化，应等于这些物体熵变化的代数和。下面举两个例子来说明这个原理。

（1）热机把热转变为功

设某热机通过工质进行不可逆循环，从热源吸取热量 $Q_1$，向冷源排出热量 $Q_2$，并同时完成做机械功 $W_0$，如图 4-17（a）所示。我们将这一能量转变中所涉及的热源、冷源和工质等物体划到一个大的体系中来，这个大的体系即可看成是孤立体系。为了分析方便起见，这里把工质所进行的不可逆循环的不可逆性集中表现在一个不可逆绝热膨胀过程中，如图 4-17（b）中的 3-4′所示，而其他过程均为可逆过程，图中过程 3-4 是相应的可逆绝热膨胀过程，是作为对比用的。下面来分析孤立体系中进行不可逆循环 1234′1 及可逆循环 12341 两种情况下孤立体系熵的变化。

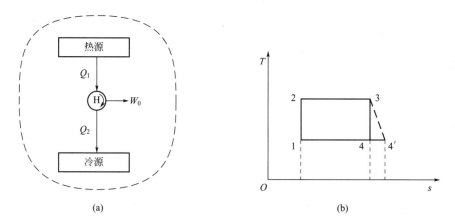

图 4-17　热转变为功

先分别计算工质、热源和冷源熵的变化，它们的代数和即是孤立体系熵的变化。对于工质而言，不管是可逆循环，还是不可逆循环，工质的熵的变化总为零，即

$$\Delta S = 0$$

计算热源及冷源熵的变化可通过工质的吸热和放热过程间接加以确定。因为这两种循环的吸热过程和放热过程均为可逆过程，所以热源及冷源熵的变化与工质的吸热过程及放热过程熵的变化绝对值相等，只是符号相反。由图 4-17（b）可以看出

$$\Delta S_H = -(S_3 - S_2)$$

进行可逆循环时 $\qquad \Delta S_C = -(S_1 - S_4)$

进行不可逆循环时 $\qquad \Delta S_C' = -(S_1 - S_4')$

式中，下角标 H 和 C 分别代表热源和冷源，最后来计算孤立体系熵的变化，因为熵是一个可加量。

进行可逆循环时，孤立体系熵的变化为

$$\Delta S_{iso} = \Delta S_H + \Delta S_C + \Delta S = -(S_3 - S_2) + [-(S_1 - S_4)] + 0$$
$$= (S_4 - S_1) - (S_3 - S_2) = 0 \qquad\qquad (a)$$

进行不可逆循环时，孤立体系熵的变化为

$$\Delta S_{iso} = \Delta S_H + \Delta S_C' + \Delta S = -(S_3 - S_2) + [-(S_1 - S_4')] + 0$$
$$= (S_4' - S_1) - (S_3 - S_2) = S_4' - S_4 > 0 \qquad\qquad (b)$$

将式（a）与式（b）加在一起，得

$$\Delta S_{iso} \geqslant 0$$

式中，等号对应于可逆循环，不等号对应于不可逆循环。上式结果正是孤立体系熵增原理在这一具体情况中的体现。

（2）单纯的传热过程

设在孤立体系中有两个相互接触的物体 A 和 B，它们的温度分别为 $T_A$ 和 $T_B$，且 $T_A > T_B$，如图 4-18 所示。由于 $T_A > T_B$，则有热量从高温物体 A 不可逆地传给低温物体 B，在微元换热过程中的换热量为 $|dQ|$。在这一微元换热过程中 A 物体放出热量 $|dQ|$，故其熵减小，$dS_A = -|dQ|/T_A$；B 物体吸入热量 $|dQ|$，其熵增大，$dS_B = |dQ|/T_B$。于是有

$$dS_{iso} = dS_A + dS_B$$
$$= -\frac{|dQ|}{T_A} + \frac{|dQ|}{T_B} = |dQ|\left(\frac{1}{T_B} - \frac{1}{T_A}\right)$$

由于 $T_A > T_B$，故

$$dS_{iso} > 0$$

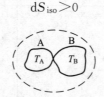

图 4-18　单纯的传热过程

如果传热过程是可逆的，则应有 $T_A = T_B$，这时孤立体系熵的变化为

$$dS_{iso} = 0$$

合并上述可逆及不可逆两种情况的结果仍可得

$$dS_{iso} \geqslant 0$$

需要指出的是，孤立体系熵增原理中所说的熵"增加""不变"或"不能减少"都是就孤立体系而言的。至于对非孤立体系或孤立体系中的各组成部分，它们的熵可增、可减，也

可以不变。对于一个闭口绝热体系来说，由于与外界交换的功并不引起熵的变化，因此孤立体系熵增原理的结论，对它也是适用的。

孤立体系熵增原理阐明了过程可能进行的方向和深度以及非自发进程进行的条件。同时，孤立体系中熵增的本身就意味着做功的能力下降。下面分别加以说明。

① 热力过程进行的方向。孤立体系的熵只能增加，而不能减少，这就意味孤立体系内所进行的过程是向着熵增加的方向进行，也就是说只有那些能导致孤立体系熵增加的过程才可能发生。这表明了孤立体系熵增原理所阐明的过程"方向性"的实质。

② 热力过程进行的深度。既然孤立体系的熵总是增加的，那么当增加到某一极值时，体系中进行的过程即告"终止"，这表明了过程可能进行的深度。实际上，它反映了孤立体系内部所进行的变化是一个从不平衡到平衡的过程，孤立体系熵的极大值即对应着这最后的平衡状态。孤立体系熵达到极大值时其体系中各种参数应有的特征，可用高等数学求极大值的方法加以确定。例如，在上述单纯传热过程的例子中，孤立体系熵达到极大值应满足的条件是

$$dS_{iso} = 0$$

即
$$dS_{iso} = |dQ|\left(\frac{1}{T_B} - \frac{1}{T_A}\right) - 0$$

则
$$T_A = T_B$$

由此表明，当过程进行到两物体的温度相等时，对应着孤立体系的熵达到极大值，过程进行即告"终止"。这就是过程所能进行的深度。

③ 热力过程进行的条件。熵增原理说明，熵增加是热力过程得以进行的条件。这可以从自发过程和非自发过程两个方面来进行说明。

自发过程易于理解，因为自发过程是不可逆过程，而不可逆过程中熵总是增加的，这样，自发过程得以"自发"地进行。

非自发过程是使孤立体系熵减少的过程，根据熵增原理，它是不能自发进行的。但在人类的生产实践中往往需要实现这种非自发过程。例如，把热能转变为机械能；把热量从低温物体传向高温物体等。为了使这类非自发过程得以进行，必须附加某些"补偿条件"。不同的情况下，补偿条件可以不同，但它总是一个自发过程。从熵变化的关系来说，它总是一个熵增加的过程，由于它的参加，使孤立体系的熵得到补偿，从而导致孤立体系的熵变化由原来的"减少"变为"增加"的过程。这样一来，非自发过程的实现就成为可能的了。例如，在热机循环中，为了要实现热变功这个非自发过程，必定伴随着向冷源排热这个补偿条件；在制冷循环中，为了要实现热量自低温热源传至高温热源的非自发过程，必定伴随着要消耗功并转变为热这个补偿条件。上述两个补偿条件都是自发过程，将导致熵的增加。由此可见，非自发过程进行，必定要伴随着自发过程这个补偿条件才行。前者是熵减少的过程，而后者是熵增加的过程，自发过程的熵增必定要大于非自发过程的熵减。才会使增个孤立体系的熵增加，这才符合孤立体系熵增原理。

现以热变功这个非自发过程为例来说明熵的变化情况。由图 4-17 可知，在没有向冷源排热这个补偿条件时，孤立体系的熵是减少的，即

$$\Delta S_{iso} = \Delta S_H + \Delta S = -(S_3 - S_2) + 0 < 0$$

在加上向冷源排热这个补偿过程以后，孤立体系的熵就增加了。可见，向冷源排热实质上是一个从高温向低温传热，导致熵增加的自发过程，不附加这个补偿过程，非自发过程就

不能实现。这就是非自发过程得以进行的补偿条件。

④ 孤立体系熵增原理应用于热机时，孤立体系熵增越大，意味着热机做功的能力（经济性）越下降。为了说明这一点，可通过图 4-19 所示的循环来分析。

与图 4-17 所示的循环一样，把不可逆性集中表现在不可逆绝热膨胀过程中（图 4-19 上的过程 3-4'）。图上标记的 $a$，$b$，$c$ 均表示相应面积的绝对值。

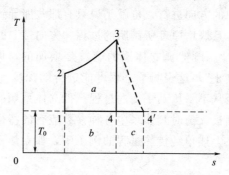

图 4-19　可逆与不可逆循环比较

对于可逆循环 12341：

循环功
$$W_0 = Q_1 - |Q_2| = (a+b) - b = a$$

热效率
$$\eta_{\text{tre}} = \frac{W_0}{Q_1} = \frac{a}{a+b}$$

在这种情况下
$$\Delta S_{\text{iso}} = 0$$

对于不可逆循环 $1234'1$：

循环功
$$W_0' = Q_1 - |Q_2'| = (a+b) - (b+c) = a-c$$

热效率
$$\eta_{\text{tir}} = \frac{W_0'}{Q_1} = \frac{a-c}{a+b}$$

在这种情况下
$$\Delta S_{\text{iso}}' > 0$$

比较上述结果可知，$W_0' < W_0$，$\eta_{\text{tir}} < \eta_{\text{tre}}$，$\Delta S_{\text{iso}}' < \Delta S_{\text{iso}}$。这表明，由于孤立体系的熵增加，而引起循环功减少和循环热效率下降。循环功的减少，就意味着热机做功能力的下降，其数值为

$$W_0 - W_0' = a - (a-c) = c$$
$$= T_0(S_4' - S_4) = T_0 \Delta S_{\text{iso}} \tag{4-19}$$

式中，$T_0$ 可看作是环境温度，一般认为不变。由上式看出，热机做功能力的下降直接与孤立体系熵的增量成正比，即熵增越大，热机做功能力下降也越大。

式（4-19）不仅对热机，实际上对任何过程都是适用的，它是计算做功能力下降的一个普遍关系式。下面以此作为例子来说明孤立体系熵增原理的应用。

孤立体系熵增原理曾被有些人错误地推广应用于整个宇宙，从而得出荒谬的"热死论"，即认为整个宇宙的熵必趋于极大值而最后达到热平衡（热死）的状态，这是完全错误的。因为热力学的定律是建筑在有限空间和有限时间内所观察到的现象的基础上的，把热力学定律用到一个具有无限空间和无限时间的无所不包的宇宙中去，显然是荒谬的，因为这两者不仅在数量上有巨大的差别，而且在本质上也有着根本的不同。因此，把热力学定律任意推广应用到整个宇宙中是毫无根据的。

## 4.9 㶲及㶲平衡

本节讨论闭口系统工质及稳定流动工质的㶲，以及闭口系统和稳定流动热力系统的㶲平衡方程。

（1）闭口系统工质的热力学能㶲

闭口热力系统只与环境作用下，从给定状态以可逆方式变化到与环境平衡的状态，所能做出的最大有用功，称为该状态下闭口系统的㶲，或称热力学能㶲，以 $E_{x,U}$ 表示。

在环境（$p_0$，$T_0$）之中的任意闭口系统，由初始给定状态 $p$、$T$、$V$、$U$、$S$ 变化到与环境相平衡的状态 $p_0$、$T_0$、$V_0$、$U_0$、$S_0$，过程中闭口系统只与环境交换热量。由于系统温度不同于环境，为使过程可逆，设想在系统和环境间有一系列微元卡诺机，如图 4-20 所示。闭口系统和可逆热机组成一个复合系统，它们全部按可逆过程工作，复合系统对外做出的最大有用功即为闭口系统工质的㶲，它等于闭口系统的有用功与卡诺机循环净功之和：

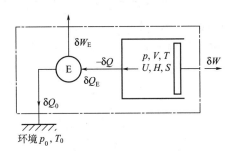

图 4-20　闭口系统工质的㶲导出模型

$$\delta W_{u,max} = \delta W_E + \delta W - p_0 dV \tag{a}$$

闭口系统对外做出的过程功 $\delta W$ 中有一部分用于反抗环境大气压力，做出的功 $p_0 dV$ 不能加以利用，余下的部分 $\delta W - p_0 dV$ 才是有用功。由热力学第一定律，在闭口系统的微元过程中：

$$\delta Q = dU + \delta W \text{ 或 } \delta W = \delta Q - dU \tag{b}$$

过程可逆，故

$$\delta Q = T dS \text{ 或 } dS = \frac{\delta Q}{T} \tag{c}$$

对微元卡诺机，循环的能量方程为

$$\delta W_E = \delta Q_E + \delta Q_0 \tag{d}$$

式中，$\delta Q_E$、$\delta Q_0$ 均为代数值。微元卡诺循环有

$$\frac{\delta Q_E}{T} = -\frac{\delta Q_0}{T_0} \text{ 或 } \delta Q_0 = -\frac{T_0}{T} \delta Q_E \tag{e}$$

同时注意到 $\delta Q_E = -\delta Q$，将它和式（e）、（c）一起代入式（d），整理后得出

$$\delta W_E = -\delta Q + T_0 dS \tag{f}$$

再将式（f）和（b）代入式（a），即得

$$\delta W_{u,max} = -dU - p_0 dV + T_0 dS \tag{4-20}$$

将上式由给定状态到环境状态积分，即为工质热力学能㶲

$$E_{x,U} = W_{u,max} = U - U_0 - T_0(S - S_0) + p_0(V - V_0) \tag{4-21}$$

热力学能㶼为

$$A_{n,U} = U - E_{x,U} = U_0 + T_0(S - S_0) - p_0(V - V_0) \tag{4-22}$$

对于 1kg 工质，比热力学能㶲和比热力学能㶼分别为

$$e_{x,U} = u - u_0 - T_0(s - s_0) + p_0(v - v_0) \tag{4-23}$$

$$a_{n,U} = u_0 + T_0(s - s_0) - p_0(v - v_0) \tag{4-24}$$

系统的热力学能㶲取决于环境状态和系统状态，当环境状态给定后，可以认为 $E_{x,U}$ 是系统的状态参数。

系统由状态 1 变化到状态 2，除环境外无其他热源交换热量时，所能做出的最大有用功 $W_{1-2,max}$ 可由式(4-20) 从 1 到 2 积分得出，即

$$W_{1-2,max} = U_1 - U_2 - T_0(S_1 - S_2) + p_0(V_1 - V_2) = E_{x,U_1} - E_{x,U_2} = -\Delta E_{x,U} \tag{4-25}$$

（2）稳定流动工质的焓㶲

在稳流工质只与环境作用下，从给定状态以可逆方式变化到环境状态，所能做出的最大有用功，即为稳流工质的物流㶲，以 $E_x$ 表示。

如图 4-21 所示，处于某种给定状态 $p$，$T$，$v$，$h$，$s$ 下流速 $c_f$、高度 $z$ 的 1kg 工质，流入稳定开口系统，流出时达到与环境相平衡的状态，相应的参数为 $p_0$，$T_0$，$v_0$，$h_0$，$s_0$，这时相对于环境宏观流速 $c_{f,0} = 0$，基准高度 $z_0 = 0$。对气体工质，通常可不计位能差。系统能量方程为

$$q = h_0 - h + w_i - \frac{1}{2}c_f^2$$

或

$$w_i = q + h - h_0 + \frac{1}{2}c_f^2 \tag{a}$$

为使开口系统与环境之间可逆传热，其间设置有一系列微元卡诺机，开口系统流入 1kg 工质，有若干个微元卡诺循环运行。该复合系统做出的最大功为

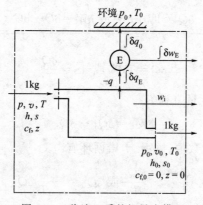

图 4-21 稳流工质的㶲导出模型

$$w_{u,max} = w_i + \int \delta w_E \tag{b}$$

对每个微元卡诺循环，写出能量守恒式为

$$\delta w_E = \delta q_E + \delta q_0$$

式中，$\delta q_E$，$\delta q_0$ 为代数值。循环可逆，故 $\dfrac{\delta q_E}{T} = -\dfrac{\delta q_0}{T_0}$，或 $\delta q_0 = -\dfrac{T_0}{T}\delta q_E$。将其代入上式，得

$$\delta w_E = \delta q_E - \frac{T_0}{T}\delta q_E \tag{c}$$

注意到 $\delta q_E = -\delta q$，可逆过程 $\delta s_g = 0$，由稳流开口系统的熵方程，$\mathrm{d}s = \delta s_{f,Q} = \dfrac{\delta q}{T}$（这里 $\mathrm{d}s$ 为进、出口工质熵差）。将这些关系代入式(c)，并对全过程积分，得

$$\int \delta w_E = -q + T_0 \int_s^{s_0} \mathrm{d}s \tag{d}$$

再将式(a)、(d) 代入式(b)，整理后得出

$$w_{u,\max} = e_x = h - h_0 - T_0(s - s_0) + \frac{1}{2}c_f^2 \tag{4-26}$$

能动 $\dfrac{1}{2}c_f^2$ 全部是机械㶲，另予考虑。若速度不高，这项也可以忽略不计。因而，稳流工质的㶲通常是指其能量焓中的㶲，用 $E_{x,H}$ 表示。1kg 稳流工质的比焓㶲 $e_{x,H}$ 为

$$e_{x,H} = h - h_0 - T_0(s - s_0) \tag{4-27}$$

比焓㶲为

$$a_{n,H} = h - e_{x,H} = h_0 + T_0(s - s_0) \tag{4-28}$$

相对于确定的环境状态，稳流工质㶲只取决于给定状态，是状态参数。质量为 $m$ 的工质的焓㶲和焓㶲分别为

$$E_{x,H} = H - H_0 - T_0(S - S_0)$$
$$A_{n,H} = H_0 + T_0(S - S_0)$$

在除环境外无其他热源的条件下，稳流工质在两个确定状态下所能做出的最大有用功为

$$W_{1\text{-}2,\max} = E_{x,H_1} - E_{x,H_2} = -\Delta E_{x,H} = H_1 - H_2 - T_0(S_1 - S_2) \tag{4-29}$$

（3）㶲平衡方程及㶲损失

㶲分析方法的基础是㶲平衡方程。能量㶲是能量本身的特性，系统具有能量同时具有能量㶲，工质携带能量或传递能量，同时也携带或传递能量㶲。任何可逆过程都不会发生㶲向㶲的转变，所以可逆过程不存在㶲损失；任何不可逆过程的发生，系统中都会出现㶲损失，在这点上它不同于能量。系统㶲平衡方程的建立可参照能量平衡方程建立的方法，但需增加一支出项——㶲损失 $I$，即：输入系统的㶲减去输出系统的㶲，再减去㶲损失等于系统的㶲增量。

① 闭口系统㶲平衡方程。考察图 4-22 虚线所示任意闭口系统经热力变化过程由状态 1 变化到状态 2。这时热力学能变量为 $U_2 - U_1$，过程中可能分别与热源及环境交换热量 $Q$ 和 $Q_0$，做出过程功 $W$，与此相应的各项能量㶲分别为

$E_{x,U_2} - E_{x,U_1}$，$E_{x,Q}$，$E_{x,Q_0}(=0)$，$E_{x,W_u}(=W_u)$，$E_{x,W_0}(=0)$。

此外，尚有㶲损失 $I$。闭口系统的能量方程为

$$Q + Q_0 = U_2 - U_1 + W = U_2 - U_1 + W_u + p_0(V_2 - V_1)$$

考虑到系统与环境交换的热量和功量其㶲 $E_{x,Q_0}$ 和 $E_{x,W_0}$ 均为零，输入系统的㶲仅有热量㶲，输出系统的㶲仅是有用功㶲，系统的㶲增量为初、终态热力学能㶲的差，所以㶲平衡

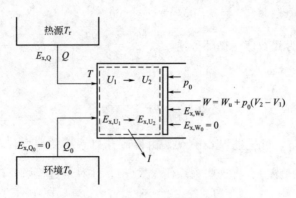

图 4-22  闭口系统㶲平衡模型

方程为

$$E_{x,Q} - W_u - I = E_{x,U_2} - E_{x,U_1}$$

整理得

$$E_{x,Q} = E_{x,U_2} - E_{x,U_1} + W_u + I$$

或

$$I = E_{x,Q} - E_{x,U_2} + E_{x,U_1} - W_u \tag{4-30}$$

式中

$$E_{x,U_1} - E_{x,U_2} = U_1 - U_2 - T_0(S_1 - S_2) + p_0(V_1 - V_2)$$

$$E_{x,W_u} = W_u = W - p_0(V_1 - V_2)$$

$$E_{x,Q} = \int_1^2 \left(1 - \frac{T_0}{T}\right)\delta Q_0$$

上述各式中，$W_u$ 为实际过程有用功，它等于过程功 $W$ 与无用功（排斥大气功）$p_0(V_1 - V_2)$ 之差。若是考虑系统内部不可逆因素引起的㶲损失，式中 $T$ 是通过界面换热处的工质温度；若同时考虑到热源与工质可能的不可逆传热，则采用热源温度 $T_r$，这时得出的㶲损失包括热源与系统换热的不可逆㶲损。

得出了过程中参与的各项能量㶲，则㶲损失可由㶲平衡方程确定。若热力过程是可逆过程，$I = 0$，这时做出的是最大有用功，由式(4-29) 可得

$$W_{1-2,\max} = E_{x,Q} + E_{x,U_1} - E_{x,U_2} \tag{4-31}$$

它表示系统与环境外的其他热源也交换热量时的最大有用功。系统如果进行的是可逆压缩过程，式(4-31) 表示消耗的最小有用功。

② 稳定流动系统㶲平衡方程。设有单股流体流入和流出的任意稳定流动系，如图 4-23 所示。当不计位能差时，流入 1kg 工质，进口处工质携带入能量为 $h_1 + \frac{1}{2}c_{f_1}^2$；出口处同时也流出 1kg 工质，携带走能量 $h_2 + \frac{1}{2}c_{f_2}^2$；系统与热源的换热量为 $q$；与环境的换热量为 $q_0$；做出内部功 $w_i$（不考虑轴承等摩擦时内部功等于轴功，全为有用功，$w_i = w_u$）。

稳定流动系统的能量方程为

$$q + q_0 = h_2 - h_1 + \frac{1}{2}c_{f_2}^2 - \frac{1}{2}c_{f_1}^2 + w_i$$

㶲平衡方程为

$$e_{x,Q} + e_{x,H_1} + \frac{1}{2}c_{f_1}^2 - e_{x,H_2} - \frac{1}{2}c_{f_2}^2 - w_i - i = \Delta E_{x,CV}$$

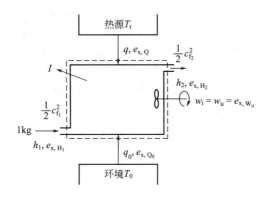

图 4-23　稳流开口系统㶲平衡模型

因稳定流动系统的 $\Delta E_{x,CV}=0$，所以整理后得

$$e_{x,Q}=e_{x,H_2}-e_{x,H_1}-\frac{1}{2}c_{f_1}^2+\frac{1}{2}c_{f_2}^2+w_i+i$$

或

$$i=e_{x,1}-e_{x,2}+e_{x,Q}-w_u \qquad (4\text{-}32)$$

式中

$$e_{x,1}-e_{x,2}=e_{x,H_1}-e_{x,H_2}+\frac{1}{2}c_{f_1}^2-\frac{1}{2}c_{f_2}^2=h_1-h_2-T_0(s_1-s_2)+\frac{1}{2}(c_{f_1}^2-c_{f_2}^2)$$

$$e_{x,Q}=\int_1^2\left(1-\frac{T_0}{T}\right)\delta Q$$

$$w_u=w_i$$

参与过程的各项能量㶲算出后，㶲损失即可由式(4-32)确定。如果进行的是可逆过程，$i=0$，这时做出的最大有用功可由式(4-32)得出

$$w_{1-2,\max}=e_{x,1}-e_{x,2}+e_{x,Q} \qquad (4\text{-}33)$$

它表示稳流系统与除环境外的其他热源也交换热量时的最大有用功。稳定流动系统中如果进行的是可逆压缩过程，则式(4-33)表示消耗的最小有用功。

【例 4-3】 1kg 氮气由初态 $p_1=0.45\text{MPa}$、$t_1=37℃$，经绝热节流压力降到 $p_2=0.11\text{MPa}$。环境温度 $t_0=17℃$。求：①节流过程的㶲损失；②最大有用功；③在同样的初、终态之间进行可逆定温膨胀时的最大有用功。

**解：** 已知：$p_1=0.45\text{MPa}$，$T_1=310\text{K}$，$T_0=290\text{K}$，$p_2=0.11\text{MPa}$

① 绝热节流前后焓值相等，$h_1=h_2$，在给定条件下，氮气可作为理想气体，$h=f(T)$，所以 $T_2=T_1=310\text{K}$。根据稳定流动系㶲平衡方程可知㶲损失为

$$i=e_{x,1}-e_{x,2}+e_{x,Q}-w_u$$

不计节流前后动能变化 $\frac{1}{2}\Delta c_f^2$，过程绝热 $e_{x,Q}=0$，不对外做功 $w_u=0$，于是

$$i=e_{x,H_1}-e_{x,H_2}=h_1-h_2-T_0(s_1-s_2)=T_0(s_1-s_2)$$

$$=T_0\left(c_p\ln\frac{T_2}{T_1}-R\ln\frac{p_2}{p_1}\right)=-T_0R\ln\frac{p_2}{p_1}$$

$$=-290\text{K}\times0.297\text{kJ/(kg·K)}\times\ln\frac{0.11\text{MPa}}{0.45\text{MPa}}=121.34\text{kJ/kg}$$

② 根据最大有用功的定义

$$w_{1-2,\max}=e_{x,1}-e_{x,2}=121.34\text{kJ/kg}$$

③ 由 0.45MPa，310K 变化到 0.11MPa，310K 的可逆定温膨胀是吸热过程，并对外做出膨胀功。由热力学第一定律能量方程可知，吸热量等于过程功，为

$$q_\text{T}=w_\text{T}=w_{\text{t,T}}=-R\,T\ln\frac{p_2}{p_1}=-310\text{K}\times0.297\text{kJ/(kg}\cdot\text{K)}\times\ln\frac{0.11\text{MPa}}{0.45\text{MPa}}=129.71\text{kJ/kg}$$

既然是可逆的定温过程，必然有温度为 $T(T\neq T_0)$ 的热源供给系统热量，而不是从环境吸热。根据式(4-33)

$$w_{1-2,\max}=e_{x,1}-e_{x,2}+e_{x,Q}=e_{x,\text{H}_1}-e_{x,\text{H}_2}+\int_1^2\left(1-\frac{T_0}{T}\right)\delta q$$

$$=e_{x,\text{H}_1}-e_{x,\text{H}_2}+\left(1-\frac{T_0}{T}\right)q$$

$$=121.34\text{kJ/kg}+\left(1-\frac{290\text{K}}{310\text{K}}\right)\times129.71\text{kJ/kg}$$

$$=121.34\text{kJ/kg}+8.37\text{kJ/kg}=129.71\text{kJ/kg}$$

这里 $\int_1^2\left(1-\dfrac{T_0}{T}\right)\delta q$ 是可逆等温过程系统自然源吸热，从中获得的热量㶲。

**【例 4-4】** 如图 4-24 所示，利用稳定供应的 0.69MPa、26.8℃的空气源和−196℃的冷源，生产 0.138MPa、−162.1℃的空气流，质量流量 $q_m=20\text{kg/s}$，以汽轮机代替节流阀，起到降压的作用。设汽轮机内进行的是绝热膨胀过程，已知其相对内部效率 $\eta_\text{T}=0.8$（$\eta_\text{T}$ 是汽轮机实际做出的功和理论功的比值，$\eta_\text{T}=\dfrac{h_1-h_2}{h_1-h_{2\text{s}}}$）。求：①汽轮机输出功率 $P_\text{T}$；②冷却器的放热量 $q_Q$；③整个系统熵增。

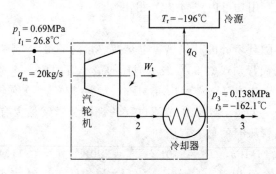

图 4-24 例 4-4 图

**解：** ① $p_2=p_3=0.138\text{MPa}$，$T_1=299.95\text{K}$，$T_3=111.05\text{K}$，$T_r=77.15\text{K}$
汽轮机理论技术功率为

$$P_\text{T}=q_m(h_1-h_{2\text{s}})=q_mc_p(T_1-T_{2\text{s}})$$

而

$$T_{2\text{s}}=T_1\left(\frac{p_2}{p_1}\right)^{\frac{\gamma-1}{\gamma}}=\left(\frac{0.138\text{MPa}}{0.69\text{MPa}}\right)^{\frac{1.4-1}{1.4}}\times299.95\text{K}=189.38\text{K}$$

又

$$\eta_\text{T}=\frac{h_1-h_2}{h_1-h_{2\text{s}}}=\frac{c_p(T_1-T_2)}{c_p(T_1-T_{2\text{s}})}$$

所以
$$T_2 = T_1 - (T_1 - T_{2s})\eta_T = 299.95\text{K} - (299.95 - 189.38)\text{K} \times 0.8 = 211.5\text{K}$$
汽轮机输出功率
$$\begin{aligned}
P_T &= q_m(h_1 - h_2) = q_m c_p(T_1 - T_2) \\
&= 20\text{kg/h} \times 1.004\text{kJ/(kg·K)} \times (299.95\text{K} - 211.5\text{K}) \\
&= 1776.076\text{kW}
\end{aligned}$$

②
$$\begin{aligned}
q_Q &= q_m(h_3 - h_2) = q_m c_p(T_3 - T_2) \\
&= 20\text{kg/s} \times 1.004\text{kJ/(kg·K)} \times (111.05\text{K} - 211.5\text{K}) \\
&= -2017.04\text{kJ/s}
\end{aligned}$$

负值为放热。

③
$$\Delta \dot{s}_{\text{iso}} = \Delta \dot{s}_r + \Delta \dot{s}_{CV} + q_m(s_3 - s_1)$$
$$\Delta \dot{s}_r = \frac{-q_Q}{T_r} = \frac{2017.04\text{kJ/s}}{77.15\text{K}} = 26.144\text{kJ/(K·s)}$$
$$\begin{aligned}
\Delta \dot{s}_{1-3} &= q_m(s_3 - s_1) = q_m\left(c_p \ln\frac{T_3}{T_1} - R\ln\frac{p_3}{p_1}\right) \\
&= 20\text{kg/s} \times \left[1.004\text{kJ/(kg·K)} \times \ln\frac{111.05\text{K}}{299.95\text{K}} - 0.287\text{kJ/(kg·K)} \times \ln\frac{0.138\text{MPa}}{0.69\text{MPa}}\right] \\
&= -10.714\text{kJ/(K·s)}
\end{aligned}$$
$$\begin{aligned}
\Delta \dot{s}_{\text{iso}} &= \Delta \dot{s}_r + \Delta \dot{s}_{CV} + q_m(s_3 - s_1) \\
&= 26.144\text{kJ/(K·s)} + 0 + [-10.714\text{kJ/(K·s)}] \\
&= 15.43\text{kJ/(K·s)} > 0
\end{aligned}$$

本题计算系统㶲损失采用的是熵分析法，而例 4-3 采用的是㶲分析法。

### 思考题

[4-1] 热力学第二定律能否表达为："机械能可以全部变为热能，而热能不可能全部变为机械能。"这种说法有什么不妥当？

[4-2] 理想气体进行定温膨胀时，可从单一恒温热源吸入的热量，将之全部转变为功对外输出，是否与热力学第二定律的开尔文叙述有矛盾？提示：考虑气体本身是否有变化。

[4-3] 自发过程是不可逆过程，非自发过程必为可逆过程，这一说法是否正确？

[4-4] 请归纳热力过程中有哪几类不可逆因素。

[4-5] 试证明热力学第二定律各种说法的等效性：若克劳修斯说法不成立，则开尔文说法也不成立。

[4-6] 下述说法是否有错误：（1）循环净功 $W_{\text{net}}$ 越大则循环热效率越高；（2）不可逆循环热效率一定小于可逆循环热效率；（3）可逆循环热效率都相等，$\eta_t = 1 - \dfrac{T_2}{T_1}$。

[4-7] 循环热效率公式：$\eta_t = \dfrac{q_1 - q_2}{q_1}$ 和 $\eta_t = 1 - \dfrac{T_2}{T_1}$ 是否完全相同？各适用于哪些场合？

[4-8] 下述说法是否正确：(1) 熵增大的过程必定为吸热过程；(2) 熵减少的过程必为放热过程；(3) 定熵过程必为可逆绝热过程；(4) 熵增大的过程必为不可逆过程；(5) 使系统熵增大的过程必为不可逆过程；(6) 熵产 $S_g > 0$ 的过程必为不可逆过程。

[4-9] 下述说法是否有错误：(1) 不可逆过程的熵变 $\Delta S$ 无法计算；(2) 如果从同一初始态到同一终态有两条途径，一为可逆，另一为不可逆，则 $S_{g,不可逆} > S_{g,可逆}$，$\Delta S_{不可逆} > \Delta S_{可逆}$，$S_{f,不可逆} > S_{f,可逆}$；(3) 不可逆绝热膨胀终态熵大于初态熵 $S_2 > S_1$，不可逆绝热压缩终态熵小于初态熵 $S_2 < S_1$；(4) 工质经过不可逆循环 $\oint ds > 0$，$\oint \dfrac{\delta q}{T_r} < 0$。

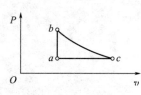

图 4-25　思考题 4-10 图

[4-10] 从点 $a$ 开始有两个可逆过程：定容过程 $a\text{-}b$ 和定压过程 $a\text{-}c$，$b$、$c$ 两点在同一条绝热线上（图 4-25），问 $q_{a\text{-}b}$ 和 $q_{a\text{-}c}$ 哪个大？并在 $T\text{-}s$ 图上表示过程 $a\text{-}b$ 和 $a\text{-}c$ 及 $q_{a\text{-}b}$ 和 $q_{a\text{-}c}$。

[4-11] 某种理想气体由同一初态经可逆绝热压缩和不可逆绝热压缩两种过程，将气体压缩到相同的终压，在 $p\text{-}v$ 图上和 $T\text{-}s$ 图上画出两过程，并在 $T\text{-}s$ 图上示出两过程的技术功及不可逆过程的㶲损失。

[4-12] 孤立系统中进行了 (1) 可逆过程；(2) 不可逆过程，问孤立系统的总能、总熵、总㶲各如何变化？

[4-13] 例 4-3 中氮气由 0.45MPa、310K 可逆定温膨胀变化到 0.11MPa、310K，$w_{1-2,max} = w = 129.71\text{kJ/kg}$，但根据最大有用功的概念，膨胀功减去排斥大气功（无用功）才等于有用功，这里是否有矛盾？

[4-14] 下列命题是否正确？若正确，说明理由；若错误，请改正。

(1) 成熟的苹果从树枝上掉下，通过与大气、地面的摩擦、碰撞，苹果的势能转变为环境介质的热力学能，势能全部是㶲，全部转变为㶲。

(2) 在水壶中烧水，必有热量散发到环境大气中，这就是㶲，而使水升温的那部分称之为㶲。

(3) 一杯热水含有一定的热量㶲，冷却到环境温度，这时的热量就已没有㶲值。

(4) 系统的㶲只能减少不能增加。

(5) 任一使系统㶲增加的过程必然同时发生一个或多个使㶲减少的过程。

[4-15] 闭口系统绝热过程中，系统由初态 1 变化到终态 2，则 $w = u_1 - u_2$。考虑排斥大气做功，有用功为 $w_{max} = u_1 - u_2 - p_0(v_2 - v_1)$，但据㶲的概念系统由初态 1 变化到终态 2 可以得到的最大有用功即为热力学能㶲差：$w_{u,max} = e_{x,U_1} - e_{x,U_2} = u_1 - u_2 - T_0(s_1 - s_2) - p_0(v_2 - v_1)$。为什么系统由初态 1 可逆变化到终态 2 得到的最大有用功反而小于系统由初态 1 不可逆变化到终态 2 得到的有用功？两者为什么不一致？

## 习题 ▶▶

[4-1] 利用逆向卡诺机作为热泵向房间供热，设室外温度为 $-5℃$，室内温度保持为 $20℃$。要求每小时向室内供热 $2.5 \times 10^4\text{kJ}$，试问：(1) 热泵每小时从室外吸多少热量？此循环的供暖系数多大？(2) 热泵由电机驱动，设电机效率为 95%，求电机功率多大？如果直接用电炉取暖，每小时耗电几度（kW·h）？

［4-2］一种固体蓄热器利用太阳能加热岩石块蓄热，岩石块的温度可达 400K。现有体积为 $2m^3$ 的岩石床，其中的岩石密度为 $\rho = 2750kg/m^3$，比热容 $c = 0.89kJ/(kg \cdot K)$，求岩石块降温到环境温度 290K 时其释放的热量转换成功的最大值。

［4-3］设有一由两个定温过程和两个定压过程组成的热力循环，如图 4-26 所示。工质加热前的状态为 $p_1 = 0.1MPa$，$T_1 = 300K$，定压加热到 $T_2 = 1000K$，再在定温下每千克工质吸热 400kJ。试分别计算不采用回热和采用极限回热循环的热效率，并比较它们的大小。设工质比热容为定值，$c_p = 1.004kJ/(kg \cdot K)$。

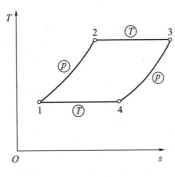

图 4-26　习题 4-3 图

［4-4］试证明：同一种工质在参数坐标图上（例如 $p$-$v$ 图上）的两条绝热线不可能相交。

［4-5］设有 1kmol 某种理想气体进行图 4-27 所示循环 1-2-3-1。且已知 $T_1 = 1500K$，$T_2 = 300K$，$p_2 = 0.1MPa$。设比热容为定值，取绝热指数 $\gamma = 1.4$。

（1）求初态压力；

（2）在 $T$-$s$ 图上画出该循环；

（3）求循环热效率；

（4）该循环的放热很理想，$T_1$ 也较高，但热效率不很高，原因何在？

［4-6］如图 4-28 所示，在恒温热源 $T_1$ 和 $T_0$ 之间工作的热机做出的循环净功 $W_{net}$，以带动工作于 $T_H$ 和 $T_0$ 之间的热泵，热泵的供热量 $Q_H$ 用于谷物烘干。已知 $T_1 = 1000K$，$T_H = 360K$，$T_0 = 290K$，$Q_1 = 100kJ$，（1）若热机效率 $\eta_t = 40\%$，热泵供暖系数 $\varepsilon_W = 3.5$，求 $Q_H$；（2）设 E 和 P 都以可逆机代替，求此时的 $Q_H$；（3）计算结果 $Q_H > Q_1$，表示冷源中有部分热量传入温度为 $T_H$ 的热源，此复合系统并未消耗机械功，将热量由 $T_0$ 传给了 $T_H$，是否违背了第二定律？为什么？

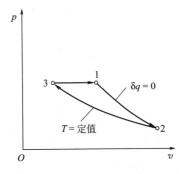

图 4-27　习题 4-5 图

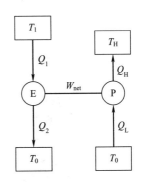

图 4-28　习题 4-6 图

[4-7] 某热机工作于 $T_1 = 2000K$、$T_2 = 300K$ 的两个恒温热源之间，试问下列几种情况能否实现？是否是可逆循环？（1）$Q_1 = 1kJ$，$W_{net} = 0.9kJ$；（2）$Q_1 = 2kJ$，$Q_2 = 0.3kJ$；（3）$Q_2 = 0.5kJ$，$W_{net} = 1.5kJ$。

[4-8] 有人设计了一台热机，工质分别从温度为 $T_1 = 800K$，$T_2 = 500K$ 的两个高温热源吸热 $Q_1 = 1500kJ$ 和 $Q_2 = 500kJ$，以 $T_0 = 300K$ 的环境为冷源，放热 $Q_3$，问：（1）要求热机做出循环净功 $W_{net} = 1000kJ$，该循环能否实现？（2）最大循环净功 $W_{net,max}$ 为多少？

[4-9] 试判别下列几种情况的熵变是：（a）正；（b）负；（c）可正可负；（d）零。

（1）闭口系统中理想气体经历一可逆过程，系统与外界交换功量 20kJ，热量 20kJ；

（2）闭口系统经历一不可逆过程，系统与外界交换功量 20kJ，热量 -20kJ；

（3）工质稳定流经开口系统，经历一可逆过程，开口系统做功 20kJ，换热 -5kJ，工质流在系统进出口的熵变；

（4）工质稳定流经开口系统，按不可逆绝热变化，系统对外做功 10kJ，系统的熵变。

[4-10] 燃气经过燃气轮机，由 0.8MPa、420℃ 绝热膨胀到 0.1MPa，130℃。设比热容 $c_p = 1.01kJ/(kg \cdot K)$，$c_V = 0.732kJ/(kg \cdot K)$，问：（1）该过程能否实现？过程是否可逆？（2）若能实现，计算 1kg 燃气做出的技术功 $w_t$，设进、出口的动能差、位能差忽略不计。

[4-11] 0.25kg 的 CO 在闭口系统中由 $p_1 = 0.25MPa$，$t_1 = 120℃$ 膨胀到 $t_2 = 25℃$，$p_2 = 0.125MPa$，做出膨胀功 $W = 8.0kJ$。试计算过程热量，并判断该过程是否可逆。已知环境温度 $t_0 = 25℃$，CO 的 $R = 0.297kJ/(kg \cdot K)$，$c_V = 0.747kJ/(kg \cdot K)$。

[4-12] 某太阳能供暖的房屋用 5m×8m×0.3m 的大块混凝土板作为蓄热材料，该混凝土的密度为 2300kg/m³，比热容为 0.65kJ/(kg·K)。若在 18℃ 的房子内的混凝土板在晚上从 23℃ 冷却到 18℃，求此过程的熵产。

[4-13] 将一根 $m = 0.36kg$ 的金属棒投入绝热容器内 $m_w = 9kg$ 的水中，初始时金属棒的温度 $T_{m,1} = 1060K$，水的温度 $T_w = 295K$。金属棒和水的比热容分别为 $c_m = 0.42kJ/(kg \cdot K)$ 和 $c_w = 4.187kJ/(kg \cdot K)$，求：终温 $T_f$ 和金属棒、水以及它们组成的孤立系统的熵变。

[4-14] 刚性密闭容器中有 1kg 压力 $p_1 = 0.1013MPa$ 的空气，可以通过叶轮搅拌，或由 $t_r = 283℃$ 的热源加热及搅拌联合作用，而使空气温度由 $t_1 = 7℃$ 上升到 $t_2 = 317℃$。求：（1）联合作用下系统的熵产 $s_g$；（2）系统的最小熵产 $s_{g,min}$；（3）系统的最大熵产 $s_{g,max}$。

[4-15] 要求将绝热容器内管道中流动的空气由 $t_1 = 17℃$ 定压加热到 $t_2 = 57℃$。有两种方案。方案 A，叶轮搅拌容器内的黏性液体，通过黏性液体加热空气；方案 B，容器中通入 $p_3 = 0.1MPa$ 的饱和水蒸气，加热空气后冷却为饱和水，如图 4-29 所示。设系统稳态工作，且不计动能、位能影响。试分别计算两种方案流过 1kg 空气时系统的熵产并从热力学角度分析哪一种方案更合理。已知水蒸气进、出口的焓值及熵值分别为 $s_3 = 7.3589kJ/(kg \cdot K)$，$s_4 = 1.3028kJ/(kg \cdot K)$ 和 $h_3 = 3673.14kJ/kg$，$h_4 = 417.52kJ/kg$。

[4-16] 某小型运动气手枪射击前枪管内空气压力 250kPa，温度 27℃、体积 1cm³，被扳机锁住的子弹像活塞，封住压缩空气。扣动扳机，子弹被释放。若子弹离开枪管时枪管内空气压力为 100kPa，温度 235K，求此时空气的体积、过程中空气做的功及单位质量空气熵产。

[4-17] $m = 1 \times 10^6 kg$，温度 $t = 45℃$ 的水向环境放热，温度降低到环境温度 $t_0 = 10℃$，试确定其热量㶲 $E_{x,Q}$ 和热量㶲 $A_{n,Q}$。已知水的比热容 $c_w = 4.187kJ/(kg/K)$。

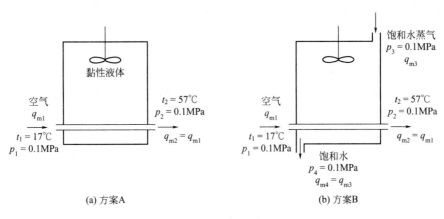

图 4-29 习题 4-15 图

[4-18] 根据熵增与热量㶲的关系来讨论对气体：（1）定容加热；（2）定压加热；（3）定温加热，哪一种加热方式较为有利？比较的基础分两种情况：（1）从相同的初温出发；（2）达到相同的终温。

[4-19] 设工质在 1000K 的恒温热源和 300K 的恒温冷源间按循环 *a-b-c-d-a* 工作（图 4-30），工质从热源吸热和向冷源放热都存在 50K 的温差。（1）计算循环的热效率；（2）设体系的最低温度即环境温度，$T_0 = 300$K，求热源每供给 1000kJ 热量时，两处不可逆传热引起的㶲损失 $I_1$ 和 $I_2$ 及总㶲损失。

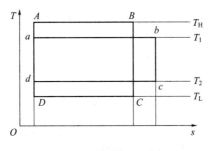

图 4-30 习题 4-19 图

[4-20] 将 100kg 温度为 20℃的水与 200kg 温度为 80℃的水在绝热容器中混合，求混合前后水的熵变及㶲损失。设水的比热容为定值，$c_w = 4.187$kJ/(kg·K)，环境温度 $t_0 = 20$℃。

[4-21] 100kg 温度为 0℃的冰，在大气环境中融化为 0℃的水，已知冰的溶解热 335kJ/kg，设环境温度 $t_0 = 293$K，求冰化为水的熵变，过程中的熵流和熵产及㶲损失。

[4-22] 100kg 温度为 0℃的冰，在 20℃的环境中融化为水后升温至 20℃。已知冰的溶解热为 335kJ/kg，水的比热容为 $c_W = 4.187$kJ/(kg·K)，求：（1）冰融化为水并升温到 20℃的熵变量；（2）包括相关环境在内的孤立系统的熵变；（3）㶲损失，并将其示于 *T-s* 图上。

[4-23] 两物体 A 和 B 质量及比热容相同 $m_1 = m_2 = m$，$c_{p1} = c_{p2} = c_p$，温度各为 $T_1$ 和 $T_2$，且 $T_1 > T_2$，设环境温度为 $T_0$。按一系列微元卡诺循环工作的可逆机，以 A 为热源，B 为冷源，循环运行，使 A 物体温度逐渐降低，B 物体温度逐渐升高，直至两物体温度相等，为 $T_f$ 为止。试证明：（1）$T_f = \sqrt{T_1 T_2}$，以及最大循环净功 $W_{\max} = mc_p(T_1 + T_2 -$

$2T_f$)；（2）若 A 和 B 直接传热，热平衡时温度为 $T_m$，求 $T_m$ 及不等温传热引起的㶲损失。

[4-24] 稳定工作的齿轮箱，由高速轴输入功率 300kW，由于摩擦损耗和其他不可逆损失，从低速驱动轴输出功率 292kW，如图 4-31 所示。齿轮箱的外表面被环境空气冷却，散热量 $q_Q = -hA(T_b - T_0)$。式中表面传热系数 $h = 0.17kW/(m \cdot K)$，齿轮箱外表面积 $A = 1.2m^2$。$T_b$ 为外壁面平均温度。已知环境温度 $T_0 = 293K$。试求：（1）齿轮箱系统的熵产和㶲损失；（2）齿轮箱及相关环境组成的孤立系熵增（kW/K）和㶲损失（kW）。

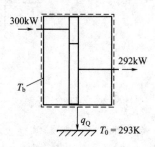

图 4-31 习题 4-24 图

[4-25] 有一热交换器用干饱和蒸汽加热空气，已知蒸汽压力为 0.1MPa，空气出入口温度分别为 66℃和 21℃，环境温度为 $t_0 = 21$℃。若热交换器与外界完全绝热，求稳流状态下 1kg 蒸汽凝结时：（1）空气质量流量；（2）整个系统不可逆做功能力损失。

[4-26] 垂直放置的气缸活塞系统内含有 100kg 水，初温为 27℃，外界通过螺旋桨向系统输入功 $W_s = 1000kJ$，同时温度为 373K 的热源向系统内水传热 100kJ，如图 4-32 所示。若加热过程中水维持定压，且水的比热容取定值 $c_W = 4.187kJ/(kg \cdot K)$，环境参数为 $T_0 = 300K$，$p_0 = 0.1MPa$。求：（1）过程中水的熵变及热源熵变；（2）过程中做功能力损失。

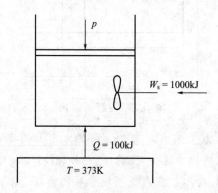

图 4-32 习题 4-26 图

[4-27] 在蒸汽锅炉中，烟气定压放热，温度从 1500℃降低到 250℃，所放出的热量用以生产水蒸气。压力为 9.0MPa，温度为 30℃的锅炉给水被加热、汽化、过热成 $p_1 = 9.0MPa$，$t_1 = 450$℃的过热蒸汽。将烟气近似为空气，取比热容为定值且 $c_p = 1.079kJ/(kg \cdot K)$ 试求：（1）生产 1kg 过热蒸汽的烟气（kg）；（2）生产 1kg 过热蒸汽，烟气熵的减少以及过热蒸汽熵的增大；（3）将烟气和水蒸气作为孤立系统，生产 1kg 过热蒸汽孤立系统熵的增大为多少；（4）环境温度为 15℃时做功能力的损失。

[4-28] 上题中加热、汽化和过热过程若在电热锅炉内完成，试求：（1）生产 1kg 过热蒸汽的耗电量；（2）整个系统做功能力损失；（3）蒸汽获得的可用能。

[4-29] 体积 $V = 0.1 m^3$ 的刚性真空容器，打开阀门，$p_0 = 10^5 Pa$，$T_0 = 303K$ 的环境大气充入，充气终了 $p_2 = 10^5 Pa$。分别按绝热充气和等温充气两种情况，求：（1）终温 $T_2$ 和充气量 $m_1$；（2）充气过程的熵产 $S_g$；（3）充气过程㶲损失 $I$。已知空气的 $R = 0.287 kJ/(kg \cdot K)$，$c_p = 1.004 kJ/(kg \cdot K)$，$\gamma = 1.4$。

[4-30] 一刚性密封容器体积为 $V$，其中装有压力为 $p$ 温度为 $T_0$ 的空气，环境状态为 $p_0$，$T_0$。若不计系统的动能和位能，试证明其热力学能㶲为：

$$E_{X,U} = p_0 V \left( 1 - \frac{p}{p_0} + \frac{p}{p_0} \ln \frac{p}{p_0} \right)$$

[4-31] 活塞-气缸系统的容积 $V = 2.45 \times 10^{-3} m^3$，内有 $p_1 = 0.7 MPa$，$t_1 = 867℃$ 的燃气，已知环境温度、压力分别为 $t_0 = 27℃$，$p_0 = 0.1013 MPa$，燃气的 $R = 0.296 kJ/(kg \cdot K)$，$c_p = 1.04 kJ/(kg \cdot K)$。求：（1）燃气的热力学能㶲；（2）除环境外无其他热源的情况下，燃气膨胀到 $p_2 = 0.3 MPa$，$t_3 = 637℃$ 时的最大有用功 $W_{u,max}$。

[4-32] 试证明理想气体状态下比热容为定值的稳定流动气体流的无量纲焓㶲的表达式为：$\dfrac{e_{X,H}}{c_p T_0} = \dfrac{T}{T_0} - 1 - \ln \dfrac{T}{T_0} + \ln \left( \dfrac{p}{p_0} \right)^{\gamma - 1/\gamma}$，式中，$c_p$ 为气体的比定压热容；$T_0$ 为环境温度，K；$p_0$ 为环境压力，MPa；$p$ 为气体压力，MPa；$T$ 为温度，K。

[4-33] 空气稳定流经绝热汽轮机，由 $p_1 = 0.4 MPa$，$T_1 = 450K$，$c_{f1} = 30 m/s$，膨胀到 $p_2 = 0.1 MPa$，$T_2 = 330K$，$c_{f2} = 130 m/s$。若环境参数 $p_0 = 0.1 MPa$，$T_0 = 293K$，设空气的 $R_g = 0.287 kJ/(kg \cdot K)$，$c_p = 1.004 kJ/(kg \cdot K)$。不计位能变化，求：（1）工质稳定流经汽轮机时进、出口处的比焓㶲 $e_{x,H_1}$、$e_{x,H_2}$，以及比物流㶲 $e_{x1}$、$e_{x2}$；（2）每千克空气从状态 1 变化到状态 2 的最大有用功 $W_{u,max}$；（3）实际有用功。

[4-34] 刚性绝热容器内装有 0.5kg，$t_1 = 20℃$ 和 $p_1 = 200 kPa$ 的空气，由于叶轮搅拌使空气压力升高到 $p_2 = 220 kPa$，空气的比定容热容 $c_V = 0.717 kJ/(kg \cdot K)$，设环境参数为 $p_0 = 98 kPa$，$t_0 = 20℃$。求：（1）实际过程的过程功（即消耗的搅拌功）；（2）状态 1 变化到状态 2 的最大可用功 $W_{U,max}$；（3）过程㶲损失。

[4-35] 表面式换热器中用热水加热空气。空气进、出口参数为 $p_1 = 0.13 MPa$，$t_1 = 20℃$ 和 $p_2 = 0.12 MPa$，$t_2 = 60℃$，空气流量 $q_m = 1 kg/s$，热水进口温度 $t_{w1} = 80℃$，流量 $q_{m,w} = 0.8 kg/s$，压力几乎不变。水和空气的动能差、位能差也可不计。如图 4-33 所示，已知环境温度 $t_0 = 10℃$，压力 $p_0 = 0.1 MPa$，空气和水的比热容为 $c_p = 1.004 kJ/(kg \cdot K)$ 和 $c_w = 4.187 kJ/(kg \cdot K)$，空气的气体常数 $R = 0.287 kJ/(kg \cdot K)$，换热器散热损失可忽略不

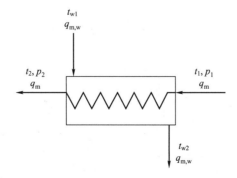

图 4-33　习题 4-36 图

计，试采用㶲平衡方程确定㶲损失。

[4-36] 空气稳定地流经绝热汽轮机，由 $p_1 = 0.75\text{MPa}$，$t_1 = 750℃$ 膨胀到 $p_2 = 0.1\text{MPa}$，$t_2 = 320℃$，不计动能、位能变化。若环境参数 $p_0 = 0.1\text{MPa}$，$T_0 = 298\text{K}$，已知空气 $R = 0.287\text{kJ/(kg · K)}$，$c_p = 1.004\text{kJ/(kg · K)}$。针对流入 1kg 空气，计算：（1）实际过程输出的内部功 $w_i$，过程是否可逆？（2）1 到 2 的最大有用功 $w_{U,max}$；（3）㶲损失 $I$；（4）可逆绝热膨胀到 $p_2 = 0.1\text{MPa}$ 时的理论内部功 $w_{i,rev}$，并讨论 $I$ 与 $(w_{i,rev} - w_i)$ 为何不相同？

[4-37] 容器 A 的体积为 3m³，内装 0.08MPa，27℃的空气，容器 B 中空气的质量和温度与 A 中相同，但压力为 0.64MPa，用空气缩压机将容器 A 中空气全部抽空送到容器 B，如图 4-34 所示。设抽气过程中 A 和 B 的温度保持不变。已知环境温度为 27℃，求：（1）空气压缩机消耗的最小有用功；（2）容器 A 抽空后，打开旁通阀门，使两容器内空气压力平衡，空气温度仍保持 27℃，求该不可逆过程中气体的㶲损失。

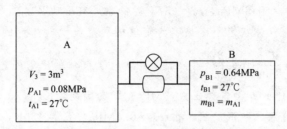

图 4-34 习题 4-37 图

# 水蒸气和水的热力过程

水及水蒸气具有分布广，易于获得，价格低廉，无毒无臭，不污染环境等特点，同时具有较好的热力学特性。因此，它是人类在热力工程中最早使用的工质。自从 18 世纪以蒸汽机的发明为特征的工业大革命以来，水蒸气成为大型动力装置中最广泛使用的工质。

当水蒸气分压力较低或温度较高时，可以按理想气体处理，不会有太大的偏差，例如，燃气轮机及内燃机燃气中的水蒸气、空气中的水蒸气等。但是在大多数情况下，水蒸气离液态不远，分子间的吸引力和分子本身的体积不可忽略，不能把它当做理想气体处理。

水蒸气的热力性质比理想气体复杂得多。人们利用在长期实验研究中所得数据拟合得到的公式十分复杂，很难在一般工程计算中使用。为便于工程计算，编制了水及水蒸气的热力性质图表。目前工程上广为采用的，正是根据 1963 年在纽约召开的第六届国际水和水蒸气会议发表的国际骨架表编制的，参数已达 100MPa 和 800℃。

本章的任务是在掌握水蒸气热力性质特点的基础上，详细讨论水及水蒸气热力性质图表的构成及应用。

工程上还经常用到其他工质的蒸气，例如，氨、氟利昂等蒸气，其特性及物态变化规律与水蒸气的基本相同，掌握了水蒸气的性质，便可以举一反三。

## 5.1 水蒸气的饱和状态和相图

纯净的水通常以三种聚集态，即冰、液体水及水蒸气（即固相、液相、气相）状态存在。如图 5-1 所示，以压力 $p$、温度 $T$ 及比容 $v$ 的三维坐标系表示的水的各种状态的曲面，称为水 $p$-$v$-$T$ 的热力学面。

图 5-1 中标明气、液、固的区域内，分别呈现单一的气相、液相、固相，为单相区。在各单相区之间，存在着相的转变区，或称两相共存区，相转变区中两相平衡共存。图中标有"液-气"（L-V）、"固-气"（S-V）、"固-液"（S-L）的区域，分别表示液与气、固与气、固与液平衡共存的区域。

单相区与两相共存区的分界线称为饱和线。液相区与液-气共存区的分界线称为饱和液体线；气相区与液-气共存区的分界线称为饱和气线；固相区与固-液共存区的分界线称为饱和固体线。

饱和液体线与饱和气线相交的点称为临界点（临界状态）。它表征液相和气相已经没有任何差别。临界状态的压力和温度是液相与气相能够平衡共存时的最高值。

另外，图 5-1(a) 中还有一条表征固、液、气三相共存状态的三相线。三相线上的点具有相同的压力与温度，比容 $v$ 以其中含固、液及气相物质量的多少而不同。

图 5-1(a) 和图 5-2(a) 分别为水以及一般纯物质的热力学面图，与一般纯物质相同，水

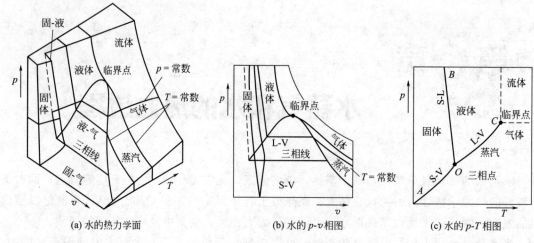

图 5-1　水的热力学面图

在凝固时体积膨胀，比容增大，因此，图 5-1(a) 的固-液两相区与图 5-2(a) 的有所不同。

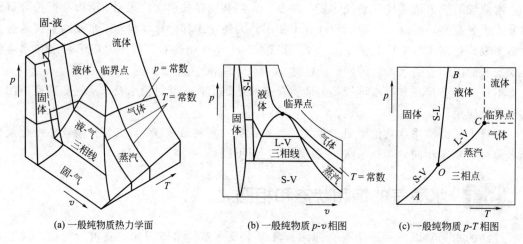

图 5-2　一般纯物质的热力学面图

热力学面在 $p$-$v$ 平面和 $p$-$T$ 平面上的投影，分别称为 $p$-$v$ 图和 $p$-$T$ 图，如图 5-1(b)、图 5-1(c) 和图 5-2(b)、图 5-2(c) 所示。

图 5-1(c) 和图 5-2(c) 中的三条线 $OA$，$OB$，$OC$ 分别代表固-气、固-液、液-气三个两相共存区。三条线将三个单相区分隔开来，因此 $p$-$T$ 图又称 $p$-$T$ 相图。

图 5-1(c) 及图 5-2(c) 中的 $O$ 点是热力学面上三相线在 $p$-$T$ 图上的投影，称为三相点。任何一种纯物质三相点的压力和温度都是唯一确定的。不同物质三相点的参数不同。例如：

水　　　　　$p_{tp}=611.2$Pa　　　　$T_{tp}=273.16$K
$H_2$　　　　$p_{tp}=7039$Pa　　　　　$T_{tp}=13.84$K
$O_2$　　　　$p_{tp}=152$Pa　　　　　$T_{tp}=54.35$K

$OA$ 线是热力学面上的固气共存区在 $p$-$T$ 图上的投影，称为升华线。由图 5-2 可见，升华过程只有在低于三相点温度时才会发生。制造集成电路就是利用低温下升华的原理将金属蒸气沉积在其他固体表面上。冬季北方挂在室外冻硬的湿衣服可以晾干就是由于冰升华为水蒸气的缘故。霜冻则是升华的逆过程，即凝华。

$OB$ 线是热力学面上的固液共存区在 $p$-$T$ 图上的投影，称为溶解线或凝固线。水凝固时体积膨胀，因此，图 5-1(c) 的 $OB$ 线与图 5-2(c) 代表的凝固时体积收缩的物质不同，水的凝固线斜率为负，即压力升高时，冰的融点降低。人们滑冰时鞋上的冰刀，会对冰面产生很大的压力，而根据冰的上述特性，冰在较低的温度下融化为水而产生润滑作用，因此穿上冰刀鞋可以在冰上自由滑动。

$OC$ 线为汽化线，它的端点为临界点。由液变成气的过程叫做汽化；反之，由气变成液的过程叫做凝结。汽化线斜率为正，随压力升高，温度亦升高。

$p$-$T$ 图在分析有相变的问题时，是一个十分方便的工具。

## 5.2　水蒸气的表和图

湿饱和蒸汽是干饱和蒸汽与饱和水共存的状态，它们的强度参数压力和温度一一对应而广延参数 $V$，$S$，$H$ 及相应的比参数 $v$，$s$，$h$ 却与湿蒸汽中水和气的成分比例密切相关。我们把单位质量湿蒸汽中所含干饱和蒸汽的质量叫作湿饱和蒸汽的干度，用 $x$ 表示，则

$$x = \frac{m_{\mathrm{v}}}{m_{\mathrm{f}} + m_{\mathrm{v}}} \tag{5-1}$$

式中，$m_{\mathrm{v}}$ 和 $m_{\mathrm{f}}$ 分别表示湿饱和蒸汽中所含干饱和蒸汽和饱和水的质量，显然，湿饱和蒸汽量为 $m_{\mathrm{v}} + m_{\mathrm{f}}$，即 $x$ 是气、水混合物中干饱和蒸汽的质量百分数。当 $x=1$ 时，全部为干饱和蒸汽；$x=0$ 时，全部为饱和水。在 $p$-$v$ 图和 $T$-$s$ 图上，下界线即 $x=0$ 线；上界线为 $x=1$ 线。干度 $x$ 只在湿蒸汽区才有意义，且 $0 \leqslant x \leqslant 1$。

干度为 $x$，意味着 1kg 质量的湿蒸汽中应有 $x$(kg) 的干饱和蒸汽和 $1-x$(kg) 的饱和水，故湿蒸汽的任一比参数 $y$ 有下列关系：

$$y = xy'' + (1-x)y' \tag{5-2}$$

式中，$y'$、$y''$ 分别代表该压力（或温度）下的饱和水和干饱和蒸汽的同名参数。对于 $v$，$s$，$h$，则可以写成

$$v = xv'' + (1-x)v' \tag{5-3}$$

$$s = xs'' + (1-x)s' \tag{5-4}$$

$$h = xh'' + (1-x)h' \tag{5-5}$$

利用上述关系，当已知湿蒸汽的压力（或温度）及某一比参数 $y$ 时，便可确定其干度：

$$x = \frac{y - y'}{y'' - y'} \tag{5-6}$$

根据干度 $x$ 及饱和水及干饱和蒸汽的参数，就可以将湿蒸汽的所有状态参数确定下来。

下面介绍的水及水蒸气热力性质表是根据 1963 年召开的第六届国际水及水蒸气会议上发表的国际骨架表给出的数据编制的。国际骨架表的参数已达 100MPa 和 800℃。此项研究还在继续进行，参数范围还在不断扩大。

由于计算技术的发展，为适应计算机的使用，在第六届国际水及水蒸气会议上，成立了国际公式化委员会（简称 I.F.C）。该委员会先后发表了"工业用 1967 年 I.F.C 公式"和"科学用 1968 年 I.F.C 公式"。这些公式包含了骨架表中涉及的全部范围。根据公式编制的软件近年已出现，更方便了人们的使用。热力性质图表直观反映过程特点，因此，下面着重介绍图表的构成。

（1）零点的规定

在一般的工程计算中，常常需要算出水及水蒸气 $h$，$s$，$u$ 的变化量，不必求其绝对值，故选择的基准点不影响结果。根据 1963 年的国际水蒸气会议规定，选定水三相点的液相水作为基准点，规定在该点状态下的液相水的内能和熵为零。

即三相点液相水的参数为：

$$p = 0.0006112\text{MPa}$$
$$v = 0.00100022\text{m}^3/\text{kg}$$
$$T = 273.16\text{K} \quad (0.01℃)$$
$$u = 0\text{kJ/kg}$$
$$s = 0\text{kJ/(kg} \cdot \text{K)}$$

根据焓的定义

$$h = u + pv = 0 + 0.0006112 \times 0.00100022 \times 10^6 \times 10^{-3} = 0.000614\text{kJ/kg} \approx 0\text{kJ/kg}$$

所以，工程上认为三相点液相水的焓取零已足够准确。

（2）水蒸气热力性质表

前面已经分析了水及水蒸气五种状态的确定原则，其中，饱和水、干饱和蒸汽在给定压力（或温度）下是完全确定的。当零点规定之后，它们的参数值很容易列表表示；湿饱和蒸气只要利用干度和饱和水及干饱和蒸汽的参数就可以用式（5-2）～式（5-6）将其状态参数完全确定。因此，水及水蒸气的热力性质表中列有以温度为序和以压力为序的两种饱和水及干饱和蒸汽表（参见表 5-1）。

表 5-1 （一）饱和水与饱和水蒸气表（按温度排列）（节录示例）

| $t$/℃ | $T$/K | $p$/MPa | $v'$/(m³/kg) | $v''$/(m³/kg) | $h'$/(kJ/kg) | $h''$/(kJ/kg) | $r$/(kJ/kg) | $s'$/[kJ/(kg·K)] | $s''$/[kJ/(kg·K)] |
|---|---|---|---|---|---|---|---|---|---|
| 0.01 | 273.16 | 0.000611 | 0.00100022 | 206.175 | 0.000614 | 2501.0 | 2501.0 | 0.0000 | 9.1562 |
| 100 | 373.15 | 0.101325 | 0.0010437 | 1.6738 | 419.06 | 2676.63 | 2257.2 | 1.3069 | 7.3564 |
| 200 | 473.15 | 1.5551 | 0.0011565 | 0.12714 | 852.4 | 2791.4 | 1939.0 | 2.3307 | 6.4289 |
| 300 | 573.15 | 8.5917 | 0.0014041 | 0.02162 | 1345.4 | 2748.4 | 1403.0 | 3.2559 | 5.7038 |

（二）饱和水与饱和水蒸气表（按压力排列）（节录示例）

| $p$/MPa | $t$/℃ | $v'$/(m³/kg) | $v''$/(m³/kg) | $h'$/(kJ/kg) | $h''$/(kJ/kg) | $r$/(kJ/kg) | $s'$/[kJ/(kg·K)] | $s''$/[kJ/(kg·K)] |
|---|---|---|---|---|---|---|---|---|
| 0.001 | 6.982 | 0.0010001 | 129.208 | 29.33 | 2513.8 | 2484.5 | 0.1060 | 8.9756 |
| 0.1 | 99.63 | 0.0010434 | 1.6946 | 417.51 | 2675.7 | 2258.5 | 1.3027 | 7.3608 |
| 1.0 | 179.88 | 0.0011274 | 0.19430 | 762.6 | 2777.0 | 2014.4 | 2.1382 | 6.5847 |
| 10 | 310.96 | 0.0014526 | 0.01800 | 1408.6 | 2724.4 | 1315.8 | 3.3616 | 5.6143 |

饱和水和干饱和蒸汽表不但将饱和水和干饱和蒸汽的状态参数完全确定，而且通过此表数据及图 5-3 中所分析的参数范围，很容易判断给定的状态是五态中的哪一种，以便为查表做准备。

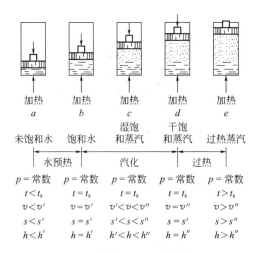

图 5-3　水蒸气的定压加热过程

**【例 5-1】**　确定下列各点的状态：

① $p=5\text{kPa}$，$t=40℃$；

② $t=120℃$，$v=0.89202\text{m}^3/\text{kg}$；

③ $p=5\text{kPa}$，$s=6.5042\text{kJ}/(\text{kg}\cdot\text{K})$；

④ $t=120℃$，$h=501.3\text{kJ}/\text{kg}$。

**解：**① 由 $p=5\text{kPa}$ 查饱和蒸汽表；得对应于该压力的饱和温度 $t_s=32.90℃$

而 $t=40℃>t_s$，所以此状态为过热蒸汽状态。

② 由 $t=120℃$ 查饱和蒸汽表，得到 $v''=v=0.89202\text{m}^2/\text{kg}$，所以它为干饱和蒸汽状态。

③ 由 $p=5\text{kPa}$ 查饱和蒸汽表，得到 $s'=0.4762\text{kJ}/(\text{kg}\cdot\text{K})$；

$s''=8.3952\text{kJ}/(\text{kg}\cdot\text{K})$，

因为 $s'<s<s''$，所以，此状态为湿饱和蒸汽状态。

④ 由 $t=120℃$ 查饱和蒸汽表，得到 $h'=503.7\text{kJ}/\text{kg}$，$h<h'$，此状态为未饱和水状态。

**【例 5-2】**　已知 $p=0.004\text{MPa}$，$s=6.585\text{kJ}/(\text{kg}\cdot\text{K})$，试确定其状态及其 $v$，$t$，$h$ 的值。

**解：**由 $p=0.004\text{MPa}$ 查饱和蒸汽表，得：$t_s=28.981℃$；$s'=0.4224\text{kJ}/(\text{kg}\cdot\text{K})$，$s''=8.4747\text{kJ}/(\text{kg}\cdot\text{K})$；$v'=0.0010040\text{m}^3/\text{kg}$，$v''=34.803\text{m}^3/\text{kg}$；$h'=121.41\text{kJ}/\text{kg}$，$h''=2554.1\text{kJ}/\text{kg}$。

因为 $s'<s<s''$，所以该状态为湿饱和蒸汽状态，所以 $t=t_s=28.981℃$。

而 $x=\dfrac{s-s'}{s''-s'}=\dfrac{6.5851-0.4224}{8.4747-0.4224}=0.765$

所以 $h=xh''+(1-x)h'=0.765\times2554.1+(1-0.765)\times121.41=1982.4\text{kJ}/\text{kg}$

$v=xv''+(1-x)v'=0.765\times34.803+(1-0.765)\times0.0010040=26.625\text{m}^3/\text{kg}$

五态中其余两态：过冷水（未饱和水）与过热蒸汽，只要已知任何两个状态参数，其他状态参数就都可以确定。因此，水及水蒸气热力性质表中列有未饱和水及过热蒸汽表。

由于水蒸气表是不连续的，在求间隔中的状态参数时，不便使用。特别是在分析过程时，表不如图一目了然，因此工程上分析水的热力过程时，常用水蒸气的焓熵图。水蒸气焓熵图是根据水及水蒸气表的数据绘制而成的。图 5-4 是水蒸气焓熵图（$h$-$s$ 图）结构的示意图。

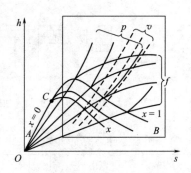

图 5-4　水蒸气焓熵图（h-s 图）结构示意图

图中，$C$ 为临界点，粗黑线 $CA$ 为 $x=0$ 的下界线，$CB$ 为 $x=1$ 的上界线。图中绘有下列线群。

① 定压线群。在 h-s 图上，定压线是一簇呈发散状的线群。为了说明它的特点，我们先由热力学第一定律导出热力学关系式。

热力学第一定律可表示为 $\delta q=\mathrm{d}h+\delta w_t$，当过程可逆时，$\delta q=T\mathrm{d}s$，$\delta w_t=-v\mathrm{d}p$，于是 $T\mathrm{d}s=\mathrm{d}h-v\mathrm{d}p$。

这就是热力学一般关系式。当压力不变，$\mathrm{d}p=0$ 时，则

$$\left(\frac{\partial h}{\partial s}\right)_p=T$$

它就是 h-s 图上等压线的斜率。在湿饱和蒸汽区，定压时温度也一定，故定压线在湿蒸汽区是斜率为常数的直线。在过热区，定压线斜率随温度升高而增大，故定压线为一向右上方翘起的曲线。

② 定温线群。在湿蒸汽区，温度与压力一一对应，因此，定温线与定压线重合。在过热蒸汽区较定压线平坦。当温度越高，压力越低时，水蒸气越接近于理想气体，而理想气体的焓是温度的单值函数。因此，远离饱和态的过热区中定温线接近于定焓线，趋于水平。

③ 定容线。定容线的斜率大于定压线的斜率，因此，定容线都比定压线陡。在常用的 h-s 图上，定容线用红线表示。

④ 定干度线。定干度线是一簇 $x=$ 常数的曲线，干度只在湿蒸汽区才有意义。因此，只有在饱和区内才有定干度线。它是定压线上由 $x=0$（下界线）至 $x=1$（上界线）的等分点连接而成的。h-s 图中，水及低干度蒸汽区域里曲线密集，查图所得数值误差较大，而工程上使用较多的是高干度湿蒸汽及过热蒸汽，因此工程上实用的 h-s 图只是整个 h-s 图中的一部分，如图 5-4 中的框内部分。

总之，水及水蒸气状态参数值的确定，常常通过查水及水蒸气图、表来进行。首先利用饱和水蒸气表判断所求状态点处于哪个区（或者属五态中的哪一态）。若处于湿蒸汽区，则利用饱和水蒸气表或 h-s 图求得；若处于过热蒸汽区，则查未饱和水及过热蒸汽表或查 h-s 图；若是未饱和水，则只能查未饱和水及过热蒸汽表确定。当然，由于近年有了软件，可使上述过程变得简单些。

## 5.3　水蒸气的基本过程

对水蒸气热力过程的分析计算，其目的与理想气体的相同，即确定过程中工质状态变化

的规律以及过程中能量转换的情况。但是，理想气体的状态参数可以通过简单计算得到。例

如 $\Delta u = c_V \Delta T$，$\Delta h = c_p \Delta T$，$\Delta s = c_p \ln \dfrac{T_2}{T_1} - R_m \ln \dfrac{p_2}{p_1}$ 等。而水蒸气的状态却要用查图、表

或软件的方法得到。过程中的能量转换关系，同样依据热力学第一定律进行计算确定。

分析水蒸气热力过程的步骤如下。

① 由已知条件查图、表，确定过程初、终态参数值；

② 将过程及状态点表示在状态图上；

③ 计算热力过程中工质与外界交换的热量和功量。

下面就工程上常见的几个过程举例讨论。

（1）定压过程

定压过程是十分常见的过程。特别是在工程上，许多设备在正常运行状态下，工质经历的是稳定流动定压过程。例如，水在锅炉中加热汽化过程；水蒸气在过热器中被加热过程；水在给水预热器中加热升温过程；水蒸气在冷凝器中凝结成水的过程以及水或水蒸气在各种换热器中的过程等。若忽略摩擦阻力等不可逆因素，就成为可逆定压过程。开口系统中的可逆定压稳定流动过程，工质与外界只有热量交换，没有技术功的交换。

分析步骤如下：

① 根据已知初态 1 的两个独立参数查水及水蒸气表及图，确定其他状态参数值；由已知条件确定终态 2 的参数值。

② 在状态图上将定压过程表示出来，如图 5-5 所示。

③ 计算工质与外界交换的功量和热量。

这类可逆定压的稳定流动过程中，工质与外界无技术功的交换，即 $w_t = 0$，根据热力学第一定律，$q_p = \Delta h = w_t$，则

$$q_p = \Delta h = h_2 - h_1$$

即可逆定压稳定流动过程中，工质与外界交换的热量等于终态与初态的焓差。而在闭口系统定压过程中，$q = \Delta u + w = \Delta u + p\Delta v = \Delta u + (v_2 - v_1)$，亦即 $q = h_2 - h_1$。所以，可以说在上述定压过程中，1kg 工质与外界交换的热量等于终、初态的焓差，即 $q_p = h_2 - h_1$。如图 5-5 所示，冷水由 1 状态定压加热到过热气 2 状态。总的加热量为 $q_p = h_2 - h_1$，可细分为三部分。

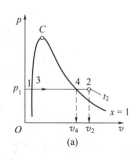
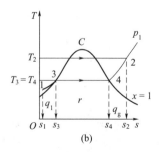
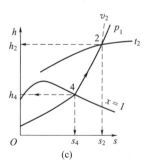

图 5-5　水和水蒸气的定压过程

1-3 段，为未饱和水预热到饱和温度，3 点为饱和水状态，焓为 $h'$。预热的热量（或称为液体热）为 $q_t = h' - h_1$。

3-4 段，为饱和水汽化成干饱和蒸汽，4 点焓为 $h''$，该过程中吸收的热量是汽化潜热 $r =$

$h'' - h'$。

4-2 段，为过热段，吸收的热量称过热热 $q_z = h_2 - h''$。

液体热、汽化潜热和过热热在 $T\text{-}s$ 图上分别由曲线 1342 下的三块面积表示，在 $h\text{-}s$ 图上可由纵坐标上的三个线段表示。

【**例 5-3**】 将 1kg 水从 4MPa，30℃定压加热到 380℃，试求所需要的总热量及液体热、汽化潜热和过热热量。

**解：** 由 4MPa 查饱和蒸汽表，得到对应的饱和温度 $t = 250.33$℃，所以初态 1（4MPa，30℃）的水为未饱和水；而终态 2（4MPa，380℃）为过热蒸汽。再查未饱和水与过热蒸汽表，得到 4MPa 下，30℃和 380℃时

$$h_1 = 129.3\text{kJ/kg}; \quad h_2 = 3166.9\text{kJ/kg}$$

而 4MPa 的饱和水及干饱和蒸汽参数：$h' = 1087.5\text{kJ/kg}$，$h'' = 2799.4\text{kJ/kg}$。

所以，加热所需总热量为：

$$q = h_1 - h_2 = 3166.9 - 129.3 = 3037.6\text{kJ/kg}$$

其中，液体热为：

$$q_t = h' - h_1 = 1087.5 - 129.3 = 958.2\text{kJ/kg}$$

汽化潜热量为：

$$r = h'' - h' = 2799.4 - 1087.5 = 1711.9\text{kJ/kg}$$

过热热量为：

$$q_g = h_2 - h'' = 3166.9 - 2799.4 = 367.5\text{kJ/kg}$$

（2）绝热过程

水蒸气在汽轮机（或称蒸汽透平）中的膨胀过程以及水在水泵中被压缩的过程，由于流速较大，来不及散热，工质的散热量与工质本身的能量变化相比极小，可以忽略不计，这些设备中工质经历的过程可看作绝热过程。若再忽略摩擦，即视为可逆，则为定熵过程。

对绝热过程的分析步骤与上节定压过程的分析类似：

① 先由给定条件确定初、终状态；

② 将过程表示在状态图上；

③ 计算过程中工质与外界交换的功量及热量。

根据热力学第一定律 $q = \Delta h + w_t$，对于绝热过程，$q = 0$，则

$$w_t = -\Delta h = h_1 - h_2$$

即绝热过程中工质与外界交换的技术功等于初、终状态的焓差。

工程上，实际的绝热膨胀与压缩过程都不可避免地存在着摩擦等不可逆因素，因此，实际过程为不可逆绝热过程。根据热力学第二定律，不可逆过程 $ds > \dfrac{\delta q}{T_r}$，过程绝热 $\delta q = 0$，则 $ds > 0$，因此，不可逆绝热过程熵增大，即 $s_2 > s_1$。如图 5-6 所示，不可逆绝热过程在 $p\text{-}v$ 图、$T\text{-}s$ 图、$h\text{-}s$ 图上用虚线 1-2' 大致地示意出过程的方向。对于不可逆绝热过程，技术功 $w_t'$ 仍然是初态（1 点）与终态（2 点）的焓差，即不可逆绝热过程实际技术功为：

$$w_t' = h_1 - h_2$$

而相应的可逆绝热过程技术功为：

$$w_t = h_1 - h_2$$

从图 5-6 的 $h\text{-}s$ 图上可明显看到，绝热膨胀过程中，在相同终压条件下，可逆过程的焓

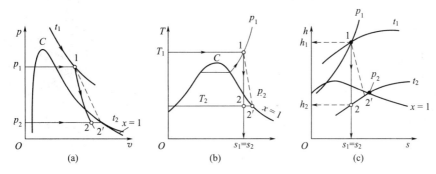

图 5-6　水和水蒸气的绝热过程

降 $h_1 - h_2$ 大于不可逆过程的焓降 $h_1 - h_2'$，即可逆膨胀过程做出的技术功大于不可逆膨胀过程做出的技术功。

为了反映实际绝热过程的不可逆程度，与燃气轮机类似，工程上定义了汽轮机相对内效率

$$\eta_{ci} = \frac{w_t'}{w_t} = \frac{h_1 - h_{2'}}{h_1 - h_2} \tag{5-7}$$

工程上用式(5-7) 可以进行两类计算：

① 设计计算：给定汽轮机进口状态（一般为 $p_1$，$t_1$），汽轮机出口压力 $p_2$ 以及汽轮机相对内效率 $\eta_{ci}$。由 $p_1$，$t_1$ 查图或表得到 $h_1$，$s_1$；由 $s_1 = s_2$，$p_1 = p_2'$ 求出 $h_2$，再根据式(5-7) 算出汽轮机的出口参数 $h_{2'}$ 及 $x_{2'}$，$v_{2'}$ 等，完成设计计算。

② 校核计算：由汽轮机运行试验测得进口理想及实际出口 $p_{2'}$，$x_{2'}$（或其他参数）。查图、表得到 $h_1$，$s_1$，$h_{2'}$；由 $s_1 = s_2$，$p_2 = p_{2'}$，求出 $h_2$；根据式(5-7) 算出汽轮机相对内效率 $\eta_{ci}$。

【例 5-4】　汽轮机进口 $p_1 = 2.6\text{MPa}$，$t_1 = 380℃$；汽轮机出口压力（背压）$p_2 = 0.007\text{MPa}$；汽轮机相对内效率 $\eta_{ci} = 0.8$，求 1kg 工质所做的功。

解：由 $p_1 = 2.6\text{MPa}$，$t_1 = 380℃$ 查 $h$-$s$ 图，得 $h_1 = 3182\text{kJ/kg}$，沿定熵线向下与 $p_2 = 0.007\text{MPa}$ 交点焓，即 $h_2 = 2158\text{kJ/kg}$。

工质经汽轮机应做出可逆技术功为：

$$w_t = h_1 - h_2 = 3182 - 2158 = 1024\text{kJ/kg}$$

由汽轮机相对内效率式(5-7)，得工质所作实际功为：

$$w_{t'} = w_{t'}\eta_{ci} = 1024 \times 0.8 = 819.2\text{kJ/kg}$$

（3）定温过程

计算的根据和步骤与前述两过程类似，将过程表示在 $p$-$v$ 图，$T$-$s$ 图，$h$-$s$ 图上，如图 5-7 所示。

前面已经介绍过，$T$-$s$ 图上定温线为一水平线。$h$-$s$ 图上的定温线，在湿蒸汽区与定压线重合为一向右上斜的直线；在过热区中为向右越来越趋于平坦的曲线，远离上界线处呈水平线（趋近于理想气体特性）。

在 $p$-$v$ 图上，未饱和区及过热区，因水和水蒸气都是随压力下降比容增大的物质，因此，定温线的斜率是负的。由于水随压力下降的膨胀性较气的小得多，因此，未饱和区的定温线较过热区定温线陡得多。湿蒸汽的饱和区内，压力与温度一一对应，定温线与定压线重

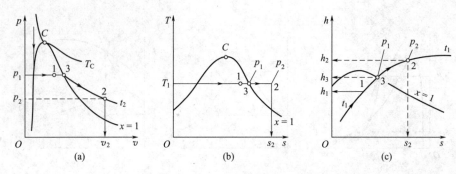

图 5-7  水和水蒸气的定温过程

合为水平线。定温线在临界点上具有拐点。远离饱和区的定温线趋于双曲线，接近于理想气体的定温线。

定容过程的分析，读者可依上述方法自行分析，这里不再赘述。

总之，经上述分析，我们可以通过图、表将水及水蒸气状态参数——确定，根据过程特点由热力学第一、第二定律的分析得出过程中工质与外界交换的能量。为进一步分析循环打下基础。

本章以水和水蒸气为例，对其进行了详细的介绍与分析，其他工质如氨、氟利昂等的性质及过程分析方法与水和水蒸气完全类似。

# 5.4 水的定压汽化过程

### 5.4.1  水的等压汽化过程

工程上所用的水蒸气大多是由锅炉在压力不变的情况下产生的，下面用图 5-8 来说明水蒸气的产生过程。设有一桶状容器中盛有 1kg，0℃的水，在水面上有一个可以移动的活塞，对容器内的水施加一定的压力 $p$，在容器底部对水加热。

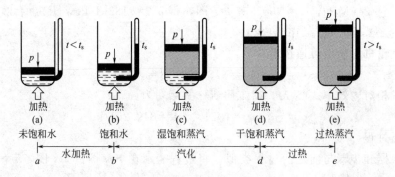

图 5-8  水的等压加热汽化过程

刚开始对水加热时，水的温度将不断上升，水的比体积则增加很少，当达到压力 $p$ 对应的饱和温度 $t_s$ 时，水开始沸腾，水处于"饱和水"状态，达到沸腾之前的水则称为未饱和水。在等压下继续加热，水将逐渐汽化，在这个过程中，水和蒸汽的温度都保持不变。当容器中最后一滴水完全蒸发，变为干饱和蒸汽时，温度仍是 $t_s$。水还没有完全变为干饱和蒸汽之前，容器中饱和水和饱和蒸汽共存，通常把混有饱和水的饱和蒸汽叫做湿饱和蒸汽或简称湿蒸汽。如果对饱和蒸汽再加热，蒸汽的温度又开始上升。这时，蒸汽的温度已超过饱和温度，这种蒸汽叫做过热蒸汽。过热蒸汽的温度超过其压力对应的饱和温度（$t_s$ 的部分称为过热蒸汽的过热度。）

综上所述，水的等压加热汽化过程先后经历了未饱和水、饱和水、湿饱和蒸汽、干饱和蒸汽和过热蒸汽五种状态。

水的等压加热汽化过程可以在 $p$-$v$ 图和 $T$-$s$ 图上表示，如图 5-9 所示。其中 $a$ 点相应于 0℃水的状态，$b$ 点相应于饱和水的状态，$c$ 点相应于某种比例的汽水混和湿饱和蒸汽状态，$d$ 点相应于干饱和蒸汽的状态，$e$ 点是过热蒸汽的状态。

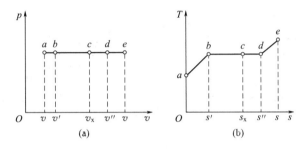

图 5-9 水的等压加热汽化过程在 $p$-$v$ 图和 $T$-$s$ 图上的表示

## 5.4.2 水蒸气的 $p$-$v$ 图与 $T$-$s$ 图

于是如果将不同压力下蒸汽的形成过程表示在 $p$-$v$ 图和 $T$-$s$ 图上，并将不同压力下对应的饱和水点和干饱和蒸汽点连接起来，就得到了图 5-10 中的 $b_1 b_2 b_3 \cdots$ 和 $d_1 d_2 d_3 \cdots$ 线，分别称为饱和水线（或下界线）和干饱和蒸汽线（或上界线）。

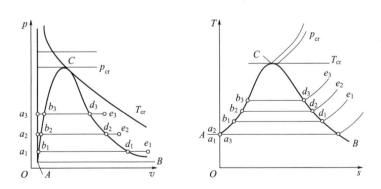

图 5-10 水蒸气的 $p$-$v$ 图与 $T$-$s$ 图

从图 5-10 可以清楚地看到，压力加大时，饱和水点和饱和蒸汽点之间的距离逐渐缩短。当压力增加到某一临界值时，饱和水和饱和蒸汽之间的差异已完全消失，即饱和水和干饱和蒸汽有相同的状态参数。在图中用点 $C$ 表示，这个点称为临界点。这样一种特殊的状态叫做临界状态。临界状态的各热力参数都加下标"cr"，水的临界参数为：$p_{cr} = 22.046\text{MPa}$，$t_{cr} = 373.99℃$，$v_{cr} = 0.003106\text{m}^3/\text{kg}$，$s_{cr} = 4.4092\text{kJ}/(\text{kg} \cdot \text{K})$。

临界状态有以下几个特点。

① 任何纯物质都有其唯一确定的临界状态。

② 在 $p \geqslant p_{cr}$ 下，等压加热过程不存在汽化段，水由未饱和态直接变化为过热态。

③ 当 $t > t_{cr}$ 时，无论压力多高都不可能使气体液化。

④ 在临界状态下，可能存在超流动特性。

⑤ 在临界状态附近，水及水蒸气有大比定压热容特性，如图 5-11 所示。

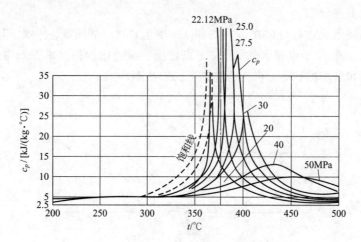

图 5-11  超临界压力下工质的大比定压热容特性

在大比定压热容区内，工质比定压热容的急剧变化，必然导致工质的膨胀量增大，从而引起水动力不稳定。在大比定压热容区外，工质比定压热容很小，温度随吸热变化很大。因此，掌握这个特性对超临界锅炉机组设计和运行很重要。

提高新蒸汽参数可以提高火力发电厂的热效率。近些年，我国新投产的火电机组中有一大批超临界机组。所谓超临界机组是指锅炉产生的新蒸汽的压力高于临界压力。在此压力下将水加热汽化时，饱和水和饱和蒸汽不再有区别。因此，超临界机组不能采用自然循环锅炉，而必须用直流锅炉。

从图 5-10 中可以看出，饱和水线 $CA$ 和饱和蒸汽线 $CB$ 将 $p$-$v$ 图与 $T$-$s$ 图分为三个区域：$CA$ 线的左方是未饱和水区，$CA$ 线与 $CB$ 线之间为汽液两相共存的湿蒸汽区，$CB$ 线右方为过热蒸汽区。

综合 $p$-$v$ 图与 $T$-$s$ 图，可以得到"一点、两线、三区、五态"。

一点：临界点。

两线：饱和水线、饱和蒸汽线。

三区：未饱和水区、湿蒸汽区、过热蒸汽区。

五态：未饱和水、饱和水、湿蒸汽、饱和蒸汽、过热蒸汽。

## 5.5  水和水蒸气的状态参数

我们已经知道，对于简单可压缩工质，只要有两个独立的状态参数，就可确定出此状态下所有其他参数。常用的状态参数有压力 $p$，温度 $t$，比容 $v$，熵 $s$，焓 $h$。内能 $u$ 不太常用，如果需要可用 $u = h - pv$ 计算得到。

5.4 节我们已经总结出水及水蒸气的五态。下面分别讨论确定这五态参数的原则。

① 未饱和水及过热蒸汽。未饱和水是液相，过热蒸汽是气相，两者有一个共同的特点，

即都是单相物质。所以 $p$，$t$，$u$，$s$，$h$ 等参数中，只要有任意两个参数给定，其他参数就能确定。

② 饱和水及饱和干蒸汽。饱和水是单相的水，干饱和蒸汽是单相的气，但它们又都处于饱和状态下，压力和温度不是互相独立的参数，而是一一对应的。因此，对于饱和水或干饱和蒸汽来说，只要压力或者温度确定，其他参数例如饱和水的 $v$，$s$，$h$ 及干饱和蒸汽的 $v''$，$s''$，$h''$ 等都能确定。

③ 湿饱和蒸汽。湿饱和蒸汽是干饱和蒸汽与饱和水共存的状态。

根据干度 $x$（见 5.2 节）及饱和水及干饱和蒸汽的参数，就可以将湿蒸汽的所有状态参数确定下来。

前已述及，由于水蒸气的特性复杂，迄今为止，在工程上大多是借助于编制好的图表计算水蒸气的参数，而近年也有了根据这些图表而编制的软件，则更便于使用。

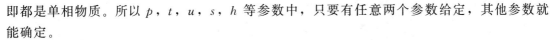 **思考题**

[5-1] 有没有 500℃ 的水？有没有 0℃ 或负摄氏度的蒸汽？有没有 $v > 0.004\mathrm{m^3/kg}$ 的水？为什么？

[5-2] 25MPa 的水汽化过程是否存在？为什么？

[5-3] 在 $h$-$s$ 图上，已知湿饱和蒸汽压力，如何查出该蒸汽的温度？

[5-4] 在 $p$-$V$ 图、$T$-$s$ 图、$h$-$s$ 图上，分别绘出临界点、饱和水线、饱和蒸汽线和定压线及定温线。

[5-5] 画出水的相图，即 $p$-$T$ 图。

[5-6] 前已学过 $\Delta h = c_p \Delta T$ 适用于一切工质定压过程（比热容为常数），水蒸气定压汽化过程中 $\Delta T = 0$，由此得出结论：水蒸气汽化时焓变量 $\Delta h = c_p \Delta T = 0$。此结论是否正确？为什么？

**习题 ▶▶**

[5-1] 利用水蒸气表判定下列各点状态，并确定 $h$，$s$ 及 $x$ 的值：

(1) $p_1 = 20\mathrm{MPa}$，$t_1 = 250℃$；

(2) $p_2 = 9\mathrm{MPa}$，$v_2 = 0.017\mathrm{m^3/kg}$；

(3) $p_3 = 4.5\mathrm{MPa}$，$t_3 = 450℃$；

(4) $p_4 = 1\mathrm{MPa}$，$x = 0.9$；

(5) $p_5 = 0.004\mathrm{MPa}$，$s = 7.0909\mathrm{kJ/(kg \cdot K)}$。

[5-2] 利用水蒸气 $h$-$s$ 图，重做上题并与查表所得结果比较。

[5-3] 锅炉产汽 20t/h，它的压力为 4.5MPa，温度为 480℃，进入锅炉的水，压力为 4.5MPa，温度为 30℃。若锅炉效率为 0.8，煤发热量为 30000kJ/kg，试计算一小时需要多少煤？（锅炉效率为蒸汽总吸热量与燃料总发热量之比）

[5-4] 在水泵中，将压力为 4kPa 的饱和水定熵压缩到压力为 4MPa。

(1) 查表计算水泵压缩 1kg 水所消耗的功；

(2) 因水是不可压缩流体，比容变化不大，可利用式 $w_p = -\int v \mathrm{d}p = -v \Delta p$ 计算耗功

量，将此结果与（1）的计算结果加以比较。

[5-5] 汽轮机中，蒸汽初参数：$p_1 = 2.9\text{MPa}$，$t_1 = 350℃$。若可逆绝热膨胀至 $p_2 = 0.006\text{MPa}$，蒸汽流量为 3.4kg/s，求汽轮机的理想功率。

[5-6] 汽轮机进口参数：$p_1 = 4.0\text{MPa}$，$t_1 = 450℃$，出口压力 $p_2 = 5\text{kPa}$，蒸汽干度 $x_2 = 0.9$，计算汽轮机相对内效率。

[5-7] 汽轮机的乏汽在真空度为 0.094MPa，$x = 0.9$ 的状态下进入冷凝器，定压冷却凝结成饱和水。试计算乏汽凝结成水时体积缩小的倍数，并求 1kg 乏汽在冷凝器中所放出的热量。已知大气压为 0.1MPa。

[5-8] 一刚性封闭容器，充满 0.1MPa，20℃的水 20kg。如由于意外的加热，使其温度上升到 40℃。

（1）求产生这一温升所加入的热量；

（2）为了对付这种意外情况，容器应能承受多大压力才安全？

[5-9] 1kg 水蒸气压力为 $p_1 = 3\text{MPa}$，$t_1 = 300℃$，定温压缩到原来体积的 1/3。试确定其终状态、压缩所消耗的功及放出的热量。

[5-10] 一台 10m³ 的汽包，盛有 2MPa 的汽水混合物，开始时，水占总容积的一半。如由底部阀门放走 300kg 水，为了使汽包内汽水混合物的温度保持不变，需要加入多少热量？如果从顶部阀门放汽 300kg，条件如前，那又要加入多少热量？

# 气体的流动和压缩

▶▶▶

在汽轮机和燃气轮机中，热能和机械能之间的转换实际上是在喷管中实现的。在喷管中工质的热能转换为动能，推动转子上的叶片，通过轴向外输出机械功。在叶轮式压气机中，外界输入的功量使工质得到动能，然后在扩压管中工质的动能转换为热能，使工质的压力上升。可见扩压管中的过程是喷管的反过程，因此把扩压管也叫做"反喷管"。本章将主要研究气体在喷管中的流动过程，不再赘述扩压管。当然喷管和扩压管除上述用途外，还可应用于其他方面，如喷气发动机、引射式压缩机等。

## 6.1 一元稳定流动的基本方程式

在实际喷管中的气体流动是稳定的或接近于稳定的，因此我们主要研究气体在喷管中的稳定流动过程。前已述及，所谓稳定流动是指描述流动的所有状态参数都不随时间变化的流动过程。如图 6-1 所示的喷管。如果工质在其中作稳定流动，则它的 1-1 截面、2-2 截面以及任意的 $x$-$x$ 截面上的所有参数均不随时间变化。但是不同截面上的参数是不同的，它反映了气体流经喷管的变化过程。也就是说，工质的参数（包括热力学参数和力学参数）随空间位置变化。其实即使在同一个横截面上，不同位置的气体参数也是不同的。例如气体的流速，越接近喷管壁面的势必越小，到紧贴壁面处则流速为零。为了研究方便，假定同一横截面上任何一个参数都只有一个数值，或者说取这个参数诸多数值的平均值。这样气体流动就属于只沿着流动方向发生变化的一维稳定流动问题。这是我们进行下面研究工作的前提。气体稳定流动过程的基本方程式有连续性方程、能量方程和过程方程。

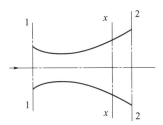

图 6-1 流体在喷管中流动

### 6.1.1 连续性方程

这个方程式实质是气体在喷管中稳定流动应当满足质量守恒定律。即在喷管的任何空间中气体的质量应该保持恒定不变，也就是说，对于该空间任何时候流入、流出的气体质量必须相等，或者说沿着喷管各个横截面的质量流量应当相等。如图 6-1 所示，1-1 为喷管的入口截面、2-2 为出口截面以及 $x$-$x$ 为任意截面，它们的截面积分别为 $A_1$，$A_2$ 和 $A$，气流的速度分别为 $c_1$，$c_2$ 和 $c$，比容分别为 $v_1$，$v_2$ 和 $v$，质量流量分别为 $q_{m_1}$，$q_{m_2}$ 和 $q_m$，那么有

$$q_{m_1} = \frac{c_1 A_1}{v_1} = q_{m_2} = \frac{c_2 A_2}{v_2} = q_m = \frac{cA}{v}$$

一般形式为
$$q_m = \frac{cA}{v} = 定值 \tag{6-1}$$

微分形式为
$$d\left(\frac{cA}{v}\right) = 0 \tag{6-2}$$

或
$$\frac{dA}{A} + \frac{dc}{c} - \frac{dv}{v} = 0 \tag{6-3}$$

连续性方程说明了流经喷管的气流速度、比容与喷管横截面积之间的关系。由于连续性方程是基于最一般的质量守恒定律推导而来的，因此只要是稳定流动，不管气体是理想气体还是实际气体（如水蒸气），也不管过程是可逆的还是不可逆的，连续性方程都是适用的。

### 6.1.2 能量方程式

工质在喷管中要进行热能和动能之间的转换，因此必须满足热力学第一定律，即稳定流动能量方程式：

$$q = \Delta h + \frac{1}{2}\Delta c^2 + g\Delta z + w_s$$

喷管只是变化截面的通道，不能对外做功，故 $w_s = 0$；喷管长度一般都是很短的，即使垂直放置，进出口的位能变化也完全可以忽略不计，即 $g\Delta z = 0$；工质用很高的速度流经很短的喷管，所需时间极短，故通过喷管向外界的散热极少，可以认为是绝热的稳定流动过程，即 $q = 0$。因此，气体在喷管中的流动的能量方程式是

$$\Delta h + \frac{1}{2}\Delta c^2 = 0 \tag{6-4}$$

或者

$$h_1 + \frac{1}{2}c_1^2 = h_2 + \frac{1}{2}c_2^2 = h + \frac{1}{2}c^2 = h^* = 定值 \tag{6-5}$$

式中，$h^*$ 叫做滞止焓或流动工质总焓。式(6-4) 表明，气体在喷管中的稳定流动过程，任一截面上的焓和动能之和保持定值，或总焓守恒；气体速度增大时，焓值减少，速度降低时，焓值增大。

式(6-4) 的微分形式为

$$dh + \frac{1}{2}dc^2 = 0 \tag{6-6}$$

式(6-4) ～式(6-6) 是气体在喷管稳定流动能量方程的不同表示形式。这些方程式都是从能量守恒的基本原理导出的，可以应用于任何流体的可逆或不可逆的绝热稳定流动过程。

### 6.1.3 过程方程

前面已经提到，气体在喷管中的稳定流动可以视为绝热的过程。当理想气体（其绝热指

数可取作常量）流经喷管作可逆绝热流动时，其过程方程式是

$$p_1 v_1^k = p_2 v_2^k = p v^k = 定值 \qquad (6\text{-}7)$$

如果需要考虑比热容随温度的变化，则把 $k\left(=\dfrac{c_p}{c_V}\right)$ 取为过程范围内的平均值，仍按常量

处理。如果工质为实际气体的水蒸气，此时 $k \neq \dfrac{c_p}{c_V}$，但可把 $k$ 当作纯粹的经验数据，那么仍

可使用这个过程方程式。然而，这个过程方程式不能应用于不可逆的绝热过程。

过程方程式的微分形式是

$$\frac{\mathrm{d}p}{p} + k\,\frac{\mathrm{d}v}{v} = 0 \qquad (6\text{-}8)$$

## 6.2　促使流速改变的条件

气体在喷管中流动的目的在于把热能转化为动能，因此促进速度增加的条件是研究的重点。

流体发生加速必须有外力作用，必须有动力，这就是力学条件。有了动力之后，还必须创造条件充分利用这个动力，使流体得到最大的动能增加。也就是说，要使喷管的流道形状能密切的配合流动过程的需要，这就是几何条件。必须同时满足力学条件和几何条件才有可能使工质得到加速并且得到最大的加速。

### 6.2.1　力学条件

这里必须建立速度变化和压力变化之间的关系。从能量方程式(6-6) 可得

$$\mathrm{d}h = -\frac{1}{2}\mathrm{d}c^2$$

稳定流动定熵过程也有 $\qquad\qquad \mathrm{d}h = v\,\mathrm{d}p$

上面两式表明，气体在同样的稳定流动定熵过程中，焓的变化量可以完全转化为动能的增加，也可以完全转化为对外做出的技术功。按照能量守恒应有

$$\frac{1}{2}\mathrm{d}c^2 = -v\,\mathrm{d}p \qquad (6\text{-}9)$$

或写作

$$c\,\mathrm{d}c = -v\,\mathrm{d}p \qquad (6\text{-}10)$$

将式(6-10) 乘以 $\dfrac{1}{c^2}$ 并在等号右边乘以 $\dfrac{kp}{kp}$ 可得

$$\frac{\mathrm{d}c}{c} = -\frac{kpv}{kc^2}\cdot\frac{\mathrm{d}p}{p} \qquad (6\text{-}11)$$

将声速 $a = \sqrt{kpv}$ 引入式(6-11)，得

$$\frac{\mathrm{d}c}{c} = -\frac{av}{kc^2}\frac{\mathrm{d}p}{p} \qquad (6\text{-}12)$$

再将马赫数 $Ma = \dfrac{c}{a}$ 引入式(6-12) 得

$$kMa\frac{\mathrm{d}c}{c}=-\frac{\mathrm{d}p}{p} \tag{6-13}$$

从上式可见，由于 $k>0$，$Ma^2>0$，所以 $\mathrm{d}c$ 与 $\mathrm{d}p$ 的符号始终是相反的。这就是说，气体在喷管中流动，如果气体流速增加则压力必将下降；反之，流速减少则压力上升，不过，此时喷管将变成扩压管。因此，气体通过喷管要想得到加速，必须创造喷管中气流压力不断下降的力学条件。

### 6.2.2　几何条件

这里要建立喷管截面积变化和速度变化之间的关系。从连续性方程式(6-3) 可得

$$\frac{\mathrm{d}A}{A}=\frac{\mathrm{d}v}{v}-\frac{\mathrm{d}c}{c} \tag{6-14}$$

由能量方程式(6-4) 可得

$$\frac{\mathrm{d}v}{v}=-\frac{\mathrm{d}p}{kp} \tag{6-15}$$

从式(6-13) 可得

$$-\frac{\mathrm{d}p}{kp}=Ma^2\frac{\mathrm{d}c}{c} \tag{6-16}$$

将式(6-16) 关系代入式(6-15)，可得

$$\frac{\mathrm{d}v}{v}=Ma^2\frac{\mathrm{d}c}{c} \tag{6-17}$$

将式(6-17) 的关系代入式(6-14) 得

$$\frac{\mathrm{d}A}{A}=(Ma^2-1)\frac{\mathrm{d}c}{c} \tag{6-18}$$

上式给出了喷管截面变化 $\mathrm{d}A$ 与气流速度变化 $\mathrm{d}c$ 之间的关系，关系式还表明，当 $Ma^2-1$ 有不同取值时，$\mathrm{d}A$ 与 $\mathrm{d}c$ 之间有着完全不同的变化关系，即

$$Ma^2-1<0 \text{ 时，} \mathrm{d}c>0，\text{则 } \mathrm{d}A<0$$
$$Ma^2-1>0 \text{ 时，} \mathrm{d}c>0，\text{则 } \mathrm{d}A>0$$
$$Ma^2-1=0 \text{ 时，则 } \mathrm{d}A=0$$

也就是说，在 $Ma^2-1<0$ 时，要使气流加速（即 $\mathrm{d}c>0$），喷管的截面积必须不断地缩小（$\mathrm{d}A<0$），截面积不断缩小的喷管叫做渐缩喷管 [图 6-2(a)]。在 $Ma^2-1>0$ 时，要使气流加速，喷管的截面积则必须不断地扩大（即 $\mathrm{d}A>0$），这种喷管叫渐扩喷管 [图 6-2(b)]。从 $Ma^2-1<0$ 可得 $Ma^2<1$，即 $c<a$，表明在 $Ma^2-1<0$ 时气流处于亚声速流动。显然在 $Ma^2-1>0$ 时气流处于超声速流动；$Ma^2-1=0$ 时，气流速度正好等于当地声速。那么结论是，当气流处于亚声速流动时，要加速气流必须采用渐缩喷管，气流处于超声速流动时，要加速气流必须采用渐扩喷管。如果要是气流从亚声速加速到超声速，则应采用先缩后放的缩放喷管（也叫拉伐尔喷管），见图 6-2(c)。缩放喷管最小截面处，称为喉部，喉部的气流速度等于当地声速。

气流对喷管截面积变化的要求，可以从连续性方程式(6-14) 得到说明。式(6-14) 表明，$\frac{\mathrm{d}v}{v}$ 和 $\frac{\mathrm{d}c}{c}$ 都对喷管的截面积产生影响。在质量流量恒定时，如果比容不变化（$\mathrm{d}v=0$），从式(6-14) 可知，$\mathrm{d}c>0$ 必有 $\mathrm{d}A<0$，即气流速度增加要求截面积减小。如果速度不变化

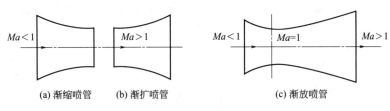

图 6-2　各种喷管

$(\mathrm{d}c=0)$，那么 $\mathrm{d}v>0$，则必有 $\mathrm{d}A>0$，即气流比容增大要求加大截面积。喷管中气流压力下降时，将同时引起气流速度和气流比容的增加。喷管截面积究竟如何变化，则要由 $\dfrac{\mathrm{d}v}{v}$ 和 $\dfrac{\mathrm{d}c}{c}$ 变化量大小来确定。由式(6-17) 的关系式，$\dfrac{\mathrm{d}v}{v}=Ma^2\,\dfrac{\mathrm{d}c}{c}$ 可见，当 $Ma<1$ 时，有，$\dfrac{\mathrm{d}v}{v}<\dfrac{\mathrm{d}c}{c}$，即气流速度的相对增量大于气流比容的相对增量，喷管截面积应该减小；当 $Ma>1$ 时，有 $\dfrac{\mathrm{d}v}{v}>\dfrac{\mathrm{d}c}{c}$，喷管截面应该增大。满足气流降压时对截面积变化的要求，才有可能得到理想的加速，获得最大的动能。否则就会造成不可逆损失。

气流通过扩压管降低流速提高压力的过程正好与通过喷管的过程相反；超声速气流减速升压要求渐缩扩压管，即 $Ma>1$ 时，$\mathrm{d}A<0$；亚声速气流则要求渐扩扩压管，即 $Ma<1$ 时，要求 $\mathrm{d}A>0$。从超声速减速升压达到亚声速则要求先缩后扩的扩压管，但在这种缩扩扩压管中，气流流动复杂，不能按可逆绝热流动规律实现连续的转变。

无论是喷管还是扩压管，在最小截面处正是气流从亚声速变化为超声速，或者从超声速变化为亚声速的转折点，流速恰好等于当地声速，通常称为临界截面。该截面的参数叫做临界状态参数，如临界速度 $c_{\mathrm{cr}}$、临界压力 $p_{\mathrm{cr}}$ 和临界比容 $v_{\mathrm{cr}}$ 等。此处，$Ma=1$，即 $c_{\mathrm{cr}}=a$，故

$$c_{\mathrm{cr}}=\sqrt{k\,p_{\mathrm{cr}}\,v_{\mathrm{cr}}}\qquad(6\text{-}19)$$

## 6.3　喷管的热力计算

（1）喷管的计算

喷管的计算一般分为设计计算和校核计算两种。设计计算通常已知工质的初状态（喷管入口截面的状态，如 $p_1$，$v_1$）和背压（喷管出口的环境压力），以及流经喷管的工质的质量流量，要求选择喷管的形状并计算喷管的尺寸，校核计算通常已知喷管的形状和尺寸，要求在不同的工作条件下，确定通过喷管的质量流量和喷管的出口速度。

（2）设计计算

选择喷管的形状，首先要判断工质流动速度所处的区域（亚声速、超声速或是从亚声速到超声速）。为此必须依据已知的条件，并计算流体的速度。

### 6.3.1　流速的计算

从能量方程式(6-4) 有

$$\frac{1}{2}(c_2^2-c_1^2)=h_1-h_2$$

式中，$c_1$，$c_2$分别为喷管进出口截面上工质的速度；$h_1$，$h_2$分别为喷管进出口截面上工质的焓。通常$c_1$比$c_2$小很多，$c_1$可以忽略不计，故有

$$c_2 = \sqrt{2(h_1 - h_2)} \tag{6-20}$$

或

$$c_2 = 1.414\sqrt{h_1 - h_2} \tag{6-21}$$

$h_1 - h_2$称为绝热焓降，又可称为可用焓差。

气体在喷管中绝热稳定流动的能量方程式，在推导过程中并未对工质的性质（如理想气体或是实际气体）和过程是否可逆加以限制，因此该方程对这些情况都是适用的。如果工质是理想气体且比热容为定值时，式(6-21)或写作

$$c_2 = 1.414\sqrt{c_p(T_1 - T_2)} \tag{6-22}$$

如果工质是水蒸气，可从水蒸气热力性质的图表查到$h_1$和$h_2$，然后按式(6-20)或式(6-21)算得喷管的出口速度。

### 6.3.2 流速与状态参数的关系

除了通过已知的$p_1$，$v_1$和$p_2$，取得$h_1$，$h_2$（或$T_1$，$T_2$）而算得喷管出口速度外，还必须建立起$p_1$，$v_1$和$p_2$与喷管出口速度$c_2$之间的直接关系。如果工质是理想流体，比热容为定值，过程是可逆的，那么式(6-20)可作如下推导：

$$
\begin{aligned}
c_2 &= \sqrt{2(h_1 - h_2)} = \sqrt{2c_p(T_1 - T_2)} \\
&= \sqrt{2 \cdot \frac{k}{k-1} R_m T_1 \left[1 - \left(\frac{p_2}{p_1}\right)^{\frac{k-1}{k}}\right]} \\
&= \sqrt{2\frac{k}{k-1} R_m T_1 \left[1 - \left(\frac{p_2}{p_1}\right)^{\frac{k-1}{k}}\right]}
\end{aligned} \tag{6-23}
$$

或

$$c_2 = \sqrt{2\frac{k}{k-1} p_1 v_1 \left[1 - \left(\frac{p_2}{p_1}\right)^{\frac{k-1}{k}}\right]} \tag{6-24}$$

式(6-23)及式(6-24)中，$p_1$，$v_1$，$T_1$是喷管入口截面上的工质参数，$p_2$是喷管出口截面上的压力。从式(6-24)可见，喷管出口工质的速度取决于喷管进口截面上的工质参数和出、进口截面上工质的压力比$\frac{p_2}{p_1}$。当初态一定时，工质出口流速依$\frac{p_2}{p_1}$而变化，其变化趋势如图6-3所示。

当$\frac{p_2}{p_1} = 1$时，即喷管的出口压力等于入口压力，若$c_1 = 0$，则$c_2 = 0$，出口流速为零，气体不会流动；当$\frac{p_2}{p_1}$逐渐减小时，$c_2$逐渐增加；当出口截面上的压力为零时，出口流速将趋于最大值，该最大值为

$$c_{2\max} = \sqrt{2\frac{k}{k-1} p_1 v_1} = \sqrt{\frac{2k}{k-1} R_m T_1}$$

这一速度实际上不可能达到，因为当$p \to 0$时，$v \to \infty$，除非喷管出口截面积为无穷大，

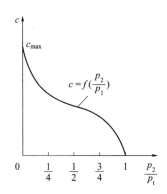

图 6-3 流速与状态参数关系图

否则不可能达到。

### 6.3.3 临界流速和临界压力比

从式(6-24)所揭示的流速和状态参数的关系，可以得到当速度达到当地声速时的一些特性。

如前所述，在喷管最小截面处，流速为 $c_{cr}$，压力为 $p_{cr}$，把这个关系式代入式(6-24)可得

$$c_{cr} = \sqrt{2 \frac{k}{k-1} p_1 v_1 \left[1 - \left(\frac{p_{cr}}{p_1}\right)^{\frac{k-1}{k}}\right]} \tag{6-25}$$

此时临界速度等于当地声速，即

$$c_{cr} = a = \sqrt{k p_{cr} v_{cr}} \tag{6-26}$$

将上式关系代入式(6-25)，得

$$k p_{cr} v_{cr} = \frac{2k}{k-1} p_1 v_1 \left[1 - \left(\frac{p_{cr}}{p_1}\right)^{\frac{k-1}{k}}\right] \tag{6-27}$$

因为是可逆绝热过程，故有

$$v_{cr} = v_1 \left(\frac{p_1}{p_{cr}}\right)^{\frac{1}{k}}$$

将上式关系代入式(6-27)，得

$$k p_1 v_1 \left(\frac{p_{cr}}{p_1}\right)^{\frac{k-1}{k}} = \frac{2k}{k-1} p_1 v_1 \left[1 - \left(\frac{p_{cr}}{p_1}\right)^{\frac{k-1}{k}}\right] \tag{6-28}$$

式中，$\dfrac{p_{cr}}{p_1}$ 为临界压力比，表明流速达到当地声速时工质的压力与初压力之比，常用符号 $\gamma_{cr}$ 表示之，引入并消去公因子得

$$\gamma_{cr}^{(k-1)/k} = \frac{2}{k-1}(1 - \gamma_{cr}^{\frac{k-1}{k}}) \tag{6-29}$$

最后得

$$\frac{p_{cr}}{p_1} = \gamma_{cr} = \left(\frac{2}{k+1}\right)^{\frac{k}{k-1}} \tag{6-30}$$

从上式可见，临界压力比 $\gamma_{cr}$ 仅与工质的性质有关。只要工质确定了，临界压力比 $\gamma_{cr}$ 也就确定了。那么按照已知的 $p_1$，就可算得 $p_{cr}$。在喷管中气流的可逆绝热膨胀过程，从 $p_1$ 降压到 $p_{cr}$ 的过程是气流从初始速度加速到声速的过程，属于亚声速范围；如果从 $p_{cr}$ 可以继续实现可逆的绝热膨胀过程，气流的速度就在声速的基础上继续被加速而进入超声速的范围。由此可见，可以通过临界压力来判断气流速度所处的范围。这就为喷管形状的选择提供了依据。

严格地说，上述分析只能适用于具有定比热容的理想气体的可逆绝热流动过程。因为在推导中曾利用 $pv = R_m T$，$c_p = \frac{kR_m}{k-1}$ 以及 $pv^k =$ 定值等关系式。但也可应用于具有变比热容理想气体的情况，只是其中的 $k$ 值应取过程中温度变化范围的平均值。甚至可以应用于水蒸气为工质的可逆绝热流动过程，只不过这时的 $k$ 值是纯粹的经验数据而已。

对于双原子的理想气体，取 $k=1.4$，则有

$$\gamma_{cr} = 0.528 \tag{6-31a}$$

如果对过热水蒸气，取 $k=1.3$，有

$$\gamma_{cr} = 0.546 \tag{6-31b}$$

对干饱和水蒸气，取 $k=1.135$，有

$$\gamma_{cr} = 0.577 \tag{6-31c}$$

将临界压力比的关系代入式(6-25)，经整理后得

$$c_{cr} = \sqrt{\frac{2k}{k+1}p_1 v_1} = \sqrt{\frac{2k}{k+1}R_m T_1} \tag{6-32}$$

上式表明，工质一旦确定（即 $k$ 值已知），临界速度只取决于初状态。对于理想气体则只取决于初温度。

### 6.3.4 喷管形状的选择

在喷管设计计算中，已知流经喷管工质的初参数 $p_1$，$T_1$ 和背压力 $p_b$ 以及质量流量 $q_m$。

确定了工质，即可查到临界压力比 $\gamma_{cr}$，并按照临界压力比的定义可以算得临界压力 $p_{cr} = \gamma_{cr} \cdot p_1$。从前面的分析可知，当 $p_{cr} \leqslant p_b$ 时，气流在喷管中最多只能被加速到声速，故整个过程气流处于亚声速流动状态，应选取渐缩喷管。如果 $p_{cr} > p_b$ 气流在喷管中首先被加速到声速，然后继续加速到超声速，故应选用缩放喷管（拉伐尔喷管）。也就是说，当 $p_{cr} \leqslant p_b$ 时，选用渐缩喷管；当 $p_{cr} > p_b$ 时，选用缩放喷管。

### 6.3.5 喷管尺寸的计算

对于渐缩喷管，只需计算喷管的出口截面积，即

$$A_2 = \frac{q_m v_2}{c_2} \tag{6-33}$$

式中，$q_m$ 为气流的质量流量（kg/s），是已知的；$v_2$ 为喷管出口截面上气流的比容

（$m^3/kg$），理想气体可以从 $p_1v_1^k=p_2v_2^k$ 求到，对变比热容的理想气体可以查表求平均的 $k$ 值，对水蒸气可查相应的图表；$c_2$ 为喷管出口截面上的气流速度（m/s），可以从式 $c_2=1.414\sqrt{h_1-h_2}$ 计算求得。

对于缩放喷管，需要计算 $A_{min}$，$A_2$ 和渐扩部分的长度 $l$。$A_{min}$，$A_2$ 按下面关系计算：

$$A_{min}=\frac{q_m v_{cr}}{c_{cr}},\quad A_2=\frac{q_m v_2}{c_2}$$

式中，$A_{min}$ 是喷管的最小截面积；$v_{cr}$，$c_{cr}$ 为喷管最小截面积上的临界比容和临界速度；$v_2$，$c_2$ 是喷管出口截面上的比容和速度，它们的计算方法与上述的相同。

长度 $l$ 无一定的标准，依经验而定。如选得太短，则气流扩张过快，易引起扰动而增加内部摩擦损失；如选得过长，则气流与管壁之间摩擦损失增加，也是不利的。通常取顶锥角 $\varphi$（参看图6-4）在 $10°\sim12°$ 之间，效果比较好。故由图6-4可得

$$l=\frac{d_2-d_{min}}{2\tan\dfrac{\varphi}{2}}$$

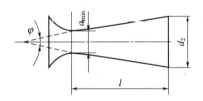

图6-4 缩放管长度与顶锥角

**【例6-1】** 作喷管的设计计算。已知喷管入口工质状态内 $p_1=500kPa$，$T_1=427℃$，质量流量 $q_m=1.2kg/s$。工质是空气，$\gamma_{cr}=0.528$，$c_p=1.0045kJ/(kg\cdot K)$，初速度可以忽略不计。试分别在 $p_b=300kPa$ 和 $p_b=100kPa$ 情况下，选择喷管的形状并计算喷管的截面积。

**解：** ① $p_b=300kPa$。首先要确定气流的速度范围以便选择喷管的形状，为此必须计算临界压力 $p_{cr}$，即

$$p_{cr}=p_1\gamma_{cr}=500\times0.528=364kPa$$

可见 $p_b>p_{cr}$，所以充分膨胀到 $p_b$ 也未能达到当地声速。因此，气流属于亚声速流动，为使气流得到理想加速，必须采用渐缩喷管且 $p_2=p_b$。

渐缩喷管只需计算出口截面积。为此要计算出口截面的参数

$$v_2=v_1\left(\frac{p_1}{p_2}\right)^{1/k}=\frac{R_m T_1}{p_1}\left(\frac{p_1}{p_2}\right)^{1/k}$$

$$=\frac{287\times700}{500\times10^3}\left(\frac{500}{300}\right)^{\frac{1}{1.4}}=0.579m^3/kg$$

$$T_2=\frac{p_2 v_2}{R_m}=\frac{300\times10^3\times0.579}{287}=605K$$

$$c_2=1.414\sqrt{c_p(T_1-T_2)}$$

$$=1.414\times\sqrt{1004.5\times(700-605)}$$

$$=436.8m/s$$

依照式(6-33)，可得

$$A_2 = \frac{q_m v_2}{c_2} = \frac{1.2 \times 0.579}{436.8} = 15.9 \text{ cm}^2$$

② $p_2 = 100\text{kPa}$。此时 $p_b < p_{cr}$，充分膨胀到 $p_b$（即 $p_2 = p_b$），气流可以由亚声速经声速到达超声速。因此选用缩放喷管。

缩放喷管必须计算最小截面积和出口截面积，为此计算临界截面的参数

$$\gamma_{cr} = \frac{R_m T_1}{p_1} \left(\frac{p_1}{p_{cr}}\right)^{\frac{1}{k}} = \frac{287 \times 700}{500 \times 10^3} \left(\frac{500}{264}\right)^{\frac{1}{1.4}} = 0.634 \text{m}^2/\text{kg}$$

$$T_{cr} = \frac{p_{cr} \gamma_{cr}}{R_m} = \frac{264 \times 10^3 \times 0.634}{287} = 583\text{K}$$

$$c_{cr} = 1.414 \sqrt{c_p (T_1 - T_{cr})}$$
$$= 1.414 \times \sqrt{1004.5 \times (700 - 583)} = 484.7 \text{m/s}$$

那么最小截面积为

$$A_{min} = \frac{q_m \gamma_{cr}}{c_{cr}} = \frac{1.2 \times 0.634}{484.7} = 15.7 \text{ cm}^2$$

计算出口截面参数

$$v_2 = \frac{R_m T_1}{p_1} \left(\frac{p_1}{p_2}\right)^{\frac{1}{k}} = \frac{287 \times 700}{500 \times 10^3} \times \left(\frac{500}{100}\right)^{\frac{1}{1.4}}$$
$$= 1.268 \text{m}^2/\text{kg}$$

$$T_2 = T_1 \left(\frac{p_2}{p_1}\right)^{\frac{k-1}{k}} = 700 \times \left(\frac{100}{500}\right)^{\frac{1.4-1}{1.4}} = 442\text{K}$$

$$c_2 = 1.414 \sqrt{c_p (T_1 - T_2)}$$
$$= 1.414 \times \sqrt{1004.5 \times (700 - 442)}$$
$$= 719 \text{m/s}$$

由上述参数可得出口截面积 $A_2$，即

$$A_2 = \frac{q_m v_2}{c_2} = \frac{1.2 \times 1.268}{719} = 21.2 \text{cm}^2$$

### 6.3.6 喷管的校核计算

校核计算的任务是，对工作在非设计工况的已有喷管进行流量和出口速度的计算。质量流量的计算，依照式(6-33)有

$$q_m = \frac{Ac}{v}$$

式中，$A$，$c$，$v$ 可以是任意一个截面的数值。通常选取最小截面上的这些数值，对缩放喷管也可选取出口截面上的这些数值。喷管截面积 $A$ 是已知的，$c$ 可以按 $c = 1.414$ $\sqrt{h_1 - h}$ 计算，$v$ 可按 $p_1 v_1^k = p v^k$ 计算或查图表取得。为了揭示喷管中流量随初、终状态变化的关系，把流量公式作进一步推导。将式(6-33)及 $\frac{1}{v_2} = \frac{1}{v_1} \left(\frac{p_2}{p_1}\right)^{\frac{1}{k}}$ 的关系代入流量公式，

可得

$$q_{m}=\frac{A_{2}c_{2}}{v_{2}}=A_{2}\sqrt{\frac{2k}{k-1}p_{1}v_{1}\left[1-\left(\frac{p_{2}}{p_{1}}\right)^{\frac{k-1}{k}}\right]}\frac{1}{v_{1}}\left(\frac{p_{2}}{p_{1}}\right)^{\frac{1}{k}}$$

整理后得

$$q_{m}=A_{2}\sqrt{\frac{2k}{k-1}\frac{p_{1}}{v_{1}}\left[\left(\frac{p_{2}}{p_{1}}\right)^{\frac{2}{k}}-\left(\frac{p_{2}}{p_{1}}\right)^{\frac{k+1}{k}}\right]} \tag{6-34}$$

上式表明，当初参数 $p_{1}$，$v_{1}$ 以及喷管出口截面积 $A_{2}$ 保持恒定时，流量仅依 $p_{2}/p_{1}$ 而变化。当 $p_{2}/p_{1}=1$ 时，$q_{m}=0$；当 $p_{2}/p_{1}=0$ 时，$q_{m}=0$。可见 $p_{2}/p_{1}$ 从 1 变化到零过程中，$q_{m}$ 有一个极大值。这个极大值可以从 $\dfrac{\partial q_{m}}{\partial\left(\dfrac{p_{2}}{p_{1}}\right)}=0$ 求得。发现当 $\dfrac{p_{2}}{p_{1}}=\left(\dfrac{2}{k+1}\right)^{\frac{k}{k-1}}=\gamma_{cr}$ 时，流量 $q_{m}$ 达到最大值。

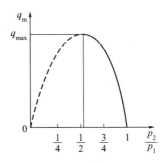

图 6-5　流量与压力关系

如图 6-5 所示，从 $\dfrac{p_{2}}{p_{1}}=1$ 变化到临界压力比 $\gamma_{cr}$，流量变化以实线表示；从 $\gamma_{cr}$ 变化到 $\dfrac{p_{2}}{p_{1}}=0$，流量变化以虚线表示，用以表明这个流量变化实际上是不存在的，这一段曲线是由式(6-33)计算而得到的。事实上，当 $\dfrac{p_{2}}{p_{1}}=\gamma_{cr}$ 继续降低时，流量 $q_{m}$ 将保持不变且为 $q_{max}$。如图 6-5 中的水平实线所示。这是因为在喷管的最小截面积上，只要压力降至临界压力 $p_{cr}$，则其比容为临界比容 $v_{cr}$，流速为临界速度 $c_{cr}$，即当地的声速 $a$。此后不管气流在渐扩部分中如何继续膨胀，$\dfrac{p_{2}}{p_{1}}$ 如何继续下降，都不能影响喷管最小截面上的参数，所以喷管中流量为 $q_{max}=\dfrac{A_{min}c_{cr}}{\gamma_{cr}}$ 且不再随 $\dfrac{p_{2}}{p_{1}}$ 的下降而变化。这里的叙述限于喷管中的流动是可逆过程，即喷管的截面形状能充分满足过程的需要且不存在任何能量的不可逆损失。只要喷管的背压力 $p_{b}<p_{cr}$，喷管中气流的流量就可以达到最大值 $q_{max}$，其关系式为

$$q_{max}=A_{min}\sqrt{2\frac{k}{k+1}\left(\frac{2}{k+1}\right)^{\frac{2}{k-1}}\frac{p_{1}}{v_{1}}} \tag{6-35}$$

如果 $p_{b}>p_{cr}$，$q_{m}$ 按式(6-34)计算，此时 $p_{2}=p_{b}$，$A_{2}$ 实际上是渐缩喷管的出口截面积。

喷管出口速度 $c_2$ 按下式计算:

$$c_2 = \frac{q_m v_2}{A_2} \quad (6\text{-}36)$$

式中，$q_m$ 已由计算求得；$A_2$ 为已知的；$v_2$ 可由初、终状态及过程关系求得。

**【例 6-2】** 已有一渐缩喷管，其出口截面积为 $20cm^2$，让此喷管工作在 $p_1 = 2.5MPa$，$T_1 = 500℃$，背压力 $p_b = 1.0MPa$ 的情况下，以空气为工质，$\gamma_{cr} = 0.528$，$k = 1.4$，$c_p = 1.0045kJ/(kg \cdot K)$。喷管的入口速度可以忽略不计，试求该喷管的出口截面速度和质量流量。

**解：** 首先确定喷管出口截面的压力 $p_2$。从已知条件可得

$$p_{cr} = p_1 \gamma_{cr} = 2.5 \times 0.528 = 1.32MPa$$

由此可见 $p_{cr} > p_b$。空气在渐缩喷管中膨胀降压，至多只能降到临界压力 $p_{cr}$，所以 $p_2 = p_{cr}$，而不可能膨胀到 $p_b$，即 $p_2 = 1.32MPa$。

计算喷管出口截面的其他参数：

$$v_2 = \frac{R_m T_1}{p_1} \left(\frac{p_1}{p_2}\right)^{\frac{1}{k}} = \frac{287 \times 773}{25 \times 10^5} \left(\frac{25}{13.2}\right)^{\frac{1}{1.4}} = 0.14 m^3/kg$$

$$T_2 = T_1 \left(\frac{p_2}{p_1}\right)^{\frac{k-1}{k}} = 773 \times \left(\frac{13.2}{25}\right)^{\frac{1.4-1}{1.4}} = 644K$$

$$c_2 = 1.414 \times \sqrt{c_p(T_1 - T_2)} = 1.414 \times \sqrt{1004.5 \times (773 - 644)} = 509 m/s$$

依照式（6-33）可得

$$q_m = \frac{A_2 c_2}{v_2} = \frac{0.002 \times 500}{0.14} = 7.27 kg/s$$

## 6.4 单级活塞式压气机

活塞式压气机是通过活塞的往复运动来实现吸气、压缩及排气过程的。由于活塞式压气机的效率较高，制造、管理和维修经验都较成熟，因而活塞式压气机在轮机工程中得到了广泛的应用。

单级活塞式压气机主要由活塞、气缸、进气阀、排气阀和空气滤清器等构成，如图 6-6 所示。活塞式压气机的实际操作过程通常采用示功器测取示功图来描述。如图 6-7(a) 为压气机的示功图，纵坐标代表缸内气体的压力，横坐标代表活塞的行程。由于活塞的行程与气缸的体积成正比，所以只要采用不同的比例，横坐标就可代表气缸的体积，则该图就成了压气机的实际 $p\text{-}V$ 图，它反映了压气机在一个工作循环中缸内气体压力随气缸体积变化的关系。

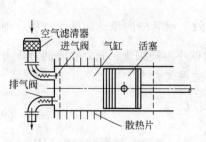

图 6-6　单级活塞式压气机

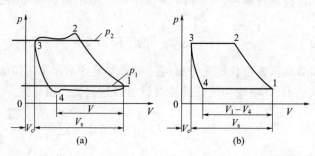

图 6-7　压气机的 $p\text{-}V$ 图

当活塞位于下止点时，进气阀关闭，初态为 $p_1$、$T_1$ 的气体开始被压缩。随着活塞的上移，气体的压力和温度升高至 $p_2$、$T_2$，在图 6-7(a) 上，1-2 线为压缩线。若压缩终点的气体压力已大于压缩空气瓶背压与排气阀弹簧力的总和，则排气阀打开并开始排气。由于排气阀及管路存在着一定的阻力损失，所以排气过程中排气压力略高于压缩空气瓶的背压。当活塞处于上止点时，为避免活塞顶与气缸盖的碰撞及为较好地在气缸盖上布置进、排气阀，气缸应留有一定的空隙，该空隙所形成的体积称为余隙容积 $V_c$。由于余隙容积中充有残余的高压气体，故活塞自上止点下行时并不立即吸入缸外气体，只有当气缸内残气压力下降直至大气压力以下时，才开始吸气。在图 6-7(a) 中，3-4 线为余隙容积中残气的膨胀线。这时，随着活塞继续下行，不断吸入缸外气体。同样，由于进气阀及管路也存在着阻力损失，因此进气压力低于大气压力，如图 6-7(a) 所示，4-1 线为进气线。这样，活塞式压气机就完成了一个工作循环，即示功图上所表示的 12341 封闭曲线。

如忽略进、排气过程中的阻力损失，活塞式压气机的示功图可理想化为图 6-7(b) 所示的示功图，其中 1-2 为压缩过程、2-3 为排气过程、3-4 为余隙容积内气体的膨胀过程、4-1 为吸气过程。图中 $V_1$ 为气缸的最大体积，$V_c$ 为气缸的余隙容积，$V_s = V_1 - V_c = V_1 - V_3$ 为活塞移动时扫过的工作体积或称气缸排量，$V = V_1 - V_4$ 为气缸的有效进气体积，它表示实际进入气缸的气体体积。

由于存在余隙容积，活塞式压气机循环消耗的总功应该等于压缩过程的技术功 $W_{t(1\text{-}2)}$ 与气体膨胀过程的技术功 $W_{t(3\text{-}4)}$ 的代数和。活塞式压气机一般采用冷却套或气冷散热片，故压气机的耗功可按多变过程计算

$$W_t = W_{t(1\text{-}2)} + W_{t(3\text{-}4)} = \frac{n_1}{n_1-1} p_1 V_1 \left[1 - \left(\frac{p_2}{p_1}\right)^{\frac{n_1-1}{n_1}}\right] - \frac{n_2}{n_2-1} p_4 V_4 \left[1 - \left(\frac{p_3}{p_4}\right)^{\frac{n_2-1}{n_2}}\right]$$

因为 $p_1 = p_4$，$p_2 = p_3$，并设过程 1-2、3-4 的多变指数 $n_1$、$n_2$ 相等，均为 $n$，则有

$$W_t = \frac{n}{n-1} p_1 (V_1 - V_4) \left[1 - \left(\frac{p_2}{p_1}\right)^{\frac{n-1}{n}}\right] = \frac{n}{n-1} p_1 V \left[1 - \left(\frac{p_2}{p_1}\right)^{\frac{n-1}{n}}\right]$$

$$W_c = -W_t = \frac{n}{n-1} p_1 V \left[\left(\frac{p_2}{p_1}\right)^{\frac{n-1}{n}} - 1\right] \tag{6-37}$$

由此可见，余隙容积的存在使得循环的进气量减少，同时也使消耗的功相应减少。因为

$$V = m v_1$$

式中，$m$ 为有余隙容积时进入气缸的气体质量；$v_1$ 为进入气缸时的气体比体积。

故压缩 1kg 气体所消耗的比压缩功为

$$w_c = \frac{W_c}{m} = \frac{n}{n-1} p_1 v_1 \left[\left(\frac{p_2}{p_1}\right)^{\frac{n-1}{n}} - 1\right]$$

因此余隙容积并不影响气体压缩所消耗的比压缩功。但由于存在余隙容积 $V_c$，残气压力 $p_3$ 大于外界压力，这样当活塞开始下行时外界气体并不能马上进入气缸。只有当缸内气体由 $V_3$ 膨胀到 $V_4$，气体压力与外界压力相等时，外界气体才能进入气缸。这样，余隙容积不但本身不起压气作用，而且还使得压气机的有效进气体积 $V = V_1 - V_4$ 小于气缸活塞的位移体（气缸排量）$V_s = V_1 - V_3$，从而影响了压气机的生产量。

为表示上述影响，在此提出容积效率的概念。容积效率是指气体的有效进气体积 $V$ 与活塞位移体积 $V_s$ 的比值，用 $\eta_v$ 表示，即

$$\eta_{v} = \frac{V}{V_s}$$

由压气机的示功图，可得

$$\eta_{v} = \frac{V}{V_s} = \frac{V_1 - V_4}{V_s} = \frac{(V_1 - V_3) - (V_4 - V_3)}{V_s}$$

$$= 1 - \frac{V_4 - V_3}{V_s} = 1 - \frac{V_3}{V_s}\left(\frac{V_4}{V_3} - 1\right) \tag{6-38}$$

$$= 1 - \frac{V_c}{V_s}\left[\left(\frac{p_2}{p_1}\right)^{\frac{1}{n}} - 1\right]$$

$$= 1 - C(\pi^{\frac{1}{n}} - 1)$$

由式(6-38)可见：

① 增压比 $\pi$ 和多变指数 $n$ 一定时，余隙容积比 $C$ 越大，容积效率越低；

② 余隙容积比 $C$ 和多变指数 $n$ 一定时，增压比 $\pi$ 越大，容积效率越低。

图 6-8 清晰地反映了后一关系。如压缩过程终了压力由 $p_2$ 提高到 $p_{2'}$，而气缸的余隙容积不变，则气缸的有效进气体积将由 $V_1 - V_4$ 缩小为 $V_1 - V_{4'}$，容积效率将降低。如果再将压缩终了压力提高到 $p_{2''}$，由于 $2''$ 点和 $3''$ 点的重合，压缩过程 $1\text{-}2''$ 与接下来的气体的膨胀过程也重合。这时气缸的有效进气体积为零，容积效率也为零，因而压气机既不进气也不输出高压气体。由此单级活塞式压气机的增压比受容积效率的限制，通常不超过 $8\sim9$。

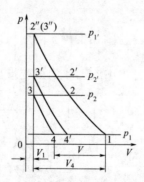

图 6-8 单级压气机的示功图

考虑到余隙容积的存在使容积效率下降，从而影响到压缩气体的生产量。对于一定生产量的压缩气体，必须使用较大体积的气缸，从而增加设计与制造的成本，所以在设计时应尽量减小余隙容积。一般余隙容积比 $C$ 取 $0.03\sim0.08$。

【**例 6-3**】 有一单缸活塞式压气机，气缸直径 $D=200\text{mm}$，活塞行程 $S=300\text{mm}$。从大气中吸入空气，空气初态为 $p_1=0.097\text{MPa}$，$t_1=20℃$，经多变压缩到 $p_2=0.55\text{MPa}$。若可逆多变过程指数 $n=1.3$，机轴转速为 $500\text{r/min}$，压气机余隙容积比为 $0.05$，求：

①压气机总的有效进气体积；②压气机的容积效率；③压气机的排气温度；④拖动压气机所需功率。

**解：**空气按理想气体处理。

① 压气机总的有效进气体积：

气缸位移体积

$$V_s = V_1 - V_3 = \frac{1}{4}\pi D^2 S = \frac{1}{4}\times \pi \times 0.2^2 \times 0.3 = 0.00942\text{m}^3$$

有效进气体积：

$$V_3 = \frac{V_c}{V_s}(V_1 - V_3) = 0.05 \times 0.009425 = 0.000471\text{m}^3$$

$$V_1 = (V_1 - V_3) + V_3 = 0.009425 + 0.000471 = 0.009896\text{m}^3$$

$$V_4 = V_3 \cdot \left(\frac{p_3}{p_4}\right)^{\frac{1}{n}} = 0.000471 \times \left(\frac{0.55}{0.097}\right)^{\frac{1}{1.3}} = 0.00179\text{m}^3$$

每分钟的有效进气体积为

$$500(V_1 - V_4) = 500 \times 0.008106 = 4.053\text{m}^3/\text{min}$$

② 压气机的容积效率

$$\eta_v = \frac{V}{V_s} = \frac{V_1 - V_4}{V_1 - V_3} = \frac{0.008106}{0.009425} = 0.86$$

③ 压气机的排气温度

$$T_2 - T_1 \cdot \left(\frac{p_2}{p_1}\right)^{(n-1)/n} = 293 \times \left(\frac{0.55}{0.097}\right)^{1.3-1/1.3} = 437.5\text{K}$$

$$t_2 = 164.5\text{℃}$$

④ 拖动压气机所需功率

$$N = \frac{500}{60} \cdot \frac{n}{n-1}p_1 (V_1 - V_4)\left[\left(\frac{p_2}{p_1}\right)^{n-1/n} - 1\right]$$

$$= \frac{500}{60} \times \frac{1.3}{1.3-1} \times \frac{0.097 \times 10^6}{10^3} \times 0.008106 \times \left[\left(\frac{0.55}{0.097}\right)^{1.3-1/1.3} - 1\right]$$

$$= 14\text{kW}$$

## 6.5 多级压缩和级间冷却

对于实际压缩过程，为了降低压气机的耗功和排气终温，常采用放热压缩。且随着多变指数 $n$ 的降低，其效果将更为明显。然而，这种方法对于叶轮式压气机是难以实现的。对于活塞式压气机虽是可行的，但在转速高、排量大的情况下，多变指数也很难进一步下降，故其作用也不大。为了进一步改进压缩过程以节省压缩功耗和限制排气终温，采用多级压缩与级间冷却不失为是一种行之有效的方法。

为便于分析，现以活塞式两级压缩、级间冷却为例进行讨论，如图 6-9(a) 所示。气体进入低压缸 I 经压缩使其压力由初压 $p_1$ 升高到某一中间压力 $p_a$，温度由 $T_1$ 升到了 $T_a$，然后由低压缸引出进入中间冷却器，在定压下被冷却水充分冷却而降至初温 $T_1$，再进入高压缸 Ⅱ 被压缩到所需之终压 $p_2$。两级压缩、级间冷却的 $p$-$V$ 图、$T$-$s$ 图如图 6-9(b)、(c) 所示。

由 $p$-$V$ 图和 $T$-$s$ 图可见，进入压气机低压缸和高压缸的气体温度 $T_1$ 和 $T_{c'}$，位于同一定温线 $T_1$ 上，两个多变压缩过程 1-$a$ 和 $a'$-2 偏离定温线不远。若在相同的增压比 $p_2/p_1$ 下进行单级压缩，其压缩过程为 1-$a$-$2'$，较之两级压缩偏离定温线要远得多。从图上不难看出，采用两级压缩、中间冷却比单级压缩要省功，所省的压缩功等于 $p$-$V$ 图上面积 $a$-$2'$-

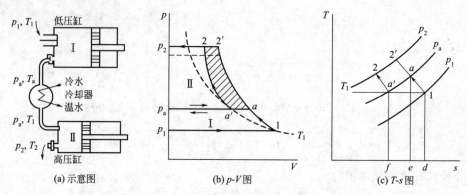

(a) 示意图　　　(b) p-V图　　　(c) T-s图

图 6-9　两级压缩、级间冷却的

$2$-$a'$-$a$。同时两级压缩、中间冷却的高压缸排气终温 $T_2$ 也较之单级缩的排气终温 $T_{2'}$ 要低。

两级压缩、中间冷却的压气机所耗的总功等于两级压气机耗功之和。若两级压缩的多变指数 $n$ 均相同，则

$$w_n = w_{n1} + w_{n2} = \frac{n}{n-1} p_1 v_1 \left[ 1 - \left( \frac{p_a}{p_1} \right)^{\frac{n-1}{n}} \right] + \frac{n}{n-1} p_a v_{a'} \left[ 1 - \left( \frac{p_2}{p_a} \right)^{\frac{n-1}{n}} \right]$$

因 $T_{a'} = T_1$，所以有 $p_1 v_1 = p_a v_{a'}$。于是

$$w_n = \frac{n}{n-1} p_1 v_1 \left[ 2 - \left( \frac{p_a}{p_1} \right)^{\frac{n-1}{n}} - \left( \frac{p_2}{p_a} \right)^{\frac{n-1}{n}} \right] \tag{6-39}$$

由上式可知，两级压缩、中间冷却的压气机所耗总功与中间压力 $p_a$ 有关。因此，必然存在一个最佳的中间压力，可使压气机所耗总功为最少。最佳中间压力可由 $\mathrm{d}w_n / \mathrm{d}p_a = 0$ 求得，即

$$p_a = \sqrt{p_1 p_2} \quad 或 \quad \frac{p_a}{p_1} = \frac{p_2}{p_a} \tag{6-40}$$

可见，当中间压力选定为使各级增压比相等时，压气机总功耗为最小。这一结论也可推广到任意多级的压缩。如 $z$ 级压缩、$z-1$ 级的中间冷却，则最佳增压比为

$$\pi = \sqrt[z]{\frac{p_2}{p_1}} \tag{6-41}$$

采用最佳的中间压力或各级的最佳增压比，不仅可以使压气机总耗功最少，而且还可以使压气机各级的耗功量相同，各级气体的升温相同，各中间冷却器的放热量相等。这些对于压气设备的设计和运行都是很有利的。

理论上，有级间冷却的压气机级数越多，耗功越少，排气终温也越低。级数无限多时，压缩过程将与定温压缩过程无限接近，此时总耗功量为最小且等于定温压缩功。实际上，级数越多，设备越庞大，加之各种不可逆因素，因此级数不宜太多，而视其增压比的大小，一般取 2～4 级为宜。

上述多级压缩、级间冷却的原理也适用于叶轮式压气机。对于活塞式压气机，在相同的增压比下，采用多级压缩、级间冷却较之单级活塞式压气机还有一个好处，就是容积效率也有相应的提高，这可由图 6-10 不难得到证明。

若采用单级压缩，其工作过程为 1-3-4-5-1。余隙容积为 $V_{c1}$，活塞排量为 $V_1 - V_4 = (V_1 - V_6)$，有效吸气容积为 $V_1 - V_5$，则其容积效率 $\eta_v = (V_1 - V_5)/(V_1 - V_6)$，若采用两

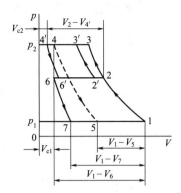

图 6-10 多级压缩、级间冷却 $p\text{-}V$ 图

级压缩，此时第一级工作过程为 1-2-6-7-1，第二级工作过程为 2'-3'-4'-6'-2'。若第一级余隙容积仍为 $V_{c1}$，活塞排量仍为 $V_1 - V_6$。这时有效吸气容积却由单级的 $V_1 - V_5$ 变为 $V_1 - V_7$，则两级压缩后第一级容积效率 $\eta'_{v1} = (V_1 - V_7)/(V_1 - V_6)$。因 $V_1 - V_7 > V_1 - V_5$，故 $\eta'_{v1} > \eta_{v1}$。

综上所述，在相同的增压比下，不论采用何种类型的压气机，多级压缩、级间冷却较之单级压缩的优点是可节省压缩功及降低排气终温。而对于活塞式压气机还可以提高其容积效率，增加产气量。因此，在较大增压比的情况下，不论是活塞式还是叶轮式压气机，都毫无例外地采用多级压缩和级间冷却。

**【例 6-4】** 空气由初态压力 $0.9807 \times 10^5$ Pa，温度 20℃，经三级压气机压缩后压力提高到 $122.6 \times 10^5$ Pa。若空气进入各级气缸时的温度相同，且各级多变指数均为 1.25（图6-11），试求生产 1kg 质量的压缩空气所消耗的理论压缩功，并求各级气缸的排气温度。又若使用单级压气机从初态一次压缩到 $122.6 \times 10^5$ Pa，多变指数也是 1.25，则所消耗的理论压缩功和排气温度又各为多少？

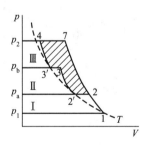

图 6-11 例 6-4 图

**解：** 三级压气机各级最佳增压比由式（6-41）算得为

$$\pi = \frac{p_a}{p_t} = \frac{p_b}{p_a} = \frac{p_2}{p_b} = \sqrt[3]{\frac{p_2}{p_1}} = \sqrt[3]{\frac{122.6 \times 10^5}{0.9807 \times 10^5}} = 5$$

在最佳增压比下，各级耗功应相等，故三级压气机消耗的总功为

$$w_n = 3w_{n1} = 3\frac{n}{n-1}R_m T_1 \left[1 - \left(\frac{p_a}{p_1}\right)^{\frac{n-1}{n}}\right]$$

$$= 3 \times \frac{1.25}{1.25-1} \times 0.287 \times (20+273) \times (5^{\frac{1.25-1}{1.25}}) = -478 \text{kJ/kg}$$

因各级的进气温度和增压比相同，所以各级的排气温度应相等

$$w_n = \frac{n}{n-1} R_m T_1 \left[ 1 - \left( \frac{p_2}{p_1} \right)^{\frac{n-1}{n}} \right]$$

$$= \frac{1.25}{1.25-1} \times 0.287 \times (20+273) \times \left( 1 - \frac{122.6 \times 10^5}{0.9807 \times 10^5} \right)^{\frac{1.25-1}{1.25}} = -682 \text{kJ/kg}$$

单级压缩的排气温度为

$$T_2 = T_1 \left( \frac{p_2}{p_1} \right)^{\frac{n-1}{n}} = (20+273) \times \left( \frac{122.6 \times 10^5}{0.9807 \times 10^5} \right)^{\frac{1.25-1}{1.25}} = 768 \text{K}$$

可见，单级压气机不仅比多级压气机耗功多，且排气温度竟高达 500℃ 左右，这是不允许的。通常单级压气机的排气温度以不超过 180℃ 为宜。在此限制条件上，单级压气机所能达到的终压只能为

$$p_2' = p_1 \left( \frac{T_{2'}}{T_1} \right)^{\frac{n}{n-1}} = 0.9807 \times 10^5 \times \left( \frac{273+180}{273+20} \right)^{\frac{1.25}{1.25-1}} = 8.65 \times 10^5 \text{Pa}$$

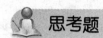 思考题

[6-1] 气体在喷管中加速有力学条件和几何条件之分。两个条件之间的关系如何？哪个条件为主？不满足几何条件会发生什么问题？

[6-2] 气体在喷管中流动加速时，为什么会出现要求喷管截面积逐渐扩大的情况？常见的河流和小溪，遇到流道狭窄处，水流速度会明显上升；很少见到水流速度加快处，会是流道截面积加大的地方，这是为什么？

[6-3] 当气流速度分别为亚声速和超声速时，图 6-12 中各种形状管道宜于作喷管还是作扩压管？

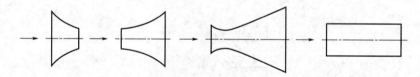

图 6-12 思考题 6-3 图

[6-4] 如图 6-13 所示，设 $p_1 = 1.5\text{MPa}$，$p_b = 0.1\text{MPa}$，图（a）为渐缩喷管，图（b）为缩

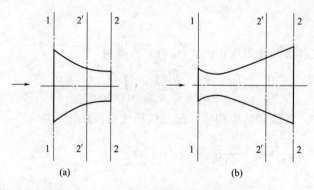

图 6-13 思考题 6-4 图

放喷管。如果沿 $2'$-$2'$ 截面将尾部切掉，将产生什么影响？出口截面上的压力、流速和质量流量是否发生变化？

[6-5] 什么叫临界压力比？临界压力在分析气体在喷管中流动情况方面起什么作用？

[6-6] 什么叫当地声速？马赫数 $Ma$ 表明什么？

[6-7] 气体在喷管中绝热流动，不管其过程是否可逆，都可以用 $c_2 = 1.414\sqrt{h_1 - h_2}$ 进行计算。这是否说明，可逆过程和不可逆过程所得到的效果相同？或者说不可逆过程会在什么地方表现出能量的损失？

**习题** ▶▶

[6-1] 空气以 $2\text{kg/s}$ 的流率定温地流经水平放置的等截面积（$0.02\text{m}^2$）的金属管。进口处空气比容为 $0.05\text{m}^3/\text{kg}$。出口处流速为 $10.5\text{m/s}$。管内空气和管外环境温度相同，均为 293K。问管内的空气是否与环境发生热量交换？流动过程是否可逆？

[6-2] 试确定喷管的形状并计算它的出口截面积。工质是可视为空气的燃气，初始状态 $p_1 = 0.7\text{MPa}$，$t_1 = 750℃$，背压 $p_b = 0.5\text{MPa}$，质量流量 $q_m = 0.6\text{kg/s}$。初速度可以忽略不计且不存在摩阻。

[6-3] 同上题，背压改变为 $p_b = 0.2\text{MPa}$。

[6-4] 某渐缩喷管出口截面积为 $5\text{cm}^2$，进口空气参数为 $p_1 = 0.6\text{MPa}$，$t_1 = 580℃$。问背压为多大时达到最大的质量流量？并计算出 $q_{max}$。

[6-5] 水蒸气由初态 $1.0\text{MPa}$，$300℃$ 定熵地流经渐缩喷管，射入压力为 $p_b = 0.6\text{MPa}$ 的空间。若喷管出口截面积为 $30\text{cm}^2$，初速度可以忽略不计。试求喷管出口处蒸汽的压力、温度、流速以及质量流量。

[6-6] 同上题，$p_b$ 改变为 $0.3\text{MPa}$，喷管的最小截面积为 $30\text{cm}^2$。

[6-7] 初态为 $1.0\text{MPa}$，$27℃$ 的氢气在收缩喷管中膨胀到 $0.8\text{MPa}$。已知喷管的出口截面积为 $80\text{cm}^2$，若可忽略摩阻损失，试确定气体在喷管中绝热流动和定温流动的质量流量各为多少？假定氢气定压比热容为定值 $c_p = 14.32\text{kJ/(kg·K)}$，$k = 1.4$。

[6-8] 空气流经喷管作定熵流动。已知进口截面参数为 $p_1 = 0.6\text{MPa}$，$t_1 = 600℃$，$c_1 = 120\text{m/s}$，出口截面压力为 $p_2 = 0.10135\text{MPa}$，质量流量 $q_m = 5\text{kg/s}$。求喷管出口截面上的温度 $t_2$，比容 $v_2$，流速 $c_2$ 以及出口截面积 $A_2$，并分别计算进、出口截面处的当地声速。说明喷管中气体流动的情况。设 $c_p = 1.004\text{kJ/(kg·K)}$，$k = 1.4$。

[6-9] 空气流经喷管作定熵流动，已知进口截面空气参数为 $p_1 = 2\text{MPa}$，$t_1 = 150℃$，出口截面马赫数 $Ma_2 = 2.6$，质量流量 $q_m = 3\text{kg/s}$。

（1）求出口截面的压力 $p_2$，温度 $t_2$，截面积 $A_2$ 及临界截面积 $A_{cr}$。

（2）如果背压 $p_b = 1.4\text{MPa}$ 时，喷管出口截面的温度 $t_2$，马赫数 $Ma_2$ 及面积各为多少？设 $c_p = 1.004\text{kJ/(kg·K)}$，$k = 1.4$。

[6-10] 空气流经渐缩喷管作定熵流动。已知进口截面上空气参数为 $p_1 = 0.6\text{MPa}$，$t_1 = 700℃$，$c_1 = 120\text{m/s}$，出口截面积 $A_2 = 30\text{mm}^2$。试确定滞止参数、临界参数、最大质量流量及达到最大质量流量时的背压为多少。

[6-11] 氮气从恒定压力 $p_1 = 0.695\text{MPa}$，温度 $t_1 = 27℃$ 的储气罐内流入一喷管。如果喷管效率 $\eta_N = \dfrac{h_1 - h_2'}{h_1 - h_2} = 0.89$，求喷管里静压力 $p_2 = 0.138\text{MPa}$ 处的流速为多少。其他条件

不变，只是工质由氦气改为空气，其流速变为多少？氦气的 $c_p=5.234$kJ/(kg·K)，$k=1.667$，空气的 $c_p=1.004$kJ/(kg·K)，$k=1.4$。

[6-12] 试以理想气体工质为例，证明在 $h$-$s$ 图上，两定压线之间的定熵焓降越向图的右上方数值越大。

[6-13] 初态为 $p_1=3$MPa 和 $t_1=27$℃的水蒸气在缩放喷管中绝热膨胀到 $p_2=0.5$MPa，已知喷管出口蒸汽流速为 $800$m/s，质量流量为 $14$kg/s。假定摩阻损失仅发生在喷管的渐扩部分。试确定：(1) 渐扩部分喷管效率；(2) 喷管出口截面积；(3) 喷管临界流速。

[6-14] 同 6-5 题，若流动过程有摩阻损失且速度系数 $\varphi=0.95$。试求：

(1) 出口处蒸汽的压力、温度和速度；(2) 与无摩阻情况相比动能的损失；(3) 流动过程的熵增量。

[6-15] 压力为 $0.2$MPa，温度为 $40$℃的空气流经扩压管升压到 $0.24$MPa。则空气进入扩压管的初速度至少要多大？

[6-16] 压力为 $0.1$MPa，温度为 $20$℃的空气，分别以 $100$m/s、$200$m/s、$400$m/s 的速度流动。当空气完全滞止时，试求空气的滞止温度、滞止压力。

[6-17] 空气定熵流经出口截面积为 $10$cm$^2$ 的渐缩喷管。初状态 $p_1=2.5$MPa，$t_1=500$℃，$c_1=177$m/s，背压 $p_b=1.365$MPa，试用滞止参数计算出口截面的压力、温度、速度以及质量流量。

# 热力装置及其循环

热能与其他形式的能量之间的相互转换是通过热机（动力循环）实现的。将工程中的各种实际热力循环抽象为相应的理想热力循环，并利用热力学第一和第二定律分析能量的转换效率是工程热力学的重要内容之一。虽然各种热力系统在结构和组成细节上有诸多不同，但是从能量转换的本质而言，它们具有很多共同的特性，因此热力学分析方法基本上也是相同的。本章结合各种气体动力循环的热力系统结构、装置特点展开循环的热力学分析，探讨提高各种循环能量利用经济性的具体方法和途径。学完本章后要求：

① 掌握动力循环分析的方法和步骤，会运用等效卡诺循环分析法分析循环。

② 掌握活塞式内燃机循环的三种类型，以及不同循环类型对应的工程背景。

③ 理解内燃机循环分析中各特性参数的定义以及在循环中的意义；掌握内燃机循环分析中各特征状态点参数的确定、能量转换和热效率的计算。

④ 掌握燃气轮机装置等压加热循环的分析方法，以及等压加热实际循环热效率的影响因素；了解提高燃气轮机装置循环热效率的有效途径。

## 7.1 活塞式内燃机循环

活塞式内燃机是热力发动机或称热机的一种，其工作原理是将燃料燃烧产生的热能转变为机械能。如图 7-1 所示，活塞式内燃机的主要部件和组件包括：气缸、活塞连杆组件、曲轴飞轮组件以及排气阀和进气阀。在气缸内做往复运动的活塞通过连杆和曲柄是内燃机曲轴

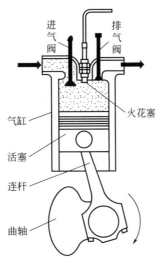

图 7-1 内燃机示意图

转动，以带动工作机器。活塞式内燃机燃烧产生热能及转变为机械能的过程是在气缸内进行的。循环工质是燃烧的产物——燃气，故称内燃机。

活塞式内燃机按其使用的燃料分为汽油机、柴油机和煤气机等；按点燃方式可分为点燃式和压燃式。汽油机和煤气机通常是点燃式，即空气和燃料的混合物在气缸内被压缩后，用电子火花塞点火燃烧；柴油机通常是压燃式，即空气在气缸内被压缩后，喷入燃料，利用被压缩的高温空气的温度直接将燃料点着燃烧。按工质每完成一次循环，活塞在气缸内来回运动次数，分为四冲程和两冲程。冲程是指活塞在气缸中从一个止点位置移动到另一个止点位置，四冲程内燃机包括吸气、压缩、燃烧及膨胀、排气四个冲程，发动机轴旋转两周完成一个循环。两冲程内燃机中，进气和压缩用一个冲程，膨胀和排气用一个冲程，这样完成一个循环轴旋转一周即可，理论上，在发动机具有相同体积的情况下功率可增大一倍。但从工质的角度看，进行的仍是四个冲程，因而，从热力学的角度看，四冲程和二冲程并无本质区别。

活塞式内燃机由于结构简单、运行维护简便、工作稳定可靠、体积小而成为目前工程上使用最广泛的热力发电机，是汽车、拖拉机、火车、舰船的主要动力装置，甚至也是早期飞机的发动机。今天一些小型飞机如体育运动飞机、无人机的发动机仍采用内燃机，功率更大一些的内燃机还能组成机动灵活的发电机组，随汽车、火车移动，如一个小型电站，它还是农林机械、建筑机械、地质钻探机械、矿山及石油开发机械等的动力机。自内燃机诞生的一个世纪以来，其生命力经久不衰，世界上内燃机的数量大大超过其他种类的发动机。它在我国国民经济和国防建设中也占有重要地位。

内燃机的主要缺点是对燃料的要求高，不能直接燃用劣质燃料和固体燃料，而且由于要间歇换气，以及活塞往复运动速度的限制和制造上的难度，转速不高，限制了其单机功率的提高。内燃机提速运转时，输出扭矩下降较多，往往不能适应被带负荷的扭矩特性，而且不能反转，故在许多场合之下，须设置离合器和变速机构，使系统复杂化。一般热力发电机都存在排气污染，而内燃机的噪声和废气中的有害成分对环境的污染尤其突出。在城市的大气污染中，内燃机的有害排放量已经占到 60% 以上，因此，内燃机排放目前已成为城市大气污染的主要污染源。

### 7.1.1 活塞式内燃机的实际循环

下面以四冲程柴油机为例，说明内燃机的实际工作循环。在活塞式内燃机的气缸中，工质的压力随体积变化的曲线可用示功图绘出，如图 7-2 所示。

图中 01 线表示吸气冲程。开启进气阀，活塞自左止点向右移动至右止点，空气被吸入气缸。由于阀门的节流作用吸入缸内的气体压力略低于大气压力 $p_b$。吸气冲程是缸内气体增加，而热力状态没有变化的机械输送过程。12 线表示压缩冲程，进气阀关闭，活塞返行，自右止点移向左止点，消耗外功对空气压缩升温。压缩终了时，气体的温度应超过燃料的自燃温度（柴油的自燃温度为 335℃ 左右），一般为 600～700℃。由于空气与缸壁的热交换（缸壁夹层有水冷却），空气压缩为放热压缩，过程的平均多变指数 $n = 1.34～1.37$。234 线表示缸内燃烧过程。通常在空气压缩终了时，一部分柴油由高压油泵提前喷入气缸，这部分柴油遇高温空气即迅速自燃。此时活塞在左止点附近，位置变动很少，燃烧几乎在定容下进行（23 段），燃气的压力骤增至 4.5～8.0MPa，随后喷入的柴油陆续燃烧，且活塞向右移动，这时燃烧几乎在定压下进行（32 段），燃烧终了时燃气温度达 1400～1500℃。45 线表

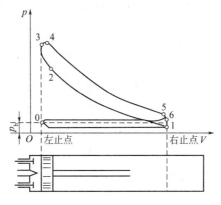

图 7-2　内燃机工作原理

示膨胀冲程，活塞自左向右移动，高温高压燃气膨胀做功。由于气缸体积的限制，膨胀终了的废气压力一般为 0.3～0.5MPa。考虑到燃气与气缸间的热交换，总的来说，燃气膨胀为放热膨胀过程。560 表示排气冲程。活塞右移至右止点附近时，排气阀开启，排除部分废气，缸内压力骤减到略高于大气压力（56 段）。活塞向左返行，将其余废气排至大气中（60段）。60 段排气冲程也是机械输送过程。

综上所述，四冲程柴油机在一个循环中经历以下四个冲程：进气冲程 01；压缩冲程 12；燃烧与膨胀冲程 2345；排气冲程 560。然后开始下一个循环的进气冲程。

### 7.1.2　活塞式内燃机实际循环的抽象和概括

由上可见，现有的内燃机循环是开式的（工质与大气相连）、不可逆的，工质的成分也是有变化的——进入内燃机气缸的是新鲜空气，而从气缸中排出的是废气（燃烧产物）。为了方便进行理论分析，必须对实际循环进行一些简化，抽象和概括为理想化的循环，以突出主要矛盾。考虑燃气和空气的成分相差并不悬殊，工程热力学引入"空气标准假设"，主要包括以下几个简化假定。

① 忽略燃油和燃烧对工质性质的影响，认为燃料自始至终都是空气，且空气为定比热容理想气体。

② 不计吸气和排气过程，将内燃机工作过程看作是气缸内工质进行的封闭循环。这样处理，主要忽略了因进、排气过程推动功的差别而完成的负功（在图 7-2 上为面积 0160），由于进排气压力都接近大气压力，它们的推动功几乎大小相等符号相反，完成的负功很小，因此上述处理是合理的。

③ 以外部热源向空气的加热过程代替实际的燃烧过程，即 23 是定容加压过程，34 是定压加热过程。

④ 忽略压缩和膨胀过程中工质与缸壁之间的热交换以及内摩擦，认为 12 过程是定熵压缩过程，45 过程是定熵膨胀过程（终于右止点）。

⑤ 用活塞处于右止点位置的定容放热过程代替排气过程 56，工质从膨胀终点定容放热，压力降低，直达压缩过程起点，完成循环。

应用如上空气标准假设对四冲程柴油机进行理想化后，得到的理想循环为混合加热理想可逆循环，又称萨巴德（Sabathe）循环，其 $p$-$V$ 图和 $T$-$s$ 图如图 7-3 所示。目前的柴油机都是在这种循环的基础上设计制造的。循环结构如下：12 为定熵压缩过程、23 为定容加热过程、34 为定压加热过程、45 为定熵膨胀过程、51 为定容放热过程。

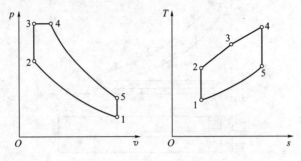

图 7-3 混合加热循环

这种抽象和概括的方法同样适用于其他型式的活塞式内燃机。我们将重点研究理想化的循环。

### 7.1.3 活塞式内燃机理想循环的分析

下面对混合加热循环的热效率及影响热效率的主要因素进行分析。混合加热循环（见图7-3）的特性可以用三个特性参数来说明。

① 压缩比 $\varepsilon$，$\varepsilon = v_1/v_2$。它表示燃烧前气体在气缸中被压缩的程度，即气体比体积缩小的倍率。

② 升压比 $\lambda$，$\lambda = p_3/p_2$。它表示定容燃烧时气体压力升高的倍率。

③ 预胀比 $\rho$，$\rho = v_4/v_3$。它表示定压燃烧时气体比体积增大的倍率。

如果内燃机进气状态（状态 1）和压缩比 $\varepsilon$、升压比 $\lambda$ 以及预胀比 $\rho$ 均已知，那么整个混合加热循环也就确定了。视工质为定比热容理想气体，则循环的吸热量 $q_1$ 为

$$q_1 = c_V(T_3 - T_2) + c_p(T_4 - T_3) \tag{7-1}$$

循环放热量 $q_2$，即定容放热过程 51 中放出的热量为

$$q_2 = c_V(T_5 - T_1)（取绝对值） \tag{7-2}$$

故循环热效率为

$$\eta_t = 1 - \frac{c_V(T_5 - T_1)}{c_V(T_3 - T_2) + c_p(T_4 - T_3)}$$

$$= 1 - \frac{T_5 - T_1}{(T_3 - T_2) + \kappa(T_4 - T_3)} \tag{7-3}$$

对于定熵压缩过程 12，有

$$T_2 = T_1\left(\frac{v_1}{v_2}\right)^{\kappa-1} = T_1\varepsilon^{\kappa-1} \tag{7-4}$$

对于定容加热过程 23，有

$$T_3 = T_2\frac{p_3}{p_2} = T_2\lambda = T_1\lambda^{\kappa-1} \tag{7-5}$$

对于定压加热过程 34，有

$$T_4 = T_3\left(\frac{v_4}{v_3}\right) = T_3\rho = T_1\lambda\rho\varepsilon^{\kappa-1} \tag{7-6}$$

注意到 $v_5 = v_1$，$v_3 = v_2$，对于定熵膨胀过程 45，有

$$T_5 = T_4 \left(\frac{v_4}{v_1}\right)^{\kappa-1} = T_4 \left(\frac{v_4}{v_1} \frac{v_3}{v_3}\right)^{\kappa-1}$$

$$= T_4 \left(\frac{v_4}{v_3} \frac{v_2}{v_1}\right)^{\kappa-1} = T_4 \frac{\rho^{\kappa-1}}{\varepsilon^{\kappa-1}} = T_1 \lambda \rho^{\kappa} \tag{7-7}$$

把以各个温度代入热效率公式(7-3)，得

$$\eta_t = 1 - \frac{1}{\varepsilon^{\kappa-1}} \frac{\lambda \rho^{\kappa} - 1}{(\lambda-1) + \kappa\lambda(\rho-1)} \tag{7-8}$$

上式说明，混合加热循环的热效率随压缩比 $\varepsilon$ 和增压比 $\lambda$ 的增大而提高，随预胀比 $\rho$ 的增大而降低。

如图 7-4 所示，增大压缩比 $\varepsilon$ 和定容增压比 $\lambda$，循环 123451 变为循环 $12'3'4'51$。循环的平均吸热温度提高 ($\overline{T_1'} > \overline{T_1}$)，若保持进气状态和排气状态不变，则平均放热温度不变 ($\overline{T_2'} = \overline{T_2}$)，故循环热效率也提高 ($\eta_t' > \eta_t$)。当保持压缩比 $\varepsilon$ 不变，增大预胀比 $\rho$，如图7-5 所示，由于绝热膨胀做功份额减少，且定压加热过程的吸热份额增大，循环 $123'4'51$ 与循环 123451 相比较，平均吸热温度下降 $\overline{T_1'}$，导致循环热效率的降低 ($\eta_t' > \eta_t$)。

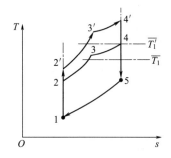 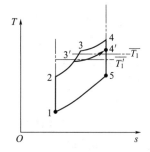

图 7-4　不同压缩比的混合加热循环的比较　　图 7-5　升压比和预胀比不同的混合加热循环

（1）定压加热循环

仅有定压加热过程的内燃机循环称为定压加热循环，又称狄赛尔（Diesel）循环。早期低速柴油机是以狄赛尔循环为基础设计生产的。由于转速低，活塞移动速度慢，活塞到达上止点开始向右移动时才喷入燃油，因此只有定压燃烧过程。狄赛尔循环其 $p\text{-}v$ 图和 $T\text{-}s$ 图如图 7-6 所示。整个循环由定熵压缩过程 12、定压加热过程 23、定熵膨胀过程 34、定容放热过程 41 所组成。

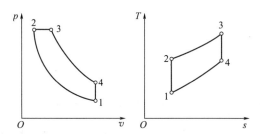

图 7-6　定压加热循环（狄塞尔循环）

定压加热循环可以看作定容升压比 $\lambda = 1$ 的混合加热循环。将 $\lambda = 1$ 代入式(7-8) 中可得

其热效率

$$\eta_{t,p} = 1 - \frac{\rho^{\kappa} - 1}{\varepsilon^{\kappa-1}\kappa(\rho-1)} \tag{7-9}$$

上式说明，定压加热循环的热效率随压缩比的增大而提高，随预胀比 $\rho$ 的增大而降低，图 7-7 表示 $\kappa = 1.35$ 时各种 $\varepsilon$ 值和 $\rho$ 值与热效率的关系。显然，这种柴油机功率越大，需要的吸热量就越大，预胀比 $\rho$ 也越大，会使热效率下降。

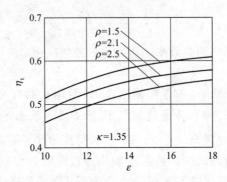

图 7-7　定压加热理想循环

在重负荷下（此时，$\rho$ 增大，$q_1$ 也增大时），实际柴油机的热效率会下降。除 $\rho$ 的影响外，柴油机的内部热效率还受到绝热指数 $\kappa$ 的影响。当温度升高时，气体的 $\kappa$ 值相应的变小，循环的热效率随之降低。$\kappa$ 值的大小与气体的种类有关，并随温度的增大而减小，但总体来说，变化范围不大。

（2）定容加热循环

由于煤气机和汽油机与柴油机燃料性质不同，采用的燃烧过程也不相同，相应的机器构造也存在差异。汽油机的燃料是预先与空气混合好，一起被吸入气缸的，在压缩终了时再用电火花点燃。一经点燃，燃烧过程进行的非常迅速，几乎在一瞬间完成，活塞基本上停留在左止点未动，因此这一燃烧过程可以看作定容加热过程，不再有边燃烧边膨胀的接近于定压的过程。这种定容加热循环又称奥托（Otto）循环，其 $p$-$v$ 图和 $T$-$s$ 图如图 7-8 所示，奥托循环由定熵压缩过程 12、定容加热过程 23、定熵膨胀过程 34、定容放热过程 41 所组成。

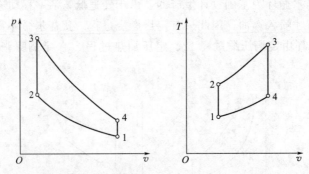

图 7-8　定容加热循环（奥托循环）

定容加热循环可看作是定压预胀比 $\rho = 1$ 的混合加热循环，因此，将 $\rho = 1$ 代入式（7-8）中可直接得到其热效率的公式，即

$$\eta_{t,v} = 1 - \frac{1}{\varepsilon^{\kappa-1}} \tag{7-10}$$

　　由上式可见，奥托循环的热效率将随着压缩比 $\varepsilon$ 增大而提高。随着负荷增加（即 $q_1$ 增大）循环热效率并不变化，因为 $q_1$ 增加不会使压缩比发生变化。但实际汽油机，随着压缩比的增大，$q_1$ 的增加，都会使加热过程终了时工质的温度上升，造成 $\kappa$ 值有所减小，这个因素会导致循环的热效率有所下降。

　　前已述及，汽油机、煤气机和柴油机的不同之处在于：吸气过程吸入气缸的是空气-燃料混合物，经压缩后用电火花点燃，实现接近于定容燃烧加热过程。这里压缩的气体是空气-燃料混合物，要受到混合气体自燃温度的限制，不能采用较大的压缩比，否则混合气体就会"爆燃"，使发动机不能正常工作。实际汽油机的压缩比在 $5\sim12$ 范围内变化（参看表7-1），这类内燃机由于压缩比相对较小，因此循环热效率比较低。为了解决汽油机的"爆燃"问题，人们尝试将燃料和空气分开，使吸气过程与压缩过程的工质都仅仅是空气，这样压缩后就不会出现自燃问题，从而可以提高压缩比，达到提高循环热效率的目的。这样就诞生了柴油机。所以一般柴油机的压缩比都比较高，详见表7-1。压缩比高的柴油机主要用于装备重型机械，如推土机、重型卡车、船舶主机等。汽油机主要应用于轻型设备，如轿车、摩托车、园艺机械、螺旋桨直升机等。

**表 7-1　现代汽油机和柴油机的有效效率[①]压缩比**

| 机器类型 | 有效效率 | 压缩比 |
| --- | --- | --- |
| 汽油机 | $0.21\sim0.28$ | $5.5\sim12$ |
| 低速混合加热柴油机 | $0.38\sim0.43$ | $14\sim20$ |
| 高混合加热柴油机 | $0.34\sim0.37$ | $14\sim20$ |

　　① 有效效率是指发动机曲轴上输出的有效功力与燃料燃烧所发出的全部热量之比。

　　归纳对活塞式内燃机理论循环的分析可知，增大压缩比可使循环热效率提高。实际发动机的内部热效率虽然由于气体的比热容不是常数，$\kappa$ 值随气体温度而变以及燃烧不完全等原因，总是小于理想循环的热效率，但实际发动机的内部热效率在一定范围内仍主要取决于压缩比，因此理想循环的分析对实际仍具有指导意义。

### 7.1.4　活塞式内燃机各种理想循环的热力学比较

　　活塞式内燃机的各种循环的热效率比较取决于实施循环时的条件，在不同的条件下进行比较可得到不同的结果。一般分别以压缩比、吸热量、放热量、循环最高压力、循环最高温度和循环初始状态相同作为比较热效率的条件。

　　（1）进气状态、压缩比、吸热量彼此相同

　　图 7-9 压缩比 $\varepsilon$ 与加热量 $q_1$ 相同时三种理想循环的 $T$-$s$ 图。$123_O4_O1$ 是定容加热循环，$123_S'3_S4_S1$ 是混合加热循环；$123_D4_D1$ 是等压加热循环。在所给条件下，三种循环的等熵压缩线 12 重合，同时定容放热都在通过 1 的定容线上。从图中可以看出：三种循环加热量相同即

$$q_{1D}=q_{1S}=q_{1O}$$

而各循环的放热量不同，即

$$q_{2D}<q_{2S}<q_{2O}$$

　　根据循环热效率公式 $\eta_t=1-\dfrac{q_2}{q_1}$，三种循环热效率之间有如下关系：

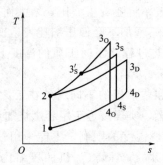

图 7-9　压缩比、吸热量相同时三种理想循环的比较

下标 S—萨巴德循环；下标 O—奥托循环；下标 D—狄塞尔循环

$$\eta_{tD} > \eta_{tS} > \eta_{tO}$$

即在压缩比 $\varepsilon$ 与加热量 $q_1$ 相同时，定容加压循环热效率最高，定压加热循环热效率最低，混合加热循环热效率居中。从循环的平均吸热温度和平均放热温度来比较，可得到相同的结果。需说明的是，上述结论是在各循环压缩比相同的条件下分析得出的，回避了不同机型可有不同压缩比的问题，并不完全符合内燃机的实际情况。

（2）进气状态、最高温度、最高压力彼此相同

这种比较条件实际上是指内燃机的使用场合、机械强度与受热强度相同。图 7-10 所示为符合上述条件的内燃机的三种理想循环：定压加热（狄赛尔）循环 $12_D341$、定容加热（奥托）循环 $12_O341$ 和混合加热（萨巴德）循环 $12_S341$。可以看出，三种理想循环压缩比不同（$\varepsilon_D > \varepsilon_S > \varepsilon_O$），循环的放热量相同，即

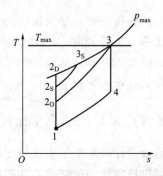

图 7-10　最高压力、最高温度相同时三种循环的比较

下标含义同图 7-9

$$q_{2D} = q_{2S} = q_{2O}$$

而吸热量不同：

$$q_{1D} < q_{1S} < q_{1O}$$

于是由热效率公式 $\eta_t = 1 - \dfrac{q_2}{q_1}$ 可得

$$\eta_{tD} < \eta_{tS} < \eta_{tO}$$

以上分析说明，在进气状态、最高温度、最高压力相同的条件下，定压加压循环热效率最高，定容加热循环热效率最低。这一结论也说明了两点：第一，在内燃机的热强度和机械强度受到限制的情况下，为了获得较高的热效率，定压加热循环是适宜的；第二，如果近似

地认为点燃式内燃机循环和压燃式内燃机循环具有相同的最高温度和最高压力，那么压燃式内燃机具有较高的热效率。在实际情况中也的确如此，由于压缩比比较高，柴油机的热效率通常要高于汽油机。但是这种比较方法并不尽合理，在这种比较条件下，循环的最高温度不易控制，而且三种循环的燃料消耗量（$q_1$）也不相同。

实际上，压燃式内燃机（柴油机）的压缩比比汽油机高出很多，柴油机的热效率高于汽油机，且比较省油，柴油储运也比较安全，但柴油机比较笨重，机械效率较低（为 75% ～ 80%），噪声和振动都比同功率的汽油机大，且喷油设备构造精细，对工艺和材料的要求都比较高。因此，柴油机适用于功率较大的场合，如载重汽车、火车、船舶、电站等，对于要求轻便和间断操作的场合多半采用汽油机。

【**例 7-1**】 以 1kg 空气为工质的混合加热循环（见图 7-5），压缩开始时压力 $p_1 = 0.1$MPa，温度 $T_1 = 300$K，压缩比 $\varepsilon = 15$，定容下加热的热量为 700kJ，定压下加热的热量为 1160kJ。试求：

①循环的最高压力 $p_{max}$；②循环的最高温度 $T_{max}$；③循环热效率 $\eta_t$；④循环净功 $\omega$。

**解**：① 由已知条件求各特征状态点的参数。

点 1：$v_1 = R_m T_1 / p_1 = 287 \times 300 / 0.1 \times 10^4 = 0.861 (\text{m}^3/\text{kg})$

点 2：$v_2 = v_1 / \varepsilon = 0.861 / 15 = 0.0574 (\text{m}^3/\text{kg})$

$$T_2 = T_1 (v_1/v_2)^{\kappa-1} = 300 \times 15^{1.40-1} = 866 (\text{K})$$

$$p_2 = p_1 (v_1/v_2)^{\kappa} = 0.1 \times 15^{1.40} = 4.43 (\text{MPa})$$

点 3：

因为

$$q_{2-3} = c_V (T_3 - T_2)$$

所以 $T_3 = \dfrac{q_{2-3}}{c_V} + T_2 = 700/0.716 + 886 = 1864 (\text{K})$

$$\frac{p_3}{p_2} = \frac{T_3}{T_2}$$

$$p_3 = p_{max} = p_2 \frac{T_3}{T_2} = 4.43 \times \frac{1864}{886} = 9.32 (\text{MPa})$$

② $q_{3-4} = c_p (T_4 - T_3) = 1.005 (T_4 - 1864) = 1160 (\text{kJ/kg})$

$$T_{max} = T_4 = \frac{1160}{1.005} + T_3 = \frac{1160}{1.005} + 1864 = 3018 (\text{K})$$

③ $\dfrac{v_4}{v_3} = \dfrac{T_4}{T_3} = \dfrac{3018}{1864} = 1.619$

$$\frac{v_5}{v_4} = \frac{v_5}{v_3} \frac{v_3}{v_4} = \frac{v_1}{v_2} \frac{v_3}{v_4} = \varepsilon \frac{v_3}{v_4} = \frac{15}{1.619} = 9.265$$

$$\frac{T_5}{T_4} = \left(\frac{v_4}{v_5}\right)^{\kappa-1} = \frac{1}{(9.265)^{1.40-1}} = 0.410$$

$$T_5 = T_4 \left(\frac{v_4}{v_5}\right)^{\kappa-1} = 3018 \times 0.410 = 1237 (\text{K})$$

$$\eta_t = 1 - \frac{q_2}{q_1} = 1 - \frac{c_V (T_5 - T_1)}{c_V (T_3 - T_2) + c_p (T_4 - T_3)}$$

$$= 1 - \frac{T_5 - T_1}{(T_3 - T_2) + \kappa (T_4 - T_3)}$$

$$=1-\frac{1237-300}{(1864-886)+1.40(3018-1864)}=0.639$$

④ $\omega=\eta_t q_1=\eta_t(q_{23}+q_{34})=0.639\times(700+1160)=1189(kJ/kg)$

讨论：① 通过本例可以看到，循环分析计算的关键在于循环中各点状态参数的计算。计算各点的状态参数时，必须知道各状态点之间的关系，它可以由构成循环的各过程决定。

② 对循环进行分析，$p$-$v$ 图和 $T$-$s$ 图十分重要。因此在进行循环的分析计算时必须有 $p$-$v$ 图、$T$-$s$ 图，尤其是 $T$-$s$ 图。

## 7.2 燃气轮机装置循环

### 7.2.1 燃气轮机工作原理

往复式内燃机的压缩、燃烧和膨胀都在同一气缸里顺序、重复地进行，气流的不连续性，以及活塞往复运动的惯性力对转速的影响都使发动机的功率受到很大的限制。如果让压气、燃烧和膨胀分别在压气机、燃烧室和燃气轮机三种设备里进行，就构成了一种新型的内燃动力装置——燃气轮机装置。

图 7-11 所示为燃气轮机示意图。压气机 1 不断地从大气中吸入空气，进行压缩升压。压缩空气送入燃烧室 2。在燃烧室中，空气与供入的燃料在定压下进行燃烧，形成该压力下的高温燃气。高温燃气与来自燃烧室夹层通道的压缩空气相混合，使其温度降低到燃气轮机叶片所能承受的温度范围。燃气流经燃气轮机 3 的喷管，膨胀加速，形成高速气流，冲动叶轮对外输出功量。做功后的废气排入大气。燃气轮机做出的功量除用以带动压气机外，剩余部分（循环净功）对外输出。

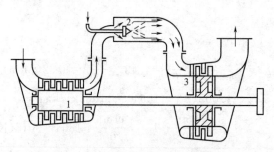

图 7-11 燃气轮机装置示意图

1—轴流式压气机；2—燃烧室；3—燃气轮机

### 7.2.2 燃气轮机装置定压加热理论循环

由上述可知，燃气轮机装置中工质经历的是一个连续进行的压缩、燃烧和膨胀过程，过程中有物质化学的变化和热力状态的变化，没有完成闭合循环。为了从热力学角度分析燃气轮机装置的循环，必须对实际工作循环进行合理的简化。简化的思路和方法与内燃机一样，即由于燃气的热力性质与空气接近，可认为循环中的工质具有空气的性质，采用空气标准；燃烧室中的燃烧可视为空气在定压下从热源吸热；排气过程视为定压放热过程。这样，原来燃气轮机的开式循环就简化成一个如图 7-12 所示的闭式循环。

假定所有过程都是可逆的，就可得到如图 7-13 所示的燃气轮机定压加热理想循环 $p$-$v$

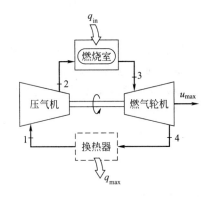

图 7-12　燃气轮机装置流程简图

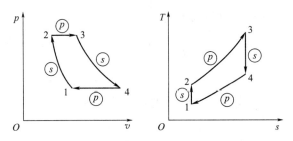

图 7-13　燃气轮机定压加热理想循环

图和 $T\text{-}s$ 图，又称布雷顿（Brayton）循环。图中 1、2、3、4 状态点对应图 7-12 中各设备进、出口状态，其中，12 为绝热压缩过程，23 为定压加热过程，34 为绝热膨胀过程，41 为定压放热过程。下面对布雷顿循环进行分析。

（1）布雷顿循环的热效率

根据布雷顿循环的过程组成，应有循环的吸热量

$$q_1 = q_{23} = h_3 - h_2 = c_p (T_3 - T_2)$$

循环的放热量

$$q_2 = q_{41} = h_4 - h_1 = c_p (T_4 - T_1)（取为正值）$$

则布雷顿循环的热效率为

$$\eta_{t,B} = 1 - \frac{q_2}{q_1} = 1 - \frac{c_p (T_4 - T_1)}{c_p (T_3 - T_2)} = 1 - \frac{T_4 - T_1}{T_3 - T_2}$$

$$= 1 - T_1 \left( \frac{T_4}{T_1} - 1 \right) \Big/ \left[ T_2 \left( \frac{T_3}{T_2} - 1 \right) \right]$$

由绝热过程 12 和 34，有

$$p_4 = p_1, p_3 = p_2$$

因此

$$\frac{p_4}{p_3} = \frac{p_1}{p_2}$$

可见

$$\frac{T_4}{T_3} = \frac{T_1}{T_2}$$

即

$$\frac{T_4}{T_1} = \frac{T_3}{T_2}$$

于是，应有

$$\eta_{t,B} = 1 - \frac{T_1}{T_2} \tag{7-11}$$

从上式可以看出，布雷顿循环的热效率仅取决于压缩过程的始末态温度。但值得注意的是，在这里要将式(7-11)与卡诺循环的表达式区分开来，式(7-11)中的 $T_1$ 和 $T_2$ 只不过是循环中1点和2点的温度，并非吸热过程和放热过程的热源温度。

定义气体在压气机中压缩后与压缩前的压力之比为增压比，即

$$\pi = \frac{p_2}{p_1} \tag{7-12}$$

则可得

$$\frac{T_2}{T_1} = \left(\frac{p_2}{p_1}\right)^{\frac{\kappa-1}{k}}$$

因此，布雷顿循环的热效率又可表达为

$$\eta_{t,B} = 1 - \frac{1}{\pi^{\frac{\kappa-1}{k}}} \tag{7-13}$$

从式(7-13)可以得出这样的一个结论：按定压加热循环工作的燃气轮机装置的理论热效率仅仅取决于压缩过程的增压比 $\pi$，随 $\pi$ 的增大而提高。

(2) 布雷顿循环的净功

燃气轮机装置由于没有往复运动部件以及因此引起的不平衡惯性力，故可以设计成很高的转速，并且工作过程是连续的，因此可以在质量和尺寸都很小的情况下发出很大的功率。目前，燃气轮机装置常用于船、舰动力装置，以及用作航空发动机。在这些场合中通常总是希望发动机能有尽量小的重量而又有最大的功率。因此对于燃气轮机的增压比的选择，还应考虑到它对单位质量工质在循环中所做的净功量的影响。循环净功量 $w_{net}$ 是燃气轮机做功与压气机耗功之差，也等于循环吸热量 $q_1$ 与放热量 $q_2$ 之差，在 $p$-$v$ 图及 $T$-$s$ 图上相当于封闭过程线包围的面积12341，燃气轮机做功量 $w_T$ 为

$$w_T = h_3 - h_4 = c_p T_3 \left(1 - \frac{T_4}{T_3}\right) = c_p T_3 \left(1 - \frac{1}{\pi^{\frac{\kappa-1}{\kappa}}}\right)$$

压气机功耗量 $w_C$（绝对值）为

$$w_C = h_2 - h_1 = c_p T_1 \left(\frac{T_2}{T_1} - 1\right) = c_p T_1 (\pi^{\frac{\kappa-1}{\kappa}} - 1)$$

因此，循环净功量 $w_{net}$ 的计算式为

$$w_{net} = w_T - w_C = c_p T_3 \left(1 - \frac{1}{\pi^{\frac{\kappa-1}{\kappa}}}\right) = c_p T_1 (\pi^{\frac{\kappa-1}{\kappa}} - 1) \tag{7-14}$$

定义循环的增温比为循环的最高温度与最低温度之比，即对于图7-13中所示的循环，增温比为

$$\tau = \frac{T_3}{T_1} \tag{7-15}$$

将上式代入式(7-14)，有

$$w_{net} = c_p T_1 (\pi^{\frac{\kappa-1}{\kappa}} - 1) \left(\frac{\tau}{\pi^{\frac{\kappa-1}{\kappa}}} - 1\right) \tag{7-16}$$

分析上式可知，在工质一定，循环的初态1已知，即 $c_p$、$\kappa$ 和 $T_1$ 一定的条件下，当循

环增温 $\tau$ 一定时，布雷顿循环的净功 $w_{\text{net}}$ 随增压比 $\pi$ 的提高而减少，见图 7-14。循环净功为极大值 $w_{\text{net,max}}$ 时所对应的增压比 $\pi_{w,\text{net,max}}$ 可利用 $\dfrac{\mathrm{d}w_{\text{net}}}{\mathrm{d}\pi}=0$ 的条件求得。按此条件求得该增压比值为

$$\pi_{w,\text{net,max}}=\tau^{\frac{\kappa}{2(\kappa-1)}} \tag{7-17}$$

可见循环增温比 $\tau$ 越大，$\pi_{w,\text{net,max}}$ 也越大，而这时的 $w_{\text{net,max}}$ 值也越大。

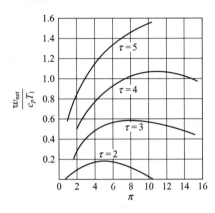

图 7-14 燃气轮机装置的净功

通常燃气轮机装置的压气机吸入的为大气，因而布雷顿循环的初始温度（最低温度） $T_2$ 不可能随意降低，为了提高循环的增温比 $\tau$，实际上只有提高循环的最高温度 $T_3$ 这一途径，$T_3$ 与材料的耐热强度有关，因此结论是：在材料允许的条件下，尽量采用高的增温比 $\tau$，以便获得尽可能大的装置功率输出。

**【例 7-2】** 某燃气轮机装置定压加热理想循环中，工质视为空气，空气进入压气机时的压力为 0.1MPa，温度为 17℃。循环增压比 $\pi=6.2$，燃气轮机进口温度为 870K。若空气的比容 $c_p=1.004\text{kJ/(kg·K)}$，$\kappa=1.4$，试分析此循环。

**解：** 循环的 $p\text{-}v$ 图及 $T\text{-}s$ 图见图 7-12。

① 循环的各特性点的基本状态参数为

点 1：  $p_1=0.1\text{MPa}$，$t_1=17℃$，$T_1=290\text{K}$

$$v_1=\frac{R_{\text{m}}T}{p_1}=\frac{287\times290}{0.1\times10^6}=0.8323(\text{m}^3/\text{kg})$$

点 2：  $p_2=\pi p_1=6.2\times0.1=0.62(\text{MPa})$

$$T_2=T_1\pi^{\frac{\kappa-1}{\kappa}}=290\times6.2^{\frac{1.4-1}{1.4}}=488.4(\text{K})$$

$$v_2=\frac{R_{\text{m}}T_2}{p_2}=\frac{287\times488.4}{0.62\times10^6\text{Pa}}=0.2260(\text{m}^3/\text{kg})$$

点 3：  $p_3=p_2=0.62\text{MPa}$，$T_3=870\text{K}$

$$v_3=\frac{R_{\text{m}}T_3}{p_3}=\frac{287\times870}{0.62\times10^6}=0.4027(\text{m}^3/\text{kg})$$

点 4：  $p_4=p_1=0.1(\text{MPa})$

$$T_4=\frac{T_3}{\pi^{\frac{\kappa-1}{\kappa}}}=\frac{870}{6.2^{\frac{1.4-1}{1.4}}}=516.6(\text{K})$$

$$v_4 = \frac{R_m T_4}{p_4} = \frac{870 \times 516.6}{0.1 \times 10^6} = 1.482(\text{m}^3/\text{kg})$$

② 压缩机耗功量 $w_C$ 及燃气轮机做功量 $w_r$

$$w_C = c_p(T_2 - T_1) = 1.004 \times (488.4 - 290) = 199.2(\text{kJ/kg})$$

$$w_r = c_p(T_3 - T_4) = 1.004 \times (870 - 516.6) = 354.8(\text{kJ/kg})$$

循环净功量 $w_{net}$

$$w_{net} = w_r - w_C = 354.8 - 199.2 = 155.6(\text{kJ/kg})$$

③ 循环的吸收热量 $q_1$ 及放热量 $q_2$

$$q_1 = c_p(T_3 - T_2) = 1.004 \times (870 - 488.4) = 383.1(\text{kJ/kg})$$

$$q_2 = c_p(T_4 - T_1) = 1.004 \times (516.6 - 290) = 227.5(\text{kJ/kg})$$

④ 循环热效率

$$\eta_t = \frac{w_{net}}{q_1} = \frac{155.6}{383.1} = 0.4061 \quad \text{或} \quad \eta_t = 1 - \frac{1}{\pi^{\frac{\kappa-1}{\kappa}}} = 1 - \frac{1}{6.2^{\frac{1.4-1}{1.4}}} = 0.4062$$

### 7.2.3 实际定压加热循环分析

实际燃气轮机装置循环中的各个过程都存在着不可逆因素，这里主要考虑压缩过程和膨胀过程存在的不可逆性。因为流经叶轮式压缩机和燃气轮机的工质通常在很高的流速下实现能量之间的转换，这时流体之间、流体与流道之间的摩擦不能再忽略不计。因此，尽管工质流经压气机和燃气轮机时向外散热可忽略不计，但其压缩过程和膨胀过程都是不可逆的绝热过程，如图 7-15 所示。

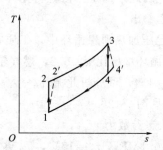

图 7-15　燃气轮机装置实际循环的 $T$-$s$ 图

燃气轮机的摩擦损失通常用相对内效率 $\eta_{C,s}$ 来度量：

$$\eta_T = \frac{\text{实际膨胀做出的功}}{\text{理想膨胀做出的功}} = \frac{w'_T}{w_T} = \frac{h_3 - h_{4'}}{h_3 - h_4} \tag{7-18}$$

故燃气经燃气轮机实际做功

$$w'_T = h_3 - h_{4'} = \eta_T w_T = \eta_T(h_3 - h_4) \tag{7-19}$$

燃气轮机实际出口焓值为

$$h_{4'} = h_3 - \eta_T(h_3 - h_4)$$

压气机的摩擦损失用压气机的绝热效率 $\eta_{C,s}$ 来衡量，即

$$\eta_{C,s} = \frac{\text{压气机理想耗功}}{\text{压气机实际耗功}} = \frac{w_{C,s}}{w'_C} = \frac{h_2 - h_1}{h_{2'} - h_1} \tag{7-20}$$

故实际压气机耗功为

$$w'_C = h_2 - h_1 = \frac{w_{C,s}}{\eta_{C,s}} = \frac{1}{\eta_{C,s}}(h_2 - h_1) \tag{7-21}$$

压气机实际出口空气焓值 $h_{2'}$ 为

$$h_{2'} = h_1 + \frac{h_2 - h_1}{\eta_{C,s}}$$

循环吸热量 $q'_1$ 为

$$q'_1 = h_2 - h_{2'} = h_3 - h_1 - \frac{h_2 - h_1}{\eta_{C,s}} \tag{7-22}$$

循环净功量 $w'_{net}$ 为

$$w'_{net} = w'_r - w'_C = \eta_r(h_3 - h_4) - \frac{1}{\eta_{C,s}}(h_2 - h_1) \tag{7-23}$$

实际循环的热效率 $\eta_i$ 为

$$\eta_i = \frac{w'_{net}}{q'_1} = \frac{\eta_T(h_3 - h_4)\frac{1}{\eta_{C,s}}(h_2 - h_1)}{h_3 - h_1 + \frac{h_2 - h_1}{\eta_{C,s}}} \tag{7-24}$$

又因为 $\dfrac{T_2}{T_1} = \dfrac{T_3}{T_4} = \pi^{\frac{\kappa-1}{\kappa}}$，$\tau = \dfrac{T_3}{T_1}$ 则取工质为定比容理想气体时，式(7-24) 可改写为

$$\eta_i = \frac{\eta_T(T_3 - T_4) - \frac{1}{\eta_{C,s}}(T_2 - T_1)}{T_3 - T_1 + \frac{T_2 - T_1}{\eta_{C,s}}} = \frac{\frac{\tau}{\pi^{\frac{\kappa-1}{\kappa}}}\eta_T - \frac{1}{\eta_{C,s}}}{\frac{\tau-1}{\pi^{\frac{\kappa-1}{\kappa}}-1} + \frac{1}{\eta_{C,s}}} \tag{7-25}$$

分析上式可以得出如下结论。

① 燃气轮机的实际循环热效率 $\eta_i$ 不再仅与 $\pi$ 相关，与温增比 $\tau$ 也有很大关系。循环的增温比越大，实际循环的热效率就越高。但由于温度 $T_1$ 取决于大气环境，故只能通过提高 $T_3$ 来增大 $\tau$。实际上，$T_3$ 受限于金属材料的耐热性能，目前研究用陶瓷材料部分甚至全部取代金属材料，以达到更大的增温比。

② 实际上循环的增温比 $\tau$ 一定时，存在着一定的某一个增压比 $\pi$ 值会令燃气轮机装置的实际热效率为最大，超过此增压比以后，随着增压力 $\pi$ 的增大循环热效率反而下降。如图 7-16 所示。当增温比 $\tau$ 增大时，和实际循环热效率的极大值相对应的增压比也提高，因而可以更进一步提高实际循环的热效率。因此，从循环特性参数方面说，提高 $T_3$ 是提高热效率的主要手段。

③ 提高压气机的绝对热效率和燃气轮机的相对热效率。即减小压气机中压缩过程和燃气轮机中膨胀过程的不可逆性，装置实际循环的热效率都会随之提高，目前，一般压气机绝对热效率为 0.80～0.90，而燃气轮机的绝对热效率为 0.85～0.92。

从热力学角度探讨提高定压加热理想循环的热效率，除上述讨论的通过改变循环的特性参数的方法外，还可以通过改进循环着手，如采用回热、在回热基础上采用分级压缩中间冷却和在回热基础上采用分级膨胀中间再热等方法。

【例 7-3】　某燃气轮机装置的定压加热实际循环如图 7-15 所示。压气机的绝热效率为 0.82，燃气轮机的相对内效率为 0.86，其他条件同例 7-2。试求：①循环各点的温度；②循环的加热量、放热量和净功；③循环的热效率；④由于压气机和燃气轮机的不可逆过程引起

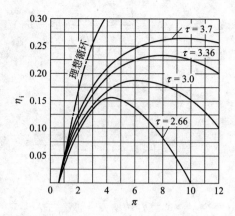

图 7-16 燃气轮机装置实际循环的热效率

$(\eta_{C,s} = \eta_{C,水} = 0.85;\ T_1 = 290\mathrm{K};\ \kappa = 1.4)$

的有效能（㶲）损失（环境温度 $T_0 = 290\mathrm{K}$）。

**解：** ① 求循环各点的温度。由例 7-2 可知：$T_2 = 488.4\mathrm{K}$。根据 $\eta_{C,s}$ 的定义

$$\eta_{C,s} = \frac{h_2 - h_1}{h_{2'} - h_1} = \frac{T_2 - T_1}{T_{2'} - T_1}$$

有

$$T_{2'} = T_1 + \frac{T_2 - T_1}{\eta_{C,s}} = 290 + \frac{488.4 - 290}{0.82} = 532.0(\mathrm{K})$$

同理，根据 $\eta_T$ 的定义式，可得 $T_{4'} = T_3 = \eta_T(T_3 - T_4)$

由例 7-2 可知 $T_4 = 516.6\mathrm{K}$，故

$$T_{4'} = 870 - 0.86 \times (870 - 516.6) = 566.1(\mathrm{K})$$

② 循环的吸热量 $q_1$ 及放热量 $q_2$ 及循环净功量 $w_{net}$

$$q_1 = c_p(T_3 - T_2') = 1.004 \times (870 - 532.0) = 339.4(\mathrm{kJ/kg})$$

$$q_2 = c_p(T_{4'} - T_1) = 1.004 \times (566.1 - 290) = 227.2(\mathrm{kJ/kg})$$

循环净功量 $w_{net}$

$$w_{net} = q_1 - q_2 = 62.2(\mathrm{kJ/kg})$$

③ 循环热效率

$$\eta_i = \frac{w_{net}}{q_1} = \frac{62.2}{339.4} = 0.183 = 18.3\%$$

④ 有效能损失

$$\Delta s_{12'} = s_{2'} - s_1 = s_{2'} - s_2 = c_p \ln \frac{T_{2'}}{T_2} = 1.004 \times \ln \frac{532.0}{488.4} = 0.0858[\mathrm{kJ/(kg \cdot K)}]$$

$$\Delta s_{34'} = s_{4'} - s_3 = s_{4'} - s_4 = c_p \ln \frac{T_{4'}}{T_4} = 1.004 \times \ln \frac{566.1}{516.6} = 0.0919[\mathrm{kJ/(kg \cdot K)}]$$

故压气机引起的有效能损失为

$$I_{12'} = T_0 \Delta s_{12'} = 290 \times 0.0858 = 24.88(\mathrm{kJ/kg})$$

燃气轮机引起的有效能损失为

$$I_{34'} = T_0 \Delta s_{34'} = 290 \times 0.0919 = 26.64(\mathrm{kJ/kg})$$

显然，由于压缩、膨胀过程的不可逆，循环热效率，净功量均有大幅度的下降。

## 7.3　蒸汽动力循环

蒸汽动力循环系统是指以蒸汽作为工质的动力循环，实现这种循环的装置称为蒸汽动力装置。以水和蒸汽作为工质的蒸汽动力装置是工业上最早使用的能量转换装置。随着太阳能，地热能以及工业余热能低品位热能的开发，其他一些蒸汽，例如氟利昂、氨等作工质的动力设备相继出现。它们在原理上都是相同的。因此，本章将重点讨论在水蒸气性质和热力过程的基础上如何对蒸汽动力循环的构成及特点进行分析，并寻求改进循环热工作性能的途径。本章首先对基本的蒸汽动力装置循环——朗肯循环进行分析，并在此基础上讨论再热、回热、热电循环的热功转换效果。

### 7.3.1　蒸汽动力循环简述

蒸汽动力装置与气体动力装置在热力学本质上并无差异，仍旧是由工质的吸热、膨胀、放热、压缩过程组成的热动力循环，所不同的是循环中工质偏离液态较近，时而处于液态，时而处于气态，如在蒸汽锅炉中液态水气化产生蒸汽，经汽轮机膨胀做功后，进入冷凝器又凝结成水再返回锅炉，因而对蒸汽动力的分析必须结合水蒸气的性质和热力过程。此外，由于水和水蒸气均不能燃烧只能从外界吸热，必须配备制备蒸汽的锅炉设备，因而装置的设备也不同。相对于内燃机装置，这类动力装置又称为"外燃动力装置"。由于燃烧产物不参与循环，因此蒸汽动力装置可以使用各种常规的固体、液体、燃料及核燃料，可以利用劣质煤和工业废热，还可以利用太阳能和地热等能源，这是这类循环的一大优点。

根据热力学第二定律，在一定的温度范围内卡诺循环的热效率最高。当采用气体工质时因为定压吸、放热难以实施，所以是难以实现卡诺循环的。而且气体的定温线和绝热线在 $p$-$v$ 图上的斜率相差不多，即使实现了卡诺循环，所做的功也不大。但采用蒸汽做工质时，定压吸、放热过程是易于实施的，而且湿饱和蒸汽区内的定温过程同时又是定压过程，在 $p$-$v$ 图上与其绝热线之间斜率相差也大，故所做的功也较大。所以，理论上蒸汽卡诺循环是可以实现的，如图 7-17 中循环 67856 所示。然而在实际的蒸汽动力装置中不采用这样一种循环，其中主要原因有三个：

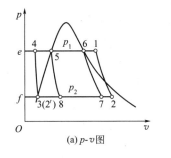
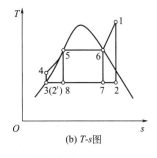

图 7-17　水蒸气的卡诺循环与朗肯循环

① 在压缩机中绝热压缩过程的 85 难以实现，因状态 8 是水和水蒸气的混合物，这种湿蒸汽比体积大，耗功多，而且会使压缩机工作不稳定；

② 循环局限于饱和区，上限温度受限于临界温度（374℃），而凝结温度又受限于环境，二者温差不大，故即使实现卡诺循环，其热效率也不高；

③ 饱和蒸汽在汽轮机中做功后的排气（点 7）湿度很大，使高速运转的汽轮机安全性受到极大威胁［一般需限制汽轮机排汽（点 2）的干度应不小于 0.85～0.88］。

综上所述，蒸汽卡诺循环是难以实现在实际中采用的。为了改进上述压缩过程，人们将汽轮机出口的低压湿蒸汽完全凝结为水，以便用水泵来完成压缩过程；同时为了提高循环热效率，采用远高于临界温度的过热蒸汽作为汽轮机的进口蒸汽以提高平均吸热温度。这样改进的结果，如图 7-17 中所示的循环 123451，也就是下面即将要讨论的朗肯循环。

### 7.3.2 朗肯循环的装置与流程

最简单的水蒸气动力循环装置由锅炉、汽轮机、凝汽器和水泵组成，如图 7-18(a) 所示。其工作过程如下：水在锅炉和过热器中吸热，由饱和水变为过热蒸汽；过热蒸汽进入汽轮机膨胀，对外做功；在汽轮机出口，工质为低压湿蒸汽状态（称为乏汽），此乏汽进入凝汽器向冷却水放热，凝结为饱和水（称为凝结水）；水泵消耗外功，将凝结水升压并送回锅炉，完成动力循环。

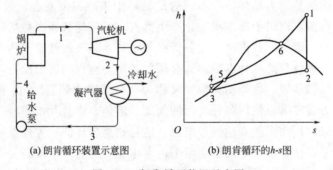

(a) 朗肯循环装置示意图          (b) 朗肯循环的 $h$-$s$ 图

图 7-18　朗肯循环装置示意图

为突出矛盾，分析主要参数对循环的影响，首先对实际循环进行简化和理想化。

① 蒸汽在锅炉中的吸热过程 41，实际吸热过程工质有一定的压力变化，烟气与蒸汽间存在很大的传热温差，是不可逆吸热过程。在理想化时，不计工质的压力变化，并将过程想象为从无穷多个温度不同的热源吸热过程，且各热源的温度分别与工质吸热时的温度相等。这样，可将过程理想化为一个可逆定压吸热过程 4561。

② 汽轮机内的膨胀过程 12，蒸汽在汽轮机中的实际不可逆膨胀过程，因其流量大、散热量相对较小，忽略工质的摩擦与散热，可简化为理想的可逆绝热膨胀过程，即定熵过程。

③ 乏汽在凝汽器中的冷却过程 23。乏汽在凝汽器中被冷却为饱和水。实际传热过程中乏汽与冷却水之间为不可逆温差传热，理想化时考虑不计传热的外部不可逆因素，而将其简化为可逆的定压放热过程。由于过程在饱和区内进行，此过程也是定温过程。

④ 给水泵中水的压缩升压过程 34。在给水泵装置中的压缩过程实际也是不可逆的，忽略摩擦与放热之后，也被理想化为可逆定熵压缩过程。

经过以上步骤将各过程理想化以后，简单蒸汽动力装置中的实际不可逆循环被简化为理想的可逆循环，称为理想循环，其中 $p$-$v$ 图和 $T$-$s$ 图见图 7-17 中所示的循环 123451。$h$-$s$ 图见图 7-18(b)。

应该指出的是，朗肯循环中的加热过程包括三段，45 的未饱和水加热段、56 汽化加热段及 61 的饱和蒸汽过热加热段。45 和 61 两段不在两相区，因此只能是定压而不是定温。

由图 7-17(b) 可以看出，未饱和水加热的与汽化加热段，即 456 过程，工质的温度要远低于循环的最高温度（$T_1$），因此，理论朗肯循环的平均吸热温度降低，是其热效率远低于同温度范围的卡诺循环热效率的重要原因。

### 7.3.3 朗肯循环的能量分析及热效率

下面通过对上述装置中各设备和整个循环的能量分析，来计算循环吸收和放出的热量，以及循环中对外所做出的和接受的功量，并根据此计算出朗肯循环的热效率。

在锅炉中，工质经定压吸热过程 41，吸入热量

$$q_1 = h_1 - h_4$$

在汽轮机中，工质经绝热膨胀 12 对外做功

$$w_T = h_1 - h_2$$

在凝汽器中，工质经定压放热过程 23，放出热量

$$q_2 = h_2 - h_3$$

在给水泵中，水被绝热压缩，接受外功量

$$w_p = h_4 - h_3$$

这里，$q_1$、$w_T$、$q_2$、$w_p$ 都取绝对值，则朗肯循环的热效率为

$$\eta_t = \frac{w_0}{q_1} = \frac{w_T - w_p}{q_1} = \frac{(h_1 - h_2) - (h_4 - h_3)}{h_1 - h_4} \tag{7-26}$$

式中，$w_0$ 为循环净功。

通常，由于饱和水比体积 $v_2$ 非常小，给水泵耗功远小于汽轮机所做出的功量，（实际的 $T$-$s$ 图和 $h$-$s$ 图上，点 3 和点 4 几乎重合，图 7-17 中是夸大的画法），例如在 10MPa 时，给水泵耗功约占汽轮机做功的 2%，因此在近似计算中，泵功常忽略不计，即 $h_4 \approx h_3$。由于 3 点的工质状态为 $p_2$ 压力下的饱和水，其焓值按习惯应表示为 $h_2'$，因此有 $h_4 \approx h_3 = h_2'$。这样，不计给水泵功耗时，循环的热效率可以表示为

$$\eta_t = \frac{h_1 - h_2}{h_1 - h_4} = \frac{h_1 - h_2}{h_1 - h_3} = \frac{h_1 - h_2}{h_1 - h_2'} \tag{7-27}$$

评价蒸汽动力装置的另一个重要指标是汽耗率，其定义是装置每输出 1kW·h（等于 3600kJ）功量所消耗蒸汽量，用 $d$ 表示：

$$d = \frac{3600}{w_0} \tag{7-28}$$

式中，循环净功量的单位 kJ/kg；汽耗率 $d$ 的单位为 kg/(kW·h)。显然对于朗肯循环（忽略泵功）有

$$d = \frac{3600}{h_1 - h_2} \tag{7-29}$$

在机组功率一定的情况下，汽耗率涉及机组尺寸的大小，它是度量动力装置经济性的又一个指标。

### 7.3.4 提高朗肯循环热效率的基本途径

提高蒸汽动力循环的热效率具有很重要的意义。一套功率为 50MW 的蒸汽动力装置，只要热效率提高 1%，每小时即可节约标煤 200~500kg。若从全国蒸汽动力装置总容量考

虑，则其节约燃料的数量是惊人的。

分析式(7-27)可知，朗肯循环的热效率取决于新蒸汽的焓值 $h_1$、乏汽的焓值 $h_2$ 和凝结水的焓值 $h_2'(h_3)$。其中 $h_1$ 与新蒸汽的状态（$p_1$，$T_1$）有关，而乏汽状态 2 则取决于终压力（汽轮机的背压）。可见，不计给水泵耗功的情况下，朗肯循环的热效率取决于循环的初参数 $p_1$、$T_1$ 和终压力 $p_2$。

（1）提高新蒸汽温度 $T_1$ 对热效率的影响

在 $p_1$、$p_2$ 不变的情况下，当 $T_1$ 提高时，从 $T$-$s$ 图（见图 7-19）上可以看出，由于吸热过程的高温段向上延伸，结果吸热过程的平均温度有了提高，与此同时，循环的放热过程平均放热温度没有变化。因此，由 $\eta_t = 1 - \overline{T_2}/\overline{T_1}$ 可知，循环的热效率将因此而得到提高。并且，只要初温度 $T_1$ 能提高，循环的热效率无例外地就会跟随提高。图 7-20 表示提高初温时热效率随之增加的情况。

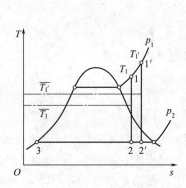

图 7-19　蒸汽初温对循环的影响

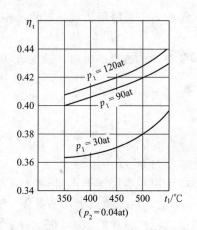

图 7-20　热效率与新蒸汽初温 $t_1$ 的关系

从图 7-19 上还可以看到，初温度 $T_1$ 提高时乏汽的状态点将向上界限线一侧移动，即乏汽的干度将会提高。通常水蒸气在汽轮机中膨胀做功，直到成为湿蒸汽才从汽轮机中排出，出于汽轮机安全和经济运行的要求，汽轮机的乏汽干度被限制在 0.82 以上。因为蒸汽中含水太多将会危及汽轮机的安全，并降低最后几级的工作效果。提高新蒸汽的温度能够提高乏汽的干度，从而提高汽轮机的相对内效率，对蒸汽动力装置来说这是提高初温度带来的另一显著好处。

从热效率的角度来看，提高初温度总是有利的。当代先进的蒸汽动力装置大多采用 550℃ 左右的初温度，一旦能够生产出可以在更高温度下长期安全工作，价格又能被普遍接受的适用钢材，蒸汽动力装置的初温度便会再获提高，循环的热效率也就再上一个台阶。

（2）提高蒸汽初压 $p_1$ 对热效率的影响

蒸汽在锅炉中形成的过程可以划分为未饱和水的预热，饱和水的汽化和蒸汽的过热三个阶段。对目前所使用到的新蒸汽压力说来，由于汽化潜热较大，因而汽化段的吸热份额在三者中一般居较显要的位置。在 $T_1$、$p_2$ 不变的情况下，当 $p_1$ 提高时，如图 7-21 所示，水蒸气的饱和温度有所提高，因而影响到循环的吸热过程，使平均温度有所提高，从而提高了循环的热效率。这是提高初压力 $p_1$ 带来的好处。图 7-22 所示为朗肯循环热效率与初压 $p_1$ 的关系。

　　不过，从图 7-21 上可以看到，在 $T_1$、$p_2$ 不变的情况下提高初压力 $p$ 将会使汽轮机的乏汽干度下降，这是它的不利之处。

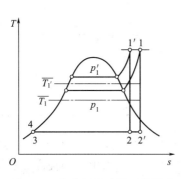

图 7-21　蒸汽初压对循环的影响

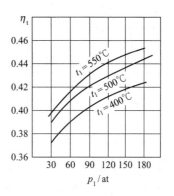

图 7-22　热效率与新蒸汽初压 $p_1$ 的关系

　　根据前面介绍，新蒸汽温度 $T_1$ 的提高一方面将会促使循环的热效率提高，另一方面它会令乏汽的干度提高。这会让人很容易联想到，应当将新蒸汽的压力和温度同时配套地提高，以便获得理想的效果。事实的确如此。在蒸汽动力装置的发展历史过程中，曾从低的初参数经由中参数、高参数，发展到超高参数，这期间所采用的新蒸汽压力始终是以新蒸汽温度而确定的。

　　(3) 降低乏汽压力 $p_2$ 对热效率的影响

　　降低循环终压力 $p_2$ 时循环的平均放热温度下降，在初参数 $T_1$、$p_1$ 不变的情况下，循环的热效率将显著提高，如图 7-23 所示，同时乏汽的干度将略有降低，但影响不大。因此只要终压力能够降低，就将毫无例外地采用更低的终压力。图 7-24 所示为朗肯循环热效率与 $p_2$ 的关系。但在实际应用中，由于乏汽的凝结通常用冷却水来使之冷凝，相变过程的压力是与相变时的温度对应的，因此，蒸汽动力装置循环的终压力不可能低于当地环境温度所对应的水蒸气饱和压力。应该指出的是，现代蒸汽动力装置的乏汽压力 $p_2$，通常设计为 $0.003 \sim 0.004\text{MPa}$，其对应的饱和温度在 28℃ 左右。此温度应比凝汽器内冷却水的温度略高，所以欲进一步降低终压力，将受到自然环境温度的限制。

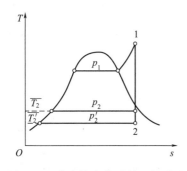

图 7-23　蒸汽终参数对循环的影响

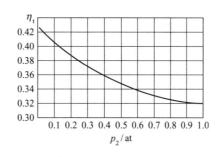

图 7-24　热效率与乏汽压力 $p_2$ 的关系

　　综上所述，可将蒸汽参数对循环热效率的影响归结如下。

　　① 提高蒸汽 $T_1$、$p_1$，降低 $p_2$ 可以提高循环的热效率，因而现代蒸汽动力循环都朝着采用高参数、大容量的方向发展。

② 提高初参数 $T_1$、$p_1$ 后，因循环热效率增加而使动力厂的运行费用下降。但由于高参数的采用，设备的投资费用和一部分运行费用又将增加，因而在一般中小型动力厂中不宜采用高参数。究竟多大容量采用多高参数方为合适，须经全面地比较技术经济指标后确定。目前我国采用的配套参数见表 7-2。

**表 7-2 国产锅炉、汽轮机发电机组的初参数简表**

| 参数 | 低参数 | 中参数 | 高参数 | 超高参数 | 亚临界参数 |
|---|---|---|---|---|---|
| 汽轮机进汽压力/MPa | 1.3 | 3.5 | 9 | 13.5 | 16.5 |
| 汽轮机进汽温度/℃ | 340 | 435 | 535 | 550、535 | 550、535 |
| 发电机功率 $P$/MW | 1500～3000 | 6000～25000 | 50～100 | 125、300 | 200、30、600 |

③ 尽管采用较高的蒸汽参数，但由于水蒸气性质的限制，循环吸热平均温度仍然不高，故对蒸汽动力循环的改进主要集中于对吸热过程的改进，即采用多种提高吸热平均温度的措施。后面即将介绍的蒸汽的再热与回热，以及采用双工质循环等就是实现这些措施的例子。

### 7.3.5 有能量损失的实际蒸汽动力装置循环

实际的蒸汽动力装置循环所经历的过程性质与朗肯循环一样。只是实际的过程都存在有不可逆因素。下面通过有能量损失的实际蒸汽动力循环分析，计算能量损失对循环经济性的影响，但仔细分析循环的 $T$-$s$ 图可知，循环的吸热和放热过程是否可逆不会改变新蒸汽和凝结水的状态（图 7-25 中的 1 点和 3 点），因而它们本身不会影响循环的热效率，倒是蒸汽在汽轮机中做功过程的不可逆性会改变汽轮机输出的技术功，如图 7-25 所示。不可逆性使汽轮机输出的技术功减少，从而使循环的热效率下降。

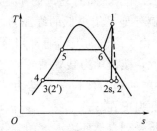

图 7-25 实际的蒸汽动力装置基本循环

在初、终参数相同的情况下，实际不可逆的蒸汽动力装置基本循环与朗肯循环比较，汽轮机输出的技术功减少量 $\Delta w_T$ 为

$$
\begin{aligned}
\Delta w_T &= w_{T,s} - w_{T,act} \\
&= (h_1 - h_{2s}) - (h_1 - h_2) \\
&= h_2 - h_{2s} = \Delta h_2
\end{aligned}
\tag{7-30}
$$

式中，$\Delta h_2$ 为汽轮机乏汽焓差。

因此，不计给水泵消耗的技术功时，实际循环的热效率为

$$
\eta_i = \frac{h_1 - h_2}{h_1 - h_{2s}} = \frac{h_1 - (h_{2s} + \Delta h_2)}{h_1 - h_2'}
\tag{7-31}
$$

定义实际的不可逆的汽轮机做功与理想的汽轮机做功（定熵）之比称为汽轮机的相对内效率，也称为汽轮机的定熵效率，或者简称为汽轮机效率。相对内效率的表达式为

$$\eta_{\mathrm{T}} = \frac{h_1 - h_2}{h_1 - h_{2\mathrm{s}}} \tag{7-32}$$

根据式(7-32)可得实际汽轮机的乏汽焓与理想汽轮机乏汽焓之间的关系式

$$h_2 = h_{2\mathrm{s}} + (1 - \eta_{\mathrm{T}})(h_1 - h_{2\mathrm{s}}) \tag{7-33}$$

可见，实际汽轮机与理想汽轮机的乏汽焓差 $\Delta h_2$ 为

$$\Delta h_2 = h_2 - h_{2\mathrm{s}} = (1 - \eta_{\mathrm{T}})(h_1 - h_{2\mathrm{s}}) \tag{7-34}$$

实际汽轮机的净功与循环吸热量之比称为汽轮机的绝对内效率（$\eta_{\mathrm{i}}$），它实际上也就是不计给水泵耗功情况下的实际蒸汽动力装置循环的热效率，结合式(7-33)应有

$$\eta_{\mathrm{i}} = \eta_{\mathrm{t,act}} = \frac{w_{0,\mathrm{act}}}{q_1} = \frac{h_1 - h_2}{h_1 - h_2'} = \frac{\eta_{\mathrm{T}}(h_1 - h_{2\mathrm{s}})}{h_1 - h_2} = \eta_{\mathrm{T}}\eta_{\mathrm{t,R}} \tag{7-35}$$

**【例 7-4】** 某朗肯循环的蒸汽参数取为 $t_1 = 550℃$，$p_1 = 30\mathrm{bar}$，$p_2 = 0.05\mathrm{bar}$。试计算：①水泵所消耗的功量；②汽轮机做功量；③汽轮机出口蒸汽干度；④循环净功；⑤循环热效率及汽耗率。

**解：** 循环的 $T\text{-}s$ 图（图7-17）中，1、2、3、4 各状态点的焓、熵值可根据水蒸气表或图查得。下面以水蒸气表为例，给出各点参数的获得过程。

点1，由过热蒸汽表可查得 $t_1 = 550℃$，$p_1 = 30\mathrm{bar}$ 时的参数：

$$h_1 = 3568.6\mathrm{kJ/kg}，s_1 = 7.3752\mathrm{kJ/(kg \cdot K)}$$

点2，根据 $s_1 = s_2 = 7.3752\mathrm{kJ/(kg \cdot K)}$ 及 $p_2 = 0.05\mathrm{bar}$ 查得并计算，由饱和水和饱和汽表可得 $p_2 = 0.05\mathrm{bar}$ 时的 $s_2' = 0.4762\mathrm{kJ/(kg \cdot K)}$，$s_2'' = 8.3952\mathrm{kJ/(kg \cdot K)}$，所以排汽干度为

$$x_2 = \frac{s_1 - s_2'}{s_2'' - s_2'} = 0.87$$

则

$$h_2 = h_2' + x_2(h_2'' - h_2') = 2236(\mathrm{kJ/kg})$$

点3，即压力为 $p_2 = 0.05\mathrm{bar}$ 的饱和水的参数，可由饱和水表查得

$$h_3 = h_2' = 137.8\mathrm{kJ/kg}，\qquad s_3 = s_2' = 0.4762\mathrm{kJ/(kg \cdot K)}$$

点4，根据 $s_4 = s_2$ 及 $p_1 = 30\mathrm{bar}$ 查未饱和水与过热蒸汽热力性质表得

$$h_4 = 140.9\mathrm{kJ/kg}$$

根据上面所查得的各参数值，可得

① 水泵所消耗的功量为

$$w_{\mathrm{p}} = h_4 - h_3 = 140.9 - 137.78 = 3.1(\mathrm{kJ/kg})$$

② 汽轮机做功量

$$w_{\mathrm{T}} = h_3 - h_2 = 3568.6 - 2236 = 1332.6(\mathrm{kJ/kg})$$

③ 汽轮机出口蒸汽干度已经在前面求得

$$x_2 = \frac{s_1 - s_2'}{s_2'' - s_2'} = 0.87$$

④ 循环净功

$$w_0 = w_{\mathrm{T}} - w_{\mathrm{p}} = 1332.6 - 3.1 = 1329.5(\mathrm{kJ/kg})$$

⑤ 循环热效率

$$q_2 = h_1 - h_4 = 3568.6 - 140.9 = 3427.7(\mathrm{kJ/kg})$$

故 $$\eta_i = \frac{w_0}{q_1} = 0.387 = 38.7\%$$

若忽略泵功，$h_4 = h_3 = h_2'$，则循环的热效率为

$$\eta_i = \frac{w_0}{q_1} = \frac{h_1 - h_2}{h_1 - h_2'} = \frac{3568.6 - 2236}{3568.6 - 137.78} = 0.3884 = 38.84\%$$

由计算可见，忽略泵功引起的热效率误差只有 0.5% 左右。

忽略泵功后汽轮机的汽耗率为

$$d = \frac{3600}{h_1 - h_2} = \frac{3600}{1332.6} = 2.701[\text{kg}/(\text{kW} \cdot \text{h})]$$

讨论：从上面的例子可以看到朗肯循环的热效率是很低的，只有 40% 左右。应当指出，朗肯循环只是最基本的蒸汽动力循环。现代大、中型蒸汽动力装置中所采用的都是在它的基础上加以改进后得到的较复杂的蒸汽动力循环。

（1）再热循环

由上节的分析可知，提高蒸汽的初压 $p_1$、初温 $T_1$ 和降低排汽压力 $p_2$ 都可以提高循环的热效率，但都受到一定的条件限制，例如提高蒸汽初压 $p_1$ 将引起乏汽的干度 $x_2$ 下降，而提高蒸汽初温 $T_1$，又要受到金属材料的限制。为解决这个矛盾，常采用蒸汽中间再热的办法。蒸汽中间再热的设备系统如图 7-26 所示。

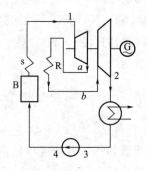

图 7-26　再热循环设备简图

蒸汽中间再热就是将汽轮机（高压缸）内膨胀至某一中间压力（$p_2$）的蒸汽（状态 $a$）全部引出，进入到锅炉的再热器 R 中再次加热（至状态 6），然后回到汽轮机（低压缸）内继续做功。再热循环的 $T$-$s$ 图如图 7-27 所示，由图中可以看出，再热循环 $1ab2341$ 相对于无再热的朗肯循环 $1ac341$，汽轮机排气干度有明显提高。

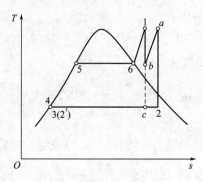

图 7-27　再热循环的 $T$-$s$ 图

对于具有一次再热的蒸汽动力循环，忽略给水泵的功耗时，再热循环输出的净功为一次汽和二次汽在汽轮机中所做的技术功之和，即

$$w_0 = (h_1 - h_a) + (h_b - h_2)$$

循环的吸热量为蒸汽分别在锅炉 B、过热器 S 和再热器 R 所吸热量之和为

$$q_1 = (h_1 - h_4) + (h_b - h_a) = (h_1 - h_2') + (h_b - h_a)$$

因此再热循环的热效率为

$$
\begin{aligned}
\eta_{t,R} &= \frac{w_0}{q_1} = \frac{(h_1 - h_a) + (h_b - h_2)}{(h_1 - h_2') + (h_b - h_a)} \\
&= \frac{(h_1 - h_2) + (h_b - h_a)}{(h_1 - h_2') + (h_b - h_a)}
\end{aligned}
\tag{7-36}
$$

再热对循环热效率的影响从式(7-36) 不易直观看出，但由 $T\text{-}s$ 图（图 7-27）可以定性分析，如果将再热部分看做基本循环 $1c34561$ 的附加循环 $ab2ca$。这样，只需分析附加循环的效率对基本循环的影响就行了。如果附加循环的热效率较基本循环的热效率高，则能够使循环的总效率提高，反之则降低。因此，如所取中间压力 $p_a$ 较高，则能使 $\eta_t$ 提高；而如中间压力 $p_a$ 过低，反而会使 $\eta_t$ 降低。但中间压力 $p_a$ 取得过高则对 $x_2$ 的改善较少，且中间压力越高，附加部分与基本循环相比所占比例越小，即使其本身效率高，对整个循环的作用也不大。事实证明，存在着一个最佳的中间再热压力 $p_{a,cpt}$，其值约等于新蒸汽（一次汽）压力的 $20\% \sim 30\%$，即 $p_{a,cpt} = (0.2 \sim 0.3)p_1$。但选取中间压力时必须注意使进入凝汽器的乏汽干度在允许范围内，此为再热之根本目的。

这里应着重指出，虽然最初只是将再热作为解决乏汽干度问题的一种办法，而发展到今天，它的意义已远不止此。目前，现代大型机组几乎毫无例外地都采用再热循环，它已成为大型机组提高热效率的必要措施。

10MW 以上的机组，压力在 13MPa 至临界压力以下，一般采用一次中间再热，超临界参数则考虑二次再热。通常一次再热可使循环热效率提高 $2\% \sim 3.5\%$，若再热次数增加，虽然会使热效率提高一些，但管道系统过于复杂，使投资增加，运行不便，反带来不利影响。

（2）回热循环

① 理想回热。在朗肯循环中，平均吸热温度不高的主要原因是从未饱和水至饱和水的吸热过程温度较低。如能设法使工质在热源吸热不包括这一段，那么循环的平均吸热温度就会提高，使循环的热效率得到提高。采用回热无疑是解决这一问题的好方法。

由朗肯循环的 $T\text{-}s$ 图可知，乏汽温度等于（实际中略高于）进入锅炉的未饱和水的温度，因此，不可能利用乏汽在凝汽器中传给冷却水的那部分热量来加热锅炉给水。有人设想采用图 7-28 所示的一种理想极限回热装置。蒸汽在汽轮机中绝热膨胀到 $c$ 点（$T_c = T_a$），

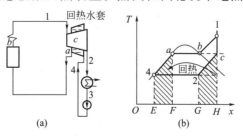

图 7-28 理想回热的装置及循环图

即边膨胀边放热以加热回热水套内的给水。由图 7-28(b) 可以看出，蒸汽放出的热量（图上以面积 $cHG2c$ 表示），正好等于水在低温吸热段 $4a$ 所吸入的热量（在图上以面积 $aFE4a$ 表示）。理论上，采用该极限回热循环可以提高朗肯循环的热效率。

但实际上，图 7-28 所示的理想回热是不可能实现的，其原因如下：a. 汽轮机的结构不允许蒸汽一边做功，一边放热给被加热流体，在汽轮机缸外加上一层回热水套的办法，只是一种设想，实际难以实现；b. 被回热的流体是液态水，它的比热容与蒸汽不一致也就无法满足热量相等的理想回热条件；c. 采用理想回热后乏汽的干度有可能变得过低而危害汽轮机经济安全运行。因此，工程中采用的是从汽轮机抽汽加热锅炉给水的抽汽回热循环。

② 一级抽汽回热循环。图 7-29 所示为采用一级抽汽回热的蒸汽动力装置示意图和循环 $T$-$s$ 图，回热加热器采用混合式加热器。每 1kg 状态为 1 的新蒸汽进入汽轮机，绝热膨胀到状态 $0_1$；$(p_{0_1}, t_{0_1})$ 后，其中的 $\alpha_1$kg 即被抽出汽轮机引入回热器，这 $\alpha_1$kg 状态为 $0_1$ 的回热抽汽将 $(1-\alpha_1)$kg 凝结水加热到了 $0_1$ 压力下的饱和水状态，其本身也变成为 $0_1$ 压力下的饱和水，然后两部分合成 1kg 的状态为 $0_1'$ 的饱和水。经水泵加压后进入锅炉加热、汽化、过热成新蒸汽，完成循环。

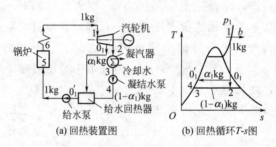

(a) 回热装置图　　　(b) 回热循环$T$-$s$图

图 7-29　蒸汽动力装置回热循环

从上面的描述可知，回热循环中，工质经历不同过程时有质量变化，因此 $T$-$s$ 图上的面积不能直接代表热量。尽管如此 $T$-$s$ 图对分析回热循环仍是十分有用的工具。

循环中工质自高温热源的吸热量为

$$q_1 = h_1 - h_{01}'$$

忽略给水泵的耗功时，循环净功由份额为 $(1-\alpha_1)$ 的凝汽和份额为 $\alpha_1$ 的抽汽所做的两部分功共同构成

$$w_{t,T} = (1-\alpha_1)(h_1-h_2) + \alpha_1(h_1-h_{01})$$

因此，具有一级抽汽回热的循环热效率为

$$
\begin{aligned}
\eta_{t,reg} &= \frac{(1-\alpha_1)(h_1-h_2)+\alpha_1(h_1-h_{01})}{h_1-h_{01}'} \\
&= \frac{(h_1-h_{01})+(1-\alpha_1)(h_{01}-h_2)}{h_1-h_{01}'}
\end{aligned}
\tag{7-37}
$$

图 7-30 是混合式回热器的示意图，对其建立能量平衡关系式，有

$$(1-\alpha_1)(h_{01}'-h_2') = \alpha_1(h_{01}-h_2)$$

从而可以得到抽汽量的计算式

$$\alpha_1 = \frac{h_{01}'-h_2'}{h_{01}-h_2'} \tag{7-38}$$

由此，有

$$h_{01}' = h_2' + \alpha_1(h_{01}-h_2')$$

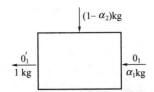

图 7-30　混合式回热器示意图

将上式代入 $q_1$ 的计算式中，然后在式中右侧分别加上 $\alpha_1 h_1$ 项和减去 $\alpha_1 h_1$ 项，有

$$q_1 = h_1 - h'_{01} = h_1 - h'_2 - \alpha_1(h_{01} - h'_2)$$
$$= h_1 - \alpha_1 h_1 - h'_2 + \alpha_1 h'_2 + \alpha_1 h_1 - \alpha_1 h_{01}$$
$$= (1 - \alpha_1)(h_1 - h'_2) + \alpha_1(h_1 - h_{01})$$

利用以上关系可以将式（7-37）改写为

$$\eta_{t,reg} = \frac{(1-\alpha_1)(h_1 - h_2) + \alpha_1(h_1 - h_{01})}{(1-\alpha_1)(h_1 - h'_2) + \alpha_1(h_1 - h_{01})} > \frac{(1-\alpha_1)(h_1 - h_2)}{(1-\alpha_1)(h_1 - h'_2)} > \frac{h_1 - h_2}{h_1 - h'_2}$$

显然，一级抽汽回热 $\eta_{t,reg}$ 总是大于具有相同参数的简单朗肯循环的热效率 $\eta_t$。

③ 多级抽汽回热循环。对于有 $n$ 级抽汽回热的循环，若各级回热抽汽所占的份额分别为 $\alpha_1, \alpha_2, \alpha_3, \cdots, \alpha_n$，最终进入凝汽器的凝器份额为 $\alpha_c$，按质量平衡，有

$$\alpha_c = 1 - \alpha_1 - \alpha_2 - \alpha_3 - \cdots - \alpha_n$$

循环中向冷源的放热量为

$$q_2 = \alpha_c(h_2 - h'_2)$$

不计给水泵耗功时，循环的净功为

$$w_{net} = w_T = \alpha_1(h_1 - h_{01}) + \alpha_2(h_1 - h_{02}) + \cdots + \alpha_n(h_1 - h_{0n}) + \alpha_c(h_1 - h_2)$$

式中，$h_{0i}$ 为第 $i$ 级抽汽的回热蒸汽比焓。

循环中工质自高温热源的吸热量为

$$q_1 = q_2 + w_{net}$$
$$= \alpha_c(h_2 - h'_2) + \alpha_1(h_1 - h_{01}) + \alpha_2(h_1 - h_{02}) + \cdots + \alpha_n(h_1 - h_{0n}) + \alpha_c(h_1 - h_2)$$

上式整理后可改写为

$$q_1 = \alpha_c(h_1 - h'_2) + \sum \alpha_i(h_1 - h_{0i})$$

这时的循环热效率应为

$$\eta_{t,reg} = 1 - \frac{q_2}{q_1} = 1 - \frac{\alpha_c(h_2 - h'_2)}{\alpha_n(h_1 - h'_2) + \sum \alpha_i(h_1 - h_{0i})} \tag{7-39}$$

与多级抽汽回热循环具有相同初温，初压和背压的朗肯循环热效率 $\eta_t$ 为

$$\eta_t = 1 - \frac{h_2 - h'_2}{h_1 - h'_2}$$

由于 $\sum \alpha_i(h_1 - h_{0i}) > 0$，所以，多级抽汽回热循环的总效率总是大于相同初温、初压和背压条件下的朗肯循环的热效率。

④ 抽汽回热的好处。采用回热循环可以使循环的热效率得到显著提高，这正是人们不惜以系统复杂化为代价在现代蒸汽动力装置中采用了多至 7～9 级抽汽回热的原因。实际上整个分级抽汽回热循环可以看成分别由 $\alpha_1, \alpha_2, \cdots, \alpha_n, \alpha_c$ 等几部分蒸汽完成各自的循环所构成。其中 $\alpha_c$ 所完成的循环与简单朗肯循环无异，但各抽汽部分 $\alpha_i$ 所完成的子循环则为不向低温热源放热的、热效率等于 100% 的完美循环。这样，综合起来整个循环的热效率当然就

提高了。显然抽汽部分所完成的子循环是不能独立存在的，否则就与热力学第二定律相悖了。

不难理解，从热力学原理上说来自然是回热抽汽部分所做的循环功比例越大越好，为此，在保证完成预定回热任务的前提下，回热抽汽的压力应当尽可能低，抽汽的数量应当尽可能大。任何以高压抽汽来代替低压抽汽的做法，以及其他可能会排挤回热抽汽的做法，从热力学上说来都是不可取的。

除了使循环的热效率提高外，回热循环还在实际上带来了以下好处。

a. 由于回热抽汽的结果，汽轮机的汽耗率增加了，这有利于提高汽轮机前几级的部分进汽度，从而改善了汽轮机的相对内效率。

b. 由于锅炉给水温度的提高，使省煤器缩小了，从而在锅炉的尾部受热面中可以有较大比例分配给空气预热器，产生更高温度的预热空气，这有益于燃料的更完全燃烧，利于提高锅炉的热效率。

c. 凝汽器缩小了，循环水量以及循环水泵的耗电量也都减少了，结果厂用电减少了，整个发电厂的能量转换效率提高了。

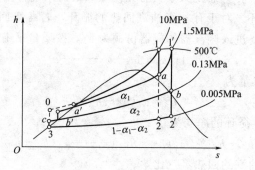

图 7-31　例 7-5 附图

**【例 7-5】**　某回热并再热的蒸汽动力循环如图 7-31 所示。已知压力 $p_1 = 10\text{MPa}$，初温 $t_1 = 500℃$；第一次抽汽压力，即再热压力 $p_z = p_1' = 1.5\text{MPa}$，再热温度 $t_1' = 500℃$，第二次抽汽压力 $p_c = 0.13\text{MPa}$；终压 $p_2 = 0.005\text{MPa}$。试求该循环的理论热效率。它比同参数的朗肯循环（01230）的理论循环热效率提高多少？为简化计算，可忽略水泵耗功。

**解：**查水蒸气的焓熵图和水蒸气热力性质表，得各状态点的焓值为

$$h_1 = 3376\text{kJ/kg}, \quad s_1 = 6.595\text{kJ/(kg·K)}$$

$$h_{1'} = 3475\text{kJ/kg}, \quad s_{1'} = 7.565\text{kJ/(kg·K)}$$

$$h_a = 2866\text{kJ/kg}, \quad h_b = 2810\text{kJ/kg}$$

$$h_2 = 2008\text{kJ/kg}, \quad h_{2'} = 2308\text{kJ/kg}$$

$$h_3 = 137.3\text{kJ/kg}, \quad h_b' = 449.2\text{kJ/kg}$$

$$h_a' = 844.8\text{kJ/kg}$$

计算抽汽率

$$\alpha_1 = \frac{h_a' - h_b'}{h_a - h_b'} = \frac{844.8 - 449.2}{2866 - 449.2} = 0.163 = 16.3\%$$

$$\alpha_2 = (1 - \alpha_{2'})\frac{h_b' - h_3}{h_b - h_3} = (1 - 0.163) \times \frac{449.2 - 137.3}{2810 - 137.3} = 0.098 = 9.8\%$$

再热，回热循环的理论热效率为

$$\eta_{\mathrm{t,rh,sh}} = 1 - \frac{q_2}{q_1} = 1 - \frac{(1-\alpha_1-\alpha_2)(h_{2'}-h_3)}{(h_1-h_{\mathrm{a}}')+(1-\alpha_1)(h_{1'}-h_{\mathrm{a}})}$$

$$= 1 - \frac{(1-0.163-0.098)(2308-137.7)}{(3376-844.8)+(1-0.163)(3475-2866)} = 0.471 = 47.1\%$$

相同参数的朗肯循环的理论热效率为

$$\eta_{\mathrm{t}} = 1 - \frac{h_2-h_3}{h_1-h_3} = 1 - \frac{2008-137.7}{3376-137.7} = 0.420 = 42.0\%$$

前者比后者热效率提高的百分率为

$$\frac{\Delta\eta_{\mathrm{t}}}{\eta_{\mathrm{t}}} = \frac{0.471-0.420}{0.420} = 11.9\%$$

## 7.4　制冷循环

　　工程热力学的一个重要应用，就是对物体进行冷却，使其温度低于周围环境的温度，并维持这个低温称为制冷。根据热力学第二定律，为了维持或获得低温，从冷物体或冷空间把热量带走，必须消耗能量（热量或功量）。制冷装置便是以消耗能量（功量或热量）为代价来实现这一效果的设备。为了使制冷装置能够连续运转，必须把热量排向外部热源，这个外部热源通常就是大气，称为环境。因此制冷装置是一部逆向工作的热机，即工质在低温下从低温物体吸收热量 $q_0$，而外界消耗机械功压缩工质 $w$，使工质的温度升高，进而向周围环境放出热量 $q$（$q=q_0+w$）。

　　本节将依据热力学第二定律等热力学理论，阐述制冷的基本原理。重点讨论以消耗功为代价的空气压缩制冷装置和蒸汽压缩制冷装置的工作原理、循环特点及其经济性，并对热泵装置的工作原理进行简要介绍。

　　热量传递时，总是从高温物体向低温物体传递，或者从一个物体的高温部分向低温部分传递，这是一个自发的过程。如果要实现热量从低温热源向高温热源传递，根据热力学第二定律，则必须花费一定的代价，即必须消耗功量或者其他形式的能量，如果要实现热量连续从低温热源（如冷藏室）向高温热源（环境）传递，则必须构成一个循环，这样的一个循环就是制冷循环或者热泵循环。制冷循环与热泵循环在热力学原理上并无区别，其工作循环都是逆向循环，只是使用的目的不同而已，制冷机和热泵的原理图如图 7-32 所示。简单来说，制冷机是消耗能量将热量从低温空间传递到环境中，进而维持低温空间的温度，而热泵则是

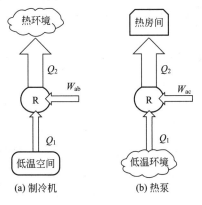

图 7-32　制冷机和热泵

通过消耗能量从环境取热，将其传递到温度高于环境温度的室内，进而维持较高的室内温度（相比较于环境温度而言）。下面着重分析各种工程上常见的制冷循环。

评价制冷循环的经济指标称为制冷系数，即从冷源移出的热量与所耗功量之比，表达式为

$$\varepsilon = \frac{q_2}{w} \tag{7-40}$$

评价热泵循环的经济性指标称为供暖系数，即向热源输送的热量与耗功量之比称为供暖系数 $\varepsilon'$，显然

$$\varepsilon' = \frac{q_1}{w} \tag{7-41}$$

此前曾经定义过循环的性能系数 $COP$ 为循环的收益与代价之比。对于制冷循环，收益是 $q_2$ 而消耗的代价是 $w$，显然，制冷系数 $\varepsilon$ 就是制冷循环的性能系数，也可记作 $COP_R$。同样地，对于热泵循环，其收益 $q_1$ 代价是 $w$，$\varepsilon'$ 也就是热泵循环的性能系数，记作 $COP_{HP}$。

在 $q_2$ 与 $q_1$ 相同时，热泵的 $COP_{HP}$ 与制冷机的 $COP_R$ 有如下关系：

$$COP_{HP} = COP_R + 1 \tag{7-42}$$

这意味着 $COP_{HP} > 1$。因此使用热泵供热比用电能或燃用燃料直接供热经济性要高。但实际热泵装置由于存在种种损失，在某些情况下 $COP_{HP}$ 可下降为 1，甚至小于 1，此时采用燃料直接加热或用电阻加热方式供热则更为经济。

制冷装置每小时从冷源（冷藏室）吸取的热量（kJ/h）称为制冷装置的制冷量。每千克制冷剂每小时从冷源吸取的热量 [kJ/(kg·h)] 称为制冷剂的单位制冷率。商业上常用"冷吨"来表达制冷装置的制冷能力，1 冷吨就是在 24h 内将 1t 0℃ 的水冻结成 0℃ 的冰的制冷能力。水的凝结（冰融化）热 $r = 334$kJ/kg，则 1 冷吨 = 3860W，美制 1 冷吨规定为 3516.85W。

与热动力装置类似，逆卡诺循环虽提供了一个在一定温度范围内最有效的制冷循环，但实际的制冷装置常不是按逆卡诺循环工作，而依所用制冷剂的性质采用不同的循环。本节将分析讨论一些在工程上实施的制冷循环。

按照制冷剂的不同，制冷装置分为空气制冷装置和蒸汽制冷装置。蒸汽制冷装置采用不同物质的蒸汽作制冷剂，可分为蒸汽压缩制冷装置，蒸汽喷射制冷装置及吸收式制冷装置等。

**【例 7-6】** 逆卡诺循环供应 35kJ/s 的制冷量，凝汽器的温度为 30℃，制冷温度为 -20℃，计算此制冷循环所消耗的功率以及循环的制冷系数。

**解：** 逆向卡诺循环的制冷系数

$$\varepsilon_C = \frac{q_0}{W_S} = \frac{T_L}{T_H - T_L}$$

$$\varepsilon_C = \frac{T_L}{T_H - T_L} = \frac{253}{303 - 253} = 5.06$$

单位制冷剂耗功量：设制冷剂循环量为 $m$ kg/s，单位制冷剂提供的冷量为 $q_0$

$$Q_0 = mq_0 = 35\text{kJ/s}$$

$$\varepsilon_C = \frac{q_0}{W_S} = \frac{mq_0}{mW_S} = \frac{Q_0}{mW_S}$$

$$P_T = mW_S = \frac{Q_0}{\varepsilon_C} = \frac{35}{5.06} = 6.92\text{kJ/s} = 6.92\text{kW}$$

### 7.4.1　压缩空气制冷循环

（1）压缩空气制冷循环工作原理及分析

由于空气的定温加热和定温放热过程在实际中很难实现，因此实际循环并不采用逆向卡诺循环，而是以定压过程代替了定温过程，这样就构成了一个逆向的布雷顿循环。压缩空气制冷循环如图 7-33 所示。

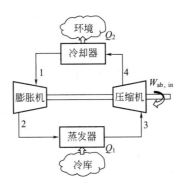

图 7-33　压缩空气制冷循环

工质空气（制冷剂）在膨胀机中绝热膨胀做功，压力由 $p_1$ 降到 $p_2$，温度由 $T_1$ 降到 $T_2$。低温空气经过置于冷库内的蒸发器，从蒸发器库中定压吸热（$p_3 = p_2$），吸热后的空气温度由 $T_2$ 上升至 $T_3$。冷藏室中的温度即为所要求的低温。理论上，空气在蒸发器出口的温度 $T_3$ 应等于冷库温度，但是实际上温度总是比冷藏室温度更低一些。吸热后的空气进入压缩机，经绝热压缩，压力从 $p_3$ 提高到 $p_4$，温度从 $T_3$ 升至 $T_4$。被压缩后的空气送到冷却器中，空气对冷却水定压放热（$p_4 = p_1$），温度降低至 $T_1$，从而完成一封闭的制冷循环。理论上，空气在冷却器出口的温度应等于冷却水的温度（即环境温度 $T_1$），但实际上空气温度总是略高于冷却水温度。

上述空气制冷装置理想循环的 $p\text{-}v$ 图及 $T\text{-}s$ 图如图 7-34 所示。其中：

12——空气在膨胀机中绝热可逆膨胀做功；

23——空气在冷库中定压吸热；

34——空气在压缩机中耗功绝热可逆压缩；

41——空气在冷却器中定压放热。

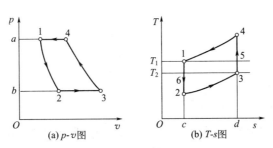

(a) $p\text{-}v$ 图　　　　(b) $T\text{-}s$ 图

图 7-34　空气压缩制冷循环示意

压缩空气制冷循环消耗的净功量 $w$ 在 $p\text{-}v$ 图上可由 12341 围成的面积表示。从冷库取出的热量 $q_2$ 和空气排向环境的热量 $q_1$ 在 $T\text{-}s$ 图中分别用 $23dc2$ 围成面积和 $41cd4$ 围成的面积表示。如果把空气视为定比热容的理想气体，则

$$q_2 = h_3 - h_2 = c_p(T_3 - T_2)$$
$$q_2 = h_4 - h_1 = c_p(T_4 - T_1)$$

循环消耗的净功为

$$w = q_1 - q_2 = c_p(T_4 - T_1) - c_p(T_3 - T_2)$$

压缩空气制冷理想循环的制冷系数为

$$\varepsilon = \frac{q_2}{w} = \frac{T_3 - T_2}{(T_4 - T_1) - (T_3 - T_2)} \tag{7-43}$$

由于 34、12 为定熵过程，有

$$\frac{T_4}{T_3} = \left(\frac{p_4}{p_3}\right)^{\frac{\kappa-1}{\kappa}}, \quad \frac{T_2}{T_1} = \left(\frac{p_2}{p_1}\right)^{\frac{\kappa-1}{\kappa}} \tag{a}$$

由于 $p_1 = p_4$，$p_2 = p_3$，故 $\dfrac{T_4}{T_3} = \dfrac{T_1}{T_2}$，将此关系代入制冷系数表达式，可得

$$\varepsilon = \frac{1}{\dfrac{T_1}{T_2} - 1} = \frac{T_2}{T_1 - T_2} \tag{7-44}$$

利用式(a) 代换式(7-44) 中的 $\dfrac{T_1}{T_2}$，则可以得到以增压比 $\dfrac{p_1}{p_2}$ 表示的制冷循环系数的表达式，即

$$\varepsilon = \frac{1}{\left(\dfrac{p_1}{p_2}\right)^{\frac{\kappa-1}{\kappa}}} \tag{7-45}$$

可见，压缩空气制冷循环的制冷系数 $\varepsilon$ 与增压比 $\dfrac{p_1}{p_2}$ 有关。$\dfrac{p_1}{p_2}$ 越小，$\varepsilon$ 就越大。这说明，降低循环中的增压比，制冷循环的温度和压力范围将减小，而 $\varepsilon$ 就增加，循环也就更接近逆卡诺循环，见图 7-35。但增压比较小的制冷循环 $1'2'34'1'$ 的制冷能力较小。$2'3$ 过程的吸热量 $q_2'$ 显然小于 23 过程的吸热量 $q_2$。

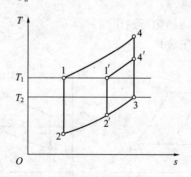

图 7-35  增压比与制冷系数及制冷量的关系

（2）回热式压缩制冷装置

目前，工业中采用回热式空气制冷循环，如图 7-36(a) 所示。

处于状态 1 的空气在膨胀机中定熵膨胀到状态 2 后，在冷藏室中定压吸热而至状态 3。然后进入回热器，在其中定压吸热至状态 4。进入压缩机定熵压缩至状态 5，再进入冷却器，利用冷却水使之冷却到环境温度的状态 6。最后进入回热器继续冷却至状态 1 而完成闭合循环。

该循环的 $T\text{-}s$ 图如图 7-36(b) 所示。不难看出，当 $T_5 = T_{5'}$ 时采用回热的制冷循环 1234561 的吸热量 $q_2$、放热量 $q_1$，分别与另一未采用回热的制冷循环 $1'235'1'$ 相同，因而两者的制冷系数也相同。但采用回热的循环与未采用回热的循环相比，具有以下优点。

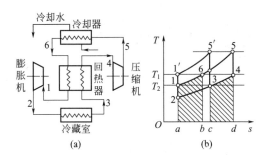

图 7-36　回热式空气制冷循环

① 在制冷量及制冷系数相同的情况下，可采用小得多的增压比。这样带来了采用叶轮式压缩机（低压、大排量）以代替活塞式压缩机的可能性，由于空气流量增大，从而可提高空气制冷装置的制冷量。又在深度冷冻中，由于 $T_Ⅰ$、$T_Ⅱ$ 相差很大，若不采用回热，势必增大压缩机的增压比。这对叶轮式压缩机而言是难以满足的，采用回热则由于压缩起点的温度较高，这一困难可得到解决。

② 采用低压比的另一好处是减小压缩及膨胀过程中不可逆性的影响，提高制冷装置实际工作时的有效性。

压缩空气制冷循环的 $COP$ 虽然比较低，但是它具有两个非常明显的优点：组成循环的部件相对来说比较简单，且质量比较小，因而非常适合在飞机上使用；易于采用回热，可用于深冷以及气体液化领域。在飞机上通常采用开式的压缩空气制冷循环，其工作过程如图 7-37 所示。环境空气被压缩机压缩之后，流经换热器被周围环境冷却，进入透平膨胀，膨胀后比体积增大，温度降低，直接通入机舱，对机舱进行冷却。

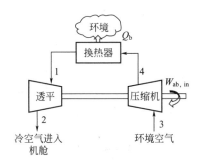

图 7-37　飞机用压缩空气制冷系统

【例 7-7】　某采用理想回热的压缩气体制冷装置，工质为某种理想气体，循环增压比 $\pi = 5$，冷库温度 $T_{\text{WEIZHI}} = -40℃$，环境温度为 300K，若输入功率为 3kW，试计算：①循环制冷量；②循环制冷量系数；③若循环制冷系数及制冷量不变，但不用回热措施。此时，循环的增压比应该是多少？该气体热可取定值，$c_p=0.85\text{kJ/(kg·K)}$，$\kappa=1.3$。

**解：** 对于回热循环，计算各个转折温度

$$T_3 = T_2 \pi^{\frac{\kappa-1}{\kappa}} = T_0 \pi^{\frac{\kappa-1}{\kappa}} = 300 \times 5^{\frac{1.3-1}{1.3}} = 434.93(\text{K})$$

$$T_5 = T_1 = T_c = 233.15\text{K}$$

$$T_6 = T_5 \left(\frac{1}{\pi}\right)^{\frac{\kappa-1}{\kappa}} = 233.15 \times \left(\frac{1}{5}\right)^{\frac{1.3-1}{1.3}} = 160.82(\text{K})$$

$$T_{3'} = T_3$$

无回热循环的增压比

$$\pi' = \frac{p_{3'}}{p_1} = \left(\frac{T_{3'}}{T_1}\right)^{\frac{\kappa-1}{\kappa}} = \left(\frac{434.93}{233.15}\right)^{\frac{1.3}{1.3-1}} = 14.9$$

① 循环制冷量

$$q_{c,1234561} = c_p(T_1 - T_6) = 0.815 \times (233.15 - 160.82) = 58.95(\text{kJ/kg})$$

② 循环制冷量系数

$$\varepsilon_{1234561} = \varepsilon'_{13'5'61} = 1 - \frac{1}{\pi^{\frac{\kappa-1}{\kappa}}} = 1 - \frac{1}{14.9^{\frac{1.3-1}{1.3}}} = 0.464$$

③ 若循环制冷系数及制冷量不变，其循环的增压比为

$$\pi' = \frac{p_{3'}}{p_1} = \left(\frac{T_{3'}}{T_1}\right)^{\frac{\kappa-1}{\kappa}} \left(\frac{434.93}{233.15}\right)^{\frac{1.3}{1.3-1}} = 14.9$$

### 7.4.2 压缩蒸气制冷循环

以上讨论中可知，压缩空气制冷循环存在着两点不足：首先，压缩空气制冷循环制冷系数不大，其根本原因在于其吸热与放热过程不是在定温条件下进行而是用定压过程代替，直接导致了空气制冷循环偏离逆卡诺循环，从而降低了经济性。其次，循环的制冷量也较小，这是由于空气工质本身的比定压热容较小。为克服压缩空气制冷循环以上不足之处，可采用低沸点物质（即在大气压力下，其沸腾温度 $t_s \leqslant 0$）作为制冷剂。利用湿蒸气在低温下吸收汽化潜热来制冷。

用湿蒸气完成压缩制冷循环的系统简图如图 7-38 所示。压缩蒸气制冷装置由蒸发器、压缩机、冷凝器和节流阀（代替膨胀机）组成。

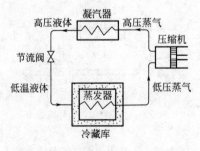

图 7-38 压缩空气制冷装置及循环

饱和蒸气从蒸发器出来，引入到压缩机进行绝热压缩升压，制冷剂蒸气的干度增大，温度升高。经压缩后的制冷剂蒸气引入到冷凝器中，冷却放热而凝结成饱和液体，由冷凝器出

来的制冷剂的饱和液体，被引向节流阀节流降压。由于在两相共存区域内，节流系数 $\mu_L$ 总是大于零，故节流后制冷剂温度降低，在其内部定压吸热（也即定温吸热）而汽化，其干度增加。利用节流阀开度的变化，能方便地改变节流后制冷剂的压力和温度，以实现冷库温度的连续调节。

从理论上分析，用蒸气作为工质进行制冷，逆向卡诺循环应可实现，如图 7-39 中循环 73467 所示。但是从技术上讲，73 过程两相压缩难以实现，且干度小对设备不利，因此工质在蒸发器中吸收热量之后，成为干饱和蒸气 1 状态，这样压缩机将饱和蒸气压缩成过热蒸气就实现了单相，同时压缩制冷量也增大。46 过程湿蒸气的干度不高，对膨胀机的工作也不利，所以实际中用节流阀取代膨胀机，膨胀过程 46 由节流过程 45 所代替。

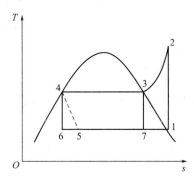

图 7-39　压缩蒸气制冷循环 $T\text{-}s$ 图

循环的吸热量

$$q_2 = q_{51} = h_5 - h_1 = h_1 - h_4$$

循环的放热量

$$q_1 = \lvert q_{234} \rvert = h_2 - h_4$$

循环的制冷系数

$$\varepsilon = \frac{q_2}{q_1 - q_2} = \frac{h_1 - h_4}{(h_2 - h_4) - (h_1 - h_4)} = \frac{h_1 - h_4}{h_2 - h_1} \tag{7-46}$$

式中各状态点的焓值可通过制冷剂热力性质专用图表查得后，就可进行上述各项计算。由于制冷循环中包含有两个定压换热过程。因此，用以压力为纵坐标、焓为横坐标绘成的制冷剂 $\lg p\text{-}h$ 压焓图（见图 7-40）来进行制冷循环的热力分析和计算非常方便，$\lg p\text{-}h$ 图是最常用的制冷剂热力性质图。

【例 7-8】　一制冷机采用 R134a 作为制冷剂，其工作在压力为 $0.14\sim0.8\text{MPa}$ 之间的理想压缩蒸气制冷循环下。如果制冷剂的流量为 $0.05\text{kg/s}$，试确定：①制冷量和压缩机的输入功率；②环境的散热量；③该制冷机的 $COP$。

**解：** 假设系统工作在稳态下，且忽略动能和势能的变化。

该制冷循环如图 7-41 所示。根据 R134a 的物性表，可以查得各点状态参数：

$p_1 = 0.14\text{MPa}$ 时，$h_1 = 239.16\text{kJ/kg}$，$s_1 = 0.94456\text{kJ/(kg·K)}$

$p_2 = 0.8\text{MPa}$ 时，$s_2 = s_1 = 0.94456\text{kJ/(kg·K)}$，$h_2 = 275.39\text{kJ/kg}$

$p_3 = 0.8\text{MPa}$ 时，$h_3 = 95.47\text{kJ/kg}$，$h_4 \approx h_1 = 95.47\text{kJ/kg}$（节流过程）

根据参数值计算如下。

① 制冷量和压缩机的输入功率

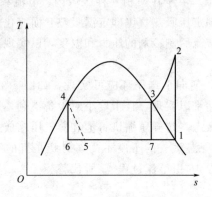

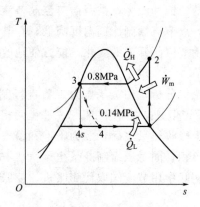

图 7-40  水蒸气压缩制冷循环 $\lg p\text{-}h$ 图　　图 7-41  R134a 制冷循环示意图

$$\dot{Q}_L = \dot{m}(h_1 - h_4) = 0.05 \times (239.16 - 95.47) = 7.18(\text{kW})$$

$$\dot{W}_m = \dot{m}(h_2 - h_4) = 0.05 \times (275.39 - 239.16) = 1.81(\text{kW})$$

② 环境的散热量

$$\dot{Q}_H = \dot{m}(h_2 - h_3) = 0.05 \times (275.39 - 95.47) = 9.0(\text{kW})$$

③ 制冷系统 COP

$$COP = \frac{\dot{Q}_H}{\dot{W}_m} = \frac{7.18}{1.81} = 3.97$$

 **思考题**

[7-1] 在分析动力循环时，如何理解热力学第一、第二定律的指导作用？

[7-2] 煤气机最初发明时无燃烧前的压缩，设这种煤气机的示功图如图 7-42 所示：61 为进气线，活塞向右移动，进气阀打开，空气与煤气的混合物进入气缸。活塞到达位置 1 时，进气阀关闭，火花塞点火。12 为接近定容的燃烧过程，23 为膨胀线，在 34 中，排气阀开启，部分废弃排出，气缸中压力降低。456 为排气线，这时活塞向左移动，排净废气。试画出这种内燃机理想循环的 $p\text{-}v$ 图和 $T\text{-}s$ 图。

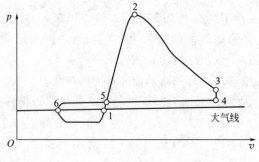

图 7-42  思考题 7-2 图

[7-3] 活塞式内燃机的平均吸热温度相当高，为什么循环热效率还不是很高？请从热力

学分析的角度解释。

[7-4] 活塞式内燃机循环理论上能否利用回热来提高热效率，实际中是否采用？为什么？

[7-5] 燃气轮机装置定压加热理想循环中，压缩过程若采用定温压缩，则可减少压气机耗功量，从而增加循环净功。在不采用回热的情况下，这种循环 12′341（见图 7-43）的热效率比采用绝热压缩的循环 12341 是增高量还是降低了？为什么？

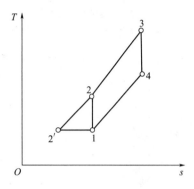

图 7-43 思考题 7-5 图

[7-6] 试证明在有相同压缩比条件下，活塞式内燃机定容加热循环和燃气轮机装置定压加热循环有相同的热效率。

[7-7] 布雷顿循环采用回热的条件是什么？一旦可以采用回热，为什么总会使循环热效率提高？

[7-8] 试证明燃气轮机装置定压加热理想循环中采用极限回热（$\sigma=1$）时，理想循环热效率的公式为

$$\eta_t = 1 - \frac{T_1}{T_3}\pi^{\frac{\kappa-1}{\kappa}}$$

[7-9] 既然压缩过程需要消耗功，为什么所有的热力发动机（内燃机、燃气轮机、喷气发动机、斯特林机等）都要有压缩过程？换句话说，为什么热力发动机都是既高温又高压呢？只高压不高温呢？

[7-10] 回热的本质是什么？是废气的余热利用，还是减小了温差传热的不可逆性？

[7-11] 为什么蒸汽动力循环不采用卡诺循环，而采用过热蒸汽作为工质的朗肯循环？

[7-12] 蒸汽动力循环的四大基本设备是什么？各起什么作用？

[7-13] 蒸汽动力循环中，为什么不把汽轮机排出的蒸汽直接压缩后送入锅炉中加热，而是冷却成水之后用水泵送入锅炉加热？

[7-14] 说明采用高（进汽参数）、低背压（排汽气）各自有什么优点？又受到什么限制？

[7-15] 提出再热循环的主要目的是什么？为什么再热循环级数不宜过多？

[7-16] 对于蒸汽动力系统，采用回热循环比朗肯循环具有更高的热效率，试说明其实质所在。

[7-17] 利用热电联产循环能否提高蒸汽动力循环的热效率？

[7-18] 试说明燃气-蒸汽联合循环为什么能使热效率提高。

[7-19] 无论是内燃机、燃气轮机还是蒸汽动力循环，各种实际循环的热效率都与工质

的热力性质有关，这些事实是否与卡诺定理矛盾？

[7-20] 压缩空气制冷循环，是否可以与压缩蒸气制冷循环一样，采用节流阀来代替膨胀机？为什么？

[7-21] 判断下列说法是否正确：

(1) 对正卡诺循环而言冷、热源温差越大，热效率就越高。

(2) 对逆卡诺循环而言冷、热源温差越大，其 COP 就越高。

(3) 制冷机或热泵一经设计制造完成，其 COP 即是固定不变的。

(4) 卡诺机工作正循环时若其热效率越高，则在作逆循环时 COP 也越大。

(5) 实际制冷机或热泵的 $COP_R$ 不可能超过在同温度范围内工作的卡诺制冷机或热泵。

[7-22] 压缩空气制冷循环采用回热措施后是否提高其理论制冷系数？能否提高其实际制冷系数？为什么？

[7-23] 与压缩蒸气制冷相比，压缩空气制冷有何特点？

[7-24] 热泵供热循环与制冷循环有什么异同？为什么同一装置既可作制冷机又可作热泵？

[7-25] 节流过程存在不可避免的能量损失，但在压缩蒸气制冷循环中，为什么均采用节流阀？

## 习题 ▶▶

[7-1] 压缩比 $\varepsilon = 6$ 的定容加热理想循环（奥托循环），工质可视为空气，压缩冲程的初始状态为 98.1kPa，60℃，吸热量为 879kJ/kg。试求：(1) 各个过程终了的压力和温度；(2) 循环的热效率，并与卡诺循环热效率进行比较。设比热容为定值，且 $c_p = 1.005$kJ/(kg·K)，$\kappa = 1.4$。

[7-2] 一内燃机混合加热循环，工质视为空气。已知 $p_1 = 0.1$MPa，$t_1 = 50$℃，$\varepsilon = 15$，$\lambda = 1.8$，$\rho = 1.3$，比热容为定值。求此循环的吸热量及循环热效率。

[7-3] 某狄赛尔循环的压缩比是 17：1，输入每千克空气的热量是 830kJ/kg。若压缩起始时工质的状态是 $p_1 = 100$kPa，$t_1 = 25$℃。试计算：(1) 循环中各点的压力、温度和比体积；(2) 预胀比；(3) 循环的热效率，并与同温限的卡诺循环的热效率相比较。假定气体比热容为 $c_p = 1.005$kJ/(kg·K)，$c_V = 0.718$kJ/(kg·K)。

[7-4] 某内燃机混合加热循环，吸热量为 2600kJ/kg，其中定容过程与定压过程的吸热量各占一半，压缩比 $\varepsilon = 14$，压缩过程的初始状态为 $p_1 = 100$kPa，$t_1 = 27$℃，试计算输出净功及循环热效率。

[7-5] 两个内燃机理想循环，一为定容加热循环 12341，另一为定压加热循环 12′341，如图 7-44 所示。已知下面两点的参数：$p_1 = 0.1$MPa，$t_1 = 60$℃，$p_3 = 2.45$MPa，$t_3 = 1100$℃，工质视为空气，比热容为定值。试求此两循环的热效率，并将此两循环表示在 $p$-$v$ 图上。

[7-6] 在布雷顿循环中，压气机入口空气状态为 100kPa，20℃，空气以流率 4kg/s 经压气机被压缩至 500kPa。燃气轮机入口燃气温度为 900℃。假定空气 $\kappa = 1.4$。试计算：(1) 循环各点的温度和压力；(2) 压气机耗功量、燃气轮机的做功量；(3) 循环热效率。

[7-7] 对于燃气轮机定压加热理想循环，若压气机空气参数为 $p_1 = 0.1$MPa，$t_1 =$

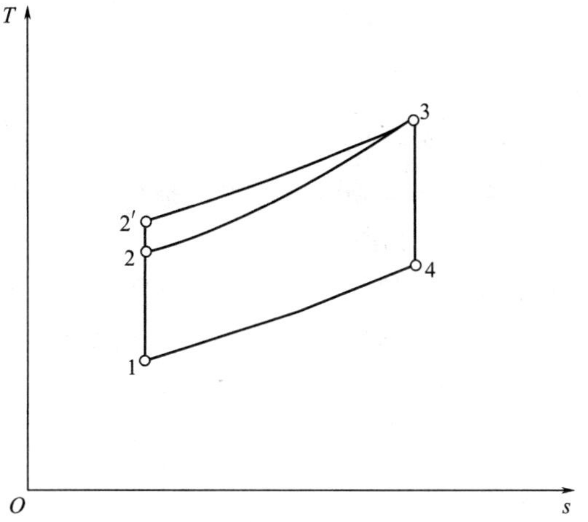

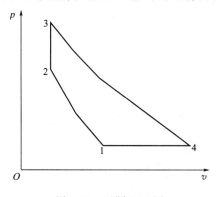

图 7-44　习题 7-5 图

20℃，燃气轮机进口处燃气温度 $t_3 = 1000$℃。试问增压比 $\pi$ 最高为多少时，循环净功为 0？
从这一计算能得到怎样的启示？

[7-8] 燃气轮机装置的定压加热理想循环中，工质视为空气，进入压气机的温度 $t_1 = 27$℃，压力 $p_1 = 0.1$MPa，循环增压比 $\pi = p_2/p_1 = 4$。在燃烧室中加入热量 $q_1 = 333$kJ/kg，经绝热膨胀到 $p_4 = 0.1$MPa。设比热容为定值，试求：（1）循环的最高温度；（2）循环的净功量；（3）循环热效率；（4）吸热平均温度及放热平均温度；（5）设压气机绝热效率为 0.85，燃气轮机的相对内效率为 0.90，求燃气轮机装置的实际循环效率。

[7-9] 某燃气轮机采用极限回热方法提高热效率，已知 $T_1 = 300$K，$T_3 = 1200$K，$p_1 = 0.1$MPa，$p_2 = 1.0$MPa，压气机的绝热效率为 0.80，燃气轮机的相对内效率为 0.84，回热度为 0.68。试求：（1）循环各点的温度；（2）循环的加热量、放热量和净功；（3）循环热效率；（4）气体在经压气机和燃气轮机各过程时的不可逆损失。

[7-10] 某极限回热的定压加热燃气轮机装置理想循环。已知 $T_1 = 300$K，$T_3 = 1200$K，$p_1 = 0.1$MPa，$p_2 = 1.0$MPa，$\kappa = 1.37$。（1）求循环的热效率；（2）设 $T_1$，$T_3$，$p_1$ 各维持不变，问 $p_2$ 增大到何值时就不可能再采用回热。

[7-11] 燃气轮机装置发展初期曾采用定容燃烧，这种燃烧室配置有进、排气阀门和燃油阀门，当压缩空气与燃料进入燃烧室混合后全部阀门都关闭，混合气体借电火花点火定容燃烧，燃气的压力、温度瞬间迅速提高。然后，排气阀门打开，燃气流入燃气轮机膨胀做

图 7-45　习题 7-11 图

功。这种装置理想循环 $p$-$v$ 图如图 7-45 所示。图中 12 为绝热压缩，23 为定容加热，34 为绝热膨胀，41 为定压放热。(1) 画出理想循环的 $T$-$s$ 图；(2) 设 $\pi = \dfrac{p_2}{p_1}$，$\theta = \dfrac{T_1}{T_2}$，并假定气体的绝热指数 $\kappa$ 为定值，求循环热效率 $\eta_t = f(\pi, \theta)$。

[7-12] 某电厂以燃气轮机装置产生动力，向发电机输出的功率为 20MW，循环的简图如图 7-46 所示，循环的最低温度为 290K，最高为 1500K，循环的最低压力为 95kPa、最高压力为 950kPa。循环中设一回热器，回热度为 75%。压气机绝热效率 $\eta_{C,s} = 0.85$，燃气轮机的相对内效率为 $\eta_T = 0.87$。(1) 试求燃气轮机发出的总功率、压气机消耗的功率和循环热效率；(2) 假设循环中工质向 1800K 的高温热源吸热，向 290K 的低温热源放热，求每一过程的不可逆损失。

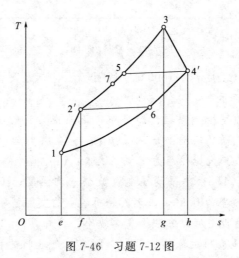

图 7-46 习题 7-12 图

[7-13] 试分析斯特林循环并计算循环热效率及循环放热量 $q_2$。已知循环吸热温度 $t_H = 527℃$，放热温度 $t_1 = 27℃$，从外界热源吸收热量 $q_1 = 200\text{kJ/kg}$。设工质为理想气体，比热容为定值。

[7-14] 一简单蒸汽动力循环（即朗肯循环），蒸汽的初压 $p_1 = 3\text{MPa}$，终压 $p_2 = 6\text{kPa}$，初温见表 7-3。试求在各种不同初温时循环的热效率 $\eta_t$、耗汽率 $d$ 及蒸汽的终干度 $x_2$，并将所求得的各值填入表 7-3 内，以比较所求得的结果。

表 7-3  习题 7-14 表

| $t_1/℃$ | 300 | 500 |
|---|---|---|
| $\eta_t$ | | |
| $d/(\text{kg/J})$ | | |
| $x_2$ | | |

[7-15] 一简单蒸汽动力装置循环，蒸汽初温 $t_1 = 500℃$，终压 $p_2 = 0.006\text{MPa}$，初压见表 7-4。试求在各种不同初压时循环的热效率 $\eta_t$、耗汽率 $d$ 及蒸汽的终干度 $x_2$，并将所求得的各值填入表 7-4 内，以比较所求得的结果。

表 7-4　习题 7-15 表

| $p_1/\text{MPa}$ | 3.0 | 15.0 |
|---|---|---|
| $\eta_t$ | | |
| $d/(\text{kg/J})$ | | |
| $x_2$ | | |

[7-16] 某电厂按朗肯循环工作，冷却水水温 40℃，凝汽器内蒸汽在高于冷却水 20℃下进行冷凝，要求锅炉管受压不超过 700kPa，汽轮机和水泵中都是单相工质。试求：

（1）为保证汽轮机中工质是单相，新蒸汽必需的最低过热度、循环热效率和汽耗率；

（2）在没有过热和有过热的情况下卡诺循环的热效率；

（3）锅炉改为承压 1.5MPa，此时朗肯循环的热效率和汽耗率。

[7-17] 过热水蒸气的参数为 $p_1 = 15\text{MPa}$，$t_1 = 600℃$。在蒸汽轮机中定熵膨胀到 $p_2 = 0.005\text{MPa}$。蒸汽流量为每小时 130t。求蒸汽轮机的理论功率和出口处乏汽的干度。若蒸汽轮机的相对内效率为 85%，求蒸汽轮机的功率和出口乏汽的干度，并计算因不可逆膨胀造成蒸汽比熵的增加。

[7-18] 某热电厂中，装有按朗肯循环工作的功率为 12MW 的背压式汽轮机，蒸汽参数为 $p_1 = 3.5\text{MPa}$，$t_1 = 435℃$，$p_2 = 0.6\text{MPa}$。经过热用户之后，蒸汽变为 $p_2$ 下的饱和水返回锅炉。锅炉所用的燃料发热量为 26000kJ/kg。求锅炉每小时的消耗量。

[7-19] 具有一次再热的动力循环的蒸汽参数为 $p_1 = 9.0\text{MPa}$，再热温度 $t_a = t_1 = 535℃$，$p_2 = 0.004\text{MPa}$。如果再热压力 $p_a$ 分别为 4、2、0.5MPa，试与无再热的朗肯循环作如下比较：（1）汽轮机出口乏汽干度的变化；（2）循环热效率的提高；（3）汽耗率的变化；（4）说明再热压力对提高乏汽干度和循环热效率的影响。

[7-20] 设有两个蒸汽再热动力装置循环，蒸汽的初参数都为 $p_1 = 12.0\text{MPa}$，$t_1 = 450℃$，终压 $p_2 = 0.004\text{MPa}$。第一再热循环再热时压力为 2.4MPa，另一个再热时压力为 0.5MPa，两个型号再热后蒸汽温度都为 400℃。试确定这两个再热循环的热效率和终湿度。

注：湿度是指 1kg 湿蒸汽中所含的饱和水的质量，即（1−$x$）。

[7-21] 某发电厂采用的蒸汽动力装置采用一级抽汽回热循环，抽汽压力为 0.5MPa。蒸汽以 $p_1 = 6.0\text{MPa}$，$t_1 = 600℃$ 的初态进入汽轮机，蒸汽质量流率为 80kg/s。汽轮机的 $\eta_T = 0.88$，凝汽器内压力维持 10kPa。假定锅炉内传热过程是在 1400K 的热源和水之间进行，凝汽器内冷却水的平均温度为 25℃。试求：（1）两台水泵的总耗功；（2）锅炉内水的质量流量；（3）汽轮机做功；（4）凝汽器内的放热量；（5）循环热效率；（6）各过程及循环做功能力的不可逆损失。

[7-22] 一制冷机在 −20℃ 和 30℃ 的热源间工作，若其吸热为 10kW，循环制冷系数是同温限间逆向卡诺循环的 75%，试计算：（1）散热量；（2）循环净耗功量。

[7-23] 一空气制冷装置，空气进入膨胀机的温度 $t_1 = 20℃$，压力 $p_1 = 0.4\text{MPa}$，绝热膨胀到 $p_2 = 0.1\text{MPa}$。经从冷藏室吸热后，温度 $t_3 = -5℃$。已知制冷量 $Q_0$ 为 150000kJ/h，试计算该制冷循环的功耗和制冷系数。

[7-24] 压缩空气制冷循环空气进入压气机时的状态为 $p_1 = 0.1\text{MPa}$，$t_1 = -20℃$，在压气机内定熵压缩到 $p_2 = 0.5\text{MPa}$，进入冷却器。离开冷却器时空气的温度为 $t_3 = 20℃$。若 $t_C = -20℃$，$t_0 = 20℃$，空气视为定比热容的理想气体，$\kappa = 1.4$。试求：（1）无回热时的制

冷系数及 1kg 空气的制冷量；（2）若制冷量保持不变而采用回热，理想情况下压缩比是多少？

[7-25] 压缩空气制冷循环运行温度 $T_C = 290K$，$T_0 = 300K$，如果循环增压比分别为 3 和 6，分别计算它们的循环性能系数和每千克工质的制冷量。（假定空气为理想气体，此比热容取定值 $c_p = 1.005kJ/(kg \cdot K)$，$\kappa = 1.4$）

[7-26] 某制冷装置采用氨作制冷剂，蒸发室温度为 $-10℃$，冷凝室温度为 $38℃$，制冷量为 $10 \times 10^5 kJ/h$，试求：（1）压缩机消耗的功率；（2）制冷剂的流量；（3）制冷系数。

[7-27] 压缩蒸气制冷装置采用氟利昂（R12）为制冷剂，冷凝温度 $30℃$，蒸发温度为 $-20℃$，节流膨胀前液体制冷剂的温度为 $25℃$，蒸发器出口处蒸气的过热温度为 $5℃$，制冷剂循环流量为 $100kg/h$。试求：（1）该制冷装置的制冷能力和制冷系数；（2）在相同温度条件下逆向卡诺循环的制冷系数。

[7-28] 某制冷机使用制冷剂 R134a 作为理想压缩蒸气制冷循环，其工作压力为 $0.14 \sim 0.8MPa$，制冷剂的质量流率为 $0.05kg/s$，试确定：（1）从制冷空间传出的热量；（2）压缩功率；（3）制冷机的 $COP$。

[7-29] 某热泵型空调用 R134a 作为工质，设蒸发器中 R134a 的温度为 $-10℃$，进入压气机时的蒸汽干度 $x_1 = 0.98$，冷凝器中饱和液温度为 $35℃$。求热泵耗功和供暖系数。

# 化学热力学基础

前面各章所讨论的内容都只与物理变化有关，不涉及化学变化。实际上，许多热力学问题都包含化学反应，动力工程中最常见的莫过于燃料的燃烧。其他诸如水的化学处理、化工过程以及人体和生物体内热质传递和能量转换也都含有化学反应过程。本章将应用热力学第一和第二定律分析经历化学变化的热力学系统，并着重讨论工程热力学中涉及最多的燃烧过程。

## 8.1 基本概念

要研究化学反应过程中热与功的转换，同前面一样须选择一个合适的研究对象——热力系统。这个概念与前面并无本质的差别，只是此时热力系统中包含化学反应。它可以是闭口系统，也可以是开口系统，其性质也与前相同。显然，有化学反应的热力系统与无化学反应的热力系统的主要差别在于物质种类间的转换。有化学反应时因物质之间的相互作用而使某些物质消失继而产生新的物质，导致系统组成和成分的变化。无化学反应时不发生这种现象，只可能因与外界有质量交换或混合而改变系统的物质组成和成分。后者只要根据质量守恒关系即可确定系统组成或成分变化，而前者要由化学反应关系即化学反应方程式，应用物质各元素的原子数守恒原理来给出变化前后的系统成分和组成变化。例如，氢气与氧气生成水的反应，其化学反应方程式为

$$2H_2 + O_2 == 2H_2O \tag{8-1}$$

化学反应方程式表示了反应前后氧原子以及氢原子数的守恒关系，而氧气、氢气及水的质量或摩尔数不等，其量的变化要由所发生反应的程度确定。如果反应能进行到使氧气和氢气完全消失时，系统中只有水一种物质；否则为三者的混合物；如没有反应，则系统中只有氧气和氢气组成的混合物。

式(8-1)中的各物质前面的系数 2，1 和 2 称为化学计量系数，对一般的化学反应可表示为：

$$aA + bB == cC + dD \tag{8-2}$$

式中，A，B 和 C，D 分别为反应物与生成物；而 $a$，$b$ 和 $c$，$d$ 则分别是反应物与生成物的化学计量系数。注意计量系数可以是整数也可以是分数，例如，一氧化碳与氧气燃烧生成二氧化碳的反应可表示成

$$CO + \frac{1}{2}O_2 == CO_2$$

伴有化学反应热力系统的平衡条件，除了满足热力与力的平衡外，还要达到化学反应平衡。已经知道，两个互相独立的状态参数可以确定无化学反应时简单可压缩系统的平衡状

态，对一个有化学反应的系统，当化学反应达到平衡时，混合物中的成分也是确定的，其平衡状态同样由两个独立的状态参数决定。但化学反应没有达到平衡时，系统仍不能处于稳定状态，因为物质的成分仍在变化。为了确定反应过程中间任意一个状态，除了两个独立状态参数，比如温度和压力外，还必须有表示混合物各成分含量的参数，即还要考虑到反应变化及反应程度，或者说分析化学反应的热力系统，还要考虑由物质结构变化所产生的后果和影响。所以对于有化学反应的系统，要确定其状态，需要两个以上状态参数。

有化学反应的热力系统既有物理变化（体现为热力学状态参数的变化），又有化学反应带来的物质结构变化。前面各章对物理变化的过程作了深入的讨论，本章将分析两者耦合在一起的热力学问题。上述分析表明，伴有化学反应的热力系统，当描述系统物理性质的状态参数不变时，同样可经历变化过程，即化学反应仍可以进行。定容、定压、定温、绝热及多变过程是物理变化的基本过程。对一个反应系统，有定温定容、定温定压、定容绝热和定压绝热反应四种基本化学过程。作为典型的过程，将对它们进行热力学第一和第二定律分析，以了解化学反应热力系统的能量转换关系、过程进行的方向条件及限度。

上述四种基本反应过程是工程技术应用领域中实际反应的抽象与理想化。用于测定固体或液体燃料发热量（或热值）的氧弹量热计中的化学反应便是定温定容过程，测量这一反应过程的放热量以确定燃料发热量，所以有时也称为定容量热计。气体燃料热值则利用定温定压下化学反应过程进行测量，这种量热计即所谓的定压量热计。工程应用中，其他实际燃烧或化学反应一般也可用这四种基本过程近似或简化，例如大型船用低速柴油机气缸里喷油燃烧过程和燃气轮机装置燃烧室燃烧过程都接近于定压绝热过程。

## 8.2 热力学第一定律在化学反应中的应用

### 8.2.1 化学反应系统的第一定律表达式

（1）闭口系统

对于有化学反应的闭口系统，热力学第一定律可写成

$$Q = U_P - U_R + W \tag{8-3}$$

式中，$Q$ 为反应过程中系统与外界交换的热量，称为反应热，吸热为正，反之为负；$W$ 为反应过程中系统与外界交换的功量。通常只考虑简单可压缩系统，它不涉及其他形式功，比如电磁功等，所以 $W$ 仅是容积变化功，对外做功为正；$U_R$ 和 $U_P$ 分别为反应前后系统的总内能。它们是广义内能，即除以前讲述过的由分子动能和分子位能组成的内能外，还应包括化学能。

若系统容积不发生变化，即 $W=0$，式（8-3）演变成

$$Q = U_P - U_R \tag{8-4}$$

定容绝热反应时，与外界热量交换也为零，即 $Q=0$，上述进一步简化为

$$U_P = U_R \tag{8-5}$$

这表明，定容绝热化学反应过程反应前后闭口系统的总内能保持不变。

对于闭口系统定压过程，由第一定律知

$$Q = H_P - H_R \tag{8-6}$$

式中，$H_R$ 和 $H_P$ 分别为反应前后热力系统的总焓。它们也是广义的焓。如果绝热，$Q=0$，上式变为

$$H_P = H_R \tag{8-7}$$

或者说定压绝热反应前后闭口系统的总焓不变。

（2）开口系统

有化学反应的稳态稳定流动开口系统，且忽略由于化学变化引起的其他功时热力学第一定律可表示成

$$Q = \sum_P H_{out} - \sum_R H_{in} + W_t \tag{8-8}$$

式中，$Q$ 和 $W_t$ 分别为开口系统与外界交换的反应热和技术功。忽略动、位能变化，技术功等于轴功，即

$$W_t = W_s \tag{8-9}$$

若同时又为定压过程，$W_t = 0$，式（8-8）变为

$$Q = \sum_P H_{out} - \sum_R H_{in} \tag{8-10}$$

如果又是绝热过程，则进一步简化为

$$\sum_P H_{out} = \sum_R H_{in} \tag{8-11}$$

即经历定压绝热反应过程时，流入开口系统反应的总焓与经反应后流出系统的反应产物总焓相等。

## 8.2.2　化学反应热效应与燃料热值

（1）化学反应热效应

系统经历一个化学反应过程，反应前后温度相等，并且只做容积变化功而无其他形式的功时，1kmol 主要反应物所吸收或放出的热量称为反应热效应，简称热效应。规定系统吸热时热效应为正。

化学反应往往有几种物质参加反应，又有几种不同的新物质生成，这些物质的数量一般并不是 1kmol，所以热效应习惯上以 1kmol 主要反应物或生成物作为基准。例如甲烷的燃烧反应

$$CH_4 + 2O_2 =\!=\!= CO_2 + 2H_2O + Q$$

主要反应物通常选定为 $CH_4$，即 1kmol $CH_4$ 发生定温反应（或燃烧）时系统与外界交换的热量为该反应的热效应。

根据定义，热效应都是特指定温过程的反应热。当化学反应分别在定压定温和定容定温条件下进行时，相应的热效应分别称为定压热效应和定容热效应。前者用符号 $Q_p$ 表示，后者用符号 $Q_V$ 表示。由式（8-6）和式（8-4）知道，定压热效应 $Q_p$ 和定容热效应 $Q_V$ 实际就是生成物与反应物之间的千摩焓差和千摩内能差。显然，热效应既与反应前后物质种类有关，也与反应前后物质所处状态有关，比如同一化学反应在不同温度条件下，系统与外界交换的热量不一样，其热效应值也不同。习惯上选定 101.325kPa 和 25℃ 为热化学的标准状态。因此，统一规定 101.325kPa 和 25℃ 时的定压热效应为标准定压热效应，以符号 $Q_p^0$ 表示。各种化学反应的标准定压热效应 $Q_p^0$ 值可在有关手册或书籍中查到，其中有些生成反应的标准定压热效应值也可参考下面将介绍的标准生成焓从表 8-1 中查得。

表 8-1　几种常用化合物的标准生成焓、标准生成吉布斯函数和绝对熵（101.325kPa，25℃）

| 物质 | 分子式 | $M/(\text{g/mol})$ | 物态 | $\overline{h}_f^{\circ}/(\text{kJ/kmol})$ | $\overline{g}_f^{\circ}/(\text{kJ/kmol})$ | $\overline{S}_m^{\circ}/(\text{kJ/kmol})$ |
|---|---|---|---|---|---|---|
| 一氧化碳 | CO | 28.011 | 气 | $-110529$ | $-137182$ | 197.653 |
| 二氧化碳 | $CO_2$ | 44.011 | 气 | $-393522$ | $-394407$ | 213.795 |
| 水 | $H_2O$ | 18.015 | 气 | $-241827$ | $-228583$ | 188.833 |
| 水 | $H_2O$ | 18.015 | 液 | $-285838$ | $-237146$ | 69.940 |
| 甲烷 | $CH_4$ | 16.043 | 气 | $-74873$ | $-50783$ | 186.256 |
| 乙炔 | $C_2H_2$ | 26.038 | 气 | $+226731$ | $+209169$ | 200.958 |
| 乙烯 | $C_2H_4$ | 28.054 | 气 | $+52283$ | $+68142$ | 219.548 |
| 乙烷 | $C_2H_6$ | 30.070 | 气 | $-84667$ | $-32842$ | 229.602 |
| 丙烷 | $C_3H_8$ | 40.097 | 气 | $-103847$ | $-23414$ | 270.019 |
| 正丁烷 | $C_4H_{10}$ | 58.124 | 气 | $-126148$ | $-17044$ | 310.227 |
| 正辛烷 | $C_8H_{18}$ | 114.23 | 气 | $-208447$ | $+16599$ | 466.835 |
| 正辛烷 | $C_8H_{18}$ | 114.23 | 液 | $-249952$ | $+6713$ | 360.896 |
| 碳 | C | 12.011 | 固 | 0 | 0 | 5.686 |

（2）赫斯定律

热效应与反应热有所不同，热效应是专指定温反应过程且除容积变化功外无其他形式功时的反应热。反应热是过程量，与反应过程有关；而热效应则为状态量。对于反应前后物质的种类给定时，热效应只取决于反应前后的状态，而与中间经历的反应途径无关。这就是1840 年发表的赫斯定律。在能量守恒定律确定后，赫斯定律成为能量守恒定律的一种必然推论。

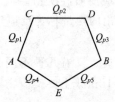

图 8-1　赫斯定律图示

如图 8-1 所示，系统由初态 $A$，可以经历中间态 $C$ 和 $D$ 变成 $B$，也可以经历中间态 $E$ 变成 $B$，经过两途径各自所产生的热效应之和应相等，即

$$Q_{p1}+Q_{p2}+Q_{p3}=Q_{p4}+Q_{p5}$$

根据赫斯定律或热效应是状态量这一性质，我们可利用一些已知反应的热效应计算出某些其他反应，特别是那些难以直接测定的反应的热效应。例如，碳不完全燃烧的反应方程为

$$\text{C}+\frac{1}{2}\text{O}_2 === \text{CO}+Q_p \tag{8-12}$$

但此反应难于实现，因为燃烧时的生成物不只是 CO 还有 $CO_2$，这一反应的热效应虽难于实测，但可借助下列两个反应的热效应间接算得

$$\text{CO}+\frac{1}{2}\text{O}_2 === \text{CO}_2+Q_p' \tag{8-13}$$

$$C + O_2 \overline{\phantom{==}} CO_2 + Q_p'' \tag{8-14}$$

显然，通过反应过程式(8-12)与式(8-13)的综合，同样可以达到反应方程式(8-14)的效果，根据赫斯定律应有

$$Q_p + Q_p' = Q_p''$$

所以

$$Q_p = Q_p'' - Q_p'$$

（3）燃烧热值

1kmol 燃料完全燃烧时热效应的相反值（负的热效应值）称为燃料的发热量或热值，用 $[-\Delta H_f]$ 或 $[-\Delta U_f]$ 表示。显然，此时放热为正，例如 CO 与 $O_2$ 在 101.325kPa，25℃ 时的完全燃烧反应有

标准定压热效应 $Q_p^{\circ} = -282993$ kJ/kmol　CO

标准热值 $[-\Delta H_f^{\circ}] = -Q_p^{\circ} = 282993$ kJ/kmol　CO

含氢燃料燃烧产物中都有 $H_2O$，由于反应条件不同，它可能以蒸汽，也可能以液态存在于反应物中。例如当反应温度低于水蒸气分压力对应的饱和温度时，则蒸汽会凝结成水，以液态形式出现。由于凝结过程中要放出热量，此时系统向外的放热量高于以蒸汽形态存在于产物中的放热量。为区别两种不同情况，引入高热值与低热值的概念，分别以 $[-\Delta H_f^h]$ 和 $[-\Delta H_f^l]$ 表示。燃烧产物中的 $H_2O$ 为液态时热值中包含水蒸气凝结放出的汽化潜热，热值的数值较高，称为高热值。反之低热值中不包含这一潜热。例如氢气在 101.325kPa，25℃时燃烧生成 $H_2O$ 的反应。

高热值 $[-\Delta H_f^h] = 285838$ kJ/kmol　$H_2$

低热值 $[-\Delta H_f^l] = 241827$ kJ/kmol　$H_2$

两者之差

$$[-\Delta H_f^h] - [-\Delta H_f^l] = 285838 - 241827 = 44011 \text{kJ/kmol}　H_2O$$

正是 25℃时 1kmol 水蒸气的汽化潜热值。

量热实验测得的热值往往是高热值，而实际燃烧过程都发生在较高温度下，比如炉膛内、燃气轮机装置燃烧室的温度都高达数百摄氏度以上，甚至高于 1000℃，$H_2O$ 均以气态存在，故燃烧计算都采用低热值。

### 8.2.3　标准生成焓

式(8-2)所表示的一般化学反应经历定容过程时，能量方程由式(8-4)具体化为

$$Q_V = (cU_{mC} + dU_{mD}) - (aU_{mA} + bU_{mB}) \tag{8-15}$$

如果是理想气体的定容化学反应，上式可进一步演化为

$$Q_V = (cH_{mC} + dH_{mD}) - (aH_{mA} + bH_{mB}) - R_m[(c+d)T_P - (a+b)T_R] \tag{8-16}$$

对于闭口系统定压反应，式(8-6)可具体写成

$$Q_P = (cH_{mC} + dH_{mD}) - (aH_{mA} + bH_{mB}) \tag{8-17}$$

相应地，开口系统表达式(8-10)也可具体化为

$$Q_P = (cH_{mC} + dH_{mD})_{out} - (aH_{mA} + bH_{mB})_{in} \tag{8-18}$$

由此可见，利用上述各式计算分析化学反应过程的能量关系时，必须知道各反应物和生成物的焓、内能等。

应当注意的是无化学反应的热力系统中，只需要计算不同状态之间焓及内能的变化值，

参考基准点并不影响结果。而化学反应过程中，由于有物质的消失和产生，各生成物和反应物焓、内能等热力性质的计算必须统一基准参考点。为方便热力计算，引进标准生成焓的概念。取热化学中惯用的标准状态即 101.325kPa 和 25℃为基准点，规定任何化学单质在此标准状态下焓值为零，由有关单质在此标准状态下发生化学反应生成 1kmol 化合物所吸收的热量称之为该化合物的标准生成焓，用符号 $\overline{h_f^\circ}$ 表示。实际上，这就是有关单质生成 1kmol 化合物的标准定压热效应 $Q_P^\circ$，而且也就是标准状态下每千摩尔该化合物的焓值 $H_m^\circ$。

例如碳和氧气在压力 101.325kPa，温度 25℃条件下生成 $CO_2$ 的反应即 $C + O_2 \longrightarrow CO_2$，由式(8-17)与标准生成焓的定义，得

$$(\overline{h_f^\circ})_{CO_2} = Q_P = H_P - H_R = (H_m^\circ)_{CO_2} - (H_m^\circ)_C - (H_m^\circ)_{O_2}$$

根据上述规定，在标准状态下，$(H_m^\circ)_C = 0$，$(H_m^\circ)_{O_2} = 0$，由实验测得 $Q_p^\circ = -393522$kJ/kmol，所以

$$(\overline{h_f^\circ})_{CO_2} = Q_p^\circ = (H_m^\circ)_{CO_2} = -393522\text{kJ/kmol}$$

负号表示该反应是放热反应。表 8-1 列出了几种常用化合物的标准生成焓，其他化合物的标准生成焓可以在有关书籍和手册中查取。

引入了标准生成焓，物质在任意温度和压力下的焓可通过标准生成焓来计算。即任意温度和压力下每千摩尔物质的焓 $H_{T,p,m}$ 可表示为

$$H_{T,p,m} = \overline{h_f^\circ} + (H_{T,p,m} - \overline{h_f^\circ})$$

由于标准生成焓 $\overline{h_f^\circ}$ 等于标准状态下该化合物的千摩尔焓值 $H_m^\circ$，所以上式也可写成

$$H_{T,p,m} = \overline{h_f^\circ} + (H_{T,p,m} - H_m^\circ) = \overline{h_f^\circ} + \Delta H_m \tag{8-19}$$

式中，$\Delta H_m$ 代表任意状态与标准状态之间化合物的千摩尔焓值差。理想气体的 $\Delta H_m$ 只与温度有关，可利用摩尔热容计算；有些理想气体的 $\Delta H_m$ 值可从附表 7 中查得。

利用式(8-19)，可将式(8-17)改写成

$$Q = c(\Delta H_m)_C + d(\Delta H_m)_D - a(\Delta H_m)_A - b(\Delta H_m)_B +$$
$$[c(\overline{h_f^\circ})_C + d(\overline{h_f^\circ})_D - a(\overline{h_f^\circ})_A - b(\overline{h_f^\circ})_B](\text{定压反应热}) \tag{8-20}$$

此式是利用标准生成焓计算化学反应定压反应热的一般公式，只要知道有关的标准生成焓及任意状态与标准状态之间的千摩尔焓差，便可计算出定压反应热。若生成物（如 C 和 D）与反应物（如 A 和 B）的温度相同，便可计算任意温度 $T$ 时反应的定压热效应 $Q_p$。

同理，理想气体定容化学反应时的式(8-16)可改写为

$$Q = c(\Delta H_m)_C + d(\Delta H_m)_D - a(\Delta H_m)_A - b(\Delta H_m)_B +$$
$$[c(\overline{h_f^\circ})_C + d(\overline{h_f^\circ})_D - a(\overline{h_f^\circ})_A - b(\overline{h_f^\circ})_B] -$$
$$R_m[(c+d)T_P - (a+b)T_R](\text{定容反应热}) \tag{8-21}$$

利用上式，可计算理想气体进行定容反应时的反应热。若生成物温度 $T_P$ 与反应物温度 $T_R$ 相同，便可计算出该温度时理想气体定容反应的定容热效应 $Q_V$。

相应地，对于开口系统，式(8-18)可写为

$$Q = [c(\Delta H_m)_C + d(\Delta H_m)_D]_{out} - [a(\Delta H_m)_A + b(\Delta H_m)_B]_{in}$$
$$+ [c(\overline{h_f^\circ})_C + d(\overline{h_f^\circ})_D]_{out} - [a(\overline{h_f^\circ})_A + b(\overline{h_f^\circ})_B]_{in}$$

$$（\text{开口系统定压反应热}） \tag{8-22}$$

【**例 8-1**】　试分别用下面两种方法求 $H_2O$ 在 3.5MPa，300℃时的千摩尔焓值。

① 假设 $H_2O$ 为理想气体，其摩尔热容为

$$C_{p,m}=143.05-183.54\left(\frac{T}{100}\right)^{0.25}+82.751\left(\frac{T}{100}\right)^{0.5}+3.6989\left(\frac{T}{100}\right)\text{kJ/(kmol·K)}$$

② 水蒸气表。

**解：**无论用什么方法，由式(8-16) 都有

$$H_{T,p,m}=\bar{h}_f^o+\Delta H_m$$

以下用两种方法计算给定状态与标准状态的千摩尔焓差 $\Delta H_m$，从而得到 $H_{T,p,m}$。

① 理想气体

$$\Delta H_m=\int_{298.15}^{573.15}C_{p,m}(T)\mathrm{d}T$$

$$=\int_{298.15}^{573.15}\left[143.05-183.54\left(\frac{T}{100}\right)^{0.25}+82.751\left(\frac{T}{100}\right)^{0.5}+3.6989\left(\frac{T}{100}\right)\mathrm{d}T\right]$$

$$=9517\text{kJ/kmol}$$

而由表 8-1 查得水蒸气 $(h_f^o)_{H_2O(g)}=-241827\text{kJ/kmol}$，所以

$$H_{T,p,m}=-241827+9517=-232310\text{kJ/kmol}$$

② 水蒸气表

$H_2O$ 在 3.5MPa，300℃和标准状态下分别为过热蒸汽和过冷水，查表得其焓值分为 2975.95kJ/kg 和 104.87kJ/kg $H_2O$，所以：

$$\Delta H_m=18.015(2975.95-104.87)=51723\text{kJ/kmol}$$

而由表 8-1 查得水 $(\bar{h}_f^o)_{H_2O(l)}=-285838\text{kJ/kmol}$

所以

$$H_{T,p,m}=-285838+51723=-234115\text{kJ/kmol}$$

显然，两种不同的方法计算结果相差很小。

引进生成焓的概念对于有化学反应的系统的计算确有方便之处，但非唯一的计算方法。

### 8.2.4　理想气体反应热效应 $Q_p$ 与 $Q_V$ 的关系

定温定压和定温定容反应过程，其热效应 $Q_p$ 与 $Q_V$ 之差由式(8-6) 和式(8-4) 得到

$$Q_p-Q_V=(H_P-U_P)-(H_R-U_R) \tag{8-23}$$

若是理想气体化学反应，根据理想气体的性质可得，$H_P-U_P=n_pR_mT$，$H_R-U_R=n_RR_mT$，因此上式可简化为

$$Q_p-Q_V=(n_P-n_R)R_mT \tag{8-24}$$

式中，$n_R$ 和 $n_P$ 分别为反应物和生成物的总摩尔数。由式(8-24)，已知 $Q_p$ 或 $Q_V$ 中任何一个可求出另一个。

$n_P>n_R$，即反应前后总摩尔数增加，则 $Q_p>Q_V$；

$n_P<n_R$，即反应前后总摩尔数减少，则 $Q_p<Q_V$；

$n_P=n_R$，即反应前后总摩尔数不变，则 $Q_p=Q_V$。

实际上，$Q_p$ 与 $Q_V$ 往往相差很小，例如一氧化碳与氧气在 300K 下定温燃烧，$Q_p=-282761\text{kJ/kmol CO}$，$Q_V=-281513\text{kJ/kmol CO}$，两者相差仅为

$$\frac{Q_p - Q_V}{Q_p} \times 100\% = \frac{-282761 - 281513}{282761} \times 100\% \approx 0.4\%$$

## 8.3 化学反应过程的热力学第一定律分析

本节我们以燃烧过程为对象，举例说明应用热力学第一定律具体分析化学反应系统的过程特性，深化理解基本概念，掌握基础知识。

### 8.3.1 燃料热值计算

【例 8-2】 计算 $CH_4$ 在 101.325kPa，25℃下完全燃烧时的低热值 $[-\Delta H_f^l]$。

**解：** 化学反应式

$$CH_4 + 2O_2 = 2H_2O(g) + CO_2$$

根据式(8-7) 且标准状态 $\Delta H_m = 0$

$$\begin{aligned} Q_p^\circ &= H_P - H_R = 2(\bar{h}_f^\circ)_{H_2O(g)} + (\bar{h}_f^\circ)_{CO_2} - (\bar{h}_f^\circ)_{CH_4} - 2(\bar{h}_f^\circ)_{O_2} \\ &= 2 \times (-241827) + (-393522) - (-74873) - 2(0) = -802303 \text{kJ/kmol } CH_4 \end{aligned}$$

$$[-\Delta H_f^l] = -Q_p^\circ = 802303 \text{kJ/kmol } CH_4$$

【例 8-3】 按下面几种情况分别计算 1kmol 和 1kg 丙烷（$C_3H_8$）在 101.325kPa，25℃时的热值（已知丙烷汽化潜热为 370kJ/kg）：①液态丙烷和液态 $H_2O$；②液态丙烷和气态 $H_2O$；③气态丙烷和液态 $H_2O$；④气态丙烷和气态 $H_2O$。

**解：** 反应式为

$$C_3H_8 + 5O_2 = 4H_2O + 3CO_2$$

查表 8-1，$(\bar{h}_f^\circ)_{C_3H_8(g)} = -103847 \text{kJ/kmol}$

$$(\bar{h}_f^\circ)_{C_3H_8(l)} = -103847 - 44.097 \times 370 = -120163 \text{kJ/kmol}$$

① 液态丙烷和液态 $H_2O$：

$$\begin{aligned} Q_p^\circ &= H_P - H_R = 3(\bar{h}_f^\circ)_{CO_2} + 4(\bar{h}_f^\circ)_{H_2O(l)} - (\bar{h}_f^\circ)_{C_3H_8} \\ &= 3 \times (-393522) + 4 \times (-285838) - (-120163) \\ &= -2203755 \text{kJ/kmol} = -49975 \text{kJ/kg} \end{aligned}$$

液态 $C_3H_8$ 的高热值为

$$[-\Delta H_f^h]_{C_3H_8(l)} = -2203755 \text{kJ/kmol} = 49975 \text{kJ/kg}$$

② 液态丙烷和气态 $H_2O$：

$$\begin{aligned} Q_p^\circ &= H_P - H_R = 3(\bar{h}_f^\circ)_{CO_2} + 4(\bar{h}_f^\circ)_{H_2O(g)} - (\bar{h}_f^\circ)_{C_3H_8(l)} \\ &= 3 \times (-393522) + 4 \times (-241827) - (-120163) \\ &= -2027711 \text{kJ/kmol} = -\frac{2027711 \text{kJ/kmol}}{44.097 \text{g/mol}} = -45983 \text{kJ/kg} \end{aligned}$$

液态 $C_3H_8$ 的低热值为

$$[-\Delta H_f^l]_{C_3H_8(l)} = 2027711 \text{kJ/kmol} = 45983 \text{kJ/kg}$$

③ 气态丙烷和液态 $H_2O$：

$$\begin{aligned} Q_p^\circ &= H_P - H_R = 3(\bar{h}_f^\circ)_{CO_2} + 4(\bar{h}_f^\circ)_{H_2O(l)} - (\bar{h}_f^\circ)_{C_3H_8(g)} \\ &= 3 \times (-393522) + 4 \times (-285838) - (-10384) \end{aligned}$$

$$= -2220071 \text{kJ/kmol} = -50345 \text{kJ/kg}$$

气态 $C_3H_8$ 的高热值为

$$[-\Delta H_f^h]_{C_3H_8(g)} = -2220071 \text{kJ/kmol} = 50345 \text{kJ/kg}$$

④ 气态丙烷和气态 $H_2O$：

$$Q_p^o = H_P - H_R = 3(\bar{h}_f^o)_{CO_2} + 4(\bar{h}_f^o)_{H_2O(g)} - (\bar{h}_f^o)_{C_3H_8(g)}$$
$$= 3 \times (-393522) + 4 \times (-241827) - (-103847)$$
$$= -2044027 \text{kJ/kmol} = -46353 \text{kJ/kg}$$

气态 $C_3H_8$ 的低热值为

$$[-\Delta H_f^l]_{C_3H_8(g)} = 2044027 \text{kJ/kmol} = 46353 \text{kJ/kg}$$

**【例 8-4】** 计算气态丙烷在 0.1MPa，500K 时的热值。已知 25℃到 500K 间丙烷平均定压比热容为 2.1kJ/(kg·K)，$\Delta H_{mO_2} = 6088 \text{kJ/kmol}$，$\Delta H_{mCO_2} = 8314 \text{kJ/kmol}$，$\Delta H_{mH_2O(g)} = 6920 \text{kJ/kmol}$。

**解：** 在气态条件下的燃烧反应，燃烧产物中 $H_2O$ 必然以气态形式存在，热值也为低热值。

反应式

$$C_3H_8(g) + 5O_2 = 4H_2O(g) + 3CO_2$$

$$Q_p^o = H_P - H_R = 3[\bar{h}_f^o + \Delta H_m]_{CO_2} + 4[\bar{h}_f^o + \Delta H_m]_{H_2O(g)} - [\bar{h}_f^o + \Delta H_m]_{C_3H_8(g)} - 5[\bar{h}_f^o + \Delta H_m]_{O_2}$$
$$= 3 \times (-393522 + 8314) + 4(-241827 + 6920) -$$
$$[-103847 + 2.1 \times 44.097(500 - 298.15)] - 5 \times (6088)$$
$$= -2040532 \text{kJ/kmol} = -46274 \text{kJ/kg}$$

低热值

$$[-\Delta H_f^l] = 2040532 \text{kJ/kmol} = 46274 \text{kJ/kg}$$

### 8.3.2 燃烧过程放热量计算

实际燃烧过程，燃料在空气中的氧发生反应而不是与纯氧反应。空气中的氮气和其他气体虽然不参加化学反应，却以与氧气同样的温度进入燃烧室，并以与燃烧产物相同的温度离开，故会影响燃烧过程的能量交换。不仅如此，为使燃料完全燃烧，往往向燃烧室提供比理论配比更多的空气，以保证有足够的氧气能与燃料充分反应。这些过量空气中的氮气等，以及额外增加的氧气也会对燃烧过程产生影响，尽管它们实际上没有参加反应。通过把完全燃烧反应理论上需要的空气，或者说完全燃烧反应配比所需氧气相对应的空气称为理论空气量；超出理论空气量的部分称为过量空气；实际空气量与理论空气量之比定义为过量空气系数。

**【例 8-5】** 1kmol 的乙烯（$C_2H_4$）气体与 3kmol 的氧气在 25℃的刚性封闭容器中燃烧，通过向外散热将燃烧产物冷却至 600K，求系统向外的传热量。

**解：** 以封闭容器为研究对象，属于闭口系统。反应物温度 $T_R = (25 + 273.15) \text{K} = 298.15 \text{K}$。生成物温度 $T_P$ 为 600K。设参与反应的气体均可按理想气体处理，经历过程为定容过程。该反应的化学反应方程式为

$$C_2H_4 + 3O_2 = 2H_2O(g) + 2CO_2$$

根据热力学第一定律的表达式(8-21)，有

$$Q = \sum_P n(\bar{h}_f^o + \Delta H_m - R_m T) - \sum_R n(\bar{h}_f^o + \Delta H_m - R_m T)$$

由表 8-1 查得

$$(\bar{h}_f^o)_{C_2H_4} = 52283 \text{kJ/kmol}$$

$$(\bar{h}_f^o)_{H_2O} = -241827 \text{kJ/kmol}$$

$$(\bar{h}_f^o)_{CO_2} = -393522 \text{kJ/kmol}$$

$$(\bar{h}_f^o)_{O_2} = 0 \text{kJ/kmol}$$

由附表 7 可以查得 298.15K 到 600K 时

$$(\Delta H_m)_{CO_2} = 12916 \text{kJ/kmol}$$

$$(\Delta H_m)_{H_2O(g)} = 10498 \text{kJ/kmol}$$

将上述各数代入上式得

$$Q = 2[\bar{h}_f^o + \Delta H_m - R_m T_P]_{CO_2} + 2[\bar{h}_f^o + \Delta H_m - R_m T_P]_{H_2O(g)} - [\bar{h}_f^o - R_m T_R]_{C_2H_4} - 3[\bar{h}_f^o - R_m T_R]_{O_2}$$
$$= [2 \times (-393522 + 12916) + 2 \times (-241827 + 10498) - 4 \times 8.3144 \times 600 -$$
$$(52283 - 4 \times 8.3144 \times 298.15)]$$
$$= -1243824 - 42366 = -1286190 \text{kJ}$$

即系统向外放热 1286190kJ。

【例 8-6】 一小型燃气轮机发动机，以 $C_8H_{18}(l)$ 为燃料，进入的空气为 400% 时理论空气量（即过量空气系数为 4），燃料与空气的温度均为 25℃，燃烧产物的温度为 800K。已知每消耗 1kmol $C_8H_{18}(l)$ 发动机输出的功为 676000kJ。假设完全燃烧，求发动机向外的传热量。已知从 298.15K 到 800K 时的 $(\Delta H_m)_{CO_2} = 22815 \text{kJ/kmol}$，$(\Delta H_m)_{H_2O(g)} = 17991 \text{kJ/}$ kmol，$(\Delta H_m)_{O_2} = 15841 \text{kJ/kmol}$，$(\Delta H_m)_{N_2} = 15046 \text{kJ/kmol}$。

**解：** 由于空气中含 21% 氧与 79% 氮，因此每进入 1kmol 的氧，就相应地有 $\frac{79}{21} = 3.76 \text{kmol}$ 的氮。

理论空气量时的完全反应方程式为

$$C_8H_{18}(l) + 12.5O_2 + (12.5)(3.76)N_2 === 8CO_2 + 9H_2O + (12.5)(3.76)N_2$$

按题设，过量空气系数为 4 时，则化学反应方程式应为

$$C_8H_{18}(l) + 4(12.5)O_2 + 4(12.5)(3.76)N_2 === 8CO_2 + 9H_2O + 37.5O_2 + 188N_2$$

对于有化学反应的稳定流动开口系统，且忽略由于化学变化引起的其他功时，则按式 (8-8) 及式 (8-19) 有

$$Q = \sum_P n_{out}(\bar{h}_f^o + \Delta H_m)_{out} - \sum_R n_{in}(\bar{h}_f^o + \Delta H_m)_{in} + W_t$$

由表 8-1 查得

$$(\bar{h}_f^o)_{C_8H_{18}(l)} = -249952 \text{kJ/kmol}, \quad (\bar{h}_f^o)_{O_2} = 0 \text{kJ/kmol},$$

$$(\bar{h}_f^o)_{N_2} = 0 \text{kJ/kmol}, \quad (\bar{h}_f^o)_{CO_2} = -393522 \text{kJ/kmol},$$

$$(\bar{h}_f^o)_{H_2O} = -241827 \text{kJ/kmol}$$

再代入题中已知的各 $\Delta H_m$ 值，则

$$\sum_R n_{in}(\bar{h}_f^o + \Delta H_m)_{in} = (\bar{h}_f^o)_{C_8H_{18}(l)} = -249952 \text{kJ/kmol}$$

$$\sum_P n_{out}(\bar{h}_f^o + \Delta H_m)_{out} = 8(\bar{h}_f^o + \Delta H_m)_{CO_2} + 9(\bar{h}_f^o + \Delta H_m)_{H_2O}$$

$$+37.5(\bar{h}_{\mathrm{f}}^{\circ}+\Delta H_{\mathrm{m}})_{\mathrm{O}_2}+188(\bar{h}_{\mathrm{f}}^{\circ}+\Delta H_{\mathrm{m}})_{\mathrm{N}_2}$$

$$=8\times(-393522+22815)+9\times(-241827+17991)$$

$$+37.5\times(15841)+188\times(15046)$$

$$=-1557494.5\mathrm{kJ/kmolC_8H_{18}(l)}$$

所以

$$Q=\sum_{\mathrm{P}} n_{\mathrm{out}}(\bar{h}_{\mathrm{f}}^{\circ}+\Delta H_{\mathrm{m}})_{\mathrm{out}}-\sum_{\mathrm{R}} n_{\mathrm{in}}(\bar{h}_{\mathrm{f}}^{\circ}+\Delta H_{\mathrm{m}})_{\mathrm{in}}+W_{\mathrm{t}}$$

$$=-1557494.5-(-249952)+676000$$

$$=-631542.5\mathrm{kJ/kmolC_8H_{18}(l)}$$

### 8.3.3 理论燃烧温度

在没有位能和动能变化且对外不做功的系统中进行绝热化学反应时，燃烧所产生的热全部用于加热燃烧产物。如果又是在理论空气量的条件下进行完全绝热反应，则燃烧产物可达到最高温度，此温度称为理论燃烧温度。显然，不完全燃烧或过量空气都会使燃烧产物的温度低于理论燃烧温度。

**【例 8-7】** 一氧化碳与理论空气量在标准状态下分别进入燃烧室，在其中经历定压绝热燃烧反应生成二氧化碳，并和空气中的氮气一起排出。试计算燃烧产物的理论燃烧温度。已知 $N_2$ 与 $CO_2$ 从 298.15K 到 $T$ K 的 $\Delta H_{\mathrm{m}}$ 数据如表 8-2 所示。

表 8-2 例题 8-7 数据

| $T$ | 2500K | 2600K | 2700K |
|---|---|---|---|
| $(\Delta H_{\mathrm{m}})_{\mathrm{N}_2}$ | 74312 | 77973 | 81659 |
| $(\Delta H_{\mathrm{m}})_{\mathrm{CO}_2}$ | 121926 | 128085 | 134256 |

**解：** 根据题设的完全反应方程式为

$$\mathrm{CO}+\frac{1}{2}(\mathrm{O}_2+3.76\mathrm{N}_2)=\!=\!=\mathrm{CO}_2+1.88\mathrm{N}_2$$

由式(8-11) 及式(8-19)

$$\sum_{\mathrm{R}} n_{\mathrm{in}}(\bar{h}_{\mathrm{f}}^{\circ}+\Delta H_{\mathrm{m}})_{\mathrm{in}}=\sum_{\mathrm{P}} n_{\mathrm{out}}(\bar{h}_{\mathrm{f}}^{\circ}+\Delta H_{\mathrm{m}})_{\mathrm{out}}$$

即

$$(\bar{h}_{\mathrm{f}}^{\circ})_{\mathrm{CO}}+0.5(\bar{h}_{\mathrm{f}}^{\circ})_{\mathrm{O}_2}+1.88(\bar{h}_{\mathrm{f}}^{\circ})_{\mathrm{N}_2}=(\bar{h}_{\mathrm{f}}^{\circ}+\Delta H_{\mathrm{m}})_{\mathrm{CO}_2}+1.88(\bar{h}_{\mathrm{f}}^{\circ}+\Delta H_{\mathrm{m}})_{\mathrm{N}_2}$$

由表 8-1 查得 $(\bar{h}_{\mathrm{f}}^{\circ})_{\mathrm{CO}}=-110529\mathrm{kJ/kmol}$，$(\bar{h}_{\mathrm{f}}^{\circ})_{\mathrm{CO}_2}=-393522\mathrm{kJ/kmol}$，且 $(\bar{h}_{\mathrm{f}}^{\circ})_{\mathrm{O}_2}$ 与 $(\bar{h}_{\mathrm{f}}^{\circ})_{\mathrm{N}_2}$ 均为零，代入上式得

$$-110529=-393522+(\Delta H_{\mathrm{m}})_{\mathrm{CO}_2}+1.88(\Delta H_{\mathrm{m}})_{\mathrm{N}_2}$$

先设燃烧产物的温度为 2600K，将题给的表中相应 $(\Delta H_{\mathrm{m}})_{\mathrm{N}_2}$ 与 $(\Delta H_{\mathrm{m}})_{\mathrm{CO}_2}$ 值代入，上式右边部分的值为

$$-393522+128085+1.88\times77973=-118848\mathrm{kJ/kmol}\quad\mathrm{CO}$$

显然比上式左边部分的值小。

因此再设燃烧产物温度为 2700K，类似地可计算出上式右边部分的值为

$$-393522+134256+1.88\times81659=-105747\mathrm{kJ/kmol}\quad\mathrm{CO}$$

也不等于上式左边的值，且比左边的值大。

可见燃烧产物温度必介于 2600K 与 2700K 之间，下面用内插方法计算，即

$$\frac{T_P-2600}{2700-2600}=\frac{(-110529)-(-118848)}{(-105747)-(-118848)}$$

解得

$$T_P=2664K$$

在分析和计算燃料的燃烧过程时，还常采用以总焓为纵坐标、温度为横坐标的焓-温图，如图 8-2 所示。在绝热反应或 $H_P=H_R$ 的条件下，由于燃烧时放出热量，使得生成物温度 $T_P$ 高于反应物温度 $T_R$，所以反应物总焓 $H_R$ 曲线位于生成物总焓 $H_P$ 曲线之上。

图 8-2 中，定压定温反应时，这两条曲线之间的垂直距离就是该温度下的燃料热值，即 $[-\Delta H_f]=H_R-H_P$。若温度为 298.15K 时，它就是标准热值 $[-\Delta H_f^\circ]$。图中 $[-\Delta H_0]$ 是在热力学温度零度时反应物与生成物总焓的差值（$H_R-H_P$）。

定压绝热反应时，$H_P=H_R$。因此，定焓线与反应物及生成物焓-温曲线的交点所对应的温度分别为反应物温度和生成物温度。

如果将图 8-2 中的纵坐标改为总内能，即内能-温度图（参见图 8-3），可类似地用以分析定容定温燃烧过程和定容绝热燃烧过程。图中 $[-\Delta U_0]$ 是热力学温度零度时反应物与生成物总内能之差值。对于理想气体，由于 $[-\Delta H_0]=-\Delta(U_0+p_0V_0)=-\Delta(U_0+nR_mT_0)=[-\Delta U_0]$，因此 $[-\Delta U_0]$ 与 $[-\Delta H_0]$ 相等。

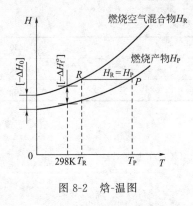

图 8-2　焓-温图

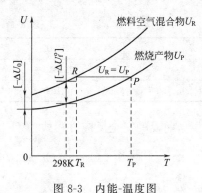

图 8-3　内能-温度图

## 8.4　热力学第二定律在化学反应中的应用

热力学第一定律揭示了能量转换的守恒关系。第二定律则指出热力过程进行的方向、条件与限度。一些基本概念，如最大有用功、㶲与做功能力损失等同样也适用于有化学反应的过程。本节将应用第二定律分析化学反应过程的能量转换关系，下一节重点讨论反应的方向与条件。

### 8.4.1　化学反应过程的最大有用功

稳定流动系统经历化学反应时可能对外做出包括技术功、电功、磁功等有用功。倘若进行的是可逆定温反应，系统对外做出的有用功将最大。如果忽略动、位能变化，根据热力学第一定律，此最大有用功将等于

$$W_{max} = Q_{rev} - \Delta H \tag{8-25}$$

可逆定温反应系统的熵平衡方程式为

$$\Delta S = \frac{Q_{rev}}{T} \tag{8-26}$$

式(8-25)与式(8-26)中的 $\Delta H$ 与 $\Delta S$ 分别为此可逆定温反应过程系统焓与熵的变化。将式(8-26)代入式(8-25)得

$$W_{max} = -(\Delta H - T\Delta S) = -(H - TS) = -\Delta G \tag{8-27}$$

式中，$\Delta G$ 为此可逆定温反应过程系统吉布斯函数的变化。上式说明，稳定流动系统进行可逆定温反应过程，系统对外做的最大有用功等于系统吉布斯函数的减少。

针对流入系统的反应物与流出系统的生成物，式(8-27)还可具体表示为

$$W_{max} = \sum_R n_{in} G_{min} - \sum_P n_{out} G_{m.out} \tag{8-28}$$

式中，$G_m$ 代表相应的反应物或生成物的千摩尔吉布斯函数值。

### 8.4.2 标准生成吉布斯函数

运用式(8-28)计算可逆定温反应过程系统对外做出的最大有用功时，同样存在一个共同基准的问题。倘若不同物质吉布斯函数的起点不同，式中各项不能相加减。为此，采用类似于生成焓的办法解决。

习惯上规定在标准状态（298.15K，101.325kPa）时单质的吉布斯函数为零，由有关单质在标准状态下生成 1kmol 化合物时生成反应的吉布斯函数变化称为标准生成吉布斯函数，以符号 $G$ 表示。由于单质的吉布斯函数值为零，所以标准生成吉布斯函数在数值上等于 1kmol 该化合物在标准状态下的千摩尔吉布斯函数。一些物质的标准生成吉布斯函数已列在表 8-1 中。

任意状态（$T$，$p$）下，物质的千摩尔吉布斯函数 $G_m(T, p)$ 可表示为

$$G_m(T, p) = \overline{g}_f^\circ + [G_m(T, p) - \overline{g}_f^\circ]$$

由于标准生成吉布斯函数等于标准状态（298.15K，101.325kPa）下该化合物的千摩尔吉布斯函数 $G_m(298.15K, 101.325kPa)$，所以上式也可写成

$$G_m(T, p) = \overline{g}_f^\circ + [G_m(T, p) - G_m(298.15K, 101.325kPa)] = \overline{g}_f^\circ + \Delta G_m \tag{8-29}$$

式中，$\Delta G_m$ 代表任意状态与标准状态之间化合物的千摩尔吉布斯函数差值。根据吉布斯函数的定义，$\Delta G_m$ 还可展开成下式：

$$\Delta G_m = [H_m(T, p) - H_m(298.15K, 101.325kPa)]$$
$$- [TS_m(T, p) - 298.15S_m(298.15K, 101.325kPa)] \tag{8-30}$$

将式(8-29)与式(8-30)代入式(8-28)，就可得到可逆定温反应过程系统对外做出的最大有用功的展开式

$$W_{max} = (\sum_R n_{in} \overline{g}_{f,in}^\circ - \sum_P n_{out} \overline{g}_{f,out}^\circ)$$
$$+ \sum_R n_{in} \{[H_m(T, p) - H_m(298.15K, 101.325kPa)]$$
$$- [TS_m(T, p) - 298.15S_m(298.15K, 101.325kPa)]\}_{in}$$
$$- \sum_P n_{out} \{[H_m(T, p) - H_m(298.15K, 101.325kPa)]$$

$$-[TS_m(T,p)-298.15S_m(298.15K,101.325kPa)]\}_{out} \tag{8-31}$$

式(8-31)中 $\Delta H_m$ 部分，对于有些理想气体可直接由附表 7 中查得。而对于其中的 $S_m$，倘若不同物质 $S_m$ 的起点不同，式中各项 $S_m$ 也不能相加减，为此也必须采用一个共同的基准。为此规定 0K 时稳定平衡态物质的熵为零。式中的 $S_m$ 都是相对于此基准的，称为绝对熵。表 8-1 中列出了部分物质标准状态（298.15K，101.325kPa）下的绝对熵 $S_m^\circ$ 值。某些理想气体在压力为 101.325kPa，不同温度 $T$ 时的力学绝对熵值可 $S_m(T)$ 由附表 7 查得。

**【例 8-8】** 乙烯气体与 400% 理论空气量空气中的氧、氮在燃烧室内进行定温定压反应，压力为 101.325kPa，温度为 298.15K。离开燃烧室的产物为 $H_2O(g)$，$CO_2$，$O_2$ 与 $N_2$。试确定该反应过程的最大有用功。

**解：** 反应过程按题设应为可逆定温定压过程，如图 8-4 所示。

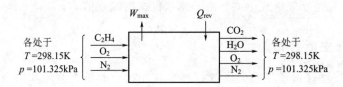

图 8-4　可逆定温定压反应

反应方程式为

$$C_2H_4(g)+(4)(3)O_2+(4)(3)(3.76)N_2 === 2O_2+2H_2O(g)+9O_2+45.1N_2$$

由于各反应物与生成物分别处于 298.15K 与 101.325kPa 标准状态，相应的 $\Delta H_m$ 均为零，而且相应的 $[TS_m(T,p)-298.15S_m(298.15K,101.325kPa)]$ 项也均为零，因此式 (8-31) 简化为

$$W_{max}=(\overline{g_f^\circ})_{C_2H_4(g)}+12(\overline{g_f^\circ})_{O_2}+12(3.76)(\overline{g_f^\circ})_{N_2}-2(\overline{g_f^\circ})_{CO_2}-2(\overline{g_f^\circ})_{H_2O(g)}-9(\overline{g_f^\circ})_{O_2}45.1(\overline{g_f^\circ})_{N_2}$$

上式中各单质的 $\overline{g_f^\circ}$ 均已规定为零，故

$$W_{max}=(\overline{g_f^\circ})_{C_2H_4(g)}-2(\overline{g_f^\circ})_{CO_2}-2(\overline{g_f^\circ})_{H_2O(g)}$$

从表 8-1 查得相应的 $\overline{g_f^\circ}$ 值，代入得

$$W_{max}=68142-2(-394407)-2(-228583)=1314122kJ/kmolC_2H_4(g)$$

从本例可以发现，只要保证完全燃烧，由于是定温过程，过量空气系数并不影响反应过程的最大有用功。

### 8.4.3　化学㶲

系统经可逆物理过程达到与环境的温度、压力相平衡的状态（或称物理死态）时所能提供的最大有用功，通常称为物理㶲。当系统处于与环境的压力及温度相平衡的物理死态时，其物理㶲为零。但是，如果此系统内物质的组分或成分与环境的组分或成分尚存在不平衡时，仍具有提供最大有用功的能力。系统与环境之间由物理死态经可逆物理（扩散）或化学（反应）过程达到与环境化学平衡时所能提供的那部分最大有用功称为化学㶲。计算化学㶲时，除了要给定环境压力与温度外，还需规定环境的组元与成分。通常取压力 $p_0$ 为 101.325kPa，温度 $T_0$ 为 298.15K 的饱和湿空气为环境空气，其组元与成分如表 8-3 所示，

规定表中各组元在 $T_0$ 及其分压力 $p_i$ 下的㶲值为零,所以各组元的混合物,即环境空气的㶲值为零。

但对于标准状态下的纯氧、纯氮、纯 $H_2O$、纯二氧化碳等来说,由于它们的成分与环境空气中相应气体的成分 $x_i^\circ$ 不同,因而它们的㶲值不为零。虽然它们的物理㶲为零,但其化学㶲等于摩尔成分从 $x_i = 0$ 变为 $x_i^\circ$ 时的㶲值,可按下法计算:

$$E_{xmi}(298.15K, 101.325kPa) - E_{xmi}^\circ(298.15K, p_i)$$
$$= [H_{mi}(298.15K, 101.325kPa) - H_{mi}^\circ(298.15K, p_i)]$$
$$- T_0 [S_{mi}(298.15K, 101.325kPa) - S_{mi}(298.15K, p_i)]$$

由于理想气体焓值是温度的单值函数,所以上式等号右边的第一个方括号等于零,且又已规定 $E_{xmi}^\circ(298.15K, p_i)$ 为零,并且上式等号右边的第二个方括号可表示为

$$-R_m \ln \frac{101.325}{p_i} = R_m \ln x_i^\circ$$

则

$$E_{xmi}(298.15K, 101.325kPa) = -R_m T_0 \ln x_i^\circ \tag{8-32}$$

$N_2$,$O_2$,$H_2O$,$CO_2$ 等气体的化学㶲已列于表 8-3 中。

**表 8-3  标准状态下环境空气各组元成分参数及纯空气的化学㶲**

| 组元 | $N_2$ | $O_2$ | $H_2O$ | $CO_2$ | 其他 |
|---|---|---|---|---|---|
| 摩尔成分 $x_i^\circ$ | 0.7560 | 0.2034 | 0.0312 | 0.0003 | 0.0091 |
| 分压力 $p_i$/kPa | 76.602 | 20.609 | 3.161 | 0.030 | 0.922 |
| 化学㶲 $E_{xmi}$/(kJ/kmol) | 693.26 | 3947.72 | 8594.90 | 20107.51 | 11649.16 |

### 8.4.4  燃料的化学㶲

现在以乙烯气体为例,讨论燃料的化学㶲,可列出此反应系统的㶲平衡关系式为

$$E_{xm,C_2H_4(g)} + 12E_{xm,O_2} + 45.1E_{xm,N_2} = W_{max} + 2E_{xm,CO_2} + E_{xm,H_2O(g)} + 9E_{xm,O_2} + 45.1E_{xm,N_2} \tag{8-33}$$

或

$$E_{xm,C_2H_4(g)} + 3E_{xm,O_2} = W_{max} + 2E_{xm,CO_2} + 2E_{xm,H_2O(g)}$$

式中 $W_{max} = 1314122kJ/kmol C_2H_4(g)$,而 $E_{xm,H_2O(g)}$ 可按式(8-32)分别求得或由表 8-3 查出,即

$$E_{xm,O_2} = -R_m T_0 \ln x_{O_2}^\circ - 8.314 \times 298.15 \ln 0.2034 = 3947.72kJ/mol$$

$$E_{xm,CO_2} = -R_m T_0 \ln x_{CO_2}^\circ - 8.314 \times 298.15 \ln 0.003 = 20107.5kJ/mol$$

$$E_{xm,H_2O(g)} = -R_m T_0 \ln x_{CO_2}^\circ - 8.314 \times 298.15 \ln 0.0312 = 8594.90kJ/mol$$

所以,

$$E_{xm,C_2H_4(g)} = 1314122 - 3 \times 3947.22 + 2 \times 8594.90 + 2 \times 20107.51 = 1359683.66kJ/mol$$

由此可发现,燃料化学㶲与 $W_{max}(= -\Delta G^\circ)$ 十分接近,因此有时可忽略氧与产物的化学㶲,近似地用 $W_{max}(= -\Delta G^\circ)$ 代表。此外,还可进一步发现燃料化学㶲与高热值也很接近,例如 $C_2H_4(g)$ 的高热值为 $1408288kJ/kmol$,因而近似计算中还可直接取高热值作为它的化学㶲。当燃料燃烧以空气为氧化剂时,是否考虑惰性气体氮与过量的空气量,并不影响燃料化学㶲的计算结果。这是因为在可逆定温定压反应中,氮及过量的空气部分其数量和状态均未变化,因而也就不会影响化学㶲。

对于任意碳氢燃料 $C_a H_b$，设与氧在 298.15K 与 101.325kPa 条件下，经历可逆定温定压的完全反应生成 $CO_2$，$H_2O(g)$。其化学反应方程式为

$$C_a H_b + \left(a + \frac{b}{4}\right) O_2 = a CO_2 + \frac{b}{2} H_2 O(g)$$

燃料 $C_a H_b$ 的化学㶲为

$$E_{xm,C_a H_b} = -\Delta G^0 + a E_{xm,CO_2} + \frac{b}{2} E_{xm,H_2 O(g)} - \left(a + \frac{b}{4}\right) E_{xm,O_2}$$

式中，$-\Delta G^0 = (\overline{g}_f^0)_{C_2 H_4} - a(\overline{g}_f^0)_{CO_2} - \frac{b}{2}(\overline{g}_f^0)_{H_2 O(g)}$，而 $E_{xm,CO_2}$，$E_{xm,H_2 O(g)}$ 与 $E_{xm,O_2}$ 分别用 $-R_m T_0 \ln x_i^0$ 公式表示，则

$$E_{xm,C_a H_b} = \left[ (\overline{g}_f^0)_{C_a H_b} - a(\overline{g}_f^0)_{CO_2} - \frac{b}{2}(\overline{g}_f^0)_{H_2 O(g)} \right] + R_m T_0 \ln \left[ \frac{(x_{O_2})^{a+\frac{b}{4}}}{(x_{CO_2})^a (x_{H_2 O(g)})^{\frac{b}{2}}} \right]$$

### 8.4.5　㶲损失（做功能力损失）

实际燃烧反应中，燃料的化学㶲并不表现为对外界做出的最大功，而通常是经过燃烧产物的焓㶲或热能加以利用的，在这种转换中就有焓㶲损失，引起做功能力的降低。这种损失称为燃烧㶲损失。由于不可逆引起的㶲损失或做功能力损失为

$$\Pi = T_0 \cdot \Delta S_{iso}$$

式中，$T_0$ 为环境的热力学温度；$\Delta S_{iso}$ 为反应系统与环境组成的孤立系统的熵增。它由流入与流出开口系统的反应物与生成物的熵差及环境吸收系统放出热量 $(-Q)$ 引起的熵变两部分组成，即

$$\Delta S_{iso} = \left( \sum_P n_{out} \Delta S_{m,out} - \sum_P n_{in} \Delta S_{m,in} \right) + \left( -\frac{Q}{T_0} \right) \tag{8-34}$$

式中，$\Delta S_{iso}$ 为由于不可逆引起的熵产 $\Delta S_g$。

将式(8-34) 的 $\Delta S_{iso}$ 代入上述㶲损失表达式中得

$$\Pi = T_0 \left( \sum_P n_{out} \Delta S_{m,out} - \sum_P n_{in} \Delta S_{m,in} \right) - Q \tag{8-35}$$

式(8-34) 与式(8-35) 中，$S$ 代表相应的反应物或生成物的绝对熵值；$Q$ 为开口系统经历化学反应过程向外界放出的热量，本身为负值；$T_0$ 为环境的热力学温度。

## 8.5　化学平衡

化学反应方程式表示的是反应物与生成物之间原子数的守恒关系，并未给出过程进行的方向、条件与限度。下面运用热力学第二定律来研究化学反应过程的方向、条件与限度。

为简明起见，所有的讨论仅限于理想气体的简单可压缩反应系统。

### 8.5.1　化学反应方向和限度的判据

(1) 孤立系统的熵判据

化学反应过程中，系统与外界常有热量交换，若以系统与环境组成的孤立系统为对象，则根据热力学第二定律有

$$dS_{iso} = dS - \frac{\delta Q}{T} \geqslant 0 \qquad (8\text{-}36)$$

式中，$dS$ 为反应系统的熵变；$\dfrac{-\delta Q}{T}$ 为环境吸收系统放出的热量——$\delta Q$ 后引起的熵变。设与外界换热过程是可逆的，如有不可逆因素全集中在反应过程中，则式中的 $T$ 既是环境也是系统的热力学温度。式（8-36）表明，孤立系统内的一切不可逆反应或一切自发的反应总是沿着熵增加的方向进行的，直到熵达到极大值为止。此时系统达到了平衡状态，也就是说孤立系统的平衡判据为

$$dS = 0, \quad d^2S < 0 \qquad (8\text{-}37)$$

孤立系统熵判据是基本的，但对于经常遇到的定温定压或定温定容反应过程运用吉布斯函数或亥姆霍兹函数作为判据更为方便。

（2）定温定容反应系统的亥姆霍兹函数判据

简单可压缩系统进行定温定容反应过程时，不但不对外做容积变化功而且也无其他形式的功，其热力学第一定律表达式如式（8-17）所示。微分形式为 $\delta Q = dU$，将之代入式（8-36）得

$$d(U - TS) \leqslant 0$$

或

$$dF \leqslant 0 \qquad (8\text{-}38)$$

式中，$F$ 为亥姆霍兹函数。此式表明，简单可压缩系统一切自发的定温定容反应总是朝着亥姆霍兹函数减少的方向进行，直到达到其极小值的平衡态为止。这样，定温定容简单可压缩反应系统的平衡判据为

$$dF = 0, \quad d^2F > 0 \qquad (8\text{-}39)$$

（3）定温定压反应系统的吉布斯函数判据

简单可压缩系统进行定温定压反应时，其热力学第一定律表达式如式（8-6）所示，微分形式为 $\delta Q = dH$，将之代入式（8-36）得

$$d(H - TS) \leqslant 0$$

或

$$dG \leqslant 0 \qquad (8\text{-}40)$$

式中，$G$ 为吉布斯函数。上式表明，简单可压缩系统一切自发的定温定压反应总是朝着吉布斯函数减少的方向进行，直到达到其极小值的平衡态为止。这样，定温定压简单可压缩反应系统的平衡判据为

$$dG = 0, \quad d^2G > 0 \qquad (8\text{-}41)$$

## 8.5.2　反应度

上面讨论的自发反应过程的方向性是从宏观上讲的。实际上，化学反应是参与反应的各种物质相互转化的质变过程。反应物通过反应可以形成生成物，同时生成物也可通过化学作用形成反应物。化学反应中正反两个方向的反应同时进行。当正向反应的速度超过逆向反应时，宏观上来说反应沿正向进行。因此，任一化学反应都是不完全的，即使已经达到平衡或说反应已经完成，也并不是反应物完全消失全部形成生成物，而是一定数量的反应物与生成物同时存在于反应系统之中。例如一氧化碳与氧的反应，在反应的某瞬间，只有 $\varepsilon$（kmol）

的 CO 消失，并按化学反应方程式所要求的原子数守恒关系形成了 $\varepsilon$（kmol）的 $CO_2$，即

$$CO+\frac{1}{2}O_2 \longrightarrow \varepsilon CO_2+(1-\varepsilon)CO+\frac{1}{2}(1-\varepsilon)O_2，$$ 或者说，在此瞬间反应系统是由 $\varepsilon CO_2$、$(1-\varepsilon)CO$ 以及 $\frac{1}{2}(1-\varepsilon)O_2$ 所组成的混合物。即使达到了化学平衡也是如此，只不过反映 CO 反应程度的 $\varepsilon$ 有所不同而已。这里的 $\varepsilon$ 称为反应度。

实际上，反应开始时系统中各组元的摩尔数 $n_A$，$n_B$，$\cdots$，$n_i$，$\cdots$通常不一定保持化学计量系数那样的比例关系。设系统中某主要反应物的最大摩尔系数与最小摩尔系数分别为 $n_{max}$ 与 $n_{min}$，而 $n$ 代表反应进行到某一瞬间时该反应物的摩尔数，则此反应物的反应度定义为

$$\varepsilon=\frac{n_{max}-n}{n_{max}-n_{min}} \tag{8-42}$$

在上述一氧化碳与氧的反应中，设开始时 CO、$O_2$ 和 $CO_2$ 的摩尔数分别为 5kmol、3kmol 和 1kmol。显然，只有当所有 $CO_2$ 分解为 CO 与 $O_2$ 时，CO 的摩尔数才达到最大。因此 CO 的 $n_{max}=5+1=6$。同理，由于 5kmol CO 只需 2.5kmol $O_2$ 就能全部消失，而系统中又有 3kmol 的 $O_2$，所以所有的 CO 都有可能与 $O_2$ 反应生成 $CO_2$，即 CO 的最小摩尔数 $n_{min}=0$。这样，某反应瞬间 CO 的反应度为 $\varepsilon=\frac{6-n}{6}$。因此，如果反应某瞬间 CO 的摩尔数为 6，则反应度 $\varepsilon=0$；反之，若 CO 的摩尔数为 0，则反应度 $\varepsilon=1$。若系统内某瞬间的 CO 摩尔数 $n$ 介于 0 与 6 之间，则其反应度 $\varepsilon$ 处于 0 与 1 之间。

离解度，又称分解度，以 $\alpha$ 表示，它与反应度 $\varepsilon$ 之间的关系为

$$\alpha=1-\varepsilon \tag{8-43}$$

对于

$$a A+b B =\!\!=\!\!= c C+d D$$

反应中若反应度有微小的变化 $d\varepsilon$，则反应物与生成物的摩尔数变化分别为

$$dn_A=-a\,d\varepsilon$$
$$dn_B=-b\,d\varepsilon$$
$$dn_C=-c\,d\varepsilon \tag{8-44}$$
$$dn_D=-d\,d\varepsilon$$

上式表明，反应系统中任何组元的摩尔数变化等于该组元的化学计量系数与反应度变化量的乘积。

### 8.5.3　化学反应等温方程式

现根据吉布斯函数判据，具体地讨论定温定压反应过程的方向和限度。

设有理想气体简单可压缩系统的任意反应为

$$a A+b B =\!\!=\!\!= c C+d D$$

若在定温定压条件下，反应系统发生了微小变化 $d\varepsilon$，反应物与生成物的摩尔数也相应地按式（8-44）所示的关系发生微量变化，进而导致反应系统吉布斯函数的变化。由于 $d\varepsilon$ 如此之小，以至可认为在这微小的 $d\varepsilon$ 过程中，参与反应的各种物质的吉布斯函数为一常量，因而

$$dG_{T,p} = G_{mC}dn_C + G_{mD}dn_D + G_{mA}dn_A + G_{mB}dn_B$$

将式（8-44）代入并整理得

$$dG_{T,p} = (cG_{mC} + dG_{mD} - aG_{mA} - bG_{mB})d\varepsilon \tag{8-45}$$

式中的各组元千摩尔吉布斯函数与系统的温度、压力之间是有联系的。由 $dg = dh - Tds - sdT$（$g$ 为比吉布斯函数）得知，在定温条件下

$$dg = vdp \tag{8-46}$$

对于理想气体则有

$$dg = RT\frac{dp}{p}$$

对此从标准状态压力 $p_0$（101.325kPa）积分到某任意压力 $p$，得

$$g - g^0 = R_m T\ln\left(\frac{p}{p_0}\right)$$

所以，对于 1kmol 的理想气体，则

$$G_m = G_m^\circ + R_m T\ln\left(\frac{p}{p_0}\right) \tag{8-47}$$

式中，$G_m$ 为理想气体在 $(T, p)$ 状态下的千摩尔吉布斯函数；$G_m^\circ$ 为该气体在 $(T, 101.325kPa)$ 状态下的千摩尔吉布斯函数。显然仅 $G_m^\circ$ 与温度有关。

将式（8-47）应用于式（8-45）中的 A、B、C、D 等组元气体，而混合气体系统中这些组元在反应某瞬间的压力应为此混合气体系统中相应的分压力 $p_i$，则

$$dG_{T,p} = \left[c\left(G_{mC}^\circ + R_m T\ln\frac{p_C}{p_0}\right) + d\left(G_{mD}^\circ + R_m T\ln\frac{p_D}{p_0}\right) - a\left(G_{mA}^\circ + R_m T\ln\frac{p_A}{p_0}\right) - b\left(G_{mB}^\circ + R_m T\ln\frac{p_B}{p_0}\right)\right]d\varepsilon$$

或改写为

$$dG_{T,p} = \left[\Delta G^\circ + R_m T\ln\frac{(p_C/p_0)^c(p_D/p_0)^d}{(p_A/p_0)^a(p_B/p_0)^b}\right]d\varepsilon \tag{8-48}$$

式中

$$\Delta G^\circ = cG_{mC}^\circ + dG_{mD}^\circ - aG_{mA}^\circ - bG_{mB}^\circ \tag{8-49}$$

代表标准压力 $p_0$ 下该化学反应的吉布斯函数变化。由于压力已给定，式中各组元的 $G_m^\circ$ 便只是温度的函数，所以 $\Delta G^\circ$ 也只是温度的函数。当温度一定时，对于给定的反应也 $\Delta G^\circ$ 为定值。

若令

$$\ln K_p = -\frac{\Delta G^\circ}{R_m T} = f(T) \tag{8-50}$$

显然，$\ln K_p$ 也只是温度的函数，将上式代入式（8-48）整理得

$$dG_{T,p} = R_m T\left[-\ln K_p + \ln\frac{p_C^c p_D^d}{p_A^a p_B^b} \cdot (p_0)^{(a+b-c-d)}\right]d\varepsilon \tag{8-51}$$

上式称为化学反应的等温方程式，可用于判断化学反应的方向以及是否处于平衡。具体而言，由于 $d\varepsilon > 0$，则

$K_p > \ln\dfrac{p_C^c p_D^d}{p_A^a p_B^b} \cdot (p_0)^{(a+b-c-d)}$ 时，$dG_{T,p} < 0$，反应能自发正向进行；

$$K_p < \ln \frac{p_C^c p_D^d}{p_A^a p_B^b} \cdot (p_0)^{(a+b-c-d)}$$ 时，反应不能自发正向进行，但能自发地逆向进行；

$$K_p = \ln \frac{p_C^c p_D^d}{p_A^a p_B^b} \cdot (p_0)^{(a+b-c-d)}$$ 时，反应处于平衡状态。

式中，$p_C$、$p_D$、$p_A$ 与 $p_B$ 分别为此混合气体系统中各组元在反应某瞬间的分压力，当反应处于平衡状态时，它们就是各组元在平衡时的分压力又称平衡分压力；$p_0$ 为标准状态压力，即 101.325kPa；$a$、$b$、$c$、$d$ 为化学计量系数。下面进一步讨论 $K_p$。

### 8.5.4 化学平衡常数

如上所述，当化学反应达平衡时，$K_p$ 与各组元的平衡分压力之间有以下关系

$$K_p = \ln \frac{p_C^c p_D^d}{p_A^a p_B^b} \cdot (p_0)^{(a+b-c-d)} \tag{8-52}$$

它表明了平衡时化学反应系统内各物质间的数量关系。$K_p$ 值越大，生成物在平衡时的数量越多，说明化学反应正向进行的程度也越充分。当温度一定时，对于一定的反应，$K_p$ 又是一个常量。因此，$K_p$ 称为化学平衡常数。若确定了 $K_p$ 值，即可求出化学反应的平衡组成。而 $K_p$ 值可以通过其定义式(8-50)借助 $\Delta G^0$ 来计算，有些反应不同温度下的 $\ln K_p$，值已列于附表 8 中，以备查用。

必须指出，式(8-52)还可推广应用到反应中有固相或液相的情况，只要固相或液相升华或蒸发形成的饱和蒸气与其他气体物质组成的气体混合物可以看做理想气体混合物。但当温度一定时，它们的饱和蒸气压力为定值，因此在 $K_p$ 表示式中可不出现固相或液相的饱和压力，而只用各气体的分压力表示。例如 $C(s) + CO_2 \Longleftrightarrow 2CO$ 反应中，其 $K_p = \dfrac{p_{CO}^2}{p_{CO_2}} \cdot$ $(p_0)^{(1-2)} = \dfrac{p_{CO}^2}{p_{CO_2}} \cdot p_0^{-1}$。工程上除了采用以分压力表示的 $K_p$ 外，还有用摩尔成分表示的平衡常数 $K_x$。由于混合气体中各组元分压力 $p_i = x_i p$，代入式(8-52)中得

$$K_p = \frac{x_C^c x_D^d}{x_A^a x_B^b} = K_x \left(\frac{p}{p_0}\right)^{(c+d-a-b)}$$

或

$$K_x = \frac{x_C^c x_D^d}{x_A^a x_B^b} = K_p \left(\frac{p}{p_0}\right)^{(a+b-c-d)} = f(T, p) \tag{8-53}$$

式中，是 $K_x$ 以摩尔成分 $x$ 表示的理想气体平衡常数。它一般与反应温度 $T$ 和反应总压力 $p$ 有关，只有当反应前后的化学计量系数代数和为零时，$K_x$ 才只与反应温度 $T$ 有关，而且 $K_x$ 也就等于 $K_p$。

对于上面讨论的化学反应等温方程式与平衡常数的概念，应注意如下几点。

① 无论或 $K_p$、$K_x$ 都是无量纲的量，其中 $K_p = f(T)$，而 $K_x = f(T, p)$。

② $K_p$ 与化学反应方程式的写法与方向有关，例如：

对于 $CO + \dfrac{1}{2}O_2 \Longleftrightarrow CO_2$，有 $K_{p,1} = \dfrac{p_{CO_2}}{p_{CO} p_{O_2}^{\frac{1}{2}}} \cdot (p_0)^{\left(1+\frac{1}{2}-1\right)} = \dfrac{p_{CO_2}}{p_{CO} p_{O_2}^{\frac{1}{2}}} \cdot p_0^{\frac{1}{2}}$；

而对于 $2CO + O_2 \Longleftrightarrow 2CO_2$，有 $K_{p,2} = \dfrac{p_{CO_2}^2}{p_{CO}^2 p_{O_2}} \cdot p_0$；

对于 $CO_2 \Longleftrightarrow CO + \dfrac{1}{2} O_2$，有 $K_{p,3} = \dfrac{p_{CO} p_{O_2}^{\frac{1}{2}}}{p_{CO_2}} \cdot p_0^{-\frac{1}{2}}$。

显然，$K_{p,1} = (K_{p,3})^{-1} = (K_{p,2})^{\frac{1}{2}}$。

③ $K_p$ 的大小反映了反应的深度，通常，如 $K_p < 0.001$ 时，表示基本上无反应；而 $K_p > 1000$ 时，则表示反应基本可按正向完成。

④ 若在反应气体中加入惰性气体如 $N_2$ 等，势必使系统总压力升高，但 $K_p$ 不变。此时会影响反应度 $\varepsilon$ 与平衡时的各组成气体的分压力或成分，而且也会影响到 $K_x$。因此，定温下由于加入惰性气体使平衡发生移动，无法依靠 $K_p$ 判断，而要由 $K_x$ 来分析。

⑤ 某些复杂的化学反应的平衡常数，可利用已知的简单化学反应方程的平衡常数来计算。例如 $CO + H_2O \Longleftrightarrow CO_2 + H_2$ 的平衡常数 $K_{p,1}$ 可利用 $CO + \dfrac{1}{2} O_2 \Longleftrightarrow CO_2$ 的平衡常数 $K_{p,2}$ 与 $H_2 + \dfrac{1}{2} O_2 \Longleftrightarrow H_2O$ 的平衡常数 $K_{p,3}$ 来确定，这三个平衡常数之间应符合 $K_{p,1} = \dfrac{K_{p,2}}{K_{p,3}}$ 的关系。

⑥ 最后还应注意 $\mathrm{d}G_{T,p}$ 与 $\Delta G^\circ$ 的区别。$\mathrm{d}G_{T,p}$ 是任何温度、压力下反应的方向与是否达到平衡的判据；而 $\Delta G^\circ$ 是给定温度 $T$ 下参与反应的物质均处于标准状态压力下 $p_0$（101.325kPa）时化学反应的吉布斯函数变化值，通常是一有限值，应用 $\Delta G^\circ$ 值可计算化学平衡常数 $K_p$。

**【例 8-9】** 求化学反应 $2H_2O \Longleftrightarrow 2H_2 + O_2$ 在 101.325kPa 及温度分别为 298.15K 和 2000K 时的平衡常数（用 $\ln K_p$ 表示）。

**解**：$T = 298.15$K 时

$(g_f^\circ)_{H_2O} = -228583$kJ/kmol，$(g_f^\circ)_{H_2} = 0$，$(g_f^\circ)_{O_2} = 0$

$\Delta G_{298.15}^\circ = 2(g_f^\circ)_{H_2} + (g_f^\circ)_{O_2} - 2(g_f^\circ)_{H_2O}$

$\qquad = 0 + 0 - 2(-228583) = 457166$kJ

$(\ln K_p)_{298.15K} = -\dfrac{\Delta G_{298}^\circ}{R_m T} = -\dfrac{457166}{8.3144 \times 298.15} = -184.42$

$T = 2000$K 时，

$\Delta(G_m^\circ)_{H_2} = (G_{m2000}^\circ - \overline{g}_f^\circ)_{H_2} = (H_{m2000}^\circ - \overline{h}_f^\circ)_{H_2} - (2000 S_{m2000}^\circ - 298.15 S_{m298.15}^\circ)_{H_2}$

$\qquad = 52932 - (2000 \times 188.406 - 298.15 \times 130.684)$

$\qquad = -284917$kJ/kmol

$\Delta(G_m^\circ)_{O_2} = (G_{m2000}^\circ - \overline{g}_f^\circ)_{O_2} = (H_{m2000}^\circ - \overline{h}_f^\circ)_{O_2} - (2000 S_{m2000}^\circ - 298.15 S_{m298.15}^\circ)_{O_2}$

$\qquad = 59199 - (2000 \times 268.764 - 298.15 \times 205.142)$

$\qquad = -417166$kJ/kmol

$\Delta(G_m^\circ)_{H_2O} = (G_{m2000}^0 - \overline{g}_f^\circ)_{H_2O} = (H_{m2000}^0 - \overline{h}_f^\circ)_{H_2O} - (2000 S_{m2000}^\circ - 298.15 S_{m298.15}^\circ)_{H_2O}$

$\qquad = 72689 - (2000 \times 264.681 - 298.15 \times 188.833)$

$$= -400372 \text{kJ/kmol}$$

$$\Delta G^\circ_{2000} = 2(\overline{g}^\circ_f + \Delta G^\circ_m)_{H_2} + (\overline{g}^\circ_f + \Delta G^\circ_m)_{O_2} - 2(\overline{g}^\circ_f + \Delta G^\circ_m)_{H_2O}$$

$$= 2(-284917) + (-417166) - 2(-228583 - 400372)$$

$$= 270910 \text{kJ}$$

$$(\ln K_p)_{2000} = -\frac{\Delta G^\circ_{2000}}{R_m T} = -\frac{270910}{8.3144 \times 2000} = -16.292$$

**【例 8-10】** 1mol 的碳与氧分别在 298.15K 与 101.325kPa 状态下进入燃烧室。反应达到平衡后形成 3000K，101.325kPa 状态下包括有 $CO_2$、CO 和 $O_2$ 的混合气体，并流出燃烧室，求平衡时各组元的成分及过程中与外界的换热量。

**解：** 由于整个系统达到反应平衡后不再存在碳，可设想反应按以下两个过程进行，即

① 燃烧反应 $C + O_2 \longrightarrow CO_2$

② 分解反应 $2CO_2 \Longleftrightarrow 2CO + O_2$

就是说 C 与 $O_2$ 完全燃烧生成了 $CO_2$，而 $CO_2$ 又分解为 CO 与 $O_2$，设 $\alpha$kmol 的 $O_2$ 是分解得到的，则分解反应如下：

$$2CO_2 \Longleftrightarrow 2CO + O_2$$

| | | | |
|---|---|---|---|
| 开始时 | 1 | 0 | 0 |
| 分解后 | $-2\alpha$ | $2\alpha$ | $\alpha$ |
| 平衡时 | $1-2\alpha$ | $2\alpha$ | $\alpha$ |

故总的反应为

$$C + O_2 \longrightarrow (1-2\alpha)CO_2 + 2\alpha CO + \alpha O_2$$

平衡时总摩尔数

$$n = (1-2\alpha) + 2\alpha + \alpha = 1 + \alpha$$

平衡时摩尔成分

$$x_{CO_2} = \frac{1-2\alpha}{1+\alpha}, \quad x_{CO} = \frac{2\alpha}{1+\alpha}, \quad x_{O_2} = \frac{\alpha}{1+\alpha}$$

查附表 8，分解反应平衡常数为

$$(\ln K_p)_{3000} = -2.222, \quad K_p = 0.1084$$

$$K_p = 0.1084 = \frac{x^2_{CO} x_{O_2}}{x^2_{CO_2}} \cdot \left(\frac{p}{p_0}\right)^{2+1-2} = \frac{\left(\frac{2\alpha}{1+\alpha}\right)^2 \left(\frac{\alpha}{1+\alpha}\right)}{\left(\frac{1-2\alpha}{1+\alpha}\right)^2} \cdot \left(\frac{1}{1}\right)$$

或 $0.1084 = \left(\frac{2\alpha}{1-2\alpha}\right)^2 \left(\frac{\alpha}{1+\alpha}\right)$，解得 $\alpha = 0.2186$

于是 $x_{CO_2} = \dfrac{0.5628}{1.2186} = 0.4618$

$$x_{CO} = \frac{0.4372}{1.2186} = 0.3588$$

$$x_{O_2} = \frac{0.2186}{1.2186} = 0.1794$$

利用生成焓求热交换量

$$H_R = (\overline{h}_f^\circ)_C + (\overline{h}_f^\circ)_{O_2} = 0$$

$$\begin{aligned}
H_P &= n_{CO_2}(\overline{h}_f^\circ + \Delta H_m)_{CO_2} + n_{CO}(\overline{h}_f^\circ + \Delta H_m)_{CO} + n_{CO}(\overline{h}_f^\circ + \Delta H_m) \\
&= 0.5628(-393522 + 152862) + 0.4372(-110529 + 93542) + 0.2186(98098) \\
&= -121426 \text{kJ/mol}
\end{aligned}$$

再由热力学第一定律得

$$Q = H_P - H_R = -121426 \text{kJ/mol}$$

### 8.5.5 温度、压力对平衡常数的影响

（1）温度对 $K_p$ 的影响

将式（8-50）对 $T$ 求导得

$$\frac{\mathrm{d}\ln K_p}{\mathrm{d}T} = \frac{-1}{R_m}\frac{\mathrm{d}}{\mathrm{d}T}\left[\frac{\Delta G^\circ(T)}{T}\right] \tag{8-54}$$

由于 $\Delta G^\circ = f(T)$，$\dfrac{\mathrm{d}}{\mathrm{d}T}\left[\dfrac{\Delta G^\circ(T)}{T}\right]$ 又可改为 $\left\{\dfrac{\partial}{\partial T}\left[\dfrac{\Delta G^\circ(T)}{T}\right]\right\}_p$ 或 $\Delta\left\{\dfrac{\partial}{\partial T}\left[\dfrac{\Delta G^\circ(T)}{T}\right]\right\}_p$，

故上式可写成

$$\frac{\mathrm{d}\ln K_p}{\mathrm{d}T} = \frac{-1}{R_m}\Delta\left\{\frac{\partial}{\partial T}\left[\frac{G^\circ(T)}{T}\right]\right\}_p \tag{8-55}$$

前文已证得吉布斯-亥姆霍兹方程，即

$$\left[\frac{\partial\left(\dfrac{G}{T}\right)}{\partial T}\right]_p = -\frac{H}{T^2}$$

将之代入式（8-55）得

$$\frac{\mathrm{d}\ln K_p}{\mathrm{d}T} = \frac{\Delta H^\circ(T)}{R_m T^2}$$

此式表明了反应温度对平衡常数 $K_p$ 的影响，并且把平衡常数与定压热效应 $Q_p (= \Delta H^\circ)$ 联系起来，称为范特霍夫方程。可以看出，对于正向吸热反应，$\Delta H^\circ > 0$，$K_p$ 随温度升高而增大，即化学平衡向正向移动，或者说正向反应更完全，因而也将吸收更多的热量以阻止温度继续上升，直到达到新的平衡。对于正向放热反应，$\Delta H^\circ < 0$，当温度升高时 $K_p$ 会减小，正向反应越不完全，因而放热量也随之减小，阻止温度进一步上升。

（2）总压力对 $K_x$ 的影响

总压力对 $K_p$ 不产生影响，因为 $K_p$ 只是温度的函数，但总压力对 $K_x$ 是有影响的。由于

$$K_x = K_p\left(\frac{p}{p_0}\right)^{(a+b-c-d)}$$

对于 $a+b-c-d > 0$ 的反应，若总压力 $p$ 增加，$K_x$ 随之增大，说明平衡向产生生成物或使系统容积减小的方向移动；反之，对于 $a+b-c-d < 0$ 的反应，总压力增加，$K_x$ 随之减小，说明平衡向产生反应物或使系统容积减小的方向移动。总之，提高压力，平衡总是向使系统容积减小的方向移动，以阻止压力的继续升高。

（3）平衡移动原理

从上述温度及压力对平衡常数的影响的分析中可以看出，把平衡态的某一因素加以改变

后，将使平衡态向着削弱该因素影响的方向转移。这个原理称为吕-查德里原理或化学反应平衡移动原理。

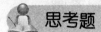 **思考题**

[8-1] 气体燃料甲烷在定温定压与定温定容下燃烧，试问定压热效应与定容热效应哪个大。

[8-2] 反应热与热效应有何区别？

[8-3] 标准状态下进行定温定压放热反应 $CO+\dfrac{1}{2}O_2 \Longrightarrow CO_2$，其标准定压热效应是否就是 $CO_2$ 的标准生成焓？

[8-4] 过量空气系数的大小会不会影响理论燃烧温度？会不会影响热效应？

[8-5] 过量空气系数的大小会不会影响化学反应的最大有用功？会不会影响化学反应过程的㶲损失？

[8-6] 已知 $C(石墨)+O_2 \Longrightarrow CO_2$ 的 $Q_p^{\circ}=-393.514kJ/kmol$，因此只要将 1kmol C（石墨）与 1kmol $O_2$ 在标准状态下发生定温定压反应就能放出 393.514kJ/kmol 的热量，你认为这种说法对不对？

[8-7] 根据定义 $G_m=H_m-TS_m$，试问 $\overline{g}_f^{\circ}$ 是否等于 $(\overline{h}_f^{\circ}-298.15\overline{S}_m^{\circ})$？

[8-8] 某反应在 25℃ 时的 $\Delta G^{\circ}=0$，则 $K_p$ 值是多少？此时是否一定为平衡态？

 **习题** ▶▶

[8-1] 设有下列理想气体反应

$$a\text{A}+b\text{B} \Longleftrightarrow c\text{C}+d\text{D}$$

求证定容反应过程对外热量交换为

$$Q_V=(cH_{mC}+dH_{mD})-(aH_{mA}+bH_{mB})-R_m[(c+d)T_P-(a+b)T_R]$$

[8-2] 利用标准生成焓表 8-1 和平均比热容表计算 CO 在 500℃ 时的热值 $[-\Delta H_f]$。

[8-3] 如果将例 8-7 改为一氧化碳与过量空气系数为 1.10 的实际空气量配合并且完全燃烧，其他条件不变，试计算燃烧气体的温度。

[8-4]（1）求 25℃ 时液态甲苯的生成焓；

（2）液苯（25℃）与 500K 的空气以稳态稳定流动流入燃烧室并燃烧，产物被冷却至 1400K 流出，其摩尔成分如下：$CO_2$ 10.7%；CO 3.6%；$O_2$ 5.3%；$N_2$ 80.4%。求单位燃料的传热量。

[8-5] 丁烷与过量空气系数为 1.5 的空气在 25℃，250kPa 下进入燃烧室，燃烧产物在 1000K，250kPa 下离开燃烧室。假设是完全燃烧，试确定每千摩尔丁烷的传热量和过程的㶲损失。

[8-6] 计算水蒸气在 2000K 时的 $\Delta G^{\circ}$ 和 $K_p$。已知水蒸气的分解反应方程式为

$$H_2O \Longleftrightarrow H_2+\dfrac{1}{2}O_2$$

[8-7] 1kmol $N_2$ 和 3kmol $H_2$ 在 450K，202.65kPa 的反应室内达到化学平衡。已知化学

反应方程式为 $\frac{1}{2}N_2 + \frac{3}{2}H_2 \rightleftharpoons NH_3$，450K 时的平衡常数 $K_p = 1.0$。问 $N_2$、$H_2$ 和 $NH_3$ 的分压力和摩尔数各是多少？

[8-8] 在水煤气反应式 $CO_2 + H_2 \rightleftharpoons CO + H_2O$ 中，给定反应初始混合物由 2kmol $CO_2$，1kmol $H_2$ 组成，求 1200K 达到化学平衡时混合物中各组元的摩尔数、摩尔成分和反应度。

[8-9] 反应方程式 $CO + \frac{1}{2}O_2 \rightleftharpoons CO_2$，在 2500K、101.325kPa 时达到化学平衡，试求：

(1) $CO_2$ 的解离度；(2) 各组元的分压力；(3) 各组元的摩尔成分。

[8-10] CO 与理论空气量在 101.325kPa 下燃烧 3000K 时达到化学平衡，试求其平衡组成。若在 506.625kPa 下燃烧，平衡组成又怎样？

# 第二篇

# 热分析动力学

## 第9章
### 热分析动力学方程

### 9.1 第Ⅰ类动力学方程

在描述反应(9-1) 的动力学问题时

$$A'(s) \longrightarrow B'(s) + C'(g) \tag{9-1}$$

可用两种不同形式的方程:

$$\frac{d\alpha}{dt} = k f(\alpha) \tag{9-2}$$

和

$$G(\alpha) = kt \tag{9-3}$$

式中, $\alpha$ 为 $t$ 时物质 $A'$ 已反应的分数, 对如图 9-1 所示的 DSC 曲线, 其值等于 $H_t/H_0$, 这里 $H_t$ 为物质 $A'$ 在某时刻的反应热, 相当于 DSC 曲线下的部分面积, $H_0$ 为反应完成后物质 $A'$ 的总放热量, 相当于 DSC 曲线下的总面积; $t$ 为时间; $k$ 为反应速率常数; $f(\alpha)$ 和 $G(\alpha)$ 分别为微分形式和积分形式的动力学机理函数, 两者之间的关系为:

$$f(\alpha) = \frac{1}{G'(\alpha)} = \frac{1}{d[G(\alpha)]/d\alpha} \tag{9-4}$$

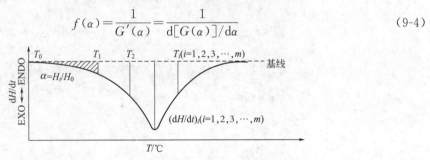

图 9-1 典型 DSC 曲线示意图

$k$ 与反应温度 $T$（热力学温度）之间的关系可用著名的 Arrhenius 方程表示：

$$k = A\exp\left(-\frac{E}{RT}\right) \tag{9-5}$$

式中，$A$ 为表观指前因子；$E$ 为表观活化能；$R$ 为摩尔气体常量。

假定方程式(9-2)～式(9-5)对于非等温情形［如方程式(9-6)］也适用，

$$T = T_0 + \beta t \tag{9-6}$$

式中，$T_0$ 为 DSC 曲线偏离基线的始点温度（K）；$\beta$ 为恒定加热速率（K·min$^{-1}$）。

由方程式(9-2)、式(9-5)和式(9-6)，得

微分式

$$\frac{d\alpha}{dT} = \frac{A}{\beta} f(\alpha) \exp\left(-\frac{E}{RT}\right) \tag{9-7}$$

积分式

$$G(\alpha) = \int_0^\alpha \frac{d\alpha}{f(\alpha)} = \frac{A}{\beta} \int_{T_0}^T \exp\left(-\frac{E}{RT}\right) dT = \frac{A}{\beta} \int_0^T \exp\left(-\frac{E}{RT}\right) dT$$

$$= \frac{A}{\beta} I(E,T) = \frac{AE}{\beta R} \int_\infty^u \frac{-e^{-u}}{u^2} du = \frac{AE}{\beta R} P(u) = \frac{AE}{\beta R} \frac{e^{-u}}{u^2} \pi(u) \tag{9-8}$$

$$= \frac{AE}{\beta R} \frac{e^{-u}}{u^2} Q(u) = \frac{AE}{\beta R} \frac{e^{-u}}{u^2} h(u) = \frac{AR}{\beta E} T^2 e^{-u} h(u)$$

其中

$$P(u) = \frac{e^{-u}}{u^2} \pi(u) = \frac{e^{-u}}{u^2} Q(u) = \frac{e^{-u}}{u^2} h(u)$$

$$Q(u) = h(u) = P(u) u^2 e^u$$

$\pi(u)$ 表达式参见第 10 章表 10-3。

$$u = \frac{E}{RT}$$

我们称方程式(9-7)和式(9-8)为热分析的第 I 类动力学方程。

## 9.2 第 II 类动力学方程

### 9.2.1 导出途径之一

通常，在某一 $\beta$ 条件下的物质热解反应是 $t$ 和 $T$ 的函数，而 $T$ 又是 $t$ 的函数，即

$$\alpha = \alpha(T,t) = \alpha[T(t),t] \tag{9-9}$$

方程式(9-9)和式(9-6)分别对 $t$ 求导，由链式法则得

$$\frac{d\alpha}{dt} = \left(\frac{\partial\alpha}{\partial t}\right)_T + \left(\frac{\partial\alpha}{\partial T}\right)_t \left(\frac{dT}{dt}\right) \tag{9-10}$$

$$\frac{dT}{dt} = \beta \tag{9-11}$$

一般说来，等温条件下的反应是 $\alpha$ 和 $T$ 的函数

$$\left(\frac{\partial\alpha}{\partial t}\right)_T = f(\alpha) g(T) \tag{9-12}$$

其中

$$g(T) = k = A \exp\left(-\frac{E}{RT}\right) \tag{9-13}$$

将方程（9-12）分离变量，然后两边分别对 $\alpha$ 和 $t$ 积分，并引入记号 $G(\alpha)$，则有

$$G(\alpha) = \int_0^\alpha \frac{\mathrm{d}\alpha}{f(\alpha)} = \int_0^t g(T)\mathrm{d}t = g(T) \cdot t \tag{9-14}$$

设 $h(\alpha)$ 是 $G(\alpha)$ 的反函数，则有

$$\alpha = h[g(T) \cdot t] \tag{9-15}$$

将方程式(9-15) 对 $T$ 求导，得

$$\frac{\partial \alpha}{\partial T} = h'[g(T) \cdot t] \cdot t \cdot g'(T) \tag{9-16}$$

对于连续单调函数，原函数与反函数的导数有如下关系：

$$G'(\alpha) = \frac{1}{h'[g(T) \cdot t]} \tag{9-17}$$

对照方程(9-17) 和式(9-4)，得

$$h'[g(T) \cdot t] = f(\alpha) \tag{9-18}$$

将方程式(9-18) 代入方程式(9-16)，则有

$$\left(\frac{\partial \alpha}{\partial T}\right)_t = f(\alpha) \cdot t \cdot g'(T) \tag{9-19}$$

将方程式(9-11)、式(9-12) 和式(9-19) 代入方程式(9-10)，得

$$\frac{\mathrm{d}\alpha}{\mathrm{d}t} = [g(T) + \beta \cdot t \cdot g'(T)] f(\alpha) \tag{9-20}$$

由方程式(9-13) 可知

$$g'(T) = A \cdot \frac{E}{RT^2} \exp\left(-\frac{E}{RT}\right) \tag{9-21}$$

将方程式(9-6)、式(9-11)、式(9-13) 和式(9-21) 代入方程式(9-20)，得

微分式

$$\begin{aligned}
\frac{\mathrm{d}\alpha}{\mathrm{d}T} &= \left[\frac{A}{\beta} \exp\left(-\frac{E}{RT}\right) + \frac{\beta \cdot t \cdot AE}{\beta RT^2} \exp\left(-\frac{E}{RT}\right)\right] f(\alpha) \\
&= \left\{\frac{A}{\beta}\left[1 + \frac{E}{RT} \cdot \frac{(T-T_0)}{T}\right] \exp\left(-\frac{E}{RT}\right)\right\} f(\alpha) \\
&= \left\{\frac{A}{\beta}\left[1 + \frac{E}{RT}\left(1 - \frac{T_0}{T}\right)\right] \exp\left(-\frac{E}{RT}\right)\right\} f(\alpha)
\end{aligned} \tag{9-22}$$

积分式

$$\begin{aligned}
G(\alpha) &= \int_0^\alpha \frac{\mathrm{d}\alpha}{f(\alpha)} = \frac{A}{\beta} \int_{T_0}^T \left[1 + \frac{E}{RT}\left(1 - \frac{T_0}{T}\right)\right] \exp\left(-\frac{E}{RT}\right) \mathrm{d}T \\
&= \frac{A}{\beta}(T - T_0) \exp\left(-\frac{E}{RT}\right)
\end{aligned} \tag{9-23}$$

我们称方程式(9-22) 和式(9-23) 为热分析的第 Ⅱ 类动力学方程。

### 9.2.2 导出途径之二

如果应用另一种速率常数表达式，即 Kooij 公式

$$k(T) = AT^b \exp\left(-\frac{E}{RT}\right) \tag{9-24}$$

则有

$$\frac{d\alpha}{dT} = f(\alpha)k(T) = f(\alpha)AT^b \exp\left(-\frac{E}{RT}\right) \tag{9-25}$$

由 $\alpha = f(t, T)$ 两边微分，得

$$d\alpha = \left(\frac{\partial \alpha}{\partial t}\right)_T dt + \left(\frac{\partial \alpha}{\partial T}\right)_t dT \tag{9-26}$$

由式(9-25) 和式(9-26)，知

$$G(\alpha) = \int_0^\alpha \frac{d\alpha}{f(\alpha)} = \frac{A}{\beta} \int_0^T T^b \exp\left(-\frac{E}{RT}\right)dT + \frac{1}{f(\alpha)} \int_0^T \left(\frac{\partial \alpha}{\partial T}\right)_t dT \tag{9-27}$$

若 $dT/dt = 0$，则由式(9-25) 知

$$G(\alpha) = \int_0^\alpha \frac{d\alpha}{f(\alpha)} = AT^b \exp\left(-\frac{E}{RT}\right)\int_0^t dt = tAT^b \exp\left(-\frac{E}{RT}\right) \tag{9-28}$$

式(9-28) 两边对 $T$ 微分，得

$$G'(\alpha)\left(\frac{\partial \alpha}{\partial T}\right)_t = tA\left\{\frac{\partial\left[T^b \exp\left(-\dfrac{E}{RT}\right)\right]}{\partial T}\right\} \tag{9-29}$$

非等温时

$$\int_0^t dt = \frac{1}{\beta} \int_{T_0}^T dT \tag{9-30}$$

$$t = \frac{T - T_0}{\beta} \tag{9-31}$$

将式(9-29)、式(9-31) 和式(9-4) 代入式(9-27)，得

$$G(\alpha) = \frac{A}{\beta} \int_0^T T^b \exp\left(-\frac{E}{RT}\right)dT + \frac{A}{\beta} \int_0^T (T - T_0)\left\{\frac{\partial\left[T^b \exp\left(-\dfrac{E}{RT}\right)\right]}{\partial T}\right\}_t dT$$

$$= \frac{A}{\beta} \int_0^T T^b \exp\left(-\frac{E}{RT}\right)dT + \frac{A}{\beta} \int_0^T (T - T_0) \times \left[bT^{b-1}\exp\left(-\frac{E}{RT}\right) + \frac{E}{R}T^{b-2}\exp\left(-\frac{E}{RT}\right)\right]dT \tag{9-32}$$

$$= (b+1)\frac{AE}{R\beta}\left(\frac{E}{R}\right)^b \int_u^\infty u^{-(b+2)}e^{-u}du + \frac{A}{\beta}\left(\frac{E}{R}\right)^b\left(\frac{E}{R} - bT_0\right)$$

$$\times \int_u^\infty u^{-(b+1)}e^{-u}du - T_0\frac{A}{\beta}\left(\frac{E}{R}\right)^b \int_u^\infty u^{-b}e^{-u}du$$

将 Euler 积分式

$$\int_u^\infty u^a e^{-u}du = a\int_u^\infty u^{a-1}e^{-u}du + u^a e^{-u} \tag{9-33}$$

用于式(9-32)，则有

$$G(\alpha) = (b+1)\frac{A}{\beta}\left(\frac{E}{R}\right)^b\left[\frac{E}{R} - \left(\frac{E}{R} - bT_0\right) - bT_0\right]\int_u^\infty u^{-(b+2)}e^{-u}du$$

$$+ \frac{A}{\beta}\left(\frac{E}{R}\right)^b\left(\frac{E}{R}u^{-(b+1)} - T_0 u^{-b}\right)e^{-u}$$

$$= \frac{A}{\beta}\left(\frac{E}{R}\right)^b\left(\frac{E}{R}u^{-(b+1)} - T_0 u^{-b}\right)e^{-u} \tag{9-34}$$

$$= \frac{A}{\beta} T^b (T - T_0) \exp\left(-\frac{E}{RT}\right)$$

当 $b=0$ 时，得第 Ⅱ 类动力学方程的积分式(9-23)

$$G(\alpha) = \frac{A}{\beta}(T - T_0)\exp\left(-\frac{E}{RT}\right)$$

微分式(9-34)，引入 $G'(\alpha) = \dfrac{1}{f(\alpha)}$ 和 $\mathrm{d}T/\mathrm{d}t = \beta$，得

$$\frac{\mathrm{d}\alpha}{\mathrm{d}t} = f(\alpha)AT^b\left[1 + \left(\frac{b}{T} + \frac{E}{RT^2}\right)(T - T_0)\right]\exp\left(-\frac{E}{RT}\right) \qquad (9\text{-}35)$$

当 $b=0$ 时，由式(9-35) 知第 Ⅱ 类动力学方程的微分式(9-22)

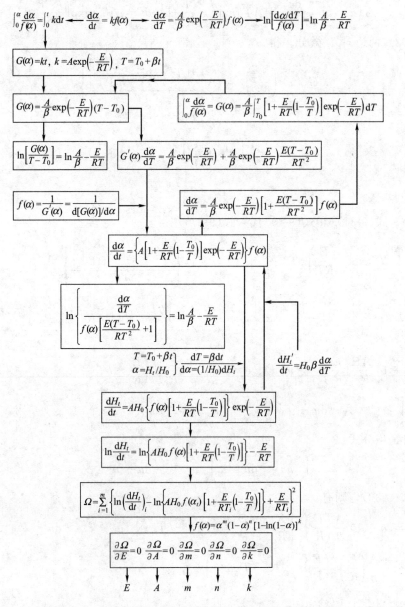

图 9-2  不同类型的非等温反应动力学方程及其导出过程

$$\frac{d\alpha}{dt} = f(\alpha)A\left[1 + \frac{E}{RT^2}(T - T_0)\right]\exp\left(-\frac{E}{RT}\right) \tag{9-36}$$

### 9.2.3 导出途径之三

导出途径之三如图 9-2 所示。

## 9.3 两类动力学方程的比较

两类动力学方程的比较如表 9-1 所示。

**表 9-1 两类动力学方程的比较**

| 形式 | 第 I 类动力学方程 | 第 II 类动力学方程 |
|---|---|---|
| 微分式 | $\frac{d\alpha}{dT} = \frac{A}{\beta}\exp\left(-\frac{E}{RT}\right)f(\alpha)$ <br> （无 $T_0$ 和中括号项） | $\frac{d\alpha}{dT} = \frac{A}{\beta}\left[1 + \frac{E}{RT}\left(1 - \frac{T_0}{T}\right)\right]\exp\left(-\frac{E}{RT}\right)f(\alpha)$ <br> （引入 $T_0$，有中括号项） |
| 积分式 | $G(\alpha) = \frac{A}{\beta}\int_{T_0}^{T}\exp\left(-\frac{E}{RT}\right)dT$ <br> $\approx \frac{A}{\beta}\int_{0}^{T}\exp\left(-\frac{E}{RT}\right)dT$ <br> （温度积分无解析解） | $G(\alpha) = \frac{A}{\beta}\int_{T_0}^{T}\left[1 + \frac{E}{RT}\left(1 - \frac{T_0}{T}\right)\right]\exp\left(-\frac{E}{RT}\right)dT$ <br> $= \frac{A}{\beta}(T - T_0)\exp\left(-\frac{E}{RT}\right)$ <br> （温度积分有解析解） |

**习题 ▶▶**

[9-1] 在热分析领域，表达式 $\Lambda(T) = \int_{T_0}^{T}\exp\left(-\frac{E}{RT}\right)dT \approx \int_{0}^{T}\exp\left(-\frac{E}{RT}\right)dT$ 称温度积分，该式在数学上无解析解，只能得近似解。为了寻找温度积分的解析解，引入 TA 曲线的初始温度 $T_0$，建立了第 II 类动力学方程的微分式

$$\frac{d\alpha}{dT} = f(\alpha)A\left[1 + \frac{E}{RT^2}(T - T_0)\right]\exp\left(-\frac{E}{RT}\right)$$

试用该微分式导出积分式

$$G(\alpha) = \frac{A}{\beta}(T - T_0)\exp\left(-\frac{E}{RT}\right)$$

[9-2] 在什么条件下，第 II 类动力学方程可简化为第 I 类动力学方程？

[9-3] 若 $\alpha = \alpha(T, t) = \alpha[T(t), t]$，则由链式法则得 $\frac{d\alpha}{dt} = \left(\frac{\partial\alpha}{\partial t}\right)_T + \left(\frac{\partial\alpha}{\partial T}\right)_t \cdot \left(\frac{dT}{dt}\right)$，该式右端第二项中的 $\left(\frac{\partial\alpha}{\partial T}\right)_t$ 被认为是不可思议的，因为 $t$ 恒定后，依据 $T = T_0 + \beta t$，$T$ 成定值，已不存在 $\alpha$ 随 $T$ 变化的情况，这一看法对吗？

[9-4] 简述第Ⅰ类动力学方程的导出途径。

[9-5] 简述第Ⅱ类动力学方程的三条导出途径。

[9-6] 试证两类动力学方程的微分式和积分式等价。

[9-7] 试由积分式：$G(\alpha) = \dfrac{A}{\beta} T^b (T - T_0) \exp\left(-\dfrac{E}{RT}\right)$，导出 $\dfrac{d\alpha}{dT}$ 表达式。

[9-8] 试由 $G(\alpha) = [1 - (1-\alpha)^{1/2}]^{1/2}$，导出 $f(\alpha)$、$f'(\alpha)$ 和 $f''(\alpha)$ 的表达式。

[9-9] 试由积分机理函数 $G(\alpha) = [(1+\alpha)^{1/3} - 1]^2$，导出微分机理函数 $f(\alpha)$ 及其一阶导数 $f'(\alpha)$ 和二阶导数 $f''(\alpha)$ 的表达式。

[9-10] 试由 $G(\alpha) = [-\ln(1-\alpha)]^{2/3}$ 导出 $f(\alpha)$、$f'(\alpha)$ 和 $f''(\alpha)$ 的表达式。

# 温度积分的近似解

▶▶

## 10.1 温度积分

联立方程（9-2），方程（9-5）和方程（9-6），并整理，两侧在 $0\sim\alpha$ 和 $T_0\sim T$ 之间积分，得

$$\int_0^\alpha \frac{\mathrm{d}\alpha}{f(\alpha)} = G(\alpha) = \frac{A}{\beta}\int_{T_0}^T \exp\left(-\frac{E}{RT}\right)\mathrm{d}T \tag{10-1}$$

考虑到开始反应时，温度 $T_0$ 较低，反应速率可忽略不计，两侧可在 $0\sim\alpha$ 和 $0\sim T$ 之间积分，即

$$\int_0^\alpha \frac{\mathrm{d}\alpha}{f(\alpha)} = G(\alpha) = \frac{A}{\beta}\int_0^T \exp\left(-\frac{E}{RT}\right)\mathrm{d}T = \frac{A}{\beta}A(T)$$

其中

$$
\begin{aligned}
A(T) &= \int_0^T \exp\left(-\frac{E}{RT}\right)\mathrm{d}T = \int_0^T (T)' \cdot \exp\left(-\frac{E}{RT}\right)\mathrm{d}T \\
&= T\exp\left(-\frac{E}{RT}\right)\Big|_0^T - \int_0^T T \cdot \exp\left[\left(-\frac{E}{RT}\right)\right]'\mathrm{d}T \\
&= T\exp\left(-\frac{E}{RT}\right) - \int_0^T T \cdot \exp\left(-\frac{E}{RT}\right)\cdot\left(-\frac{E}{RT}\right)'\mathrm{d}T \\
&= T\exp\left(-\frac{E}{RT}\right) - \int_{-\infty}^{-\frac{E}{RT}} T \cdot \exp\left(-\frac{E}{RT}\right)\mathrm{d}\left(-\frac{E}{RT}\right) \\
&= \frac{E}{R}\cdot\frac{R}{E}\left[T\exp\left(-\frac{E}{RT}\right) - \int_{-\infty}^{-\frac{E}{RT}} T\cdot\exp\left(-\frac{E}{RT}\right)\mathrm{d}\left(-\frac{E}{RT}\right)\right] \\
&= \frac{E}{R}\left[\frac{RT}{E}\cdot\exp\left(-\frac{E}{RT}\right) - \int_{-\infty}^{-\frac{E}{RT}} \frac{RT}{E}\exp\left(-\frac{E}{RT}\right)\mathrm{d}\left(-\frac{E}{RT}\right)\right] \\
&= \frac{E}{R}\left[\frac{\exp\left(-\dfrac{E}{RT}\right)}{\dfrac{E}{RT}} + \int_{-\infty}^{-\frac{E}{RT}} \frac{\exp\left(-\dfrac{E}{RT}\right)}{\left(-\dfrac{E}{RT}\right)}\mathrm{d}\left(-\frac{E}{RT}\right)\right] \\
&= \frac{E}{R}\left[\frac{\exp\left(-\dfrac{E}{RT}\right)}{\dfrac{E}{RT}} + \int_{-\infty}^{-\frac{E}{RT}} \frac{\exp\left(-\dfrac{E}{RT}\right)}{-\dfrac{E}{RT}}\mathrm{d}\left(\frac{E}{RT}\right)\right] \tag{10-2}
\end{aligned}
$$

方程式（10-2）左边的 $\displaystyle\int_0^\alpha \frac{\mathrm{d}\alpha}{f(\alpha)}$ 称为转化率函数积分，右边的 $\displaystyle\int_0^T \exp\left(-\frac{E}{RT}\right)\mathrm{d}T$ 称为温

度积分，或 Boltzmann 因子积分，表达式为 $A(T) = \int_0^T \exp\left(-\frac{E}{RT}\right) dT$，数学上无解析解，只能得数值解和近似解。

## 10.2 数值解

数值解俗称精确解，是一种由辛普森法则（Simpson's rule）、梯形法则（trapezoidal rule）和高斯法则（Gaussian rule）对 $\int_0^T \exp\left(-\frac{E}{RT}\right) dT$ 作数值积分得到的解，计算精度可达 $\pm 10^{-13}$。

## 10.3 近似解析解

为了得到温度积分的近似解，令：

$$u = \frac{E}{RT} \tag{10-3}$$

由 $T = \frac{E}{Ru}$，知

$$dT = -\frac{E}{Ru^2} du \tag{10-4}$$

于是可将方程(10-2) 转换成方程：

$$G(\alpha) = \frac{A}{\beta} \int_0^T \exp\left(-\frac{E}{RT}\right) dT = \frac{AE}{\beta R} \int_\infty^u \frac{-e^{-u}}{u^2} du = \frac{AE}{\beta R} \cdot P(u) \tag{10-5}$$

式中，$E/R$ 为常数，这样，解温度积分的问题就变为寻找函数 $P(u) = \int_\infty^u \frac{-e^{-u}}{u^2} du$ 的问题。常见 $P(u)$ 表达式如下：

（1）Scholmilch 级数表达式

$$P(u) = \frac{e^{-u}}{u^b}\left[1 - \frac{a_1}{(u+1)} + \frac{a_2}{(u+1)(u+2)} + \cdots + \frac{(-1)^j a_j}{(u+1)(u+2)\cdots(u+j)}\right]$$

$b = 2$，$a_1 = b$，$a_2 = b^2$，$a_3 = b^3 + b$，$a_4 = b^4 + 4b^2 - b$，$a_5 = b^5 + 100b^3 + 5b^2 + 8b\cdots$

（2）Madhusudanan-Krishnan-Ninan 近似式

$$P(u) = \frac{e^{-u}}{u^2}\left[1 - \frac{2}{(u+3)} - \frac{6}{(u+1)\cdots(u+3)} + \frac{28}{(u+1)\cdots(u+4)}\right.$$
$$\left. - \frac{120}{(u+1)\cdots(u+5)} + \frac{496}{(u+1)\cdots(u+6)} - \frac{2016}{(u+1)\cdots(u+7)}\right]$$

（3）Van Tets 近似式

$$P(u) = \frac{e^{-u}}{u^2}\left[1 - \frac{2}{(u+3)} - \frac{6}{(u+1)\cdots(u+3)} + \frac{30}{(u+1)\cdots(u+4)}\right.$$
$$\left. - \frac{108}{(u+1)\cdots(u+5)} + \frac{810}{(u+1)\cdots(u+6)}\cdots\right]$$

（4）分部积分表达式

$$P(u) = \int_\infty^u \frac{-e^{-u}}{u^2} du = \int_\infty^u \frac{1}{u^2} de^{-u}$$

$$= \frac{e^{-u}}{u^2} \Big|_\infty^u - \int_\infty^u e^{-u} du^{-2}$$

$$= \frac{e^{-u}}{u^2} - \int_\infty^u e^{-u}(-2)u^{-3} du$$

$$= \frac{e^{-u}}{u^2} - \int_\infty^u 2u^{-3} de^{-u}$$

$$= \frac{e^{-u}}{u^2} - \frac{2}{u^3}e^{-u} + \int_\infty^u e^{-u}(-6)u^{-4} du \qquad (10\text{-}6)$$

$$= \frac{e^{-u}}{u^2} - \frac{2}{u^3}e^{-u} + \int_\infty^u 6u^{-4} de^{-u}$$

$$= \frac{e^{-u}}{u^2} - \frac{2}{u^3}e^u + \frac{6}{u^4}e^u \Big|_\infty^u - \int_\infty^u e^{-u} d\frac{6}{u^4}$$

$$= \frac{e^{-u}}{u^2} - \frac{2}{u^3}e^{-u} + \frac{6}{u^4}e^u \Big|_\infty^u + \int_\infty^u e^{-u} d\frac{24}{u^5}$$

$$= \frac{e^{-u}}{u^2}\left(1 - \frac{2!}{u} + \frac{3!}{u^2} - \frac{4!}{u^3} + \cdots\right)$$

$$= \frac{e^{-u}}{u^b}\left[1 - \frac{b}{u} + \frac{b(b+1)}{u^2} \cdots (-1)^j \frac{b(b+1)\cdots(b+j-1)}{u^j}\right] \qquad (10\text{-}7)$$

$$= \frac{e^{-u}}{u}\sum_{n=0}^\infty \frac{(-1)^j(1+j)!}{u^{j+1}} = u^{(1-b)}e^{-u}\sum_{j=0}^\infty \frac{(-1)^j(b)_j}{u^{(j+1)}}$$

$$= u^{1-b}e^{-u}\sum_{n=0}^\infty \frac{(-1)^j(b-1+j)!}{u^{j+1}}$$

其中:

$$b = 2, \quad (b)j = b(b+1)(b+2)\cdots(b+j-1)$$

联立方程式(10-5) 和式(10-6),得:

$$\int_0^T \exp\left(-\frac{E}{RT}\right) dT = \frac{E}{R}\frac{e^{-u}}{u^2}\left(\frac{1}{u^0} - \frac{2!}{u} + \frac{3!}{u^2} - \frac{4!}{u^3} + \cdots\right) \qquad (10\text{-}8)$$

据此引出温度积分的各种近似式。

## 10. 3. 1  Frank-Kameneskii 近似式

取方程(10-8) 右端括号内第一项,得初级近似式 Frank-Kameneskii 近似式:

$$\int_0^T \exp\left(-\frac{E}{RT}\right) dT = \frac{E}{R} \cdot P_{FK}(u) = \frac{E}{R}\frac{e^{-u}}{u^2} = \frac{RT^2}{E}\exp\left(-\frac{E}{RT}\right) \qquad (10\text{-}9)$$

其中:

$$P_{FK}(u) = \frac{e^{-u}}{u^2} = \frac{e^{-u}}{u^2}h_{FK}(u) \qquad (10\text{-}10)$$

$$h_{FK}(u) = Q_{FK}(u) = 1$$

## 10. 3. 2  Coats-Redfern 近似式

取方程(10-8) 右端括号内前两项,得一级近似的第一种表达式 Coats-Redfern 近似式:

$$\int_0^T \exp\left(-\frac{E}{RT}\right)\mathrm{d}T = \frac{E}{R}\cdot P_{CR}(u) = \frac{E}{R}\frac{\mathrm{e}^{-u}}{u^2}\left(1-\frac{2}{u}\right) = \frac{E}{R}\mathrm{e}^{-u}\left(\frac{u-2}{u^3}\right) \tag{10-11}$$

$$= \frac{RT^2}{E}\left(1-\frac{2RT}{E}\right)\exp\left(-\frac{E}{RT}\right)$$

其中：

$$P_{CR}(u) = \mathrm{e}^{-u}\left(\frac{u-2}{u^3}\right) = \mathrm{e}^{-u}\left(\frac{1}{u^2}\right)\left(1-\frac{2}{u}\right) = \frac{\mathrm{e}^{-u}}{u^2}h_{CR}(u) \tag{10-12}$$

$$h_{CR}(u) = Q_{CR}(u) = 1 - \frac{2}{u} = 1 - 2\frac{RT}{E}$$

### 10.3.3  Doyle 近似式

取方程(10-6)右端括号内前两项，并取对数，则有

$$\ln P(u) = -u + \ln(u-2) - 3\ln u \tag{10-13}$$

由 $u$ 的区间范围，$20 \leqslant u \leqslant 60$，得：

$$-1 \leqslant \frac{u-40}{20} \leqslant 1 \tag{10-14}$$

令 $v = \dfrac{u-40}{20}$，将式(10-14) 代入式(10-13)，并对对数展开项取一级近似，得

$$\ln P(u) = -u - 3\ln 40 + \ln 38 + \ln\left(1+\frac{10}{19}v\right) - 3\ln\left(1+\frac{1}{2}v\right)$$

$$\approx -5.3308 - 1.0516u \tag{10-15}$$

$$P_D(u) = 0.00484\mathrm{e}^{-1.0516u} \tag{10-16}$$

$$\lg P_D(u) = -2.315 - 0.4567\frac{E}{RT} \tag{10-17}$$

将方程(10-16) 代入方程(10-5)，得一级近似的第二种表达式——Doyle 近似式

$$\int_0^T \exp\left(-\frac{E}{RT}\right)\mathrm{d}T = \frac{E}{R}P_D(u) = \frac{E}{R}(0.00484\mathrm{e}^{-1.0516u}) \tag{10-18}$$

### 10.3.4  Gorbatchev 近似式

将方程(10-11) 右端分子分母同乘 $\left(1+\dfrac{2RT}{E}\right)$，得：

$$\int_0^T \exp\left(-\frac{E}{RT}\right)\mathrm{d}T = \frac{\dfrac{RT^2}{E}\left[1-\left(\dfrac{2RT}{E}\right)^2\right]}{1+\dfrac{2RT}{E}}\exp\left(-\frac{E}{RT}\right) \tag{10-19}$$

当温度适中，$E$ 值很大时，$2RT/E < 1$，于是方程(10-19) 可简化为一级近似的第三种表达式——Gorbatchev 近似式：

$$\int_0^T \exp\left(-\frac{E}{RT}\right)\mathrm{d}T = \frac{\dfrac{RT^2}{E}\exp\left(-\dfrac{E}{RT}\right)}{1+2\dfrac{RT}{E}} = \frac{RT^2}{E+2RT}\exp\left(-\frac{E}{RT}\right) \tag{10-20}$$

方程(10-20) 也可用分部积分法导出，其导出步骤为：

$$\int \exp\left(-\frac{E}{RT}\right)dT = \int \left[\exp\left(-\frac{E}{RT}\right)\right] \cdot \left(\frac{RT^2}{E}\right)dT$$

$$= \frac{RT^2}{E}\exp\left(-\frac{E}{RT}\right) - \int \frac{2!\ RT}{E}\exp\left(-\frac{E}{RT}\right)dT \qquad (10\text{-}21)$$

$$= \int \frac{RT^2}{E}dT\left[\exp\left(-\frac{E}{RT}\right)\right]$$

$$\int \exp\left(-\frac{E}{RT}\right)dT + \int \frac{2!\ RT}{E}\exp\left(-\frac{E}{RT}\right)dT = \frac{RT^2}{E}\exp\left(-\frac{E}{RT}\right) \qquad (10\text{-}22)$$

$$\int \left(1 + \frac{2!\ RT}{E}\right)\exp\left(-\frac{E}{RT}\right)dT = \frac{RT^2}{E}\exp\left(-\frac{E}{RT}\right) \qquad (10\text{-}23)$$

当 $T$ 值适中，$E$ 值颇高时，$2RT/E < 1$，$1 + \dfrac{2RT}{E} \approx 1$，因此，可视 $1 + \dfrac{2RT}{E}$ 为常数，于是方程(10-23) 变为：

$$\left(1 + \frac{2!\ RT}{E}\right)\int \exp\left(-\frac{E}{RT}\right)dT \approx \frac{RT^2}{E}\exp\left(-\frac{E}{RT}\right) \qquad (10\text{-}24)$$

$$\int \exp\left(-\frac{E}{RT}\right)dT = \frac{E}{R}P_G(u) = \frac{\dfrac{RT^2}{E}\exp\left(-\dfrac{E}{RT}\right)}{1 + \dfrac{2RT}{E}} = \frac{T\exp\left(-\dfrac{E}{RT}\right)}{\dfrac{E}{RT}\left(1 + \dfrac{2RT}{E}\right)} \qquad (10\text{-}25)$$

$$= \frac{\dfrac{E}{Ru}e^{-u}}{u+2} = \frac{RT^2}{E + 2RT}\exp\left(-\frac{E}{RT}\right)$$

其中：

$$P_G(u) = e^{-u}\left(\frac{1}{u}\right)\left(\frac{1}{u+2}\right) \qquad (10\text{-}26)$$

### 10.3.5　Lee-Beck 近似式

将方程(10-20)，右端分子分母同乘 $1 - \dfrac{2RT}{E}$，则得一级近似的第四种表达式——Lee-Beck 近似式：

$$\int_0^T \exp\left(-\frac{E}{RT}\right)dT = \frac{E}{R}P_{LB}(u) = \frac{RT^2}{E}\left[\frac{1 - 2\left(\dfrac{RT}{E}\right)}{1 - 4\left(\dfrac{RT}{E}\right)^2}\right]\exp\left(-\frac{E}{RT}\right) \qquad (10\text{-}27)$$

其中

$$P_{LB}(u) = e^{-u}\left(\frac{1}{u^2}\right)\left(1 - \frac{2}{u}\right)\bigg/\left(1 - \frac{4}{u^2}\right) = \frac{e^{-u}}{u^2}h_{LB}(u) \qquad (10\text{-}28)$$

### 10.3.6　Gorbatchev 近似式优于 Coats-Redfern 近似式的理论依据

在上述一级近似的 4 个表达式［方程(10-11)、方程(10-18)、方程(10-20) 和方程(10-27)］中，方程(10-18) 是特定 $u$ 值范围内的一级近似式，方程(10-20) 和方程(10-27)，本质上是同一个近似式。为了考察方程(10-11) 和方程(10-20) 哪一个更接近方程(10-5) 的解，下面进行简要分析。

对方程(10-5)两边求导，得：

$$\frac{\mathrm{d}G(\alpha)}{\mathrm{d}T} = \frac{A}{\beta}\exp\left(-\frac{E}{RT}\right) \tag{10-29}$$

将方程(10-11)代入方程(10-5)，得：

$$G(\alpha) = \frac{A}{\beta}\frac{RT^2}{E}\left(1 - \frac{2RT}{E}\right)\exp\left(-\frac{E}{RT}\right) \tag{10-30}$$

将方程(10-30)两边对 $T$ 求导得：

$$\mathrm{d}G(\alpha) = \left[\frac{A}{\beta}\frac{RT^2}{E}\left(1-\frac{2RT}{E}\right)\frac{E}{RT^2}\exp\left(-\frac{E}{RT}\right) + \frac{A}{\beta}\left(1-\frac{2RT}{E}\right)\right.$$
$$\left.\times\exp\left(-\frac{E}{RT}\right)\frac{2RT}{E} + \frac{A}{\beta}\frac{RT^2}{E}\exp\left(-\frac{E}{RT}\right)\left(0-\frac{2R}{E}\right)\right]\mathrm{d}T$$

进而得：

$$\frac{\mathrm{d}G(\alpha)}{\mathrm{d}T} = \frac{A}{\beta}\left(1 - \frac{6R^2T^2}{E^2}\right)\exp\left(-\frac{E}{RT}\right) \tag{10-31}$$

将方程(10-20)代入方程(10-5)，得：

$$G(\alpha) = \frac{A}{\beta}\frac{RT^2}{E+2RT}\exp\left(-\frac{E}{RT}\right) \tag{10-32}$$

将方程(10-32)两边对 $T$ 求导得：

$$\mathrm{d}G(\alpha) = \left\{\frac{A}{\beta}\frac{RT^2}{E+2RT}\frac{E}{RT^2}\exp\left(-\frac{E}{RT}\right) + \frac{A}{\beta}\exp\left(-\frac{E}{RT}\right)\right.$$
$$\left.\times\left[\frac{(E+2RT)2RT-RT^2(0+2R)}{(E+2RT)^2}\right]\right\}\mathrm{d}T$$

得：

$$\frac{\mathrm{d}G(\alpha)}{\mathrm{d}T} = \frac{A}{\beta}\left[1 - \frac{2R^2T^2}{(E+2RT)^2}\right]\exp\left(-\frac{E}{RT}\right) \tag{10-33}$$

通常条件下，$\dfrac{2R^2T^2}{(E+2RT)^2} < \dfrac{6R^2T^2}{E^2}$，据此证实，方程(10-33)比方程(10-31)更接近方程(10-29)，方程(10-20)比方程(10-11)作温度积分的解更精确，说明 Gorbatchev 近似式确实优于 Coats-Redfern 近似式。

### 10.3.7  Li Chung-Hsiung 近似式

将方程(10-21)再次分部积分，得：

$$\int\exp\left(-\frac{E}{RT}\right)\mathrm{d}T = \frac{RT^2}{E}\exp\left(-\frac{E}{RT}\right) - \int\frac{2!\ RT}{E}\exp\left(-\frac{E}{RT}\right)\mathrm{d}T$$

$$= \frac{RT^2}{E}\exp\left(-\frac{E}{RT}\right) - \int\left[\exp\left(-\frac{E}{RT}\right)\right]'\cdot\frac{2!\ R^2T^3}{E^2}\mathrm{d}T \tag{10-34}$$
$$= \frac{RT^2}{E}\exp\left(-\frac{E}{RT}\right) - \int\frac{2!\ R^2T^3}{E^2}\exp\left(-\frac{E}{RT}\right) + \int\exp\left(-\frac{E}{RT}\right)\frac{3!\ R^2T^2}{E^2}\mathrm{d}T$$
$$= T\left[\frac{RT}{E} - 2!\left(\frac{RT}{E}\right)^2\right]\exp\left(-\frac{E}{RT}\right) + \int 3!\left(\frac{RT}{E}\right)^2\exp\left(-\frac{E}{RT}\right)\mathrm{d}T$$

将方程(10-34)移项整理，得：

$$\int \exp\left(-\frac{E}{RT}\right)\mathrm{d}T - \int 3!\left(\frac{RT}{E}\right)^2 \exp\left(-\frac{E}{RT}\right)\mathrm{d}T = T\left[\frac{RT}{E} - 2!\left(\frac{RT}{E}\right)^2\right]\exp\left(-\frac{E}{RT}\right)$$

(10-35)

$$\int\left[1 - 3!\left(\frac{RT}{E}\right)^2\right]\exp\left(-\frac{E}{RT}\right)\mathrm{d}T = T\left[\frac{RT}{E} - 2!\left(\frac{RT}{E}\right)^2\right]\exp\left(-\frac{R}{RT}\right)$$ (10-36)

当 $T$ 值不高而 $E$ 值很大时，方程(10-36)可写为：

$$\int \exp\left(-\frac{E}{RT}\right)\mathrm{d}T = \frac{E}{R}P_{\mathrm{L}}(u) = T\,\frac{\dfrac{RT}{E} - 2\left(\dfrac{RT}{E}\right)^2}{1 - 6\left(\dfrac{RT}{E}\right)^2}\exp\left(-\frac{E}{RT}\right)$$

$$= \frac{RT^2}{E}\left[\frac{1 - 2\left(\dfrac{ET}{E}\right)}{1 - 6\left(\dfrac{RT}{E}\right)^2}\right]\exp\left(-\frac{E}{RT}\right)$$ (10-37)

其中：

$$P_{\mathrm{L}}(u) = \mathrm{e}^{-u}\left(\frac{1}{u^2}\right)\left(1 - \frac{2}{u}\right)\bigg/\left(1 - \frac{6}{u^2}\right) = \frac{\mathrm{e}^{-u}}{u^2}h_{\mathrm{L}}(u)$$ (10-38)

$$h_{\mathrm{L}}(u) = Q_{\mathrm{L}}(u) = \left(1 - 2\,\frac{RT}{E}\right)\bigg/\left[1 - 6\left(\frac{RT}{E}\right)^2\right]$$

式(10-37)即为 Li Chung-Hsiung 近似式。

### 10. 3. 8　Agrawal 近似式

为了提高 $P(u)$ 近似解的精确度，Agrawal 研究了温度积分数值解（用辛普森法则和梯形法则作数值积分）与 Li Chung-Hsiung 近似式、Gorbatchev-Lee-Beck 近似式和 Coats-Redfern 近似式解间的偏差（$\delta$）与 $u$ 的关系，结果如表 10-1 和图 10-1 所示。

表 10-1　温度积分近似式的应用范围及其准确度

| 近似式 | $u$ 范围 | | |
| --- | --- | --- | --- |
| | $\delta/\%$ | | |
| | <0.1 | <1.0 | <10 |
| Agrawal | >7 | | |
| Li Chung-Hsiung | >21 | >9 | |
| Gorbatchev-Lee-Beck | >41 | >11 | |
| Coats-Redfern | | >23 | >6 |

图 10-1 中各近似式分别如下：

（1）Li Chung-Hsiung 近似式

$$\int_0^T \exp\left(-\frac{E}{RT}\right)\mathrm{d}T = \frac{RT^2}{E}\left[\frac{1 - 2\left(\dfrac{RT}{E}\right)}{1 - 6\left(\dfrac{RT}{E}\right)^2}\right]\exp\left(-\frac{E}{RT}\right)$$

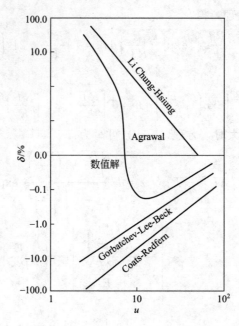

图 10-1 温度积分数值解与各近似式解间的偏差（$\delta$）对数与 $u$ 对数的关系

$$P_{\mathrm{L}}(u) = \mathrm{e}^{-u}\left(\frac{1}{u^2}\right)\left(\frac{1 - \dfrac{2}{u}}{1 - \dfrac{6}{u^2}}\right)$$

（2）Agrawal 近似式

$$\int_0^T \exp\left(-\frac{E}{RT}\right)\mathrm{d}T = \frac{RT^2}{E}\left[\frac{1 - 2\left(\dfrac{RT}{E}\right)}{1 - 5\left(\dfrac{RT}{E}\right)^2}\right]\exp\left(-\frac{E}{RT}\right) = \frac{\mathrm{e}^{-u}}{u^2}h_{\mathrm{A}}(u)$$

$$P_{\mathrm{A}}(u) = \mathrm{e}^{-u}\left(\frac{1}{u^2}\right)\left(\frac{1 - \dfrac{2}{u}}{1 - \dfrac{5}{u^2}}\right)$$

（3）Gorbatchev-Lee-Beck 近似式

$$\int_0^T \exp\left(-\frac{E}{RT}\right)\mathrm{d}T = \frac{RT^2}{E}\left(\frac{1}{1 + \dfrac{2RT}{E}}\right)\exp\left(-\frac{E}{RT}\right) \approx \frac{RT^2}{E}\left[\frac{1 - 2\left(\dfrac{RT}{E}\right)}{1 - 4\left(\dfrac{RT}{E}\right)^2}\right]\exp\left(-\frac{E}{RT}\right)$$

$$P_{\mathrm{GLB}}(u) = \mathrm{e}^{-u}\left(\frac{1}{u}\right)\left(\frac{1}{u+2}\right) \approx \mathrm{e}^{-u}\left(\frac{1}{u^2}\right)\frac{\left(1 - \dfrac{2}{u}\right)}{\left(1 - \dfrac{4}{u^2}\right)}$$

（4）Coats-Redfern 近似式

$$\int_0^T \exp\left(-\frac{E}{RT}\right)\mathrm{d}T = \frac{RT^2}{E}\left(1 - \frac{2RT}{E}\right)\exp\left(-\frac{E}{RT}\right)$$

$$P_{CR}(u) = e^{-u}\left(\frac{1}{u^2}\right)\left(1 - \frac{2}{u}\right)$$

由图 10-1 可见，Li Chung-Hsiung 近似式与 Gorbatchev-Lee-Beck 近似式相比，形式相似，差别在于 $P(u)$ 右端分母中 $u^2$ 项系数不同：前者为 6，导致正偏差；后者为 4，导致负偏差。据此，Agrawal 提出了新的 $P(u)$ 近似式和温度积分近似式：

$$P_A(u) = e^{-u}\left(\frac{1}{u^2}\right)\left[\frac{\left(1 - \frac{2}{u}\right)}{\left(1 - \frac{5}{u^2}\right)}\right] \tag{10-39}$$

$$\int_0^T \exp\left(-\frac{E}{RT}\right)dT = \frac{E}{R}P_A(u) = \frac{RT^2}{E}\left[\frac{1 - 2\left(\frac{RT}{E}\right)}{1 - 5\left(\frac{RT}{E}\right)^2}\right]\exp\left(-\frac{E}{RT}\right) \tag{10-40}$$

若以同一准确度下，用 $u$ 的适用范围越大近似式越优的观点来评价近似式的优劣，则由表 10-1 所列数据可见，Agrawal 近似式最佳，Li Chung-Hsiung 近似式次之，Gorbatchev 近似式再次之，Coats-Redfern 近似式最差。

### 10.3.9 冉全印-叶素近似式

为了进一步提高 $P(u)$ 近似解的精确性，冉全印和叶素研究了 Li Chung-Hsiung 近似式、Agrawal 近似式、Gorbatchev-Lee-Beck 近似式、Coats-Redfern 近似式和 Doyle 近似式的近似解与温度积分精确解（用辛普森 1/3 法则求得）间的偏差（$\delta$）与 $u$ 的关系，比较了方程(10-27)、方程(10-37) 和方程(10-40) 右端分母中 $u^2$ 项前的系数，提出了两个新的 $P(u)$近似式方程(10-41) 和方程(10-42) 和温度积分近似式方程(10-43) 和方程(10-44)，给出了如图 10-2 和图 10-3 所示的结果。

$$P_{RY}(u) = e^{-u}\left(\frac{1}{u^2}\right)\frac{\left(1 - \frac{2}{u}\right)}{\left(1 - \frac{4.6}{u^2}\right)} = \frac{e^{-u}}{u^2}h_{RY4.6}(u) \tag{10-41}$$

$$P_{RY}(u) = e^{-u}\left(\frac{1}{u^2}\right)\frac{\left(1 - \frac{2}{u}\right)}{\left(1 - \frac{5.2}{u^2}\right)} = \frac{e^{-u}}{u^2}h_{RY5.2}(u) \tag{10-42}$$

$$\int_0^T \exp\left(-\frac{E}{RT}\right)dT = \frac{RT^2}{E}\left[\frac{1 - 2\left(\frac{RT}{E}\right)}{1 - 4.6\left(\frac{RT}{E}\right)^2}\right]\exp\left(-\frac{E}{RT}\right) \tag{10-43}$$

$$\int_0^T \exp\left(-\frac{E}{RT}\right)dT = \frac{RT^2}{E}\left[\frac{1 - 2\left(\frac{RT}{E}\right)}{1 - 5.2\left(\frac{RT}{E}\right)^2}\right]\exp\left(-\frac{E}{RT}\right) \tag{10-44}$$

图 10-2 和图 10-3 中的近似式分别如下。

（1）Li Chung-Hsiung 近似式

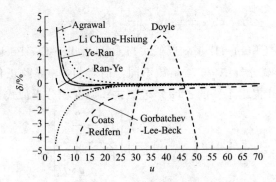

图 10-2　温度积分各近似式解与辛普森 1/3 规则数值解间偏差（$\delta$）与 $u$ 的关系

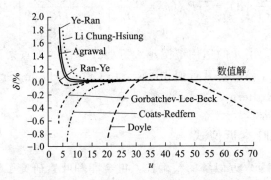

图 10-3　$\lg P(u)$ 近似解对数间偏差（$\delta$）与 $u$ 的关系

$$P_L(u) = e^{-u}\left(\frac{1}{u^2}\right)\left(1 - \frac{2}{u}\right)\bigg/\left(1 - \frac{6}{u^2}\right)$$

（2）叶素-冉全印近似式：

$$P_{YR}(u) = e^{-u}\left(\frac{1}{u^2}\right)\left(1 - \frac{2}{u}\right)\bigg/\left(1 - \frac{5.2}{u^2}\right)$$

（3）Agrawal 近似式：

$$P_A(u) = e^{-u}\left(\frac{1}{u^2}\right)\left(1 - \frac{2}{u}\right)\bigg/\left(1 - \frac{5}{u^2}\right)$$

（4）冉全印-叶素近似式：

$$P_{RY}(u) = e^{-u}\left(\frac{1}{u^2}\right)\left(1 - \frac{2}{u}\right)\bigg/\left(1 - \frac{4.6}{u^2}\right)$$

（5）Gorbatchev-Lee-Beck 近似式：

$$P_G(u) = e^{-u}\left(\frac{1}{u}\right)\left(\frac{1}{u+2}\right)$$

$$P_{LB}(u) = e^{-u}\left(\frac{1}{u^2}\right)\left(1 - \frac{2}{u}\right)\bigg/\left(1 - \frac{4}{u^2}\right)$$

（6）Coats-Redfern 近似式

$$P_{CR}(u) = e^{-u}\left(\frac{1}{u^2}\right)\left(1 - \frac{2}{u}\right)$$

（7）Doyle 近似式

$$P_D(u) = 0.00484 e^{-1.0516u}$$

方程(10-43) 和方程(10-44) 称温度积分的冉全印-叶素近似式。它们与 Lee-Beck 近似式［方程(10-27)］、Agrawal 近似式［方程(10-40)］和 Li Chung-Hsiung 近似式［方程(10-37)］相比，有相似的形式，差别在于：①前二者分母中 $u^2$ 项系数分别为 4.6 和 5.2，而后三者的该系数分别为 4、5 和 6；②方程（10-43）的准确性更高，方程（10-44）$u$ 的适用范围更广，如表 10-2 所示。

**表 10-2　温度积分近似式的应用范围及其准确度**

| 近似式 | $u$ 范围 | | |
|---|---|---|---|
| | $\delta/\%$ | | |
| | $<0.1$ | $<1.0$ | 附注 |
| Agrawal | $\geqslant 6$ | $\geqslant 24$ | $u \geqslant 7, \delta \geqslant 0.2\%$ |
| Li Chung-Hsiung | $\geqslant 10$ | $\geqslant 22$ | |
| Gorbatchev-Lee-Beck | $\geqslant 12$ | $\geqslant 42$ | |
| Coats-Redfern | $\geqslant 24$ | — | |
| Doyle | — | — | $28 \leqslant u \leqslant 50, \delta \leqslant 5\%$ |
| 式(10-43) | $\geqslant 7$ | $\geqslant 10$ | |
| 式(10-44) | $\geqslant 4$ | $\geqslant 35$ | |

依据表 10-2 中数据和 10.3.8 节所述评价原则，可以认为：冉全印-叶素近似式和 Agrawal 近似式最佳、Li Chung-Hsiung 近似式较好、Gorbatchev 近似式次之、Coats-Redfern 近似式再次之、Doyle 近似式最差。

### 10.3.10　冯仰婕-袁军近似式

冯仰婕、袁军等做了上述类似研究，给出了如图 10-4 所示的结果，表明了各近似解与数值解间偏差（$\delta$）对数随 $u$ 对数的变化规律和各近似式的可靠使用范围，在此基础上提出了两个新的温度积分近似式：

$$\int_0^T \exp\left(-\frac{E}{RT}\right)\mathrm{d}T = \frac{RT^2}{E}\left(\frac{u^2+6u+6}{u^3+8u^2+16u+8}\right)\exp\left(-\frac{E}{RT}\right) \tag{10-45}$$

$$\int_0^T \exp\left(-\frac{E}{RT}\right)\mathrm{d}T \approx \frac{RT^2}{E}\left(\frac{u^2+6u+4}{u^3+8u^2+14u+4}\right)\exp\left(-\frac{E}{RT}\right) \tag{10-46}$$

图 10-4 中的近似式分别如下。

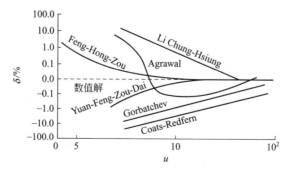

图 10-4　温度积分近似解与数值解间偏差（$\delta$）的对数与 $u$ 对数的关系

(1) 初级近似式 [方程(10-9)]

$$\int_0^T \exp\left(-\frac{E}{RT}\right) dT = \frac{RT^2}{E} \exp\left(-\frac{E}{RT}\right)$$

(2) Li Chung-Hsiung 近似式 [方程(10-37)]

$$\int_0^T \exp\left(-\frac{E}{RT}\right) dT = \frac{RT^2}{E} \left[\frac{1-2\left(\frac{RT}{E}\right)}{1-6\left(\frac{RT}{E}\right)^2}\right] \exp\left(-\frac{E}{RT}\right)$$

(3) Agrawal 近似式 [方程(10-40)]

$$\int_0^T \exp\left(-\frac{E}{RT}\right) dT = \frac{RT^2}{E} \left[\frac{1-2\left(\frac{RT}{E}\right)}{1-5\left(\frac{RT}{E}\right)^2}\right] \exp\left(-\frac{E}{RT}\right)$$

(4) 冯仰婕-邹文樵 (Feng-Hong-Zou) 近似式 [方程(10-46)]

$$\int_0^T \exp\left(-\frac{E}{RT}\right) dT = \frac{RT^2}{E} \left(\frac{u^2+6u+4}{u^3+8u^2+14u+4}\right) \exp\left(-\frac{E}{RT}\right)$$

(5) 袁军-邹文樵-戴浩良 (Yuan-Feng-Zou-Dai) 近似式 [方程(10-45)]

$$\int_0^T \exp\left(-\frac{E}{RT}\right) dT = \frac{RT^2}{E} \left(\frac{u^2+6u+6}{u^3+8u^2+16u+8}\right) \exp\left(-\frac{E}{RT}\right)$$

(6) Gorbatchev 近似式 [方程(10-20)]

$$\int_0^T \exp\left(-\frac{E}{RT}\right) dT = \frac{RT^2}{E+2RT} \exp\left(-\frac{E}{RT}\right)$$

(7) Coats-Redferx、近似式 [方程(10-11)]:

$$\int_0^T \exp\left(-\frac{E}{RT}\right) dT = \frac{RT^2}{E} \left(1-\frac{2RT}{E}\right) \exp\left(-\frac{E}{RT}\right)$$

由图 10-4 结果可见:

方程(10-9): $u>85$, $\delta<2.3\%$; $u<15$, $\delta>12\%$。

方程(10-37): $u>25$, $\delta<0.1\%$。

方程(10-40): $u>7$, $\delta<0.1\%$。

方程(10-46): $2\leqslant u\leqslant5$, $\delta<1\%$; 其中 $u=2$, $\delta=0.8\%$。

方程(10-45): $u>5$, $\delta<0.1\%$; $u>15$, $\delta<0.01\%$; $u>30$, $\delta<0.001\%$。

方程(10-20): $u>40$, $\delta<0.1\%$。

方程(10-11): $u>80$, $\delta<0.1\%$; $u<20$, $\delta>1\%$, $u<6$, $\delta>10\%$。

依据 10.3.8 节所述评价原则, 可以认为袁军-冯仰婕-邹文樵-戴浩良近似式 [方程(10-45)] 和袁军-邹文樵近似式 [方程(10-46)] 有很好的准确度。

### 10.3.11 Zsakó 近似式

若将方程(10-20) 右端分子分母同除以 $RT$ 并将 $T=E/Ru$ 代入, 则得

$$\int_0^T \exp\left(-\frac{E}{RT}\right) dT = \frac{E}{R} P(u) = \frac{\frac{E}{R} \mathrm{e}^{-u}}{u(u+2)} \tag{10-47}$$

其中

$$P(u) = \frac{e^{-u}}{u(u+2)} \tag{10-48}$$

方程(10-47) 右端分母中引入经验参数 $d$，得 Zsokó 近似式：

$$\int_0^T \exp\left(-\frac{E}{RT}\right) dT = \frac{E}{R} P_Z(u) = \frac{\frac{E}{R} e^{-u}}{(u-d)(u+2)} \tag{10-49}$$

其中

$$P_Z(u) = \frac{e^{-u}}{(u-d)(u+2)} \tag{10-50}$$

$$d = \frac{16}{u^2 - 4u + 84} \tag{10-51}$$

由于方程(10-49) 是在 Gorbatchev 近似式基础上引入经验参数 $d$ 导出的，所以方程 (10-49) 又称一级半经验近似式。在 $1.6 < u < 18$ 范围内，$P_Z(u)$ 近似值与 $P(u)$ 精确值之间的误差小于 $0.5\%$；在 $18 < u < 36$ 范围内，二者的误差相同；对于 $u > 36$ 的情况，$P_Z(u)$ 值与方程(10-12) 和式(10-48) 的 $P(u)$ 值的误差相同。据此表明，在 $P(u)$ 的一级近似式中，$P_Z(u)$ 近似式最佳、Gorbatchev 的 $P(u)$ 近似式(10-26) 次之、Coats-Redfern 的 $P(u)$ 近似式(10-12) 再次之。

### 10.3.12 MacCallum-Tanner 近似式

MacCallum-Tanner 法无需对 $P(u)$ 做近似处理，可以证明，对于一定的 $E$ 值，$-\lg P(u)$ 与 $1/T$ 为线性关系，并可表达为：

$$-\lg P(u) = u + \frac{a}{T} \tag{10-52}$$

而且，$E$ 对 $a$ 也是线性关系，可表达为：

$$a = y + bE \tag{10-53}$$

于是有：

$$-\lg P(u) = u + \frac{y + bE}{T} \tag{10-54}$$

虽然 $u$ 对 $E$ 不是线性关系，但是 $\lg u$ 对 $\lg E$ 是线性关系，即：

$$\lg u = \lg A' + c \lg E \tag{10-55}$$

于是有：

$$-\lg P(u) = A' E^c + \frac{y + bE}{T} \tag{10-56}$$

借助于已知的 $\lg P(u)$ 值计算出相应的常数 $(A', c, y, b)$ 后，代入式(10-56)，得：

$$-\lg P_{MT}(u) = 0.4828 E^{0.4357} + \frac{0.449 + 0.217E}{0.001T} \tag{10-57}$$

$$P_{MT}(u) = 10^{-\left(0.4828 E^{0.4357} + \frac{0.449 + 0.217E}{0.001T}\right)} \tag{10-58}$$

方程(10-57) 称 MacCallum-Tanner 近似式，式中，$E$ 为活化能，单位为 kcal·kJ$^{-1}$ (注：cal 为非法定单位，1kcal=4186.8J)，$A$ 为指前因子，单位为 s$^{-1}$。

### 10.3.13 Krevelen-Heerden-Huntjens 近似式

若温度积分用式(10-59) 表示：

$$\int_0^T \exp\left(-\frac{E}{RT}\right)\mathrm{d}T = \int_0^T \left[\exp\left(-\frac{T_m}{T}\right)\right]^{\frac{E}{RT_m}}\mathrm{d}T \tag{10-59}$$

且式中 $T$ 与 $T_m$ 满足条件：

$$0.91T_m < T < 1.1T_m \tag{10-60}$$

则可知：

$$\frac{1}{1.1}T_m < T < \frac{1}{0.9}T_m, \ 0.9 < \frac{T_m}{T} < 1.1, \ -0.1 < \frac{T_m}{T} - 1 < 0.1 \tag{10-61}$$

若指数展开式取一级近似，则有：

$$\exp\left(\frac{T_m}{T} - 1\right) = 1 + \frac{T_m}{T} - 1 = \frac{T_m}{T}$$

$$\left[\exp\left(\frac{T_m}{T} - 1\right)\right]^{-1} = \frac{T}{T_m}$$

$$\exp\left(1 - \frac{T_m}{T}\right) = \frac{T}{T_m}$$

$$e \cdot \exp\left(-\frac{T_m}{T}\right) = \frac{T}{T_m}$$

$$\exp\left(-\frac{T_m}{T}\right) = \frac{1}{e} \cdot \frac{T}{T_m} = 0.368\frac{T}{T_m} \tag{10-62}$$

将式(10-62)代入式(10-59)，得 Krevelen-Heerden-Huntjen。近似式：

$$\int_0^T \left(0.368\frac{T}{T_m}\right)^{\frac{E}{RT_m}}\mathrm{d}T = \left(\frac{0.368}{T_m}\right)^{\frac{E}{RT_m}}\frac{1}{\left(\frac{E}{RT_m}\right)+1}T^{\frac{E}{RT_m}+1} \tag{10-63}$$

通常，反应在 $(\mathrm{d}H/\mathrm{d}t)_{\max}$ 或 $(\mathrm{d}a/\mathrm{d}t)_{\max}$ 和 $(\mathrm{d}^2H/\mathrm{d}^2t) = 0$ 对应温度（$T_p$ 和 $T_i$）附近处完成，所以式(10-63)中 $T_m$ 可视为线性升温条件下完成主反应的温度，它可以是 DSC 曲线的峰顶温度 $T_p$，也可以是 DSC 曲线左拐点对应的温度 $T_i$，视反应在 $T_p$ 附近完成还是在 $T_i$ 附近完成而定。

## 10. 3. 14　Broido 近似式

由式(10-60) 知：

$$T_m \approx T, \quad \frac{T}{T_m} = 1, \quad \frac{T_m}{T} = 1$$

由式(10-61) 知：

$$\left(\frac{T_m}{T} - 1\right)^2 = 0, \quad \frac{T_m^2}{T^2} = 2\frac{T_m}{T} - 1$$

据此知：

$$\frac{T_m}{T} = 2 - \frac{T}{T_m} \tag{10-64}$$

将方程(10-64) 代入方程(10-59)，得 Broido 近似式：

$$\int_0^T \exp\left(-\frac{E}{RT}\right)\mathrm{d}T = \int_0^T \left[\exp\left(-\frac{T_m}{T}\right)\right]^{\frac{E}{RT_m}}\mathrm{d}T = \int_0^T \exp\left(-\frac{E}{RT_m}\right)\left(2 - \frac{T}{T_m}\right)\mathrm{d}T$$

$$= \int_0^T \exp\left(-\frac{2E}{RT_m} + \frac{ET}{RT_m^2}\right)\mathrm{d}T$$

$$= \frac{RT_m^2}{E} \frac{1}{\exp\left(\dfrac{2E}{RT_m}\right)} \int_0^T \exp\left(\frac{ET}{RT_m^2}\right) d\left(\frac{ET}{RT_m^2}\right)$$

$$= \frac{RT_m^2}{E\exp\left(\dfrac{2E}{RT_m}\right)} \left[\exp\left(\frac{ET}{RT_m^2}\right) - 1\right] \approx \frac{RT_m^2}{E\exp\left(\dfrac{2E}{RT_m}\right)} \exp\left(\frac{ET}{RT_m^2}\right) \quad (10\text{-}65)$$

### 10.3.15　Luke 近似式

引入有理函数 $\pi(u)$，使 $P(u) = \dfrac{e^{-u}}{u} \pi(u)$，于是有：

$$\int_0^T e^{-u} dT = \frac{E}{R} P(u) = \frac{E}{R} \frac{e^{-u}}{u} P(u) \quad (10\text{-}66)$$

其中 $\pi(u)$，$P(u)$ 表达式如表 10-3 所示，其中一级 $P(u)$ 即为 $P_G(u)$。

我们称方程(10-66)为温度积分的 Luke 近似式。

**表 10-3　$\pi(u)$，$P(u)$ 表达式**

| 级数 | $\pi(u)$ | $P(u)$ |
|:---:|:---:|:---:|
| 1 | $\dfrac{1}{u+2}$ | $\dfrac{e^{-u}}{u} \dfrac{1}{u+2}$ |
| 2 | $\dfrac{u+4}{u^2+6u+6}$ | $\dfrac{e^{-u}}{u} \dfrac{u+4}{u^2+6u+6}$ |
| 3 | $\dfrac{u^2+10u+18}{u^3+12u^2+36u+24}$ | $\dfrac{e^{-u}}{u} \dfrac{u^2+10u+18}{u^3+12u^2+36u+24}$ |
| 4 | $\dfrac{u^3+18u^2+86u+96}{u^4+20u^3+120u^2+240u+120}$ | $\dfrac{e^{-u}}{u} \dfrac{u^3+18u^2+86u+96}{u^4+20u^3+120u^2+240u+120}$ |

### 10.3.16　Senum-Yang 近似式

Senum-Yang 引入有理函数 $Q(u)$，使 $P(u) = \dfrac{e^{-u}}{u^2} Q(u)$，这样

$$G(a) = \frac{A}{\beta} \int_0^T \exp\left(-\frac{E}{RT}\right) dT = \frac{AE}{\beta R} \frac{e^{-u}}{u^2} Q(u) = \frac{AE}{\beta R} P(u) \quad (10\text{-}67)$$

其中 $Q(u)$ 是随 $u$ 缓慢变化的函数，其值接近 1，其二级、三级、四级近似式为：

$$Q_2(u) = \frac{u^2 + 4u}{u^2 + 6u + 6} \quad (10\text{-}68)$$

$$Q_3(u) = \frac{u^3 + 10u^2 + 18u}{u^3 + 12u^2 + 36u + 24} \quad (10\text{-}69)$$

$$Q_4(u) = \frac{u^4 + 18u^3 + 88u^2 + 96u}{u^4 + 20u^3 + 120u^2 + 240u + 120} \quad (10\text{-}70)$$

相应的 $P(u)$ 近似式为：

$$P_2(u) = \frac{e^{-u}}{u^2} Q_2(u) \tag{10-71}$$

$$P_3(u) = \frac{e^{-u}}{u^2} Q_3(u) \tag{10-72}$$

$$P_4(u) = \frac{e^{-u}}{u^2} Q_4(u) \tag{10-73}$$

为了验证上述近似式是否存在级数越高，温度积分越精确的问题，Urbanovici 等在 $u=$ 5～200 范围内考察了温度积分的数值解和方程(10-71)～方程(10-73) 的近似解，计算了前者与后三者间的相对误差。结果如表 10-4 所示。由表 10-4 表明，Senum-Yang 的二级、三级近似式优于四级近似式，并非级数越高，温度积分越精确。

表 10-4　温度积分的 Senum-Yang 二级、三级、四级近似解与数值解间的相对误差（单位：%）

| $u$ | $Q_2(u)$ | $Q_3(u)$ | $Q_4(u)$ |
|---|---|---|---|
| 5 | $-2.354 \times 10^{-1}$ | $-2.393 \times 10^{-2}$ | $9.051 \times 10^{-1}$ |
| 10 | $-3.474 \times 10^{-2}$ | $-1.583 \times 10^{-3}$ | $5.324 \times 10^{-1}$ |
| 20 | $-3.756 \times 10^{-3}$ | $-6.409 \times 10^{-5}$ | $2.351 \times 10^{-1}$ |
| 30 | $-9.154 \times 10^{-4}$ | $-8.179 \times 10^{-6}$ | $1.308 \times 10^{-1}$ |
| 40 | $-3.239 \times 10^{-4}$ | $-1.781 \times 10^{-6}$ | $8.304 \times 10^{-2}$ |
| 50 | $-1.422 \times 10^{-4}$ | $-5.296 \times 10^{-7}$ | $5.734 \times 10^{-2}$ |
| 75 | $-3.092 \times 10^{-5}$ | $-5.540 \times 10^{-8}$ | $2.832 \times 10^{-2}$ |
| 100 | $-1.028 \times 10^{-5}$ | $-1.080 \times 10^{-8}$ | $1.683 \times 10^{-2}$ |
| 150 | $-2.136 \times 10^{-6}$ | $-1.040 \times 10^{-9}$ | $7.909 \times 10^{-3}$ |
| 200 | $-6.933 \times 10^{-7}$ | $-1.935 \times 10^{-10}$ | $4.578 \times 10^{-3}$ |

### 10.3.17　Šesták-Šatava-Wendlandt 近似式

Šesták-Šatava-Wendlandt 近似式于 1973 年提出，适用范围为 $9 < u < 174$，$P(u)$ 表达式为：

$$P_{ssw}(u) = \frac{e^{-u}}{u}\left( \frac{674.567 + 57.412u - 6.055u^2 - u^3}{1699.066 + 841.655u + 49.313u^2 - 8.02u^3 - u^4} \right) \tag{10-74}$$

据此有：

$$\int_0^T e^{-u} \, dT = \frac{E}{R} P_{ssw}(u) \tag{10-75}$$

### 10.3.18　Tang-Liu-Zhang-Wang-Wang 近似式

我国学者唐万军等在 $15 < u < 55$ 范围内建立了类似式(10-25)的温度积分近似式：

$$\int_0^T \exp\left(-\frac{E}{RT}\right) dT = \frac{RT^2 \exp\left(-\dfrac{E}{RT}\right)}{1.00198882E + 1.87391198RT} \tag{10-76}$$

并由 $\int_0^T \exp\left(-\dfrac{E}{RT}\right)\mathrm{d}T = \dfrac{E}{R}P(u)$ 得

$$P_T(u) = \mathrm{e}^{-u}\left(\frac{1}{u}\right)\left(\frac{1}{1.00198882u + 1.87391198}\right) \tag{10-77}$$

若以同一准确度下，$u$ 的适用范围越大近似值越优的观点来评价近似式的优劣，则由表 10-5 所列数据可见，Tang-Liu-Zhang-Wang-Wang 近似式最佳，Li Chung-Hsiung 近似式次之，Agrawal 近似式再次之，Gorbatchev 近似式最差。

表 10-5　温度积分近似式的应用范围及其准确度

| 近似式 | $u$ 范围 | | |
| --- | --- | --- | --- |
| | $\delta/\%$ | | |
| | $< 0.1$ | $< 1.0$ | $< 2.0$ |
| Agrawal | $\geqslant 25$ | $\geqslant 6$ | $\geqslant 5$ |
| Li Chung-Hsiung | $\geqslant 22$ | $\geqslant 10$ | $\geqslant 8$ |
| Gorbatchev-Lee-Beck | $\geqslant 42$ | $\geqslant 12$ | $\geqslant 8$ |
| Coats-Redfern | — | $\geqslant 24$ | $\geqslant 17$ |
| Tang-Liu-Zhang-Wang-Wang | $\geqslant 14$ | $\geqslant 7$ | $\geqslant 5$ |

## 10.4　$P(u)$ 表达式和温度积分近似式一览表

为了便于比较，上述 $P(u)$ 表达式和温度积分近似式一并汇于表 10-6 中。

表 10-6　$P(u)$ 表达式和温度积分近似式一览表

| 序号 | 名称 | $P(u)$ | $\int_0^T \exp\left(-\dfrac{E}{RT}\right)\mathrm{d}T$ |
| --- | --- | --- | --- |
| 1 | Flank-Kameneskii | $\mathrm{e}^{-u}\left(\dfrac{1}{u^2}\right)$ | $\dfrac{RT^2}{E}\exp\left(-\dfrac{E}{RT}\right)$ |
| 2 | Coats-Redfern 近似式 | $\mathrm{e}^{-u}\left(\dfrac{1}{u^2}\right)\left(1-\dfrac{2}{u}\right)$ | $\dfrac{RT^2}{E}\left(1-\dfrac{2RT}{E}\right)\exp\left(-\dfrac{E}{RT}\right)$ |
| 3 | Doyle 近似式 | $0.00484\mathrm{e}^{-1.0516u}$ | $\dfrac{E}{R}\times 0.00484\exp\left(-\dfrac{1.0516E}{RT}\right)$ |
| 4 | Gorbatchev 近似式 | $\mathrm{e}^{-u}\left(\dfrac{1}{u}\right)\left(\dfrac{1}{u+2}\right)$ | $\dfrac{RT^2}{E+2RT}\exp\left(-\dfrac{E}{RT}\right)$ |
| 5 | Tang-Liu-Zhang-Wang-Wang 近似式 | $\mathrm{e}^{-u}\left(\dfrac{1}{u}\right)\left(\dfrac{1}{1.0019882u + 1.87391198}\right)$ | $\dfrac{RT^2\exp\left(-\dfrac{E}{RT}\right)}{1.00198882E + 1.87391198RT}$ |
| 6 | Lee-Beck 近似式 | $\mathrm{e}^{-u}\dfrac{\left(\dfrac{1}{u^2}\right)\left(1-\dfrac{2}{u}\right)}{1-\dfrac{4}{u^2}}$ | $\dfrac{RT^2}{E}\left[\dfrac{1-2\left(\dfrac{RT}{E}\right)}{1-4\left(\dfrac{RT}{E}\right)^2}\right]\exp\left(-\dfrac{E}{RT}\right)$ |

| 序号 | 名称 | $P(u)$ | $\int_0^T \exp\left(-\dfrac{E}{RT}\right)\mathrm{d}T$ |
|---|---|---|---|
| 7 | 冉全印-叶素近似式 | $\mathrm{e}^{-u}\left(\dfrac{1}{u^2}\right)\left(\dfrac{1-\dfrac{2}{u}}{1-\dfrac{4.6}{u^2}}\right)$ | $\dfrac{RT^2}{E}\left[\dfrac{1-2\left(\dfrac{RT}{E}\right)}{1-4.6\left(\dfrac{RT}{E}\right)^2}\right]\exp\left(-\dfrac{E}{RT}\right)$ |
| 8 | Agrawal 近似式 | $\mathrm{e}^{-u}\left(\dfrac{1}{u^2}\right)\left(\dfrac{1-\dfrac{2}{u}}{1-\dfrac{5}{u^2}}\right)$ | $\dfrac{RT^2}{E}\left[\dfrac{1-2\left(\dfrac{RT}{E}\right)}{1-5\left(\dfrac{RT}{E}\right)^2}\right]\exp\left(-\dfrac{E}{RT}\right)$ |
| 9 | 叶素-冉全印近似式 | $\mathrm{e}^{-u}\left(\dfrac{1}{u^2}\right)\left(\dfrac{1-\dfrac{2}{u}}{1-\dfrac{5.2}{u^2}}\right)$ | $\dfrac{RT^2}{E}\left[\dfrac{1-2\left(\dfrac{RT}{E}\right)}{1-5.2\left(\dfrac{RT}{E}\right)^2}\right]\exp\left(-\dfrac{E}{RT}\right)$ |
| 10 | Li Chung-Hsiung 近似式 | $\mathrm{e}^{-u}\left(\dfrac{1}{u^2}\right)\left(\dfrac{1-\dfrac{2}{u}}{1-\dfrac{6}{u^2}}\right)$ | $\dfrac{RT^2}{E}\left[\dfrac{1-2\left(\dfrac{RT}{E}\right)}{1-6\left(\dfrac{RT}{E}\right)^2}\right]\exp\left(-\dfrac{E}{RT}\right)$ |
| 11 | 冯仰婕-邹文樵近似式 | | $\dfrac{RT^2}{E}\left(\dfrac{u^2+6u+4}{u^3+8u^2+14u+4}\right)\exp\left(-\dfrac{E}{RT}\right)$ |
| 12 | 袁军-冯仰婕-邹文樵-戴浩良近似式 | | $\dfrac{RT^2}{E}\left(\dfrac{u^2+6u+6}{u^3+8u^2+16u+8}\right)\exp\left(-\dfrac{E}{RT}\right)$ |
| 13 | Zsakó | $\mathrm{e}^{-u}\dfrac{1}{(u+2)\left(u-\dfrac{16}{u^2-4u+84}\right)}$ | $\dfrac{E}{R}\times\left\{\dfrac{1}{\left(\dfrac{E}{RT}+2\right)\left[\dfrac{E}{RT}-\dfrac{16}{(E/RT)^2-4(E/RT)+84}\right]}\right\}$ $\times\exp\left(-\dfrac{E}{RT}\right)$ |
| 14 | MacCallum-Tanner 近似式 | $10^{-\left(0.4828E^{0.4357}+\frac{0.449+0.217E}{0.001T}\right)}$ | $\dfrac{E}{R}\times 10^{-\left(0.4828E^{0.4357}+\frac{0.449+0.217E}{0.001T}\right)}$ |
| 15 | Krevelen-Heerden-Huntjens 近似式 | | $\left(\dfrac{0.368}{T_\mathrm{m}}\right)^{\frac{E}{RT_\mathrm{m}}}\dfrac{1}{\left(\dfrac{E}{RT_\mathrm{m}}\right)+1}T^{\frac{E}{RT_\mathrm{m}}+1}$ |
| 16 | Broido 近似式 | | $\dfrac{RT_\mathrm{m}^2}{E\exp\left(-\dfrac{2E}{RT_\mathrm{m}}\right)}\exp\left(\dfrac{ET}{RT_\mathrm{m}^2}\right)$ |
| 17 | Luke 近似式 | $P_1(u)=\dfrac{\mathrm{e}^{-u}}{u}\dfrac{1}{u+2}=P_\mathrm{G}(u)$ $P_2(u)=\dfrac{\mathrm{e}^{-u}}{u}\dfrac{u+4}{u^2+6u+6}$ $P_3(u)=\dfrac{\mathrm{e}^{-u}}{u}\dfrac{u^2+10u+18}{u^3+12u^2+36u+24}$ $P_4(u)=\dfrac{\mathrm{e}^{-u}}{u}\dfrac{u^3+18u^2+86u+96}{u^4+20u^3+120u^2+240u+120}$ | $\dfrac{E}{R}\dfrac{\mathrm{e}^{-u}}{u}\dfrac{1}{u+2}$ $\dfrac{E}{R}P_2(u)$ $\dfrac{E}{R}P_3(u)$ $\dfrac{E}{R}P_4(u)$ |

续表

| 序号 | 名称 | $P(u)$ | $\int_0^T \exp\left(-\dfrac{E}{RT}\right)\mathrm{d}T$ |
|---|---|---|---|
| 18 | Šesták-<br>Šatava-<br>Wendlandt<br>近似式 | $P_{\text{ssw}}(u) = \dfrac{\mathrm{e}^{-u}}{u} \times$<br><br>$\dfrac{674.567 + 57.412u - 6.055u^2 - u^3}{1699.066 + 841.655u + 49.313u^2 - 8.02u^3 - u^4}$ | $\dfrac{E}{R} P_{\text{ssw}}(u)$ |
| 19 | Senum-<br>Yang 近似式 | $P_2(u) = \dfrac{\mathrm{e}^{-u}}{u}\dfrac{u+4}{u^2+6u+6}$<br><br>$P_3(u) = \dfrac{\mathrm{e}^{-u}}{u}\dfrac{u^2+10u+18}{u^3+12u^2+36u+24}$<br><br>$P_4(u) = \dfrac{\mathrm{e}^{-u}}{u}\dfrac{u^3+18u^2+88u+96}{u^4+20u^3+120u^2+240u+120}$ | $\dfrac{E}{R} P_2(u)$<br><br>$\dfrac{E}{R} P_3(u)$<br><br>$\dfrac{E}{R} P_4(u)$ |

## 10.5 $\displaystyle\int_0^T T'^m \exp\left(-\frac{E}{RT'}\right)\mathrm{d}T'$ 的计算

设：

$$I(m,T) = \int_0^T T'^m \exp\left(-\frac{E}{RT'}\right)\mathrm{d}T' \tag{10-78}$$

令 $t' = \dfrac{E}{RT'}$，则：

$$T' = \frac{E}{Rt'}, \quad \mathrm{d}T' = -\frac{E}{Rt'^2}\mathrm{d}t'$$

当 $T' \to 0$ 时，$t' \to \infty$　当 $T' = T$ 时，$t' = t = \dfrac{E}{RT}$，这时式（10-78）变为

$$I(m,T) = \int_\infty^t \left(\frac{E}{Rt'}\right)^m \exp(-t')\left(-\frac{E}{Rt'^2}\right)\mathrm{d}t' = \left(\frac{E}{R}\right)^{m+1}\int_t^\infty \frac{\exp(-t')}{t'^{(m+2)}}\mathrm{d}t' \tag{10-79}$$

若采用积分表示法

$$I'(m,t) = \int_t^\infty \frac{\exp(-t')}{t'^{(-m+1)}}\mathrm{d}t' \tag{10-80}$$

式中，$I'(m,t)$ 是补余不完全 gamma 函数。

则方程（10-79）可表示成：

$$I(m,T) = \left(\frac{E}{R}\right)^{m+1} I'(-m-1,t) \tag{10-81}$$

为了计算 $I(m,T)$，必须先算 $I'(m,t)$。对于 $t < m+1$，$I'(m,t)$ 可用连分数表示式计算：

$$I'(m,t) = \cfrac{t^m \mathrm{e}^{-t}}{t + \cfrac{1-m}{1 + \cfrac{1}{t + \cfrac{2-m}{1 + \cfrac{2}{t + \cfrac{3-m}{1 + \cdots}}}}}} \tag{10-82}$$

式(10-82) 的值可用差商算法计算，用连分数表示式的优点是收敛快且精度高。

对于 $t > m+1$，$I'(m,t)$ 可用级数展开式(10-83) 计算：

$$I'(m,t) = 1 - \exp(-t)t^m \sum_{n=0}^{\infty} \frac{I'(m)}{I'(m+1+n)t^n} \tag{10-83}$$

$I'(Z)$ 是 gamma 函数，其值可用 Roy 等提出的算法计算。

最后，$I(m,T)$ 值用 Gauss-Legendre 数值积分法计算。按照该算法，任何积分 $J = \int_a^b f(x)\mathrm{d}x$ 都可通过变换 $x = 0.5[(b-a)z+b+a]$ 化成 $-1 \sim +1$ 的积分，由此得：

$$J = 0.5(b-a)\int_{-1}^{+1} f[0.5((b-a)z+b+a)]\mathrm{d}z \tag{10-84}$$

在 Gauss-Legendre 积分法中，方程(10-84) 中的定积分用适当分布在 $-1 \sim +1$ 的一些特殊点 $V_j$ 上的函数值的加权和来逼近。如果取 $n$ 项，式(10-84) 变为：

$$J = 0.5(b-a)\sum_{j=1}^{n} f[0.5(b-a)V_j + 0.5(b+a)]g_j \tag{10-85}$$

式中，$V_i$ 和 $V_j$ 和 $g_j$ $(j=1, 2, \cdots, n)$ 分别为 Gauss-Legendre 点和 Gauss-Legendre 权因子。

为了精确计算 $I(m,T)$ 的值，Slngh 等把区间 $(0, T)$ 划分为一些子区间：

$$I(m,T) = \int_0^{T_1} T'^m \exp\left(-\frac{E}{RT'}\right)\mathrm{d}T' + \int_{T_1}^{T_2} T'^m \exp\left(-\frac{E}{RT'}\right)\mathrm{d}T'$$
$$+ \cdots + \int_{T_n}^{T} T'^m \exp\left(-\frac{E}{RT'}\right)\mathrm{d}T' \tag{10-86}$$

取 $T_i = 10\mathrm{K}$，$T_2 = 20\mathrm{K}$ 等，对于每一个子区间，积分方程(10-87) 为：

$$I(m,T) = \int_{T_4}^{T} T'^m \exp\left(-\frac{E}{RT'}\right)\mathrm{d}T' \tag{10-87}$$

用 32 点 Gauss-Legendre 积分法计算。

### 习题 ▶▶

[10-1] 什么是转化率函数积分、温度积分、Boltzmann 因子积分？温度积分数学上有解析解吗？

[10-2] 若 $P(u) = \dfrac{\mathrm{e}^{-u}}{u^2}\left(1 - \dfrac{2!}{u}\right)$，$20 \leqslant u \leqslant 60$，$u = \dfrac{E}{RT}$，则有关系式：

$$\lg P(u) = -2.3807 - 0.4554\frac{E}{RT} \tag{1}$$

$$\lg P(u) = -2.8384 - 0.4760\frac{E}{RT} \tag{2}$$

$$\lg P(u) = -1.7043 - 0.4959\frac{E}{RT} \tag{3}$$

试证明之。

[10-3] 试由关系式 $P(u) = \dfrac{\mathrm{e}^{-u}}{u^2}\left(1 - \dfrac{2!}{u}\right)$，$m \leqslant u \leqslant L$，$u = \dfrac{E}{RT}$，证明通式

$$\lg \beta = \lg\left[\frac{AE}{RG(\alpha)}\right] + 0.434294\left[\ln\frac{4(m+n-4)}{(m+n)^3} + 3 - \frac{m+n}{m+n-4}\right]$$

$$-0.434294\left[\frac{(m+n)^2-24}{(m+n)(m+n-4)}\right]\frac{E}{RT}$$

成立。

[10-4] 简述温度积分 $\Lambda(T)=\int_{T_0}^{T}\exp\left(-\frac{E}{RT}\right)\mathrm{d}T$ 精确解的 5 种数值积分法：

(1) 梯形积分法；

(2) 辛普森积分法；

(3) 牛顿-柯特斯积分法；

(4) 逐次分半加速积分法；

(5) 高斯积分法。

[10-5] 简述温度积分近似解与积分法处理热分析曲线的关系。

[10-6] 试由关系式：

$$G(\alpha)=kt=\frac{A}{\beta}\int_{0}^{T}\exp\left(-\frac{E}{RT}\right)\mathrm{d}T\,,T=T_0+\beta t\,,k=A\exp\left(-\frac{E}{RT}\right)\,,$$

$$\int_{0}^{T}\exp\left(-\frac{E}{RT}\right)\mathrm{d}T=\frac{E}{R}\frac{\mathrm{e}^{-u}}{u^2}\left(\frac{1}{u^0}-\frac{2!}{u}\right)\,,u=\frac{E}{RT}\,,\ \text{导出：}$$

(1) $\dfrac{\mathrm{d}G(\alpha)}{\mathrm{d}T}=\dfrac{A}{\beta}\exp\left(-\dfrac{E}{RT}\right)$；

(2) $\dfrac{\mathrm{d}G(\alpha)}{\mathrm{d}T}=\dfrac{A}{\beta}\left(1-\dfrac{6R^2T^2}{E^2}\right)\exp\left(-\dfrac{E}{RT}\right)$；

(3) $\dfrac{\mathrm{d}G(\alpha)}{\mathrm{d}T}=\dfrac{A}{\beta}\left[1-\dfrac{2R^2T^2}{(E+2RT)^2}\right]\exp\left(-\dfrac{E}{RT}\right)$。

# 第11章 热分析曲线的动力学分析–积分法

## 11.1 Phadnis 法

联立方程(9-7)、方程(10-5) 和方程(10-10)，得

$$G(\alpha)f(\alpha) = \frac{RT^2}{E}\frac{\mathrm{d}\alpha}{\mathrm{d}T} \tag{11-1}$$

方程(11-1) 由 Phadnis 等提出，对于合适的机埋函数，$G(\alpha)f(\alpha)$ 与 $T^2\frac{\mathrm{d}\alpha}{\mathrm{d}T}$ 成线性关系，由此求出 $E$ 值，但无法求出 $A$ 值。

## 11.2 冯仰婕-陈炜-邹文樵法

由方程(11-1) 知：

$$g(\alpha) = \int \frac{\mathrm{d}(\alpha)}{G(\alpha)f(\alpha)} = \int \frac{E}{RT^2}\mathrm{d}T = -\frac{E}{RT} + \mathrm{constant} \tag{11-2}$$

由 $g(\alpha)$ 对 $\frac{1}{T}$ 作图得直线，由此直线斜率得 $E$，进而由第一类动力学方程的微分式求得 $A$ 值。

## 11.3 Coats-Redfern 法

联立方程(10-2) 和方程(10-11)，并设 $f(\alpha)=(1-\alpha)^n$，对 $P(u)$ 作一级近似，则有

$$\int_0^\alpha \frac{\mathrm{d}\alpha}{(1-\alpha)^n} = \frac{A}{\beta}\frac{RT^2}{E}\left(1-\frac{2RT}{E}\right)\exp\left(-\frac{E}{RT}\right) \tag{11-3}$$

积分方程(11-3)，整理，两边取对数，得：

当 $n \neq 1$ 时，　　　$\ln\left[\frac{1-(1-\alpha)^{1-n}}{T^2(1-n)}\right] = \ln\left[\frac{AR}{\beta E}\left(1-\frac{2RT}{E}\right)\right] - \frac{E}{RT}$ 　(11-4)

当 $n = 1$ 时，　　　$\ln\left[\frac{-\ln(1-\alpha)}{T^2}\right] = \ln\left[\frac{AR}{\beta E}\left(1-\frac{2RT}{E}\right)\right] - \frac{E}{RT}$ 　(11-5)

方程(11-4) 和方程(11-5) 即为 Coats-Redfern 方程。

由于对一般的反应温区和大部分的 $E$ 值而言，$\frac{E}{RT} \gg 1$　$1-2RT/E \approx 1$，所以方程

(11-4)和方程(11-5) 右端第一项几乎都是常数，当 $n \neq 1$ 时，$\ln\left[\frac{1-(1-\alpha)^{1-n}}{T^2(1-n)}\right]$ 对 $\frac{1}{T}$ 作图；

而 $n=1$ 时，$\ln\left[\dfrac{-\ln(1-\alpha)}{T^2}\right]$ 对 $\dfrac{1}{T}$ 作图，都能得到一条直线，其斜率为 $-\dfrac{E}{R}$（对正确的 $n$ 值而言）。

对于方程(11-4) 和方程(11-5) 右端第一项不是常数的情况，则分别考虑如下评价函数 $\Omega(A,E,n)$ 和 $\Omega(A,E)$ 的最小值：

$$\Omega = \sum_{i=1}^{L}\left[\text{方程(11-4) 左端项} - \text{方程(11-4) 右端项}\right]^2$$

$$\Omega = \sum_{i=1}^{L}\left[\text{方程(11-5) 左端项} - \text{方程(11-5) 右端项}\right]^2$$

从 $\Omega(A,E,n)$ 和 $\Omega(A,E)$ 取极小值导出计算动力学参数的正规方程组，据此方程组分别解出 $E$、$A$、$n$ 以及 $E$ 和 $A$ 值，该法简称评价函数法。或把方程(11-4) 和方程(11-5) 改写为：

当 $n\neq1$ 时，
$$\ln\left[\frac{1-(1-\alpha)^{1-n}}{T^2(1-n)\left(1-\dfrac{2RT}{E}\right)}\right]=\ln\left(\frac{AR}{\beta E}\right)-\frac{E}{RT} \tag{11-6}$$

当 $n=1$ 时，
$$\ln\left[\frac{-\ln(1-\alpha)}{T^2\left(1-\dfrac{2RT}{E}\right)}\right]=\ln\left(\frac{AR}{\beta E}\right)-\frac{E}{RT} \tag{11-7}$$

采用迭代法和线性最小二乘法相结合的方法求 $E$、$A$、$n$ 值，该法简称迭代法。

若 $\alpha\to0$，化学反应为零级，则方程(11-4) 变为：

$$\ln\left(\frac{\alpha}{T^2}\right)=\ln\left[\frac{AR}{\beta E}\left(1-\frac{2RT}{E}\right)\right]-\frac{E}{RT} \tag{11-8}$$

由 $\ln\left(\dfrac{\alpha}{T^2}\right)-\dfrac{1}{T}$ 直线关系，从斜率得 $E$ 值，截距得 $A$ 值。

若将方程(11-5) 与初级近似 $P(u)$ 式(10-10) 联立，并对两边取对数，则得另一种 Coats-Redfern 积分式：

$$\ln\left[\frac{G(\alpha)}{T^2}\right]=\ln\left(\frac{AR}{\beta E}\right)-\frac{E}{RT} \tag{11-9}$$

由 $\ln\left[\dfrac{G(\alpha)}{T^2}\right]-\dfrac{1}{T}$ 直线关系，从斜率得 $E$ 值，截距得 $A$ 值。

## 11.4　改良 Coats-Redfern 法

将式(9-7) 分离变量，两边积分，得：

$$\int_0^\alpha \frac{d\alpha}{f(\alpha)T^2}=\int_{T_0}^T \frac{A}{\beta}\exp\left(-\frac{E}{RT}\right)\cdot\frac{1}{T^2}dT=\frac{AR}{\beta E}\left[\exp\left(-\frac{E}{RT}\right)-\exp\left(-\frac{E}{RT_0}\right)\right]$$

$$\tag{11-10}$$

由于 $\exp\left(-\dfrac{E}{RT_0}\right)\approx0$，所以式(11-10) 变为：

$$\int_0^\alpha \frac{d\alpha}{f(\alpha)T^2}=\frac{AR}{\beta E}\exp\left(-\frac{E}{RT}\right) \tag{11-11}$$

若取 $f(\alpha)=(1-\alpha)^n$，并对方程(11-11) 两边取自然对数，则有：

$$\ln \int_0^\alpha \frac{\mathrm{d}\alpha}{(1-\alpha)^n T^2} = \ln \frac{AR}{\beta E} - \frac{E}{RT} \tag{11-12}$$

将一组实验数据 $[T_i, \alpha_i (i=1,2,\cdots,m)]$ 代入方程(11-12)，得：

$$\ln \int_0^{\alpha_i} \frac{\mathrm{d}\alpha}{(1-\alpha)^n T^2} = \ln \frac{AR}{\beta E} - \frac{E}{RT_i} \quad (i=1,2,\cdots,m) \tag{11-13}$$

令 $y_i = \ln \int_0^{\alpha_i} \frac{\mathrm{d}\alpha}{(1-\alpha)^n T^2}$ ，$x_i = \frac{1}{T_i}$ 得方程组：

$$y_i = a x_i + b \quad (i=1,2,\cdots,m) \tag{11-14}$$

其中：

$$a = -\frac{E}{R}, \quad b = \ln \frac{AR}{\beta E}$$

用最小二乘法解此方程组，得：

$$\begin{cases} a = \dfrac{m \sum\limits_{i=1}^m x_i y_i - \sum\limits_{i=1}^m x_i \sum\limits_{i=1}^m y_i}{m \sum\limits_{i=1}^m x_i^2 - (\sum\limits_{i=1}^m x_i)^2} \\ b = \overline{y} - a\overline{x} \end{cases} \tag{11-15}$$

这里 $\overline{y} = \frac{1}{m} \sum\limits_{i=1}^m y_i$ ，$\overline{x} = \frac{1}{m} \sum\limits_{i=1}^m x_i$ ，由此得到：

$$E = -aR, \quad A = -a\beta e^b$$

为了求 $y_i$ ，令 $p(\alpha) = \dfrac{1}{(1-\alpha)^n T^2}$ ，$P(\alpha) = \int_0^\alpha p(\alpha)\mathrm{d}\alpha$

$$P(\alpha_i) = \int_0^{\alpha_i} p(\alpha)\mathrm{d}\alpha = \int_0^{\alpha_{i-1}} p(\alpha)\mathrm{d}\alpha + \int_{\alpha_{i-1}}^{\alpha_i} p(\alpha)\mathrm{d}\alpha$$

$$= p(\alpha_{i-1}) + \int_{\alpha_{i-1}}^{\alpha_i} p(\alpha)\mathrm{d}\alpha \quad (i=1,2,\cdots,m) \tag{11-16}$$

其中，$\int_{\alpha_{i-1}}^{\alpha_i} p(\alpha)\mathrm{d}(\alpha)$ 用梯形积分公式(11-17)，近似计算：

$$\int_{\alpha_{i-1}}^{\alpha_i} p(\alpha)\mathrm{d}\alpha = \frac{1}{2}(\alpha_i - \alpha_{i-1})[p(\alpha_i) + p(\alpha_{i-1})] \tag{11-17}$$

其中：

$$p(\alpha_i) = \frac{1}{(1-\alpha_i)^n T_i^2}, \quad p(\alpha_{i-1}) = \frac{1}{(1-\alpha_{i-1})^n T_{i-1}^2}$$

$\alpha_0$ 表示 $T_0$ 时已反应物的分数，显然 $\alpha_0 = 0$，约定 $P(\alpha_0) = 0$，由此对 $i=1, 2, \cdots, m$，就可递推计算出全部 $P(\alpha_i)$，反应级数 $n$ 在 0～2 区间上以步长 0.1 改变，将原始数据代入方程(11-13)，得相关系数最佳时的 $n$，$E$ 和 $A$ 值。

## 11.5 Flynn-Wall-Ozawa 法

联立方程(10-5) 和方程(10-17)，得 Ozawa 公式：

$$\lg\beta = \lg\left(\frac{AE}{RG(\alpha)}\right) - 2.315 - 0.4567 \frac{E}{RT} \tag{11-18}$$

方程(11-18) 中的 $E$，可用以下两种方法求得。

方法 1：由于不同 $\beta$ 下各热谱峰顶温度 $T_{\mathrm{pi}}$ 处各 $\alpha$ 值近似相等，因此可用 $\lg\beta - \frac{1}{T}$ 成线性

关系来确定 $E$ 值。

令：

$$Z_i = \lg \beta_i$$

$$y_i = 1/T_{\text{p}i} \, (i = 1, 2, \cdots, L)$$

$$a = -0.4567 \frac{E}{R}$$

$$b = \lg \frac{AE}{RG(\alpha)} - 2.315$$

这样由式(11-18) 得线性方程组：

$$Z_i = a y_i + b \quad (i = 1, 2, \cdots, L)$$

解此方程组求出 $a$，从而得 $E$ 值。

方法 2：由于不同 $\beta_i$ 下，选择不同 $\alpha$，这样 $\lg \beta$ 与 $\dfrac{1}{T}$ 就成线性关系，从斜率可求出 $E$ 值。

从实验得原始数据表：

$$
\left.
\begin{aligned}
\beta_1: & \ T_{11}, T_{12}, \cdots, T_{1K_1} \\
& \ \alpha_{11}, \alpha_{12}, \cdots, \alpha_{1K_1} \\
\beta_2: & \ T_{21}, T_{22}, \cdots, T_{2K_2} \\
& \ \alpha_{21}, \alpha_{22}, \cdots, \alpha_{2K_2} \\
& \qquad\qquad \vdots \\
\beta_L: & \ T_{L1}, T_{L2}, \cdots, T_{LK_L} \\
& \ \alpha_{L1}, \alpha_{L2}, \cdots, \alpha_{LK_L}
\end{aligned}
\right\}
\tag{11-19}
$$

式中，$T_{ij}, \alpha_{ij} (i = 1, 2, \cdots, L; j = 1, 2, \cdots, k_i)$ 为互相对应的反应温度和反应深度；而 $k_i$ 为升温速率 $\beta_i$ 时的实验中所取的数据点个数。

实际计算中 $\alpha$ 分别取 0.10、0.15、0.20、$\cdots$、0.80，利用原始数据表 (11-19) 和抛物线插入方法可计算出这些 $\alpha$ 值所对应的 $T$ 值。因此，对任一固定的 $\alpha$ 值，我们可得一组数据 $(\beta_i, T_i)(i = 1, 2, \cdots, L)$，代入方程(11-18) 就得到一个线性方程组，从而算出 $E$ 值。具体求解过程和方法 1 相同。对每个 $\alpha$ 都可求出一个 $E$ 值，对所有这些值进行逻辑分析，以便确定出合理的活化能值。

Ozawa 法避开了反应机理函数的选择而直接求出 $E$ 值，与其他方法相比，它避免了因反应机理函数的假设不同而可能带来的误差。因此，它往往被其他学者用来检验由他们假设反应机理函数的方法求出的活化能值，这是 Ozawa 法的一个突出优点。

## 11.6　Gorbatchev 法

联立方程(10-5) 和方程(10-20)，得：

$$\ln \left[ \frac{G(\alpha)}{T^2} \right] = \ln \left[ \frac{AR}{\beta(E + 2RT)} \right] - \frac{E}{RT} \tag{11-20}$$

若方程(11-20) 右端第一项近似为常数，则对于合适的 $\dfrac{G(\alpha)}{T^2}$，$\ln \dfrac{G(\alpha)}{T^2}$ 与 $\dfrac{1}{T}$ 关系为一直线。由此从斜率求 $E$ 值，截距得 $A$ 值。

若方程(11-20) 右端第一项不是常数，则用评价函数法求 $E$、$A$ 和逻辑上合理的 $G(\alpha)$，或把方程(11-20) 改为：

$$\ln\left[\frac{G(\alpha)(E+2RT)}{T^2}\right]=\ln\left(\frac{AR}{\beta}\right)-\frac{E}{RT} \tag{11-21}$$

采用迭代法和线性最小二乘法结合的方法求 $E$、$A$ 和逻辑上合理的 $G(\alpha)$。

## 11.7 Lee-Beck 法

联立方程(10-5) 和方程(10-27)，得：

$$\ln\left[\frac{G(\alpha)}{T^2}\right]=\ln\left\{\frac{AR}{\beta E}\left[\frac{1-2\left(\frac{RT}{E}\right)}{1-4\left(\frac{RT}{E}\right)^2}\right]\right\}-\frac{E}{RT} \tag{11-22}$$

若方程(11-22) 右端第一项视为常数，则对于合适的 $G(\alpha)$，$\ln\left[\dfrac{G(\alpha)}{T^2}\right]$ 与 $\dfrac{1}{T}$ 的关系为一直线。据此，从斜率得 $E$ 值，从截距得 $A$ 值。

若方程(11-22) 右端第一项不是常数，则用评价函数法求 $E$、$A$ 和逻辑上合理的 $G(\alpha)$，或把方程(11-22) 改为：

$$\ln\left\{\frac{G(\alpha)}{T^2\left[\left(1-2\frac{RT}{E}\right)\Big/\left(1-4\frac{RT}{E}\right)^2\right]}\right\}=\ln\frac{AR}{\beta E}-\frac{E}{RT} \tag{11-23}$$

采用迭代法和线性最小二乘法相结合的方法求 $E$、$A$ 和逻辑上合理的 $G(\alpha)$。

## 11.8 Li Chung-Hsiung 法

联立方程(10-5) 和方程(10-37)，得：

$$\ln\left[\frac{G(\alpha)}{T^2}\right]=\ln\left\{\frac{AR}{\beta E}\left[\frac{1-2\left(\frac{RT}{E}\right)}{1-6\left(\frac{RT}{E}\right)^2}\right]\right\}-\frac{E}{RT} \tag{11-24}$$

若方程(11-24) 右端第一项视为常数，则对于合适的 $G(\alpha)$，$\ln\left[\dfrac{G(\alpha)}{T^2}\right]-\dfrac{1}{T}$ 关系为一直线，由此从直线斜率求 $E$ 值，截距得 $A$ 值。

若方程(11-24) 右端第一项不是常数，则用评价函数法求 $E$、$A$ 和逻辑上合理的 $G(\alpha)$，或把方程(11-24) 改为：

$$\ln\left\{\frac{G(\alpha)}{T^2\left[\dfrac{1-2\left(\dfrac{RT}{E}\right)}{1-6\left(\dfrac{RT}{E}\right)^2}\right]}\right\}=-\frac{E}{RT}+\ln\frac{AR}{\beta E} \tag{11-25}$$

采用迭代法和线性最小二乘法相结合的方法求 $E$、$A$ 和逻辑上合理的 $G(\alpha)$。

## 11.9　Agrawal 法

联立方程(10-5) 和方程(10-40)，得：

$$\ln\left[\frac{G(\alpha)}{T^2}\right]=\ln\left\{\frac{AR}{\beta E}\left[\frac{1-2\left(\dfrac{RT}{E}\right)}{1-5\left(\dfrac{RT}{E}\right)^2}\right]\right\}-\frac{E}{RT} \tag{11-26}$$

若方程(11-26) 右端第一项几乎为常数，则对于合适的 $G(\alpha)$，$\ln\left[\dfrac{G(\alpha)}{T^2}\right]-\dfrac{1}{T}$ 关系为一直线，由此从直线斜率求 $E$ 值，截距得 $A$ 值。

若方程(11-26) 右端第一项不是常数，则用评价函数法求 $E$、$A$ 和逻辑上合理的 $G(\alpha)$，或把方程(11-26) 改为：

$$\ln\left\{\frac{G(\alpha)}{T^2\dfrac{1-2\left(\dfrac{RT}{E}\right)}{1-5\left\{\dfrac{RT}{E}\right\}^2}}\right\}=\ln\frac{AR}{\beta E}-\frac{E}{RT} \tag{11-27}$$

采用迭代法和线性最小二乘法相结合的方法求 $E$、$A$ 和逻辑上合理的 $G(\alpha)$。

## 11.10　冉全印-叶素法

将方程(10-5) 和方程(10-43)，方程(10-5) 和方程(10-44) 分别联立，得：

$$\ln\left[\frac{G(\alpha)}{T^2}\right]=\ln\left\{\frac{AR}{\beta E}\left[\frac{1-2\left(\dfrac{RT}{E}\right)}{1-4.6\left(\dfrac{RT}{E}\right)^2}\right]\right\}-\frac{E}{RT} \tag{11-28}$$

$$\ln\left[\frac{G(\alpha)}{T^2}\right]=\ln\left\{\frac{AR}{\beta E}\left[\frac{1-2\left(\dfrac{RT}{E}\right)}{1-5.2\left(\dfrac{RT}{E}\right)^2}\right]\right\}-\frac{E}{RT} \tag{11-29}$$

若方程(11-28) 和方程(11-29) 右端第一项几乎为常数，则对于合适的 $G(\alpha)$，上述两式中 $\ln\left[\dfrac{G(\alpha)}{T^2}\right]-\dfrac{1}{T}$ 关系为一直线，由此从直线斜率求 $E$ 值，截距得 $A$ 值。

若方程(11-28) 和方程(11-29) 右端第一项不是常数，则用评价函数法分别求 $E$、$A$ 和逻辑上合理 $G(\alpha)$，或把方程(11-28) 和方程(11-29) 右端第一项中的中括号项分别移至方程左端中括号项的分母中，再分别采用迭代法和线性最小二乘法相结合的方法，求 $E$、$A$ 和逻辑上合理的 $G(\alpha)$。

## 11.11 冯仰婕-袁军-邹文樵-戴浩良法

将方程(10-5) 和方程(10-45)，方程(10-5) 和方程(10-46) 分别联立，得：

$$\ln\left[\frac{G(\alpha)}{T^2}\right]=\ln\left\{\frac{AR}{\beta E}\left[\frac{\left(\frac{E}{RT}\right)^2+6\left(\frac{E}{RT}\right)+6}{\left(\frac{E}{RT}\right)^3+8\left(\frac{E}{RT}\right)^2+16\left(\frac{E}{RT}\right)+8}\right]\right\}-\frac{E}{RT} \tag{11-30}$$

和

$$\ln\left[\frac{G(\alpha)}{T^2}\right]=\ln\left\{\frac{AR}{\beta E}\left[\frac{\left(\frac{E}{RT}\right)^2+6\left(\frac{E}{RT}\right)+4}{\left(\frac{E}{RT}\right)^3+8\left(\frac{E}{RT}\right)^2+14\left(\frac{E}{RT}\right)+4}\right]\right\}-\frac{E}{RT} \tag{11-31}$$

若方程(11-30) 和方程(11-31) 右端第一项几乎为常数，则对于合适的 $G(\alpha)$，上述两式中 $\ln\left[\frac{G(\alpha)}{T^2}\right]-\frac{1}{T}$ 关系均为一直线，由此可从各自直线斜率求 $E$ 值，各自截距得 $A$ 值。

若方程(11-30) 和方程(11-31) 右端第一项不是常数，则用评价函数法分别求 $E$、$A$ 和逻辑上合理的 $G(\alpha)$，或把方程(11-30) 和方程(11-31) 右端第一项中的中括号项分别移至方程左端中括号项的分母中，再分别采用迭代法和线性最小二乘法相结合的方法，求 $E$，$A$ 和逻辑上合理的 $G(\alpha)$。

## 11.12 Zsakó 法

联立方程(10-5)、方程(10-49)～方程(10-51)，得：

$$\ln\left[G(\alpha)\right]=\ln\left(\frac{AE}{\beta R}\left\{\frac{1}{\left(\frac{E}{RT}+2\right)\left[\frac{E}{RT}-\frac{16}{\left(\frac{E}{RT}\right)^2-4\left(\frac{E}{RT}\right)+84}\right]}\right\}\right)-\frac{E}{RT} \tag{11-32}$$

若方程(11-32) 右端第一项视为常数，则对于合适的 $G(\alpha)$，$\ln[G(\alpha)]-\frac{1}{T}$ 的关系为一直线，由此求出 $E$ 和 $A$ 值。

若方程(11-32) 右端第一项不是常数，则用评价函数法分别求 $E$、$A$ 和逻辑上合理的 $G(\alpha)$，或把方程(11-32) 改写为：

$$\ln\left\{G(\alpha)\cdot\left(\frac{E}{RT}+2\right)\left[\frac{E}{RT}-\frac{16}{\left(\frac{E}{RT}\right)^2-4\left(\frac{E}{RT}\right)+84}\right]\right\}=\ln\frac{AE}{\beta R}-\frac{E}{RT} \tag{11-33}$$

采用迭代法和线性最小二乘法相结合的方法，求 $E$、$A$ 和逻辑上合理的 $G(\alpha)$。

## 11.13 MacCallum-Tanner 法

联立方程(10-5) 和方程(10-57)，得

$$\lg[G(\alpha)]=\lg\left(\frac{AE}{\beta R}\right)-0.4828E^{0.4357}-\frac{0.449+0.217E}{0.001}\frac{1}{T} \tag{11-34}$$

对于合适的 $G(\alpha)$，$\lg[G(\alpha)]-\dfrac{1}{T}$ 关系为一直线，由此从斜率求 $E$ 值 ［式(11-34) 中 $E$ 的单位为 kcal · mol$^{-1}$]，从截距得 $A$ 值。

## 11.14 Šatava-Šesták 法

将方程(11-18) 改写为：

$$\lg G(\alpha)=\lg\frac{A_s E_s}{R\beta}-2.315-0.4567\frac{E_s}{RT} \tag{11-35}$$

方程(11-35) 称 Šatava-Šesták 方程。式中 $G(\alpha)$ 取自表 11-1 中给出的 30 种形式。

计算中使用的实验数据和原始数据相同，对于固定的 $\beta_i$，将对应的 $T_{ij}$ 和 $\alpha_{ij}$ 的数值代入方程(11-35) 就得到包含 $k_i$ 个方程的一个方程组。

$$\lg G(\alpha_{ij})=\lg\frac{A_s E_s}{R\beta_i}-2.315-0.4567\frac{E_s}{RT_{ij}} \quad (i\ 固定,j=1,2,\cdots,K_i) \tag{11-36}$$

由于 $\beta_i$ 固定，$\lg\dfrac{A_s E_s}{R\beta_i}$ 就是一个常数，所以方程组(11-36) 是一个线性方程组，从而可利用线性最小二乘法求解。令：

$$Z_j=\lg G(\alpha_{ij})$$

$$y_j=\frac{1}{T_{ij}}$$

$$a=-0.4567\frac{E_s}{R}$$

$$b=\lg\frac{A_s E_s}{\beta_i R}-2.315$$

这样方程组(11-36)变为：

$$Z_j=ay_j+b \quad (j=1,2,\cdots,k_i) \tag{11-37}$$

由此求出 $E_s$ 和 $A_s$。

对于每个固定的 $\beta_i(i=1,2,\cdots,L)$ 和表 11-1 中的每个机理函数 $G(\alpha)$，利用上述方法都可以计算出对应的 $E_s$ 和 $A_s$ 值。通常，要求保留满足条件。$0<E_s<400$kJ · mol$^{-1}$ 的 $E_s$ 及其相应的 $\lg(A_s)$；分别用这些 $E_s$ 与 Ozawa 法计算出的 $E_o$ 相比较，找出满足条件 $|(E_o-E_s)/E_o|\leqslant0.1$ 的 $E_s$，分别用 $\lg A_s$ 与下章介绍的 Kissinger 法求得的 $\lg A_k$ 相比较，找出满足 $\left|\dfrac{\lg A_s-\lg A_k}{\lg A_k}\right|\leqslant0.2$ 的 $\lg A_s$。对于符合上述要求的 $G(\alpha)$，算出相关系数和剩余方差值。

**表 11-1　30 种机理函数的积分形式**

| 函数符号 | 积分形式机理函数,$G(\alpha)$ |
| --- | --- |
| 1 | $\alpha^2$ |
| 2 | $\alpha+(1-\alpha)\ln(1-\alpha)$ |
| 3 | $\left(1-\dfrac{2}{3}\alpha\right)-(1-\alpha)^{2/3}$ |

| 函数符号 | 积分形式机理函数，$G(\alpha)$ |
|---|---|
| 4~5 | $[1-(1-\alpha)^{1/3}]^n \quad \left(n=2,\dfrac{1}{2}\right)$ |
| 6 | $[1-(1-\alpha)^{1/2}]^{1/2}$ |
| 7 | $[(1+\alpha)^{1/3}-1]^2$ |
| 8 | $[1/(1+\alpha)^{1/3}-1]^2$ |
| 9 | $-\ln(1-\alpha)$ |
| 10~16 | $[-\ln(1-\alpha)]^n \quad \left(n=\dfrac{2}{3},\dfrac{1}{2},\dfrac{1}{3},4,\dfrac{1}{4},2,3\right)$ |
| 17~22 | $1-(1-\alpha)^n \quad \left(n=\dfrac{1}{2},3,2,4,\dfrac{1}{3},\dfrac{1}{4}\right)$ |
| 23~27 | $\alpha^n \quad \left(n=1,\dfrac{3}{2},\dfrac{1}{2},\dfrac{1}{3},\dfrac{1}{4}\right)$ |
| 28 | $(1-\alpha)^{-1}$ |
| 29 | $(1-\alpha)^{-1}-1$ |
| 30 | $(1-\alpha)^{-1/2}$ |

Šatava-Šesták 法仅适用于非等温固相热分解动力学的研究，由于推导严密、判断有据，因此一般认为用此法求出的结果比较合理。

## 11.15 一般积分法

联立方程(10-5) 和方程(10-11)，得：

$$\ln\left[\frac{G(\alpha)}{T^2}\right]=\ln\left[\frac{AR}{\beta E}\left(1-\frac{2RT}{E}\right)\right]-\frac{E}{RT} \tag{11-38}$$

若方程(11-38) 右端第一项几乎是常数，则对于合适的 $G(\alpha)$，$\ln\left[\dfrac{G(\alpha)}{T^2}\right]$ 与 $\dfrac{1}{T}$ 成线性关系，由此求出 $E$ 和 $A$ 值。若方程(11-38) 右端第一项不是常数，则用评价函数法求 $E$，$A$ 和逻辑上合理的 $G(\alpha)$，或把方程(11-38) 改写为：

$$\ln\left[\frac{G(\alpha)}{T^2\left(1-\dfrac{2RT}{E}\right)}\right]=\ln\frac{AR}{\beta E}-\frac{E}{RT} \tag{11-39}$$

采用迭代法和线性最小二乘法相结合的方法求 $E$，$A$ 和逻辑上合理的 $G(\alpha)$。

## 11.16 普适积分法

普适积分法方程的导出，有如下两条途径。

途径一，联立方程(9-3)、方程(9-5) 和方程(9-6)，得热分解动力学的普适积分方程：

$$G(\alpha)=\frac{A}{\beta}(T-T_0)\exp\left(-\frac{E}{RT}\right) \tag{11-40}$$

途径二，将方程(9-22)两边积分，得：

$$\int_0^\alpha \frac{\mathrm{d}\alpha}{f(\alpha)} = G(\alpha) = \frac{A}{\beta} \int_{T_0}^T \left[ 1 + \frac{E}{RT}\left(1 - \frac{T_0}{T}\right) \right] \exp\left(-\frac{E}{RT}\right) \mathrm{d}T \tag{11-41}$$

令 $u = \dfrac{E}{RT}$，$u_0 = \dfrac{E}{RT_0}$，方程(11-41)右端积分项用 $J$ 表示，有：

$$\begin{aligned}
J &= \int_{T_0}^T \left[ 1 + \frac{E}{RT}\left(1 - \frac{T_0}{T}\right) \right] \exp\left(-\frac{E}{RT}\right) \mathrm{d}T \\
&= \int_{T_0}^T \left( 1 + \frac{E}{RT} - \frac{ET_0}{RT^2} \right) \exp\left(-\frac{E}{RT}\right) \mathrm{d}T \\
&= \int_{T_0}^T \left( 1 + \frac{E}{RT} \right) \exp\left(-\frac{E}{RT}\right) \mathrm{d}T - \int_{T_0}^T \frac{ET_0}{RT^2} \exp\left(-\frac{E}{RT}\right) \mathrm{d}T
\end{aligned} \tag{11-42}$$

$$\begin{aligned}
&= \int_{u_0}^u (1 + u)\mathrm{e}^{-u}\left(-\frac{E}{Ru^2}\right) \mathrm{d}u - \int_{u_0}^u T_0(-\mathrm{e}^{-u}) \mathrm{d}u \\
&= \frac{E}{R} \int_{u_0}^u \left( \frac{-\mathrm{e}^{-u}}{u^2} + \frac{-\mathrm{e}^{-u}}{u} \right) \mathrm{d}u + T_0(\mathrm{e}^{-u_0} - \mathrm{e}^{-u})
\end{aligned}$$

其中：

$$\int_{u_0}^u \frac{-\mathrm{e}^{-u}}{u^2} \mathrm{d}u = \int_{u_0}^u \mathrm{e}^{-u}\left(\frac{1}{u}\right)' \mathrm{d}u = \left. \frac{\mathrm{e}^{-u}}{u} \right|_{u_0}^u - \int_{u_0}^u \frac{-\mathrm{e}^{-u}}{u} \mathrm{d}u = \frac{\mathrm{e}^{-u}}{u} - \frac{\mathrm{e}^{-u_0}}{u_0} - \int_{u_0}^u \frac{-\mathrm{e}^{-u}}{u} \mathrm{d}u \tag{11-43}$$

整理方程(11-43)，得：

$$\int_{u_0}^u \left( \frac{-\mathrm{e}^{-u}}{u^2} + \frac{-\mathrm{e}^{-u}}{u} \right) \mathrm{d}u = \frac{\mathrm{e}^{-u}}{u} - \frac{\mathrm{e}^{-u_0}}{u_0} \tag{11-44}$$

将方程(11-44)代入方程(11-42)，并回到原变量，得：

$$J = \frac{E}{R}\left( \frac{\mathrm{e}^{-u}}{u} - \frac{\mathrm{e}^{-u_0}}{u_0} \right) + T_0(\mathrm{e}^{-u_0} - \mathrm{e}^{-u}) = (T - T_0)\exp\left(-\frac{E}{RT}\right) \tag{11-45}$$

将方程(11-45)代入方程(11-41)，即得普适积分方程(11-40)。

为了用积分方程逻辑选择出最概然机理函数，并求出相应的动力学参数 $E$、$A$，为此把方程(11-40)改写成如下对数形式：

$$\ln\left[\frac{G(\alpha)}{T - T_0}\right] = \ln\frac{A}{\beta} - \frac{E}{RT} \tag{11-46}$$

由一条 TG 或 DSC 曲线可以得到原始数据：$T_i$、$\alpha_i (i = 1, 2, \cdots, m)$ 和 $T_0$，利用这些数据和线性最小二乘法处理方程(11-46)，由斜率求 $E$，截距求 $A$。其中 $G(\alpha)$ 选取表 11-1 中所列各种不同形式。

## 11.17　Krevelen-Heerden-Huntjens 法

联立方程(10-2)和方程(10-63)，并两边取对数，得：

$$\ln[G(\alpha)] = \ln\left[ \frac{A}{\beta}\left(\frac{0.368}{T_{\mathrm{m}}}\right)^{\frac{E}{RT_{\mathrm{m}}}}\left(\frac{E}{RT_{\mathrm{m}}} + 1\right)^{-1} \right] + \left(\frac{E}{RT_{\mathrm{m}}} + 1\right)\ln T \tag{11-47}$$

当 $f(\alpha) = 1 - \alpha$ 时，则有：

$$\ln\ln\left(\frac{1}{1-\alpha}\right) = \ln\left(\frac{A}{\beta}\left(\frac{0.368}{T_{\mathrm{m}}}\right)^{\frac{E}{RT_{\mathrm{m}}}}\left(\frac{E}{RT_{\mathrm{m}}}+1\right)^{-1}\right) + \left(\frac{E}{RT_{\mathrm{m}}}+1\right)\ln T \tag{11-48}$$

对于合适的 $G(\alpha)$，由 $\ln[G(\alpha)]$ 或 $\ln\ln\left(\dfrac{1}{1-\alpha}\right)$ 对 $\ln T$ 作图，由直线斜率求 $E$，截距求 $A$。

## 11.18 Broido 法

联立方程(10-2)与方程(10-65)，整理后两边取对数，得：

$$\ln G(\alpha) = \ln[G(\alpha)] = \ln\left[\frac{ART_{\mathrm{m}}^2}{\beta E \exp\left(\dfrac{2E}{RT_{\mathrm{m}}}\right)}\right] + \frac{E}{RT_{\mathrm{m}}^2}T \tag{11-49}$$

将式(10-60)的推导式 $T_{\mathrm{m}} = T$，代入方程(11-49)右端第二项，则得：

$$[G(\alpha)] = \ln\left[\frac{ART_{\mathrm{m}}^2}{\beta E \exp\left(\dfrac{2E}{RT_{\mathrm{m}}}\right)}\right] + \frac{E}{RT} \tag{11-50}$$

当 $f(\alpha) = (1-\alpha)$，则方程(11-49)和方程(11-50)改写为：

$$\ln\ln\left(\frac{1}{1-\alpha}\right) = \left[\frac{ART_{\mathrm{m}}^2}{\beta E \exp\left(\dfrac{2E}{RT_{\mathrm{m}}}\right)}\right] + \frac{E}{RT_{\mathrm{m}}^2}T \tag{11-51}$$

$$\ln\ln\left(\frac{1}{1-\alpha}\right) = \ln\left[\frac{ART_{\mathrm{m}}^2}{\beta E \exp\left(\dfrac{2E}{RT_{\mathrm{m}}}\right)}\right] + \frac{E}{RT} \tag{11-52}$$

对于合适的 $G(\alpha)$，由 $\ln[G(\alpha)]$ 对 $\dfrac{1}{T}$ 作图，对于 $f(\alpha) = 1 - \alpha$，由 $\ln\ln\left(\dfrac{1}{1-\alpha}\right)$ 对 $\dfrac{1}{T}$ 作图，由直线斜率求 $E$，截距求 $A$。

## 11.19 Zavkovic 法

设 $f(\alpha) = 1 - \alpha$，由反应速率方程。

$$\frac{\mathrm{d}\alpha}{\mathrm{d}t} = A(1-\alpha)\exp\left(-\frac{E}{RT}\right) \tag{11-53}$$

知：

$$\int_0^\alpha \frac{\mathrm{d}\alpha}{1-\alpha} = A\exp\left(-\frac{E}{RT}\right)\int_0^t \mathrm{d}t \tag{11-54}$$

$$\ln\left(\frac{1}{1-\alpha}\right) = A\exp\left(-\frac{E}{RT}\right)t \tag{11-55}$$

$$\ln\left[\frac{\ln\left(\dfrac{1}{1-\alpha}\right)}{t}\right] = \ln A - \frac{E}{RT} \tag{11-56}$$

由 $\ln\left[\dfrac{\ln\left(\dfrac{1}{1-\alpha}\right)}{t}\right] - \dfrac{1}{T}$ 直线关系，从斜率 $E$，截距求 $A$。我们称式(11-56) 为 Zavkovic 方程。

## 11.20 Segal 法

在积分方程，

$$G(\alpha)=\int_0^\alpha \frac{\mathrm{d}\alpha}{f(\alpha)}=\frac{A}{\beta}\int_0^T \exp\left(-\frac{E}{RT}\right)\mathrm{d}T=\frac{AE}{\beta R}\int_\infty^u \frac{-\mathrm{e}^{-u}}{u^2}\mathrm{d}u=\frac{AE}{\beta R}P(u) \tag{11-57}$$

中引入

$$f(\alpha)=(1-\alpha)^n,\quad n\neq 1 \tag{11-58}$$

和

$$P_\mathrm{D}(u)=0.00484\mathrm{e}^{-1.0516u} \tag{11-59}$$

其中：

$$u=\frac{E}{RT}$$

由式(11-57) 和式(11-58) 知：

$$G(\alpha)=\frac{1-(1-\alpha)^{1-n}}{1-n}=\frac{1}{(n-1)}\left[\frac{1}{(1-\alpha)^{n-1}}-1\right] \tag{11-60}$$

联立式(11-57)、式(11-60)，得：

$$\frac{1}{n-1}\left[\frac{1}{(1-\alpha)^{n-1}}-1\right]=\frac{AE}{\beta R}P_\mathrm{D}\left(\frac{E}{RT}\right) \tag{11-61}$$

若在 TG 曲线上取两点：$\alpha=\dfrac{1}{2}$ 和 $\dfrac{3}{4}$，即 $1-\alpha=\dfrac{1}{2}$ 和 $\dfrac{1}{4}$，用 $T_{\frac{1}{2}}$ 和 $T_{\frac{3}{4}}$ 表示对应温度，则由式(11-61) 知：

$$\frac{1}{n-1}(2^{n-1}-1)=\frac{AE}{\beta R}P_\mathrm{D}\left(\frac{E}{RT_{\frac{1}{2}}}\right) \tag{11-62}$$

和

$$\frac{1}{n-1}(4^{n-1}-1)=\frac{AE}{\beta R}P_\mathrm{D}\left(\frac{E}{RT_{\frac{3}{4}}}\right) \tag{11-63}$$

相应的反应速率方程为：

$$\left(\frac{\mathrm{d}\alpha}{\mathrm{d}t}\right)_{\frac{1}{2}}=A\exp\left(-\frac{E}{RT_{\frac{1}{2}}}\right)\left(\frac{1}{2}\right)^n \tag{11-64}$$

和

$$\left(\frac{\mathrm{d}\alpha}{\mathrm{d}t}\right)_{\frac{3}{4}}=A\exp\left(-\frac{E}{RT_{\frac{3}{4}}}\right)\left(\frac{1}{4}\right)^n \tag{11-65}$$

联立式(11-62) 和式(11-63)，得：

$$\frac{2^{n-1}-1}{4^{n-1}-1}=\frac{P_\mathrm{D}\left(\dfrac{E}{RT_{\frac{1}{2}}}\right)}{P_\mathrm{D}\left(\dfrac{E}{RT_{\frac{3}{4}}}\right)}=\exp\left[-1.0516\frac{E}{R}\left(\frac{1}{T_{\frac{1}{2}}}-\frac{1}{T_{\frac{3}{4}}}\right)\right] \tag{11-66}$$

联立式(11-66) 和式(11-65)，得：

$$\frac{\left(\dfrac{d\alpha}{dt}\right)_{\frac{1}{2}}}{\left(\dfrac{d\alpha}{dt}\right)_{\frac{3}{4}}} = 2^n \exp\left[-\frac{E}{R}\left(\frac{1}{T_{\frac{1}{2}}} - \frac{1}{T_{\frac{3}{4}}}\right)\right] \tag{11-67}$$

联立式(11-66) 和式(11-67)，得：

$$\frac{\ln\left[\dfrac{1}{2^n}\dfrac{(d\alpha/dt)_{\frac{1}{2}}}{(d\alpha/dt)_{\frac{3}{4}}}\right]}{\ln\left(\dfrac{2^{n-1}-1}{4^{n-1}-1}\right)} = \frac{1}{1.0516} = 0.95093 \tag{11-68}$$

若将 DTG 曲线上相应于 $T_{\frac{1}{2}}$ 和 $T_{\frac{3}{4}}$ 的两点 $\left(\dfrac{d\alpha}{dt}\right)_{\frac{1}{2}}$ 和 $\left(\dfrac{d\alpha}{dt}\right)_{\frac{3}{4}}$ 代入式(11-68)，则可知 $n$ 值。

若 $n=1$，则由式(11-57) 知：

$$\frac{AE}{\beta R}P_D\left(\frac{E}{RT_{\frac{1}{2}}}\right) = -\ln\left(1-\frac{1}{2}\right) = \ln 2 \tag{11-69}$$

$$\frac{AE}{\beta R}P_D\left(\frac{E}{RT_{\frac{3}{4}}}\right) = -\ln\left(1-\frac{3}{4}\right) = \ln 4 \tag{11-70}$$

联立式(11-66)、式(11-69) 和式(11-70)，得：

$$1.0516\frac{E}{R}\left(\frac{1}{T_{\frac{1}{2}}} - \frac{1}{T_{\frac{3}{4}}}\right) = \ln 2 \tag{11-71}$$

由式(11-71) 求 $E$。

## 11.21 胡荣祖-高红旭-张海法

将已知的 $\lg P(u)$ 表中 $u$ 区间范围（$10 < u < 90$）内的 $-\lg P(u)$，$T$、$E$ 值代入表达式(11-72)

$$2.3025850930\lg P(u) = \ln[P(u)] = a\ln u + bu + c$$
$$= a\ln\left[\frac{E \times 1000 \times 4.184}{8.314 \times (T + 273.15)}\right] + b\left[\frac{E \times 1000 \times 4.184}{8.314 \times (T + 273.15)}\right] + c \tag{11-72}$$

将所得：

$$\ln P(u) = 0.4152862 - 1.8817856\ln u - 1.0019919u \tag{11-73}$$

代入积分式(9-8) 的对数式(11-74)。

$$G(\alpha) = \frac{A}{\beta}\int_0^T \exp\left(-\frac{E}{RT}\right)dT = \left(\frac{AE}{\beta R}\right)P(u)$$

$$\ln G(\alpha) = \ln\left(\frac{AE}{\beta R}\right) + \ln P(u) \tag{11-74}$$

得式(11-75) 和式(11-76)，也即 Hu-Gao-Zhang 方程。

$$\ln\left(\frac{\beta}{T^{1.8817856}}\right) = \left\{\ln\left[\frac{AE}{RG(\alpha)}\right] + 3.9855106 - 1.8817856\ln E\right\} - 1.0019919\frac{E}{RT} \tag{11-75}$$

和

$$\ln\left(\frac{G(\alpha)}{T^{1.8817856}}\right) = \left\{\ln\left[\frac{AE}{\beta R}\right] + 3.9855106 - 1.8817856\ln E\right\} - 1.0019919\frac{E}{RT} \quad (11\text{-}76)$$

据此，对等转化率数据 $[\beta_i, T_i(i=1,2,\cdots,L)]$，由 $\ln\left(\frac{G(\alpha)}{T^{1.8817856}}\right)$ 对 $\frac{1}{T}$ 作图，从直线斜率求 $E$，从截距 $\left\{\ln\left[\frac{AE}{RG(\alpha)}\right] + 3.9855106 - 1.8817856\ln E\right\}$ 求 $A$，对单一曲线数据 $[\alpha_i, T_i$ $(i=1,2,\cdots,L)]$，则由 $\ln\left(\frac{G(\alpha)}{T^{1.8817856}}\right)$ 对 $\frac{1}{T}$ 作图，从直线斜率求 $E$，从截距 $\left[\ln\left(\frac{AE}{\beta R}\right) + 3.9855106 - 1.8817856\ln E\right]$ 求 $A$。

## 11.22 唐万军法

唐万军法由动力学方程的微分式：$G(\alpha) = \frac{A}{\beta}\int_0^T \exp\left(-\frac{E}{RT}\right)\mathrm{d}T$ 与 Wang-Wang 温度积分近似式

$$\int_0^T \exp\left(-\frac{E}{RT}\right)\mathrm{d}T = \frac{RT^2\exp\left(-\dfrac{E}{RT}\right)}{1.00198882E + 1.87391198RT} \quad (11\text{-}77)$$

联立，得：

$$\ln\left[\frac{G(\alpha)}{T^2}\right] = \ln\left[\frac{AR}{\beta(1.00198882E + 1.873911982RT)}\right] - \frac{E}{RT} \quad (11\text{-}78)$$

若式(11-78)右端第一项为常数，则对于合适的 $G(\alpha)$，$\ln\left[\dfrac{G(\alpha)}{T^2}\right]$ 与 $\dfrac{1}{T}$ 的关系为一直线，由此可从斜率求 $E$，截距得 $A$。

若式(11-78)右端第一项不是常数，则用评价函数法求 $E$、$A$ 和逻辑上合理的 $G(\alpha)$，或把式(11-78)改写为：

$$\ln\left[\frac{G(\alpha)(1.00198882E + 1.87391198RT)}{T^2}\right] = \ln\left[\left(\frac{AR}{\beta}\right)\right] - \frac{E}{RT} \quad (11\text{-}79)$$

用迭代法和线性最小二乘法结合的方法求 $E$、$A$ 和逻辑上合理的 $G(\alpha)$。

若将动力学的积分式 $G(\alpha) = \dfrac{AE}{\beta R}P(u)$ 与 Tang-Liu-Chang-Wang 的 $P(u)$ 近似式(11-80)

$$\ln[P(u)] = -1.89466100\ln u - 1.00145033u - 0.37773896 \quad (11\text{-}80)$$

联立，则有：

$$\ln\left(\frac{G(\alpha)}{T^{1.89466100}}\right) = \left(\ln\frac{AE}{\beta R} + 3.63504095 - 1.89466100\ln E - 1.00145033\frac{E}{RT}\right)$$

$$(11\text{-}81)$$

据此，由 $\ln\left(\dfrac{G(\alpha)}{T^{1.89466100}}\right)$ 与 $\dfrac{1}{T}$ 作图，得一直线，从斜率求 $E$，从截距 $\left(\ln\dfrac{AE}{\beta R} + 3.63504095 - 1.89466100\ln E\right)$ 求 $A$。

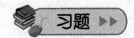

[11-1] 假设经典等温动力学方程(1)～方程(3)：

$$\frac{d\alpha}{dt} = k f(\alpha) \tag{1}$$

$$G(\alpha) = kt \tag{2}$$

$$k = A \exp\left(-\frac{E}{RT}\right) \tag{3}$$

在非等温 DSC 条件下方程(4) 和方程(5) 也适用。

$$T = T_0 + \beta t \tag{4}$$

$$\alpha = H_t / H_0 \tag{5}$$

试由方程(1)～方程(5) 导出：

普适积分方程

$$\ln\left[\frac{G(\alpha)}{T - T_0}\right] = \ln\frac{A}{\beta} - \frac{E}{RT}$$

放热速率方程

$$\ln\frac{dH}{dt} = \ln\left\{ A H_0 f(\alpha)\left[1 + \frac{E}{RT}\left(1 - \frac{T_0}{T}\right)\right]\right\} - \frac{E}{RT}$$

[11-2] 从第 I 类动力学方程的积分式(1)、Frank-Kameneskii 的温度积分近似式(2) 和微分机理函数 $f(\alpha) = (1-\alpha)^n$ 导出：Coats-Redfern 方程（3）；Kissinger 方程（4）。

$$G(\alpha) = \int_0^\alpha \frac{d\alpha}{f(\alpha)} = \frac{A}{\beta}\int_{T_0}^T \exp\left(-\frac{E}{RT}\right)dT \approx \frac{A}{\beta}\int_0^T \exp\left(-\frac{E}{RT}\right)dT \tag{1}$$

$$\int_{T_0}^T \exp\left(-\frac{E}{RT}\right)dT = \frac{RT^2}{E}\exp\left(-\frac{E}{RT}\right) \tag{2}$$

$$\ln\left[G(\alpha)/T^2\right] = \ln\left(\frac{AR}{\beta E}\right) - \frac{E}{RT} \tag{3}$$

$$\ln\left(\frac{\beta_i}{T_{pi}^2}\right) = \ln\left(\frac{A_k R}{E_k}\right) - \frac{E_k}{R}\frac{1}{T_{pi}} \tag{4}$$

[11-3] 用 Ozawa 法计算 $E$ 的前提条件是什么？

[11-4] 用 Coats-Redfern 方程计算动力学参数时，什么情况下用评价函数法？什么情况下用迭代法和线性最小二乘法相结合的方法？什么情况下直接用线性最小二乘法？

[11-5] 依据表列 $CoC_2O_4 \cdot 2H_2O$ 热分解反应第一阶段的 TG 数据，用 Ozawa 法求不同 $\alpha$ 下的活化能 $E$。

| $\alpha$ | T/K | | | | |
| --- | --- | --- | --- | --- | --- |
| | $\beta=3K \cdot min^{-1}$ | $\beta=5K \cdot min^{-1}$ | $\beta=7K \cdot min^{-1}$ | $\beta=10K \cdot min^{-1}$ | $\beta=15K \cdot min^{-1}$ |
| 0.1 | 444.83 | 460.74 | 463.32 | 471.08 | 471.91 |
| 0.4 | 458.56 | 473.46 | 478.22 | 487.15 | 492.50 |
| 0.7 | 467.44 | 481.83 | 488.10 | 497.75 | 505.46 |
| 0.9 | 473.29 | 487.52 | 494.64 | 505.28 | 514.92 |

[11-6] 季戊四醇四硝酸酯在线性加热作用下发生分解反应，今测得不同升温速率（$\beta$）DSC 曲线及等转化率（$\alpha$）对应的温度数据：

| $\alpha$ | $T/K$ | | |
| --- | --- | --- | --- |
| | $\beta=5K \cdot min^{-1}$ | $\beta=10K \cdot min^{-1}$ | $\beta=20K \cdot min^{-1}$ |
| 0.1 | 445.26 | 453.28 | 461.67 |
| 0.2 | 450.56 | 459.07 | 468.08 |
| 0.3 | 454.76 | 463.27 | 471.29 |
| 0.4 | 456.98 | 465.98 | 473.88 |
| 0.5 | 459.57 | 467.59 | 476.59 |
| 0.6 | 462.28 | 470.18 | 478.69 |
| 0.7 | 263.27 | 472.89 | 481.41 |
| 0.8 | 466.48 | 474.99 | 483.01 |
| 0.9 | 471.78 | 480.79 | 488.32 |

（1）试用 Ozawa 法和非线性等转化率积分（NL-INT）法确定该分解反应的平均活化能。

（2）用一般积分法确定在很大程度上可信的 $f(\alpha)$、$E$ 和 $A$。

（3）提出描述该分解反应的速率方程。

[11-7] 由季戊四醇四硝酸酯和有机硅橡胶 SD-33 组成的热固性炸药在线性加热作用下发生分解反应，今测得不同升温速率（$\beta$）DSC 曲线及等转化率（$\alpha$）对应的温度数据：

| $\alpha$ | $T/K$ | | |
| --- | --- | --- | --- |
| | $\beta=5K \cdot min^{-1}$ | $\beta=10K \cdot min^{-1}$ | $\beta=20K \cdot min^{-1}$ |
| 0.1 | 446.76 | 454.19 | 460.07 |
| 0.2 | 453.41 | 460.07 | 468.12 |
| 0.3 | 456.82 | 463.47 | 471.36 |
| 0.4 | 460.07 | 466.72 | 473.38 |
| 0.5 | 460.84 | 468.73 | 476.16 |
| 0.6 | 464.09 | 472.76 | 478.02 |

（1）试用 Ozawa 法和非线性等转化率积分（NL-INT）法确定该分解反应的平均活化能。

（2）用一般积分法和 Ozawa 法确定在很大程度上可信的 $f(\alpha)$、$E$ 和 $A$。

（3）提出描述该分解反应的速率方程。

# 第 12 章　热分析曲线的动力学分析 —— 微分法

## 12.1　Kissinger 法

由式(9-2)、式(9-5) 和 $f(\alpha)=(1-\alpha)^n$，得

$$\frac{d\alpha}{dt}=A\exp\left(-\frac{E}{RT}\right)(1-\alpha)^n \tag{12-1}$$

式(12-1) 两边微分，得

$$\frac{d}{dt}\left[\frac{d\alpha}{dt}\right]=\left[A\,(1-\alpha)^n\,\frac{d\exp\left(-\dfrac{E}{RT}\right)}{dt}+A\exp\left(-\frac{E}{RT}\right)\frac{d\,(1-\alpha)^n}{dt}\right]$$

$$=A\,(1-\alpha)^n\exp\left(-\frac{E}{RT}\right)\frac{(-E)}{RT^2}(-1)\,\frac{dT}{dt}$$

$$-A\exp\left(-\frac{E}{RT}\right)n\,(1-\alpha)^{n-1}\,\frac{d\alpha}{dt} \tag{12-2}$$

$$=\frac{d\alpha}{dt}\frac{E}{RT^2}\frac{dT}{dt}-A\exp\left(-\frac{E}{RT}\right)n\,(1-\alpha)^{n-1}\,\frac{d\alpha}{dt}$$

$$=\frac{d\alpha}{dt}\left[\frac{E\dfrac{dT}{dt}}{RT^2}-An\,(1-\alpha)^{n-1}\exp\left(-\frac{E}{RT}\right)\right]$$

当 $T=T_p$ 时，从 $\dfrac{d}{dt}\left[\dfrac{d\alpha}{dt}\right]=0$ 得

$$\frac{E\dfrac{dT}{dt}}{RT_p^2}=An\,(1-\alpha_p)^{n-1}\exp\left(-\frac{E}{RT_p}\right) \tag{12-3}$$

Kissinger 认为，$n(1-\alpha_p)^{n-1}$ 与 $\beta$ 无关，其值近似等于 1，因此，从式(12-3) 可知

$$\frac{E\beta}{RT_p^2}=A\exp\left(-\frac{E}{RT_p}\right) \tag{12-4}$$

式(12-4) 两边取对数，得式(12-5)，也即 Kissinger 方程：

$$\ln\frac{\beta_i}{T_{pi}^2}=\ln\frac{A_kR}{E_k}-\frac{E_k}{R}\frac{1}{T_{pi}}\quad[i=1,2,\cdots,4(\text{或 5 和 6})] \tag{12-5}$$

由 $\ln\left(\dfrac{\beta_i}{T_{pi}^2}\right)$ 对 $\dfrac{1}{T_{pi}}$ 作图，便可得到一条直线，从直线斜率求 $E_k$，从截距求 $A_k$。

## 12.2 微分方程法

对式(11-40) 两边求导，得

$$G'(\alpha)\frac{\mathrm{d}\alpha}{\mathrm{d}T}=\frac{A}{\beta}\exp\left(-\frac{E}{RT}\right)+\frac{A}{\beta}\exp\left(-\frac{E}{RT}\right)\frac{E(T-T_0)}{RT^2} \tag{12-6}$$

整理后，则有

$$\frac{\mathrm{d}\alpha}{\mathrm{d}T}=\frac{A}{\beta}\exp\left(-\frac{E}{RT}\right)\left[1+\frac{E(T-T_0)}{RT^2}\right]\frac{1}{G'(\alpha)} \tag{12-7}$$

方程(9-4) 代入方程(12-7)，且两边取对数，则得计算非等温反应动力学的微分方程模型

$$\ln\left\{\frac{\dfrac{\mathrm{d}\alpha}{\mathrm{d}T}}{f(\alpha)\left[\dfrac{E(T-T_0)}{RT^2}+1\right]}\right\}=\ln\frac{A}{\beta}-\frac{E}{RT} \tag{12-8}$$

方程(12-8) 左边与 $\dfrac{1}{T}$ 呈线性关系，对于表 12-1 中给出的每一个微分形式的机理函数 $f(\alpha)$，方程(12-8) 可用迭代法求解。

给定 $E$ 任意一个大于零的值，利用这个值对每个数据点都可以计算出左边表达式相应的值，然后利用线性最小二乘法从斜率得到新的 $E$ 值，而从截距得到新的 $A$ 值，把 $E$ 的这个修正值作为初值，再次迭代，可得到另一个修正值，这样经几次迭代后，就会得到较合理的 $E$ 和 $A$ 值。对表 12-1 中每个机理函数 $f(\alpha)$ 都做上述处理，最后找出相关系数大，偏差小，且逻辑上合理的机理函数 $f(\alpha)$。

具体计算公式如下：

令

$$Z_i=\ln\left\{\frac{\left(\dfrac{\mathrm{d}\alpha}{\mathrm{d}T}\right)_i}{f(\alpha_i)\left[\dfrac{E(T_i-T_0)}{RT_i^2}+1\right]}\right\},\ y_i=\frac{1}{T_i}$$

则方程(12-8) 变为

$$Z_i=ay_i+b(i=1,2,\cdots,L) \tag{12-9}$$

其中 $a=-E/R$，$b=\ln(A/\beta)$，$L$ 为数据点的个数。

用最小二乘法解方程组(12-9) 得

$$a=\frac{L\cdot\sum\limits_{i=1}^{L}y_iZ_i-\sum\limits_{i=1}^{L}y_i\cdot\sum\limits_{i=1}^{L}Z_i}{L\cdot\sum\limits_{i=1}^{L}y_i^2-(\sum\limits_{i=1}^{L}y_i)^2}$$

$$b=\overline{Z}-a\overline{y}$$

其中

$$\overline{Z}=\frac{1}{L}\sum_{i=1}^{L}Z_i,\ \overline{y}=\frac{1}{L}\sum_{i=1}^{L}y_i$$

计算出 $a$ 和 $b$ 后就可由 $E=-aR$，$A=\beta e^b$，计算出 $E$，$A$。相关系数 $r$ 和剩余方差 $Q$ 按下式计算：

$$r=\frac{\left|L\cdot\sum_{i=1}^{L}y_iZ_i-\sum_{i=1}^{L}y_i\cdot\sum_{i=1}^{L}Z_i\right|}{\sqrt{\left[L\cdot\sum_{i=1}^{L}y_i^2-(\sum_{i=1}^{L}y_i)^2\right]\left[L\cdot\sum_{i=1}^{L}Z_i^2-(\sum_{i=1}^{L}Z_i)^2\right]}}$$

$$Q=\sum_{i=1}^{L}\left[Z_i-(ay_i+b)\right]^2$$

由非等温线 DSC 曲线知

$$\alpha=\frac{H_t}{H_0} \tag{12-10}$$

由式（12-10）和式（9-6）两边微分，再两式相除，得

$$\frac{d\alpha}{dT}=\frac{1}{H_0\beta}\frac{dH_t}{dt} \tag{12-11}$$

计算时选用最大放热速率与峰宽比值较小的 DSC 曲线，由一条曲线得到 DSC 原始数据 $T_i$，$\alpha_i$ 和放热速率 $(dH_t/dt)_i$ $(i=1, 2, \cdots, L)$。由式（12-11）可算出 $(d\alpha/dT)_i$ 的对应值，这样就可顺利地计算出 $Z_i$ 的值，从而完成全部计算。

表 12-1  30 种机理函数的微分形式

| 函数序号 | 微分形式 $f(\alpha)$ |
|---|---|
| 1 | $\frac{1}{2}\alpha^{-1}$ |
| 2 | $-[\ln(1-\alpha)]^{-1}$ |
| 3 | $\frac{3}{2}[(1-\alpha)^{-1/3}-1]^{-1}$ |
| 4~5 | $\frac{3}{n}(1-\alpha)^{2/3}[1-(1-\alpha)^{1/3}]^{-(n-1)}(n=2,1/2)$ |
| 6 | $4(1-\alpha)^{1/2}[1-(1-\alpha)^{1/2}]^{1/2}$ |
| 7 | $\frac{3}{2}(1+\alpha)^{2/3}[(1+\alpha)^{1/3}-1]^{-1}$ |
| 8 | $\frac{3}{2}(1-\alpha)^{4/3}[(1-\alpha)^{-1/3}-1]^{-1}$ |
| 9 | $1-\alpha$ |
| 10~16 | $\frac{1}{n}(1-\alpha)[-\ln(1-\alpha)]^{-(n-1)}(n=\frac{2}{3},\frac{1}{2},\frac{1}{3},4,\frac{1}{4},2,3)$ |
| 17~22 | $\frac{1}{n}(1-\alpha)^{-(n-1)}\left(n=\frac{1}{2},3,2,4,\frac{1}{3},\frac{1}{4}\right)$ |
| 23~27 | $\frac{1}{n}\alpha^{-(n-1)}\left(n=1,\frac{3}{2},\frac{1}{2},\frac{1}{3},\frac{1}{4}\right)$ |
| 28~29 | $(1-\alpha)^2$ |
| 30 | $2(1-\alpha)^{3/2}$ |

## **12.3** 放热速率方程法

方程(12-11) 代入方程(12-7) 的左端，得非等温反应动力学的放热速率方程：

$$\frac{\mathrm{d}H_t}{\mathrm{d}t} = \left\{ AH_0 \left[ 1 + \frac{E}{RT} \left( 1 - \frac{T_0}{T} \right) \right] \exp\left( -\frac{E}{RT} \right) \right\} f(\alpha) \tag{12-12}$$

方程(12-12) 两边取对数，得计算非等温反应动力学的放热速率方程模型：

$$\ln \left( \frac{\mathrm{d}H_t}{\mathrm{d}t} \right)_i = \ln \left\{ AH_0 f(\alpha) \left[ 1 + \frac{E}{RT} \left( 1 - \frac{T_0}{T} \right) \right] \right\} - \frac{E}{RT} \tag{12-13}$$

由一条 DSC 曲线得到原始数据 $T_i$，$\alpha_i$，$\left( \dfrac{\mathrm{d}H_t}{\mathrm{d}t} \right)_i$ （$i = 1$，$2$，$\cdots$，$L$）以后，为了从方程(12-13) 中计算出动力学参数，考虑如下评价函数 $\Omega$（$A$，$E$，$\cdots$）的最小值：

$$\Omega = \sum_{i=1}^{L} \left\{ \ln \left( \frac{\mathrm{d}H_t}{\mathrm{d}t} \right)_i - \ln \left\{ AH_0 f(\alpha_i) \left[ 1 + \frac{E}{RT_i} \left( 1 - \frac{T_0}{T_i} \right) \right] \right\} + \frac{E}{RT_i} \right\}^2 \tag{12-14}$$

把表 12-2 中给出的机理函数 $f(\alpha)$ 的 15 个通式分别代入式(12-14)，从 $\Omega(A,E,\cdots)$ 取极小值的必要条件就可导出计算相应动力学参数的正规方程组。解这些方程组得到不同组的动力学参数，然后进行逻辑分析，以便确定出最概然的机理函数形式。

表 12-2　动力学函数

| 函数序号 | 微分机理函数 $f(\alpha)$ | 函数序号 | 微分机理函数 $f(\alpha)$ |
|---|---|---|---|
| 1 | $(1-\alpha)^n$ | 9 | $\alpha^m \left[ -\ln(1-\alpha) \right]^k$ |
| 2 | $\alpha^m$ | 10 | $(1-\alpha)^n \left[ -\ln(1-\alpha) \right]^k$ |
| 3 | $\left[ 1-\ln(1-\alpha) \right]^k$ | 11 | $\alpha^m (1-\alpha)^n \left[ -\ln(1-\alpha) \right]^k$ |
| 4 | $\alpha^m (1-\alpha)^n$ | 12 | $(1-\alpha)^n \left[ 1-(1-\alpha)^{1/3} \right]^k$ |
| 5 | $\alpha^m \left[ 1-\ln(1-\alpha) \right]^k$ | 13 | $(1-\alpha)^n \left[ 1-(1-\alpha)^{1/2} \right]^k$ |
| 6 | $(1-\alpha)^n \left[ 1-\ln(1-\alpha) \right]^k$ | 14 | $(1-\alpha)^n \left[ (1-\alpha)^{-1/3}-1 \right]^k$ |
| 7 | $\alpha^m (1-\alpha)^n \left[ 1-\ln(1-\alpha) \right]^k$ | 15 | $(1+\alpha)^n \left[ (1+\alpha)^{1/3}-1 \right]^k$ |
| 8 | $\left[ -\ln(1-\alpha) \right]^k$ | | |

为了叙述方便和简单，引入以下记号：

$$Y_i = \ln \left( \frac{\mathrm{d}H_t}{\mathrm{d}t} \right)_i$$

$$a_1 = \sum_{i=1}^{L} \ln(1-\alpha_i)$$

$$a_2 = \sum_{i=1}^{L} \ln\alpha_i$$

$$a_3 = \sum_{i=1}^{L} \ln[1-\ln(1-\alpha_i)]$$

$$a_4 = \sum_{i=1}^{L} \ln[-\ln(1-\alpha_i)]$$

$$a_5 = \sum_{i=1}^{L} \ln[1-(1-\alpha_i)^{\frac{1}{3}}]$$

$$a_6 = \sum_{i=1}^{L} \ln[1-(1-\alpha_i)^{\frac{1}{2}}]$$

$$a_7 = \sum_{i=1}^{L} \ln[(1-\alpha_i)^{-\frac{1}{3}}-1]$$

$$a_8 = \sum_{i=1}^{L} \ln(1+\alpha_i)$$

$$a_9 = \sum_{i=1}^{L} \ln[(1+\alpha_i)^{\frac{1}{3}}-1]$$

$$b = \sum_{i=1}^{L} Y_i$$

$$c = \sum_{i=1}^{L} \frac{1}{T_i}$$

$$D_i = \ln\left[1 + \frac{E}{RT_i}\left(1 - \frac{T_0}{T_i}\right)\right]$$

$$d = \sum_{i=1}^{L} D_i$$

$$\theta_1 = \sum_{i=1}^{L} \ln^2(1 - \alpha_i)$$

$$\theta_2 = \sum_{i=1}^{L} \ln^2 \alpha_i$$

$$\theta_3 = \sum_{i=1}^{L} \ln^2[1 - \ln(1 - \alpha_i)]$$

$$\theta_4 = \sum_{i=1}^{L} \ln\alpha_i \ln(1 - \alpha_i)$$

$$\theta_5 = \sum_{i=1}^{L} \ln[1 - \ln(1 - \alpha_i)] \cdot \ln(1 - \alpha_i)$$

$$\theta_6 = \sum_{i=1}^{L} \ln[1 - \ln(1 - \alpha_i)] \cdot \ln\alpha_i$$

$$\theta_7 = \sum_{i=1}^{L} \ln^2[-\ln(1 - \alpha_i)]$$

$$\theta_8 = \sum_{i=1}^{L} \ln(1 - \alpha_i) \cdot \ln[-\ln(1 - \alpha_i)]$$

$$\theta_9 = \sum_{i=1}^{L} \ln\alpha_i \cdot \ln[-\ln(1 - \alpha_i)]$$

$$\theta_{10} = \sum_{i=1}^{L} \ln^2[1 - (1 - \alpha_i)^{\frac{1}{3}}]$$

$$\theta_{11} = \sum_{i=1}^{L} \ln(1 - \alpha_i) \cdot \ln[1 - (1 - \alpha_i)^{\frac{1}{3}}]$$

$$\theta_{12} = \sum_{i=1}^{L} \ln^2[1 - (1 - \alpha_i)^{\frac{1}{2}}]$$

$$\theta_{13} = \sum_{i=1}^{L} \ln(1 - \alpha_i) \cdot \ln[1 - (1 - \alpha_i)^{\frac{1}{2}}]$$

$$\theta_{14} = \sum_{i=1}^{L} \ln^2[(1 - \alpha_i)^{-\frac{1}{3}} - 1]$$

$$\theta_{15} = \sum_{i=1}^{L} \ln(1 - \alpha_i) \cdot \ln[(1 - \alpha_i)^{-\frac{1}{3}} - 1]$$

$$\theta_{16} = \sum_{i=1}^{L} \ln^2(1 + \alpha_i)$$

$$\theta_{17} = \sum_{i=1}^{L} \ln^2[(1 + \alpha_i)^{\frac{1}{3}} - 1]$$

$$\theta_{18} = \sum_{i=1}^{L} \ln(1 + \alpha_i) \cdot \ln[(1 + \alpha_i)^{\frac{1}{3}} - 1]$$

$$f_1 = \sum_{i=1}^{L} Y_i \cdot \ln(1 - \alpha_i)$$

$$f_2 = \sum_{i=1}^{L} Y_i \cdot \ln\alpha_i$$

$$f_3 = \sum_{i=1}^{L} Y_i \cdot \ln[1 - \ln(1 - \alpha_i)]$$

$$f_4 = \sum_{i=1}^{L} Y_i \cdot \ln[-\ln(1 - \alpha_i)]$$

$$f_5 = \sum_{i=1}^{L} Y_i \cdot \ln[1 - (1 - \alpha_i)^{\frac{1}{3}}]$$

$$f_6 = \sum_{i=1}^{L} Y_i \cdot \ln[1 - (1 - \alpha_i)^{\frac{1}{2}}]$$

$$f_7 = \sum_{i=1}^{L} Y_i \cdot \ln[(1 - \alpha_i)^{-\frac{1}{3}} - 1]$$

$$f_8 = \sum_{i=1}^{L} Y_i \cdot \ln(1 + \alpha_i)$$

$$f_9 = \sum_{i=1}^{L} Y_i \cdot \ln[(1 + \alpha_i)^{\frac{1}{3}} - 1]$$

$$g_1 = \sum_{i=1}^{L} \frac{\ln(1 - \alpha_i)}{T_i}$$

$$g_2 = \sum_{i=1}^{L} \frac{\ln\alpha_i}{T_i}$$

$$g_3 = \sum_{i=1}^{L} \frac{\ln[1 - (1 - \alpha_i)]}{T_i}$$

$$g_4 = \sum_{i=1}^{L} \frac{\ln[-\ln(1 - \alpha_i)]}{T_i}$$

$$g_5 = \sum_{i=1}^{L} \frac{\ln[1 - (1 - \alpha_i)^{\frac{1}{3}}]}{T_i}$$

$$g_6 = \sum_{i=1}^{L} \frac{\ln[1 - (1 - \alpha_i)^{\frac{1}{2}}]}{T_i}$$

$$g_7 = \sum_{i=1}^{L} \frac{\ln[(1 - \alpha_i)^{-\frac{1}{3}} - 1]}{T_i}$$

$$g_8 = \sum_{i=1}^{L} \frac{\ln(1 + \alpha_i)}{T_i}$$

$$g_9 = \sum_{i=1}^{L} \frac{\ln[(1 + \alpha_i)^{\frac{1}{3}} - 1]}{T_i}$$

$$h_1 = \sum_{i=1}^{L} D_i \cdot \ln(1-\alpha_i)$$

$$h_2 = \sum_{i=1}^{L} D_i \cdot \ln\alpha_i$$

$$h_3 = \sum_{i=1}^{L} D_i \cdot \ln[1-\ln(1-\alpha_i)]$$

$$h_4 = \sum_{i=1}^{L} D_i \cdot \ln[-\ln(1-\alpha_i)]$$

$$h_5 = \sum_{i=1}^{L} D_i \cdot \ln[1-(1-\alpha_i)^{\frac{1}{3}}]$$

$$h_6 = \sum_{i=1}^{L} D_i \cdot \ln[1-(1-\alpha_i)^{\frac{1}{2}}]$$

$$h_7 = \sum_{i=1}^{L} D_i \cdot \ln[(1-\alpha_i)^{-\frac{1}{3}}-1]$$

$$h_8 = \sum_{i=1}^{L} D_i \cdot \ln(1+\alpha_i)$$

$$h_9 = \sum_{i=1}^{L} D_i \cdot \ln[(1+\alpha_i)^{\frac{1}{3}}-1]$$

$$Q_i = \frac{1}{RT_i}\left[1-\frac{1-\dfrac{T_0}{T_i}}{1+\dfrac{E}{RT_i}\left(1-\dfrac{T_0}{T_i}\right)}\right]$$

$$r_1 = \sum_{i=1}^{L} Q_i \cdot \ln(1-\alpha_i)$$

$$r_2 = \sum_{i=1}^{L} Q_i \cdot \ln\alpha_i$$

$$r_3 = \sum_{i=1}^{L} Q_i \cdot \ln[1-\ln(1-\alpha_i)]$$

$$r_4 = \sum_{i=1}^{L} Q_i \cdot \ln[-\ln(1-\alpha_i)]$$

$$r_5 = \sum_{i=1}^{L} Q_i \cdot \ln[1-(1-\alpha_i)^{\frac{1}{3}}]$$

$$r_6 = \sum_{i=1}^{L} Q_i \cdot \ln[1-(1-\alpha_i)^{\frac{1}{2}}]$$

$$r_7 = \sum_{i=1}^{L} Q_i \cdot \ln[(1-\alpha_i)^{-\frac{1}{3}}-1]$$

$$r_8 = \sum_{i=1}^{L} Q_i \cdot \ln(1+\alpha_i)$$

$$r_9 = \sum_{i=1}^{L} Q_i \cdot \ln[(1+\alpha_i)^{\frac{1}{3}}-1]$$

$$P = \sum_{i=1}^{L} Q_i \cdot Y_i$$

$$q = \sum_{i=1}^{L} Q_i$$

$$S = \sum_{i=1}^{L} D_i \cdot Q_i$$

$$W = \sum_{i=1}^{L} \frac{Q_i}{T_i}$$

$$B = b + \frac{E}{R}c - d$$

$$F_i = f_i + \frac{E}{R}g_j - h_j \quad (j=1,2,\cdots,9)$$

$$Z = \ln(AH_0) = \ln A + \ln H_0$$

$$G = P + \frac{E}{R}W - S$$

对于表 12-2 中给出的每一个机理函数，相应的动力学参数、函数 $\Omega$ 取极小值的条件以及由此导出的计算动力学参数的正规方程组列于表 12-3 中。

**表 12-3 15 个机理函数对应的正规方程组**

| 函数序号 | 动力学参数 | $\Omega$ 取极小值的条件 | 对应的正规方程组 |
|---|---|---|---|
| 1 | $A$ <br> $n$ <br> $E$ | $\partial\Omega/\partial A = 0$ <br> $\partial\Omega/\partial n = 0$ <br> $\partial\Omega/\partial E = 0$ | $\begin{bmatrix} L & a_1 \\ a_1 & \theta_1 \\ q & r_1 \end{bmatrix} \cdot \begin{bmatrix} Z \\ n \end{bmatrix} = \begin{bmatrix} B \\ F_1 \\ G \end{bmatrix}$ |
| 2 | $A$ <br> $m$ <br> $E$ | $\partial\Omega/\partial A = 0$ <br> $\partial\Omega/\partial m = 0$ <br> $\partial\Omega/\partial E = 0$ | $\begin{bmatrix} L & a_2 \\ a_2 & \theta_2 \\ q & r_2 \end{bmatrix} \cdot \begin{bmatrix} Z \\ m \end{bmatrix} = \begin{bmatrix} B \\ F_2 \\ G \end{bmatrix}$ |

| 函数序号 | 动力学参数 | $\Omega$ 取极小值的条件 | 对应的正规方程组 |
|---|---|---|---|
| 3 | $A$<br>$k$<br>$E$ | $\partial\Omega/\partial A=0$<br>$\partial\Omega/\partial k=0$<br>$\partial\Omega/\partial E=0$ | $\begin{bmatrix} L & a_3 \\ a_3 & \theta_3 \\ q & r_3 \end{bmatrix} \cdot \begin{bmatrix} Z \\ k \end{bmatrix} = \begin{bmatrix} B \\ F_3 \\ G \end{bmatrix}$ |
| 4 | $A$<br>$n$<br>$m$<br>$E$ | $\partial\Omega/\partial A=0$<br>$\partial\Omega/\partial n=0$<br>$\partial\Omega/\partial m=0$<br>$\partial\Omega/\partial E=0$ | $\begin{bmatrix} L & a_1 & a_2 \\ a_1 & \theta_1 & \theta_4 \\ a_2 & \theta_4 & \theta_2 \\ q & r_1 & r_2 \end{bmatrix} \cdot \begin{bmatrix} Z \\ n \\ m \end{bmatrix} = \begin{bmatrix} B \\ F_1 \\ F_2 \\ G \end{bmatrix}$ |
| 5 | $A$<br>$m$<br>$k$<br>$E$ | $\partial\Omega/\partial A=0$<br>$\partial\Omega/\partial m=0$<br>$\partial\Omega/\partial k=0$<br>$\partial\Omega/\partial E=0$ | $\begin{bmatrix} L & a_2 & a_3 \\ a_2 & \theta_2 & \theta_6 \\ a_3 & \theta_6 & \theta_3 \\ q & r_2 & r_3 \end{bmatrix} \cdot \begin{bmatrix} Z \\ m \\ k \end{bmatrix} = \begin{bmatrix} B \\ F_2 \\ F_3 \\ G \end{bmatrix}$ |
| 6 | $A$<br>$n$<br>$k$<br>$E$ | $\partial\Omega/\partial A=0$<br>$\partial\Omega/\partial n=0$<br>$\partial\Omega/\partial k=0$<br>$\partial\Omega/\partial E=0$ | $\begin{bmatrix} L & a_1 & a_3 \\ a_1 & \theta_1 & \theta_5 \\ a_3 & \theta_5 & \theta_3 \\ q & r_1 & r_3 \end{bmatrix} \cdot \begin{bmatrix} Z \\ n \\ k \end{bmatrix} = \begin{bmatrix} B \\ F_1 \\ F_3 \\ G \end{bmatrix}$ |
| 7 | $A$<br>$n$<br>$m$<br>$k$<br>$E$ | $\partial\Omega/\partial A=0$<br>$\partial\Omega/\partial n=0$<br>$\partial\Omega/\partial m=0$<br>$\partial\Omega/\partial k=0$<br>$\partial\Omega/\partial E=0$ | $\begin{bmatrix} L & a_1 & a_2 & a_3 \\ a_1 & \theta_1 & \theta_4 & \theta_5 \\ a_2 & \theta_4 & \theta_2 & \theta_6 \\ a_3 & \theta_5 & \theta_6 & \theta_3 \\ q & r_1 & r_2 & r_3 \end{bmatrix} \cdot \begin{bmatrix} Z \\ n \\ m \\ k \end{bmatrix} = \begin{bmatrix} B \\ F_1 \\ F_2 \\ F_3 \\ G \end{bmatrix}$ |
| 8 | $A$<br>$k$<br>$E$ | $\partial\Omega/\partial A=0$<br>$\partial\Omega/\partial k=0$<br>$\partial\Omega/\partial E=0$ | $\begin{bmatrix} L & a_4 \\ a_4 & \theta_7 \\ q & r_4 \end{bmatrix} \cdot \begin{bmatrix} Z \\ k \end{bmatrix} = \begin{bmatrix} B \\ F_4 \\ G \end{bmatrix}$ |
| 9 | $A$<br>$m$<br>$k$<br>$E$ | $\partial\Omega/\partial A=0$<br>$\partial\Omega/\partial m=0$<br>$\partial\Omega/\partial k=0$<br>$\partial\Omega/\partial E=0$ | $\begin{bmatrix} L & a_2 & a_4 \\ a_2 & \theta_2 & \theta_9 \\ a_4 & \theta_9 & \theta_7 \\ q & r_2 & r_4 \end{bmatrix} \cdot \begin{bmatrix} Z \\ m \\ k \end{bmatrix} = \begin{bmatrix} B \\ F_2 \\ F_4 \\ G \end{bmatrix}$ |
| 10 | $A$<br>$n$<br>$k$<br>$E$ | $\partial\Omega/\partial A=0$<br>$\partial\Omega/\partial n=0$<br>$\partial\Omega/\partial k=0$<br>$\partial\Omega/\partial E=0$ | $\begin{bmatrix} L & a_1 & a_4 \\ a_1 & \theta_1 & \theta_8 \\ a_4 & \theta_8 & \theta_7 \\ q & r_1 & r_4 \end{bmatrix} \cdot \begin{bmatrix} Z \\ n \\ k \end{bmatrix} = \begin{bmatrix} B \\ F_1 \\ F_4 \\ G \end{bmatrix}$ |
| 11 | $A$<br>$n$<br>$m$<br>$k$<br>$E$ | $\partial\Omega/\partial A=0$<br>$\partial\Omega/\partial n=0$<br>$\partial\Omega/\partial m=0$<br>$\partial\Omega/\partial k=0$<br>$\partial\Omega/\partial E=0$ | $\begin{bmatrix} L & a_1 & a_2 & a_4 \\ a_1 & \theta_1 & \theta_4 & \theta_8 \\ a_2 & \theta_4 & \theta_2 & \theta_9 \\ a_4 & \theta_8 & \theta_9 & \theta_7 \\ q & r_1 & r_2 & r_4 \end{bmatrix} \cdot \begin{bmatrix} Z \\ n \\ m \\ k \end{bmatrix} = \begin{bmatrix} B \\ F_1 \\ F_2 \\ F_4 \\ G \end{bmatrix}$ |

续表

| 函数序号 | 动力学参数 | $\Omega$ 取极小值的条件 | 对应的正规方程组 |
|---|---|---|---|
| 12 | $A$<br>$n$<br>$k$<br>$E$ | $\partial\Omega/\partial A=0$<br>$\partial\Omega/\partial n=0$<br>$\partial\Omega/\partial k=0$<br>$\partial\Omega/\partial E=0$ | $\begin{bmatrix} L & a_1 & a_5 \\ a_1 & \theta_1 & \theta_{11} \\ a_5 & \theta_{11} & \theta_{10} \\ q & r_1 & r_5 \end{bmatrix} \cdot \begin{bmatrix} Z \\ n \\ k \end{bmatrix} = \begin{bmatrix} B \\ F_1 \\ F_5 \\ G \end{bmatrix}$ |
| 13 | $A$<br>$n$<br>$k$<br>$E$ | $\partial\Omega/\partial A=0$<br>$\partial\Omega/\partial n=0$<br>$\partial\Omega/\partial k=0$<br>$\partial\Omega/\partial E=0$ | $\begin{bmatrix} L & a_1 & a_6 \\ a_1 & \theta_1 & \theta_{13} \\ a_6 & \theta_{13} & \theta_{12} \\ q & r_1 & r_6 \end{bmatrix} \cdot \begin{bmatrix} Z \\ n \\ k \end{bmatrix} = \begin{bmatrix} B \\ F_1 \\ F_6 \\ G \end{bmatrix}$ |
| 14 | $A$<br>$n$<br>$k$<br>$E$ | $\partial\Omega/\partial A=0$<br>$\partial\Omega/\partial n=0$<br>$\partial\Omega/\partial k=0$<br>$\partial\Omega/\partial E=0$ | $\begin{bmatrix} L & a_1 & a_7 \\ a_1 & \theta_1 & \theta_{15} \\ a_7 & \theta_{15} & \theta_{13} \\ q & r_1 & r_7 \end{bmatrix} \cdot \begin{bmatrix} Z \\ n \\ k \end{bmatrix} = \begin{bmatrix} B \\ F_1 \\ F_7 \\ G \end{bmatrix}$ |
| 15 | $A$<br>$n$<br>$k$<br>$E$ | $\partial\Omega/\partial A=0$<br>$\partial\Omega/\partial n=0$<br>$\partial\Omega/\partial k=0$<br>$\partial\Omega/\partial E=0$ | $\begin{bmatrix} L & a_8 & a_9 \\ a_8 & \theta_{16} & \theta_{15} \\ a_9 & \theta_{18} & \theta_{17} \\ q & r_8 & r_9 \end{bmatrix} \cdot \begin{bmatrix} Z \\ n \\ k \end{bmatrix} = \begin{bmatrix} B \\ F_8 \\ F_9 \\ G \end{bmatrix}$ |

　　表 12-3 中的正规方程组都是非线性的，求解有一定的困难。可以先从方程组的最后一个方程求出 E，然后解其余方程构成的方程组计算出其他的动力学参数。15 个正规方程组形式相似，解法也相同，下面我们仅以机理函数 1 对应的正规方程组为例介绍求解过程。

　　显然，机理函数 1 对应的正规方程组可以写成如下形式

$$LZ + a_1 n = B \tag{12-15}$$

$$a_1 Z + \theta_1 n = F_1 \tag{12-16}$$

$$qZ + r_1 n = G \tag{12-17}$$

联立解方程(12-15) 和方程(12-16)，得到

$$Z = \frac{B\theta_1 - F_1 a_1}{L\theta_1 - a_1^2} \tag{12-18}$$

$$n = \frac{F_1 L - B a_1}{L\theta_1 - a_1^2} \tag{12-19}$$

同时改写方程(12-17) 为

$$G - qZ - r_1 n = 0 \tag{12-20}$$

　　在 $Z$ 和 $n$ 的表达式中，$L$ 是原始数据点个数，$a_1$ 和 $\theta_1$ 可由原始数据算出。然而，由于 $B$ 和 $F_1$ 与未知的活化能 $E$ 有关，从而导致 $Z$ 和 $n$ 依赖于 $E$，所以仅用原始数据还不能直接从式(12-18) 和式(12-19) 算出 $Z$ 和 $n$。在方程(12-20) 中，$G$、$q$、$r_1$、$Z$ 和 $n$ 都与 $E$ 有关，可以看出，只要从式(12-20) 求出 $E$，从式(12-18) 和式(12-19) 便可得到 $Z$ 和 $n$，由 $Z$ 再算出 $A$。

　　$E$ 是方程(12-20) 的根，下面说明它的具体求法。假设方程(12-20) 的求根区间为 $[AA，BB]$，从 $AA$ 开始，以 $HH$ 为基本步长，向右跨出长度为 $HH$ 的小区间。把小区间

的端点作为 $E$ 的值代入式(12-18) 和式(12-19) 可算出 $Z$ 和 $n$ 的值，从而可算出方程(12-20) 左边在小区间端点的值。当方程(12-20) 左边在小区间两端的值同号时，则认为方程(12-20) 在此小区间内无根，继续向右跨出长 $HH$ 的小区间；当方程(12-20) 左边在某个小区间两端的值异号时，则方程(12-20) 在此小区间内有根，利用二分法（又称为对分区间套法）求出它所包含的一个实根，然后继续向右跨出长 $HH$ 的小区间重复上述过程。当所求根的个数超过预先给定的求根个数或者某次向右跨出的小区间超出整个求根区间的右端点 $BB$ 时，求根过程结束，停止计算。

计算中，采用两种精度控制方法：当方程(12-20) 左边在某一点的值小于预先给定的函数值精度 $E_1$ 时，则这个点就是所求方程(12-20) 的根 $E$；或者在二分法的迭代过程中，某个小区间长度的一半小于预先给定的自变量精度 $E_2$ 时，则该小区间的中点就是所求的 $E$。步长 $HH$ 的选取是把 $[AA，BB]$ 分成 $K$ 等份，使得每个小区间中至多包含方程(12-20) 的一个根，这时取 $HH=\dfrac{1}{K}(BB-AA)$。

经过在计算机上反复实践，我们选取：$E_1=10^{-10}$，$E_2=10^{-5}$；对于大型计算机（例如，SIEMENS 7760，IBM 4381），$AA=10^{-1}$，$BB=10^{10}$，$HH=50$；对于个人计算机（例如，IBMPC 386 计算机），$AA=3\times10^4$，$BB=3\times10^5$，$HH=10^3$。这里 $AA$、$BB$ 和 $HH$ 单位与活化能 $E$ 的单位相同，大量材料的计算结果证明了这些参数的取值是合理的。

## 12.4 特征点分析法

### 12.4.1 方法 1

特征点分析法就是利用 DSC 曲线上几个特征点的数据计算材料的热分解动力学参数。图 12-1 是一条典型的 DSC 曲线示意图，横坐标是温度，纵坐标是放热速率。图 12-1 中 $T_i$ 代表曲线上左拐点对应的温度（$T_i$ 可用镜面微分法、差商法、抛物线法或者样条函数法求得），$\alpha_i$ 是 $T_i$ 时刻对应的反应深度，$T_p$ 代表峰值温度，$\alpha_p$ 是 $T_p$ 时刻对应的反应深度；$T_0$ 仍表示反应起始温度，$\beta$ 仍表示线性升温速率。下面我们导出利用 $T_0$、$T_i$、$T_p$、$\beta$、$\alpha_i$、$\alpha_p$ 这六个数据计算动力学参数的方程。

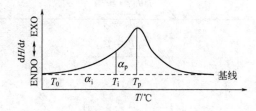

图 12-1 典型的 DSC 曲线示意图

将方程(9-11) 代入方程(9-12)，再两边对 $T$ 求导，得

$$\frac{\mathrm{d}\left(\dfrac{\mathrm{d}\alpha}{\mathrm{d}t}\right)}{\mathrm{d}T}=Af(\alpha)\exp\left(-\frac{E}{RT}\right)\left\{\frac{E}{RT^2}\left[\frac{2T_0}{T}+\frac{E}{RT}\left(1-\frac{T_0}{T}\right)\right]+\frac{A}{\beta}\left[1+\frac{E}{RT}\left(1-\frac{T_0}{T}\right)\right]^2 f'(\alpha)\exp\left(-\frac{E}{RT}\right)\right\}$$

$$(12\text{-}21)$$

当 $T=T_p$ 时，放热速率达到最大 （图 12-1），此时

$$\frac{\mathrm{d}\left(\dfrac{\mathrm{d}\alpha}{\mathrm{d}t}\right)}{\mathrm{d}T}\Bigg|_{T=T_\mathrm{p},\,\alpha=\alpha_\mathrm{p}}=0$$

由此我们得到第一个方程

$$\frac{E}{RT_\mathrm{p}^2}\left[\frac{2T_0}{T_\mathrm{p}}+\frac{E}{RT_\mathrm{p}}\left(1-\frac{T_0}{T_\mathrm{p}}\right)\right]+\frac{A}{\beta}\left[1+\frac{E}{RT_\mathrm{p}}\left(1-\frac{T_0}{T_\mathrm{p}}\right)\right]^2 f'(\alpha_\mathrm{p})\exp\left(1-\frac{E}{RT_\mathrm{p}}\right) \quad (12\text{-}22)$$

将方程（12-21）两边对 $T$ 求导，得

$$\frac{\mathrm{d}^2\left(\dfrac{\mathrm{d}\alpha}{\mathrm{d}t}\right)}{\mathrm{d}T^2}=Af(\alpha)\exp\left(-\frac{E}{RT}\right)\left\{\frac{E}{RT^4}\left(-6T_0-\frac{3E}{R}+\frac{6ET_0}{RT}+\frac{E^2}{R^2T}-\frac{E^2T^0}{R^2T^2}\right)\right.$$

$$+\frac{A}{\beta}\frac{3E}{RT^3}\left(2T_0+\frac{E}{R}-\frac{ET_0}{RT}\right)\left[1+\frac{E}{RT}\left(1-\frac{T_0}{T}\right)\right]f'(\alpha)\exp\left(-\frac{E}{RT}\right)\times \quad (12\text{-}23)$$

$$\left.\left(\frac{A}{\beta}\right)^2\left[1+\frac{E}{RT}\left(1-\frac{T_0}{T}\right)\right]^3\left[(f'(\alpha))^2+f(\alpha)f''(\alpha)\right]\exp\left(-\frac{2E}{RT}\right)\right\}$$

在 DSC 曲线的拐点（图 12-1），我们有条件

$$\frac{\mathrm{d}^2\left(\dfrac{\mathrm{d}\alpha}{\mathrm{d}t}\right)}{\mathrm{d}T^2}\Bigg|_{T=T_\mathrm{i},\,\alpha=\alpha_\mathrm{i}}=0$$

从而得到第二个方程

$$\frac{E}{RT_\mathrm{i}^3}\left\{\frac{3T_0}{T_\mathrm{i}}+\left(\frac{E}{RT_\mathrm{i}}-3\right)\left[\frac{3T_0}{T_\mathrm{i}}+\frac{E}{RT_\mathrm{i}}\left(1-\frac{T_0}{T_\mathrm{i}}\right)\right]\right\}+\frac{A}{\beta}\frac{3E}{RT_\mathrm{i}^2}\left[\frac{2T_0}{T_\mathrm{i}}+\frac{E}{RT_\mathrm{i}}\left(1-\frac{T_0}{T_\mathrm{i}}\right)\right]$$

$$\times\left[1+\frac{E}{RT_\mathrm{i}}\left(1-\frac{T_0}{T_\mathrm{i}}\right)\right]f'(\alpha_\mathrm{i})\exp\left(-\frac{E}{RT_\mathrm{i}}\right)+\left(\frac{A}{\beta}\right)^2\left[1+\frac{E}{RT_\mathrm{i}}\left(1-\frac{T_0}{T_\mathrm{i}}\right)\right]^3 \quad (12\text{-}24)$$

$$\times\left[(f'(\alpha_\mathrm{i}))^2+f(\alpha_\mathrm{i})f''(\alpha_\mathrm{i})\right]\exp\left(-\frac{2E}{RT_\mathrm{i}}\right)=0$$

在式(12-22)中，若 $f'(\alpha_\mathrm{p})\neq0$，令

$$J=\frac{-\dfrac{E}{RT_\mathrm{p}^2}\left[\dfrac{2T_0}{T_\mathrm{p}}+\dfrac{E}{RT_\mathrm{p}}\left(1-\dfrac{T_0}{T_\mathrm{p}}\right)\right]}{\left[1+\dfrac{E}{RT_\mathrm{p}}\left(1-\dfrac{T_0}{T_\mathrm{p}}\right)\right]^2 f'(\alpha_\mathrm{p})}$$

由此可得

$$\frac{A}{\beta}=J\exp\left(\frac{E}{RT_\mathrm{p}}\right) \quad (12\text{-}25)$$

把式(12-25)代入式(12-24)中，得

$$\frac{E}{RT_\mathrm{i}^3}\left\{\frac{3T_0}{T_\mathrm{i}}+\left(\frac{E}{RT_\mathrm{i}}-3\right)\left[\frac{3T_0}{T_\mathrm{i}}+\frac{E}{RT_\mathrm{i}}\left(1-\frac{T_0}{T_\mathrm{i}}\right)\right]\right\}$$

$$+\frac{3JE}{RT_\mathrm{i}^2}\left[\frac{2T_0}{T_\mathrm{i}}+\frac{E}{RT_\mathrm{i}}\left(1-\frac{T_0}{T_\mathrm{i}}\right)\right]\left[1+\frac{E}{RT_\mathrm{i}}\left(1-\frac{T_0}{T_\mathrm{i}}\right)\right]f'(\alpha_\mathrm{i})\exp\left[\frac{E}{R_\mathrm{i}}\left(\frac{1}{T_\mathrm{p}}-\frac{1}{T_\mathrm{i}}\right)\right] \quad (12\text{-}26)$$

$$+J^2\left[1+\frac{E}{RT_\mathrm{i}}\left(1-\frac{T_0}{T_\mathrm{i}}\right)\right]^3\left[(f'(\alpha_\mathrm{i}))^2+f(\alpha_\mathrm{i})f''(\alpha_\mathrm{i})\right]\exp\left[\frac{2E}{R}\left(\frac{1}{T_\mathrm{p}}-\frac{1}{T_\mathrm{i}}\right)\right]=0$$

可以看出，式(12-26)是一个关于 $E$ 的非线性方程，可利用解方程(12-20)的方法求

解，从而计算出 $E$。需要指出，我们是把 $\dfrac{A}{\beta}$ 的表达式（12-25）代入式（12-24）得到式（12-26），最后解式（12-26）求出 $E$。这样就避免了在联立解方程（12-22）[或者方程（12-25）] 和方程（12-24）的过程中，当 $E$ 值比较大时方程（12-22）[或者方程（12-25）] 和方程（12-24）中指数函数的值超过计算机所能表示的最小数（或者最大数），而发生溢出导致停机的可能性。显然，在式（12-26）中，因为 $T_p$ 与 $T_i$ 接近，$\dfrac{1}{T_p}-\dfrac{1}{T_i}$ 较小，所以指数函数的值一般来说不会超界。

由式（12-26）计算出 $E$ 后，可由式（12-25）计算 $A$。为了避免指数函数的值超界，我们不去计算 $A$ 而改算 $A$ 的常用对数。在式（12-25）中，若 $J<0$，则 $A<0$，这时不计算 $\lg A$（也就是不计算 $A$）；若 $J>0$，则 $\lg A$ 按式（12-27）计算：

$$\lg A=\lg B+\lg J+\frac{E}{RT_p}\lg e \tag{12-27}$$

求方程（12-26）的根时，对于微型计算机，一般情况下计算参数选为：$E_1=10^{-10}\sim10^{-8}$，$E_2=10^{-2}\sim10^{-1}$，$AA=10$，$BB=3\times10^5$，$HH=10^3$。当然，对于有些材料，也可以先在计算机上试算几次，以便确定出更合理的参数。

表 12-4 列出了表 12-1 中 30 种微分形式机理函数对应的一阶导数和二阶导数。从表12-4 中可以看出，对于 23 号函数，$f''(\alpha)=f'(\alpha)=0$，上述计算方法不适用。这时，从式（12-22）和式（12-24）可得如下两个方程。

$$\frac{2T_0}{T_p}+\frac{E}{RT_p}\left(1-\frac{T_0}{T_p}\right)=0 \tag{12-28}$$

$$\frac{3T_0}{T_i}+\left(\frac{E}{RT_i}-3\right)\left[\frac{3T_0}{T_i}+\frac{E}{RT_i}\left(1-\frac{T_0}{T_i}\right)\right]=0 \tag{12-29}$$

从式（12-28）得到 $E$ 的一个值，即

$$E_1=\frac{-2RT_0T_p}{T_p-T_0}$$

整理式（12-29）得到一个关于 $E$ 的一元二次方程，即

$$(T_i-T_0)E^2-3RT_i(T_i-2T_0)E-6R^2T_0T_i^2=0 \tag{12-30}$$

解方程（12-30）得到 $E$ 的两个值，即

$$E_2=\frac{3RT_i}{2(T_i-T_0)}\left[(T_i-2T_0)+\sqrt{[2T_i^2+(T_i-2T_0)^2]/3}\right]$$

$$E_3=\frac{3RT_i}{2(T_i-T_0)}\left[(T_i-2T_0)-\sqrt{[2T_i^2+(T_i-2T_0)^2]/3}\right]$$

可见，对于 23 号机理函数，利用本方法能计算出三个 $E$ 的值，而 $A$ 的值不能确定。

表 12-4　30 种微分形式机理函数的一阶和二阶导数

| 函数序号 | $f'(\alpha)$ | $f''(\alpha)$ |
|---|---|---|
| 1 | $-\dfrac{1}{2}\alpha^{-2}$ | $\alpha^{-3}$ |
| 2 | $-(1-\alpha)^{-1}[\ln(1-\alpha)]^{-2}$ | $-[2+\ln(1-\alpha)]\times(1-\alpha)^{-2}[\ln(1-\alpha)]^{-3}$ |

续表

| 函数序号 | $f'(\alpha)$ | $f''(\alpha)$ |
|---|---|---|
| 3 | $-\dfrac{1}{2}(1-\alpha)^{-\frac{4}{3}}\left[(1-\alpha)^{-\frac{1}{3}}-1\right]^{-2}$ | $-\dfrac{1}{3}(1-\alpha)^{-\frac{7}{3}}\left[(1-\alpha)^{-\frac{1}{3}}-1\right]^{-2}$ $\times\left\{2-(1-\alpha)^{-\frac{1}{3}}\left[(1-\alpha)^{-\frac{1}{3}}-1\right]^{-1}\right\}$ |
| $4,5\left(n=2,\dfrac{1}{2}\right)$ | $-\dfrac{2}{n}(1-\alpha)^{-\frac{1}{3}}\left[1-(1-\alpha)^{\frac{1}{3}}\right]^{-(n-1)}$ $-\dfrac{n-1}{n}\left[1-(1-\alpha)^{\frac{1}{3}}\right]^{-n}$ | $-\dfrac{2}{3n}(1-\alpha)^{-4/3}\times$ $\left[1-(1-\alpha)^{1/3}\right]^{-(n-1)}+\dfrac{2}{3}\dfrac{n-1}{n}\times$ $(1-\alpha)^{-1}\left[1-(1-\alpha)^{\frac{1}{3}}\right]^{-n}+$ $\dfrac{n-1}{3}(1-\alpha)^{-2/3}\left[1-(1-\alpha)^{\frac{1}{3}}\right]^{-(n+1)}$ |
| 6 | $-2(1-\alpha)^{-\frac{1}{2}}\left[1-(1-\alpha)^{\frac{1}{2}}\right]^{\frac{1}{2}}+$ $\left[1-(1-\alpha)^{\frac{1}{2}}\right]^{-\frac{1}{2}}$ | $-(1-\alpha)^{-\frac{3}{2}}\left[1-(1-\alpha)^{\frac{1}{2}}\right]^{\frac{1}{2}}$ $-\dfrac{1}{2}(1-\alpha)^{-1}\left[1-(1-\alpha)^{\frac{1}{2}}\right]^{-\frac{1}{2}}$ $-\dfrac{1}{4}(1-\alpha)^{-\frac{1}{2}}\left[1-(1-\alpha)^{\frac{1}{2}}\right]^{-\frac{3}{2}}$ |
| 7 | $(1+\alpha)^{-\frac{1}{3}}\left[(1+\alpha)^{\frac{1}{3}}-1\right]^{-1}$ $-\dfrac{1}{2}\left[(1+\alpha)^{\frac{1}{3}}-1\right]^{-2}$ | $-\dfrac{1}{3}(1+\alpha)^{-\frac{4}{3}}\left[(1+\alpha)^{\frac{1}{3}}-1\right]^{-1}$ $-\dfrac{1}{3}(1+\alpha)^{-1}\left[(1+\alpha)^{\frac{1}{3}}-1\right]^{-2}$ $+\dfrac{1}{3}(1+\alpha)^{-\frac{2}{3}}\left[(1+\alpha)^{\frac{1}{3}}-1\right]^{-3}$ |
| 8 | $-2(1-\alpha)^{\frac{1}{3}}\left[(1-\alpha)^{-\frac{1}{3}}-1\right]^{-1}$ $+\dfrac{1}{2}\left[(1-\alpha)^{-\frac{1}{3}}-1\right]^{-2}$ | $\dfrac{2}{3}(1-\alpha)^{-\frac{2}{3}}\left[(1-\alpha)^{-\frac{1}{3}}-1\right]^{-1}$ $+\dfrac{2}{3}(1-\alpha)^{-1}\left[(1-\alpha)^{-\frac{1}{3}}-1\right]^{-2}$ $+\dfrac{1}{3}(1-\alpha)^{-\frac{4}{3}}\left[(1-\alpha)^{-\frac{1}{3}}-1\right]^{-3}$ |
| 9 | $-1$ | $0$ |
| $\begin{array}{c}10\sim16\\\left(\begin{array}{c}n=\dfrac{2}{3},\dfrac{1}{2},\dfrac{1}{3}\\4,\dfrac{1}{4},2,3\end{array}\right)\end{array}$ | $-\dfrac{1}{n}\left[-\ln(1-\alpha)\right]^{-(n-1)}$ $-\dfrac{n-1}{n}\left[-\ln(1-\alpha)\right]^{-n}$ | $\dfrac{n-1}{n}(1-\alpha)^{-1}\left[-\ln(1-\alpha)\right]^{-n}$ $+(n-1)(1-\alpha)^{-1}\times$ $\left[-\ln(1-\alpha)\right]^{-(n+1)}$ |
| $\begin{array}{c}17\sim22\\\left(n=\dfrac{1}{2},3,2,4,\dfrac{1}{3},\dfrac{1}{4}\right)\end{array}$ | $\dfrac{n-1}{n}(1-\alpha)^{-n}$ | $(n-1)(1-\alpha)^{-(n+1)}$ |
| $\begin{array}{c}23\sim27\\\left(n=1,\dfrac{3}{2},\dfrac{1}{2},\dfrac{1}{3},\dfrac{1}{4}\right)\end{array}$ | $-\dfrac{n-1}{n}\alpha^{-n}$ | $(n-1)\alpha^{-(n+1)}$ |
| 28 | $-2(1-\alpha)$ | $2$ |
| 29 | $-2(1-\alpha)$ | $2$ |
| 30 | $-3(1-\alpha)^{\frac{1}{2}}$ | $-\dfrac{3}{2}(1-\alpha)^{-\frac{1}{2}}$ |

综上所述，给定一种材料，只要知道：$T_0$、$T_i$、$T_p$ 和 $\beta$、$\alpha_i$、$\alpha_p$ 的值，利用本方法，对于表 12-1 中列出的 30 种微分形式机理函数以及表 12-4 中对应的一阶导数和二阶导数，一般来说都可算出材料的 $E$ 和 $A$ 值。然后对所得结果进行逻辑选择，求出最概然机理函数和相应的动力学参数

### 12.4.2 方法 2

由式(9-2)、式(9-5) 知

$$\frac{\mathrm{d}\alpha}{\mathrm{d}t} = A\exp\left(-\frac{E}{RT}\right)f(\alpha) \tag{12-31}$$

式(12-31) 两边对 $T$ 求导，得

$$\frac{\mathrm{d}\left(\frac{\mathrm{d}\alpha}{\mathrm{d}t}\right)}{\mathrm{d}T} = Af(\alpha)\exp\left(-\frac{E}{RT}\right)\left[\frac{A}{\beta}f'(\alpha)\exp\left(-\frac{E}{RT}\right) + \frac{E}{RT^2}\right] \tag{12-32}$$

当 $T = T_p$ 时，反应速率达到最大，从条件

$$\frac{\mathrm{d}\left(\frac{\mathrm{d}\alpha}{\mathrm{d}t}\right)}{\mathrm{d}T}\bigg|_{T=T_p,\alpha=\alpha_p} = 0$$

我们得到第一个方程：

$$\frac{A}{\beta}f'(\alpha_p)\exp\left(-\frac{E}{RT_p}\right) + \frac{E}{RT_p^2} = 0 \tag{12-33}$$

方程(12-32) 两边对 $T$ 求导，得

$$\frac{\mathrm{d}^2\left(\frac{\mathrm{d}\alpha}{\mathrm{d}t}\right)}{\mathrm{d}T^2} = Af(\alpha)\exp\left(-\frac{E}{RT}\right)\left[\frac{A^2}{\beta^2}f'^2(\alpha)\exp\left(-\frac{2E}{RT}\right) + \frac{3AE}{\beta RT^2}f'(\alpha)\right. \tag{12-34}$$

$$\left. \times\exp\left(-\frac{E}{RT}\right) + \frac{A^2}{\beta^2}f''(\alpha)f(\alpha)\exp\left(-\frac{2E}{RT}\right) + \frac{E^2 - 2ERT}{R^2T^4}\right]$$

在 DSC 曲线的拐点处，我们有条件

$$\frac{\mathrm{d}^2\left(\frac{\mathrm{d}\alpha}{\mathrm{d}t}\right)}{\mathrm{d}T^2}\bigg|_{T=T_i,\alpha=\alpha_i} = 0$$

从而得到第二个方程

$$\frac{A^2}{\beta^2}f'^2(\alpha_i)\exp\left(-\frac{2E}{RT_i}\right) + \frac{3AE}{\beta RT_i^2}f'(\alpha_i)\exp\left(-\frac{E}{RT_i}\right) + \frac{A^2}{\beta^2}f''(\alpha_i)f(\alpha_i)\exp\left(-\frac{2E}{RT_i}\right) + \frac{E^2 - 2ERT_i}{R^2T_i^4} = 0 \tag{12-35}$$

联立方程(12-33) 和方程(12-35)，即可求出非等温反应动力学参数 $E$ 和 $A$ 的值。

## 12.5 Newkirk 法

若 $f(\alpha) = (1-\alpha)^n$，且 $n=1$，则由方程(9-2) 知

$$\frac{\mathrm{d}\alpha}{\mathrm{d}t} = kf(\alpha) = k(1-\alpha) \tag{12-36}$$

方程(12-36) 分离变量、积分得

$$\int_0^\alpha \frac{\mathrm{d}\alpha}{1-\alpha} = -\ln(1-\alpha) = \ln\left(\frac{1}{1-\alpha}\right) = k\int_0^t \mathrm{d}t = kt \tag{12-37}$$

对于两个试验，由方程(12-36) 和方程(9-5) 知

$$\ln\frac{k_1}{k_2} = \frac{E}{R}\left(\frac{1}{T_2} - \frac{1}{T_1}\right) \tag{12-38}$$

式(12-38) 即为求 $E$ 的 Newkirk 方程。

## 12.6　Achar-Brindley-Sharp-Wendworth 法

由方程(9-2)、方程(9-5)、方程(9-6) 知

$$\frac{\mathrm{d}\alpha}{\mathrm{d}T} = \frac{A}{\beta}\exp\left(-\frac{E}{RT}\right)f(\alpha) \tag{12-39}$$

方程(12-39) 分离变量，两边取对数，得

$$\ln\left[\frac{\mathrm{d}\alpha}{f(\alpha)\mathrm{d}T}\right] - \ln\frac{A}{\beta} - \frac{E}{RT}, \quad \frac{\mathrm{d}\alpha}{\mathrm{d}t} = \beta\frac{\mathrm{d}\alpha}{\mathrm{d}T} \tag{12-40}$$

式(12-40) 即为 Achar-Brindley-Sharp-Wendworth 方程。

由 $\ln\left[\dfrac{\mathrm{d}\alpha}{f(\alpha)\mathrm{d}T}\right]$ 对 $\dfrac{1}{T}$ 作图，用最小二乘法拟合数据，从斜率求 $E$，截距求 $A$。

将 $\mathrm{d}T = \beta\mathrm{d}t$ 代入方程(12-40)，得

$$\ln\left[\frac{\dfrac{\mathrm{d}\alpha}{\mathrm{d}t}}{f(\alpha)}\right] = \ln A - \frac{E}{RT} \tag{12-41}$$

由 $\ln\left[\dfrac{\dfrac{\mathrm{d}\alpha}{\mathrm{d}t}}{f(\alpha)}\right]$ 对 $\dfrac{1}{T}$ 作图，将不同 $f(\alpha)$ 代入方程(12-41) 后，用最小二乘法拟合实验数

据： $T_i$，$\alpha_i$，$\left(\dfrac{\mathrm{d}\alpha}{\mathrm{d}t}\right)$ $(i=1,2,\cdots,m)$，从直线斜率求 $E$，截距求 $A$。

## 12.7　Friedman-Reich-Levi 法

由方程(12-39) 得 Friedman-Reich-Levi 方程：

$$\ln\left[\frac{\beta\mathrm{d}\alpha}{\mathrm{d}T}\right] = \ln[Af(\alpha)] - \frac{E}{RT} \tag{12-42}$$

由 $\ln\left(\dfrac{\beta\mathrm{d}\alpha}{\mathrm{d}T}\right)$ 对 $\dfrac{1}{T}$ 作图，用最小二乘法拟合数据，从斜率求 $E$，截距求 $A$。

## 12.8　Piloyan-Ryabchinov-Novikova-Maycock 法

由方程(9-2)、方程(9-5) 和方程(12-10) 知

$$\frac{dH}{dt} = AH_0 f(\alpha) \exp\left(-\frac{E}{RT}\right) \tag{12-43}$$

方程(12-43)两边取对数，得

$$\ln\left(\frac{dH}{dt}\right) = \ln[AH_0 f(\alpha)] - \frac{E}{RT} \tag{12-44}$$

式(12-44)即为 Piloyan-Ryabchinov-Novikova-Maycock 法计算 $E$ 值的数学模型。

## 12.9 Freeman-Carroll 法

若 $f(\alpha) = (1-\alpha)^n$，则由方程(12-39)知

$$\frac{d\alpha}{dt} = \frac{A}{\beta} \exp\left(-\frac{E}{RT}\right)(1-\alpha)^n \tag{12-45}$$

方程(12-45)两边取对数，得

$$\ln\left(\frac{d\alpha}{dt}\right) = \ln\frac{A}{\beta} - \frac{E}{RT} + n\ln(1-\alpha) \tag{12-46}$$

方程(12-46)两边微分，得

$$d\ln\left(\frac{d\alpha}{dt}\right) = -\frac{E}{R}d\left(\frac{1}{T}\right) + n[d\ln(1-\alpha)] \tag{12-47}$$

方程(12-47)改成差减形式，得

$$\Delta\lg\left(\frac{d\alpha}{dT}\right) = -\frac{E}{2.303R}\Delta\left(\frac{1}{T}\right) + n[\Delta\lg(1-\alpha)] \tag{12-48}$$

方程(12-48)两边除以 $\Delta\lg(1-\alpha)$，得

$$\frac{\Delta\lg\left(\dfrac{d\alpha}{dT}\right)}{\Delta\lg(1-\alpha)} = -\frac{E}{4.575}\left[\frac{\Delta\left(\dfrac{1}{T}\right)}{\Delta\lg(1-\alpha)}\right] + n \tag{12-49}$$

式(12-49)即为 Freeman-Carroll 法求 $E$ 和 $n$ 的方程。

## 12.10 Anderson-Freeman 法

若方程(12-48)中 $\Delta\left(\dfrac{1}{T}\right) = $ 常数，则得 Anderson-Freeman 方程：

$$\Delta\lg\left(\frac{d\alpha}{dT}\right) = -\frac{E}{2.303R}\left[\Delta\left(\frac{1}{T}\right)\right] + n[\Delta\lg(1-\alpha)] \tag{12-50}$$

由 $\Delta\lg\left(\dfrac{d\alpha}{dT}\right)$ 对 $[\Delta\lg(1-\alpha)]$ 作图，从直线斜率得 $n$，截距得 $E$。

## 12.11 Vachuska-Voboril 法

若 $f(\alpha) = (1-\alpha)^n$，则由方程(9-2)、方程(9-5)知

$$\frac{d\alpha}{dT} = A(1-\alpha)^n \exp\left(-\frac{E}{RT}\right) \tag{12-51}$$

因为 $\alpha = f(t)$，$T = f(t)$，所以通过改成方程(12-51)两边对 $t$ 求导，可得

$$\frac{\dfrac{\mathrm{d}^2\alpha}{\mathrm{d}t^2}}{\dfrac{\mathrm{d}\alpha}{\mathrm{d}t}} = -\frac{n}{1-\alpha}\left(\frac{\mathrm{d}\alpha}{\mathrm{d}t}\right) + \frac{E}{RT^2}\left(\frac{\mathrm{d}T}{\mathrm{d}t}\right) \tag{12-52}$$

整理方程(12-52)，得 Vachuska-Voboril 方程

$$\frac{\dfrac{\mathrm{d}^2\alpha}{\mathrm{d}t^2}T^2}{\left(\dfrac{\mathrm{d}\alpha}{\mathrm{d}t}\right)\left(\dfrac{\mathrm{d}T}{\mathrm{d}t}\right)} = -n\frac{\dfrac{\mathrm{d}\alpha}{\mathrm{d}t}}{1-\alpha}\frac{T^2}{\dfrac{\mathrm{d}T}{\mathrm{d}t}} + \frac{E}{R} \tag{12-53}$$

由 $\dfrac{\dfrac{\mathrm{d}^2\alpha}{\mathrm{d}t^2}T^2}{\left(\dfrac{\mathrm{d}\alpha}{\mathrm{d}t}\right)\left(\dfrac{\mathrm{d}T}{\mathrm{d}t}\right)}$ 对 $\dfrac{\dfrac{\mathrm{d}\alpha}{\mathrm{d}t}}{1-\alpha}\dfrac{T^2}{\dfrac{\mathrm{d}T}{\mathrm{d}t}}$ 作图，通过最小二乘法拟合实验数据，从斜率求 $n$，截距求 $E$。

在 $T = T_\mathrm{p}$ 时，方程(12-53)左端等于零，由此得

$$\frac{E}{n} = \frac{RT_\mathrm{p}^2}{(1-\alpha_\mathrm{p})}\left(\frac{\mathrm{d}\alpha}{\mathrm{d}T}\right)_\mathrm{p} \tag{12-54}$$

由方程(12-54)求 $E$。

## 12.12　Starink 法

Starink 分析了 Kissinger 方程(12-5)

$$\ln\left(\frac{\beta_i}{T_{\mathrm{p}i}^2}\right) = \ln\left(\frac{A_\mathrm{k}R}{E_\mathrm{k}}\right) - \frac{E_\mathrm{k}}{RT_{\mathrm{p}i}} = C_\mathrm{K} - \frac{E_\mathrm{k}}{RT_{\mathrm{p}i}} \quad [i = 1,2,\cdots,4(\text{或 5 或 6})]$$

Ozawa 方程(11-18)

$$\ln\beta_i = \ln\left(\frac{AE}{RG(\alpha)}\right) - 5.3308 - 1.0516\frac{E}{RT} = C_\mathrm{O} - 1.0516\frac{E}{RT}$$

Boswell 方程(12-55)

$$\ln\left(\frac{\beta}{T}\right) = C_\mathrm{B} - \frac{E}{RT} \tag{12-55}$$

认为上述三式可用通式

$$\ln\left(\frac{\beta}{T^s}\right) = C_\mathrm{S} - \frac{BE}{RT} \tag{12-56}$$

表示。四式中 $C$ 为常数，$C$ 的下角标 $K$、$O$、$B$、$S$ 分别代表 Kissinger、Ozawa、Boswell 和 Starink。

对 Ozawa 方程：$s = 0$，$B = 1.0516$；对 Boswell 方程：$s = 1$，$B = 1$；对 Kissinger 方程：$s = 2$，$B = 1$。他分析了温度积分的分部积分式

$$P_\mathrm{P}(u) = \frac{\mathrm{e}^{-u}}{u}\sum_{n=0}^{200}\frac{(-1)^n(1+n)!}{u^{n+1}}$$

和 Doyle 近似式(10-17)

$$\lg P_\mathrm{D}(u) = -2.315 - 0.4567u$$

后，认为 $P(u)$ 可用式(12-57)表示

$$P_S(u) = \frac{e^{-Bu+D}}{u^s} \tag{12-57}$$

式中，$B$ 和 $s$ 为常数；$D$ 为与 $s$ 有关的常数。

为了分析不同 $P(u)$ 近似式的精度，Starink 用式(10-7) 计算了 $P_P(u)$ 值，按方程 (12-57) 线性回归了 $[P_S(u)u^s]$-$u$ 直线关系，从直线斜率求 $B$，截距得 $D$，作了如图 12-2 所示的不同 $s$ 时的 $[P_S(u)/P_P(u)]$-$u$ 关系曲线，证实在 $15<u<60$ 范围内，$s=1.8$ 时，$P_P(u)$ 近似值的精度最高；$s=2$ 时，次之；$s=1$ 时，再次之；$s=0$ 时精度最差。据此提出了求 $E$ 的 Starink 方程

$$\ln\left(\frac{\beta}{T^{1.8}}\right) = C_S - \frac{BE}{RT} = C_S - 1.0037\frac{E}{RT} \tag{12-58}$$

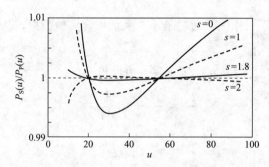

图 12-2 $[P_S(u)/P_P(u)]$-$u$ 关系

其中

$B = 1.0070 - 1.2 \times 10^{-5}E(\text{kJ} \cdot \text{mol}^{-1}) = 1.0070 - 1.2 \times 10^{-5} \times (66 \times 4.184) = 1.0037$

证实求 $E$ 时，Starink 方程最佳、Kissinger 方程次之、Boswell 方程再次之、Ozawa 方程最差。

 习题 ▶▶

[12-1] Starink 法求活化能 $E$ 比 Ozawa 法和 Boswell 法求 $E$ 精度高的前提条件是什么？

[12-2] 已知速率 2K·min$^{-1}$ 时 3,4-二硝基呋喃氧化呋喃（DNTF）的拐点温度 $T_i$ = 519.15K 处的转化率 $\alpha_i = 0.07$，峰顶温度 $T_p = 529.15$K 处的转化率 $\alpha_p = 0.68$，试用特征点法确定 DNTF 热分解反应的最概然机理函数和动力学参数。

[12-3] 用下列方程计算动力学参数 $E$、$A$ 必须满足什么条件？

（1）Coats-Redferii 方程(11-4) 和方程(11-5)；

（2）Zavkovic 方程(11-56)；

（3）Kissinger 方程(12-5)；

（4）Freeman-Carroll 方程(12-71)。

[12-4] 用 Newkirk 方程进行 $E$ 的计算，需满足什么条件？

[12-5] 用 Starink 法求活化能 $E$ 时，必须满足什么条件才能使计算结果最佳？

[12-6] 试从第二类动力学方程的微分动力学方程。

$$\frac{d\alpha}{dt} = A\left[1 + \frac{E}{RT}\left(1 - \frac{T_0}{T}\right)\right]\exp\left[\frac{E}{RT}\right]f(\alpha)$$

导出 $\dfrac{\mathrm{d}\left(\dfrac{\mathrm{d}\alpha}{\mathrm{d}t}\right)}{\mathrm{d}T}$ 和 $\dfrac{\mathrm{d}^2\left(\dfrac{\mathrm{d}\alpha}{\mathrm{d}t}\right)}{\mathrm{d}T^2}$ 的表达式。

[12-7] 试由 $\dfrac{\mathrm{d}\alpha}{\mathrm{d}t}=A\exp\left[-\dfrac{E}{RT}\right]f(\alpha)$，$T=T_0+\beta t$，导出 $\dfrac{\mathrm{d}\left(\dfrac{\mathrm{d}\alpha}{\mathrm{d}t}\right)}{\mathrm{d}T}$ 和 $\dfrac{\mathrm{d}^2\left(\dfrac{\mathrm{d}\alpha}{\mathrm{d}t}\right)}{\mathrm{d}T^2}$ 的表达式。

[12-8] 由非等温动力学方程 $\dfrac{\mathrm{d}\alpha}{\mathrm{d}t}=\dfrac{A_0}{\beta}T^B\exp\left[-\dfrac{E}{RT}\right]f(\alpha)$，导出 $\dfrac{\mathrm{d}^2\alpha}{\mathrm{d}T^2}$ 的表达式。

[12-9] 试由非等温动力学方程 $\dfrac{\mathrm{d}\alpha}{\mathrm{d}t}=\dfrac{A_0}{\beta}\mathrm{e}^{CT}\exp\left[-\dfrac{E}{RT}\right]f(\alpha)$，导出 $\dfrac{\mathrm{d}^2\alpha}{\mathrm{d}T^2}$ 的表达式。

[12-10] 试由非等温动力学方程 $\dfrac{\mathrm{d}\alpha}{\mathrm{d}t}=\dfrac{A_0}{\beta}T^B\mathrm{e}^{CT}\exp\left[-\dfrac{E}{RT}\right]f(\alpha)$，导出 $\dfrac{\mathrm{d}^2\alpha}{\mathrm{d}T^2}$ 的表达式。

# 附　表

| 能量 | 功率 |
|---|---|
| $1J=1kg \cdot m^2/s^2=0.102kgf \cdot m=0.2389 \times 10^{-3}kcal$ | $1W=1kg \cdot m^2/s^3=1J/s=0.9478Btu/h=542.3ft \cdot lbf/s$ |
| $1Btu=778.16ft \cdot lbf=252cal=1055.056J$ | $1kW=1000W=3412Btu/h=859.9kcal/h$ |
| $1kcal=4186J=427.2kgf \cdot m=3.09ft \cdot lbf$ | $1hp=0.746kW=2545Btu/h=550ft \cdot lbf/s$ |
| $1ft \cdot lbf=1.3558J=3.24 \times 10^{-4}kcal=0.1383kgf \cdot m$ | 1米制马力$=75kgf \cdot m/s=735.5W=2509Btu/h=542.3ft \cdot lbf/s$ |
| $1erg=1g \cdot cm^2/s^2=10^{-7}J$ | |
| $1eV=1.602 \times 10^{-19}J$ | |
| $1kJ=0.9478Btu=0.2388kcal$ | |

### 附表2　空气的热力性质表

| $T/K$ | $h/kJ$ | $p_r/kPa$ | $u/(kJ/kg)$ | $v_r$ | $S_T^0/(kg \cdot K)$ |
|---|---|---|---|---|---|
| 200 | 199.97 | 0.3363 | 142.56 | 1707 | 1.29559 |
| 210 | 209.97 | 0.3987 | 149.69 | 1512 | 1.34444 |
| 220 | 219.97 | 0.4690 | 156.82 | 1346 | 1.39105 |
| 230 | 230.02 | 0.5477 | 164.00 | 1205 | 1.43557 |
| 240 | 240.02 | 0.6355 | 171.13 | 1084 | 1.47824 |
| 250 | 250.05 | 0.7329 | 178.28 | 979 | 1.51917 |
| 260 | 260.09 | 0.8405 | 185.45 | 887.8 | 1.55848 |
| 270 | 270.11 | 0.9590 | 192.60 | 808.0 | 1.59634 |
| 280 | 280.13 | 1.0889 | 199.75 | 738.0 | 1.63279 |
| 285 | 285.14 | 1.1584 | 203.33 | 706.1 | 1.65055 |
| 290 | 290.16 | 1.2311 | 206.91 | 676.1 | 1.66802 |
| 295 | 295.17 | 1.3068 | 210.49 | 647.9 | 1.68515 |
| 300 | 300.19 | 1.3860 | 214.07 | 621.2 | 1.70203 |
| 305 | 305.22 | 1.4686 | 217.67 | 596.0 | 1.71865 |
| 310 | 310.24 | 1.5546 | 221.25 | 572.3 | 1.73498 |
| 315 | 315.27 | 1.6442 | 224.85 | 549.8 | 1.75106 |
| 320 | 320.29 | 1.7375 | 228.43 | 528.6 | 1.76690 |
| 325 | 325.31 | 1.8345 | 232.02 | 508.4 | 1.78249 |
| 330 | 330.34 | 1.9352 | 235.61 | 489.4 | 1.79783 |
| 340 | 340.42 | 2.149 | 242.82 | 454.1 | 1.82790 |
| 350 | 350.49 | 2.379 | 250.02 | 422.2 | 1.85708 |
| 360 | 360.67 | 2.626 | 257.24 | 393.4 | 1.88543 |
| 370 | 370.67 | 2.892 | 264.46 | 367.2 | 1.91313 |
| 380 | 380.77 | 3.176 | 271.69 | 343.4 | 1.94001 |
| 390 | 390.88 | 3.481 | 278.93 | 321.5 | 1.96633 |
| 400 | 400.98 | 3.806 | 286.16 | 301.6 | 1.99194 |
| 410 | 411.12 | 4.153 | 293.43 | 283.3 | 2.01699 |

| $T/K$ | $h/kJ$ | $p_r/kPa$ | $u/(kJ/kg)$ | $v_r$ | $S_T^0/(kg \cdot K)$ |
|-------|--------|-----------|-------------|-------|----------------------|
| 420 | 421.26 | 4.522 | 300.69 | 266.6 | 2.04142 |
| 430 | 431.43 | 4.915 | 307.99 | 251.1 | 2.06533 |
| 440 | 441.61 | 5.332 | 315.30 | 236.8 | 2.08870 |
| 450 | 451.80 | 5.775 | 322.52 | 223.6 | 2.11161 |
| 460 | 462.02 | 6.245 | 329.97 | 211.4 | 2.13407 |
| 470 | 472.24 | 6.742 | 337.32 | 200.1 | 2.15604 |
| 480 | 482.49 | 7.268 | 344.70 | 189.5 | 2.17760 |
| 490 | 492.74 | 7.824 | 352.08 | 179.7 | 2.19876 |
| 500 | 503.02 | 8.411 | 359.49 | 170.6 | 2.21952 |
| 510 | 513.32 | 9.031 | 366.92 | 162.1 | 2.23993 |
| 520 | 523.63 | 9.684 | 374.36 | 154.1 | 2.25997 |
| 530 | 533.98 | 10.37 | 381.84 | 146.7 | 2.27967 |
| 540 | 544.35 | 11.10 | 389.34 | 139.7 | 2.29906 |
| 550 | 554.74 | 11.86 | 396.86 | 133.1 | 2.31809 |
| 560 | 565.17 | 12.66 | 404.42 | 127.0 | 2.33685 |
| 570 | 575.59 | 13.50 | 411.97 | 121.2 | 2.35531 |
| 580 | 586.04 | 14.38 | 419.55 | 115.7 | 2.37348 |
| 590 | 596.52 | 15.31 | 427.15 | 110.6 | 2.39140 |
| 600 | 607.02 | 16.28 | 434.78 | 105.8 | 2.40902 |
| 610 | 617.53 | 17.30 | 442.42 | 101.2 | 2.42644 |
| 620 | 628.07 | 18.36 | 450.09 | 96.92 | 2.44356 |
| 630 | 638.63 | 19.48 | 457.78 | 92.84 | 2.46048 |
| 640 | 649.22 | 20.64 | 465.50 | 88.99 | 2.47716 |
| 650 | 659.84 | 21.86 | 473.25 | 85.34 | 2.49364 |
| 660 | 670.47 | 23.13 | 481.01 | 81.89 | 2.50985 |
| 670 | 681.14 | 24.46 | 488.81 | 78.61 | 2.52589 |
| 680 | 691.82 | 25.85 | 496.62 | 75.50 | 2.54175 |
| 690 | 702.52 | 27.29 | 504.45 | 72.56 | 2.55731 |
| 700 | 713.27 | 28.80 | 512.33 | 67.76 | 2.57277 |
| 710 | 724.04 | 30.38 | 520.33 | 67.07 | 2.55810 |
| 720 | 734.82 | 32.02 | 528.14 | 64.53 | 2.60319 |
| 730 | 745.62 | 33.72 | 536.07 | 62.13 | 2.61803 |
| 740 | 765.44 | 35.50 | 544.02 | 59.82 | 2.63280 |
| 750 | 767.29 | 37.35 | 551.09 | 57.63 | 2.64737 |
| 760 | 778.18 | 39.27 | 560.01 | 55.54 | 2.66176 |
| 780 | 800.03 | 43.35 | 576.12 | 51.64 | 2.69013 |
| 800 | 821.95 | 47.75 | 592.30 | 48.08 | 2.71787 |

| $T/K$ | $h/kJ$ | $p_r/kPa$ | $u/(kJ/kg)$ | $v_r$ | $S_T^0/(kg·K)$ |
|---|---|---|---|---|---|
| 820 | 843.98 | 52.49 | 608.59 | 44.84 | 2.74504 |
| 840 | 866.08 | 57.60 | 624.95 | 41.85 | 2.77170 |
| 860 | 888.27 | 63.09 | 641.40 | 39.12 | 2.79783 |
| 880 | 910.56 | 68.98 | 657.95 | 36.61 | 2.82344 |
| 900 | 932.93 | 75.29 | 674.58 | 34.31 | 2.84856 |
| 920 | 955.38 | 82.05 | 691.28 | 32.18 | 2.87324 |
| 940 | 977.92 | 89.28 | 708.08 | 30.22 | 2.89748 |
| 960 | 1000.55 | 97.00 | 725.02 | 28.40 | 2.92128 |
| 980 | 1023.25 | 105.02 | 741.98 | 26.73 | 2.94468 |
| 1000 | 1046.04 | 114.0 | 758.94 | 25.17 | 2.96770 |
| 1020 | 1068.89 | 123.4 | 771.60 | 23.72 | 2.99034 |
| 1040 | 1091.85 | 133.3 | 793.36 | 22.39 | 3.01260 |
| 1060 | 1114.86 | 143.9 | 810.62 | 21.14 | 3.03449 |
| 1080 | 1137.89 | 155.2 | 827.88 | 19.98 | 3.05608 |
| 1100 | 1161.07 | 167.1 | 845.33 | 18.896 | 307732 |
| 1120 | 1184.28 | 179.7 | 862.79 | 17.886 | 3.09825 |
| 1140 | 1207.57 | 193.1 | 880.35 | 16.946 | 3.11883 |
| 1160 | 1230.92 | 207.2 | 897.91 | 16.064 | 3.19316 |
| 1180 | 1254.34 | 222.2 | 915.57 | 15.241 | 3.15916 |
| 1200 | 1277.79 | 238.0 | 933.53 | 14.470 | 3.17888 |
| 1220 | 1301.31 | 254.7 | 951.09 | 13.747 | 3.19834 |
| 1240 | 1324.93 | 272.3 | 968.95 | 13.069 | 3.21751 |
| 1260 | 1348.55 | 290.8 | 986.90 | 12.435 | 3.23638 |
| 1280 | 1372.24 | 310.4 | 1004.76 | 11.835 | 3.25510 |
| 1300 | 1395.97 | 330.9 | 1022.82 | 11.275 | 3.27345 |
| 1320 | 1419.76 | 325.5 | 1040.88 | 10.747 | 3.29160 |
| 1340 | 1443.60 | 375.3 | 1058.94 | 10.247 | 3.30959 |
| 1360 | 1467.69 | 399.1 | 1077.10 | 9.780 | 3.32724 |
| 1380 | 1491.44 | 424.2 | 1095.26 | 9.337 | 3.34474 |
| 1400 | 1515.42 | 450.5 | 1113.52 | 8.919 | 3.36200 |
| 1420 | 1539.44 | 478.0 | 1131.77 | 8.526 | 3.77901 |
| 1440 | 1563.51 | 506.9 | 1150.13 | 8.153 | 3.39586 |
| 1460 | 1587.63 | 537.1 | 1168.49 | 7.801 | 3.41247 |
| 1480 | 1611.79 | 568.8 | 1168.95 | 7.468 | 3.42892 |
| 1500 | 1635.97 | 601.9 | 1205.41 | 7.152 | 3.44516 |
| 1520 | 1660.23 | 636.5 | 1223.87 | 6.854 | 3.46120 |
| 1540 | 1684.51 | 672.8 | 1242.43 | 6.569 | 3.47712 |

| $T/K$ | $h/kJ$ | $p_r/kPa$ | $u/(kJ/kg)$ | $v_r$ | $S_T^0/(kg \cdot K)$ |
|---|---|---|---|---|---|
| 1560 | 1708.82 | 710.5 | 1260.99 | 6.301 | 3,49276 |
| 1580 | 1733.17 | 750.0 | 1279.65 | 6.046 | 3.50829 |
| 1600 | 1757.57 | 791.2 | 1298.30 | 5.804 | 3.52364 |
| 1620 | 1782.00 | 834.1 | 1316.96 | 5.574 | 3.53879 |
| 1640 | 1806.46 | 878.9 | 1335.72 | 5.355 | 3.55381 |
| 1660 | 1830.96 | 925.6 | 1354.48 | 5.147 | 3.56867 |
| 1680 | 1855.50 | 974.2 | 1373.24 | 4.949 | 3.58335 |
| 1700 | 1880.1 | 1025 | 1392.7 | 4.761 | 3.5979 |
| 1750 | 1941.6 | 1161 | 1439.8 | 4.328 | 3.6336 |
| 1800 | 2000.3 | 1310 | 1487.2 | 3.944 | 3.6684 |
| 1850 | 2065.3 | 1375 | 1534.9 | 3.601 | 3.7023 |
| 1900 | 2127.4 | 1655 | 1582.6 | 3.295 | 3.7354 |
| 1950 | 2189.7 | 1852 | 1630.6 | 3.022 | 3.7677 |
| 2000 | 2252.1 | 2068 | 1678.7 | 2.776 | 3.7994 |
| 2050 | 2314.6 | 2303 | 1726.8 | 2.555 | 3.8303 |
| 2100 | 2377.4 | 2559 | 1775.3 | 2.356 | 3.8605 |
| 2150 | 2440.3 | 2837 | 1823.8 | 2.175 | 3.8901 |
| 2200 | 2503.2 | 3138 | 1872.4 | 2.012 | 3.9191 |
| 2250 | 2566.4 | 3464 | 1921.3 | 1.864 | 3.9474 |

**附表3　气体的平均比定压热容**　　　　　单位：kJ/(kg·K)

| 温度/℃ \ 气体 | $O_2$ | $N_2$ | CO | $CO_2$ | $H_2O$ | $SO_2$ | 空气 |
|---|---|---|---|---|---|---|---|
| 0 | 0.915 | 1.039 | 1.040 | 0.815 | 1.859 | 0.607 | 1.004 |
| 100 | 0.923 | 1.040 | 1.042 | 0.866 | 1.873 | 0.636 | 1.006 |
| 200 | 0.935 | 1.043 | 1.046 | 0.910 | 1.894 | 0.662 | 1.012 |
| 300 | 0.950 | 1.049 | 1.054 | 0.949 | 1.919 | 0.687 | 1.019 |
| 400 | 0.965 | 1.057 | 1.063 | 0.983 | 1.948 | 0.708 | 1.028 |
| 500 | 0.979 | 1.066 | 1.075 | 1.013 | 1.978 | 0.724 | 1.039 |
| 600 | 0.993 | 1.076 | 1.086 | 1.040 | 2.009 | 0.737 | 1.050 |
| 700 | 1.005 | 1.087 | 1.098 | 1.064 | 2.042 | 0.754 | 1.061 |
| 800 | 1.016 | 1.097 | 1.109 | 1.085 | 2.075 | 0.762 | 1.071 |
| 900 | 1.026 | 1.108 | 1.120 | 1.104 | 2.110 | 0.775 | 1.081 |
| 1000 | 1.035 | 1.118 | 1.130 | 1.122 | 2.144 | 0.783 | 1.091 |
| 1100 | 1.043 | 1.127 | 1.140 | 1.138 | 2.177 | 0.791 | 1.100 |
| 1200 | 1.051 | 1.136 | 1.149 | 1.153 | 2.211 | 0.795 | 1.108 |
| 1300 | 1.058 | 1.145 | 1.158 | 1.166 | 2.243 | — | 1.117 |
| 1400 | 1.065 | 1.153 | 1.166 | 1.178 | 2.274 | — | 1.124 |

续表

| 温度/℃ 气体 | O₂ | N₂ | CO | CO₂ | H₂O | SO₂ | 空气 |
|---|---|---|---|---|---|---|---|
| 1500 | 1.071 | 1.160 | 1.173 | 1.189 | 2.305 | — | 1.131 |
| 1600 | 1.077 | 1.167 | 1.180 | 1.200 | 2.335 | — | 1.138 |
| 1700 | 1.083 | 1.174 | 1.187 | 1.209 | 2.363 | — | 1.144 |
| 1800 | 1.089 | 1.180 | 1.192 | 1.218 | 2.391 | — | 1.150 |
| 1900 | 1.094 | 1.186 | 1.198 | 1.226 | 2.417 | — | 1.156 |
| 2000 | 1.099 | 1.191 | 1.203 | 1.233 | 2.442 | — | 1.161 |
| 2100 | 1.104 | 1.197 | 1.208 | 1.241 | 2.446 | — | 1.166 |
| 2200 | 1.109 | 1.201 | 1.213 | 1.247 | 2.489 | — | 1.171 |
| 2300 | 1.114 | 1.206 | 1.218 | 1.253 | 2.512 | — | 1.176 |

**附表 4   气体的平均比定容热容**　　　　单位：kJ/(kg·K)

| 温度/℃ 气体 | O₂ | N₂ | CO | CO₂ | H₂O | SO₂ | 空气 |
|---|---|---|---|---|---|---|---|
| 0 | 0.655 | 0.742 | 0.743 | 0.626 | 1.398 | 0.477 | 0.716 |
| 100 | 0.663 | 0.744 | 0.745 | 0.677 | 1.411 | 0.507 | 0.719 |
| 200 | 0.675 | 0.747 | 0.749 | 0.721 | 1.432 | 0.532 | 0.724 |
| 300 | 0.690 | 0.752 | 0.757 | 0.760 | 1.457 | 0.557 | 0.732 |
| 400 | 0.705 | 0.760 | 0.767 | 0.794 | 1.486 | 0.578 | 0.741 |
| 500 | 0.719 | 0.769 | 0.777 | 0.824 | 1.516 | 0.595 | 0.752 |
| 600 | 0.733 | 0.779 | 0.789 | 0.851 | 1.547 | 0.607 | 0.762 |
| 700 | 0.745 | 0.790 | 0.801 | 0.875 | 1.581 | 0.624 | 0.773 |
| 800 | 0.756 | 0.801 | 0.812 | 0.896 | 1.614 | 0.632 | 0.784 |
| 900 | 0.766 | 0.811 | 0.823 | 0.916 | 1.648 | 0.645 | 0.794 |
| 1000 | 0.775 | 0.821 | 0.834 | 0.933 | 1.682 | 0.653 | 0.804 |
| 1100 | 0.783 | 0.830 | 0.843 | 0.950 | 1.716 | 0.662 | 0.813 |
| 1200 | 0.791 | 0.839 | 0.857 | 0.964 | 1.749 | 0.666 | 0.821 |
| 1300 | 0.798 | 0.848 | 0.861 | 0.977 | 1.781 | — | 0.829 |
| 1400 | 0.805 | 0.856 | 0.869 | 0.989 | 1.813 | — | 0.837 |
| 1500 | 0.811 | 0.863 | 0.876 | 1.001 | 1.843 | — | 0.844 |
| 1600 | 0.817 | 0.870 | 0.883 | 1.011 | 1.873 | — | 0.851 |
| 1700 | 0.823 | 0.877 | 0.889 | 1.020 | 1.902 | — | 0.857 |
| 1800 | 0.829 | 0.883 | 0.896 | 1.029 | 1.929 | — | 0.863 |
| 1900 | 0.834 | 0.889 | 0.901 | 1.037 | 1.955 | — | 0.869 |
| 2000 | 0.839 | 0.894 | 0.906 | 1.045 | 1.980 | — | 0.874 |
| 2100 | 0.844 | 0.900 | 0.911 | 1.052 | 2.005 | — | 0.879 |
| 2200 | 0.849 | 0.905 | 0.916 | 1.058 | 2.028 | — | 0.884 |
| 2300 | 0.854 | 0.909 | 0.921 | 1.064 | 2.050 | — | 0.889 |

| 温度/℃ | O₂ | N₂ | CO | CO₂ | H₂O | SO₂ | 空气 |
|---|---|---|---|---|---|---|---|
| 2400 | 0.858 | 0.914 | 0.925 | 1.070 | 2.072 | — | 0.893 |
| 2500 | 0.863 | 0.918 | 0.929 | 1.075 | 2.093 | — | 0.897 |
| 2600 | 0.868 | — | — | — | 2.113 | — | — |
| 2700 | 0.872 | — | — | — | 2.132 | — | — |
| 2800 | — | — | — | — | 2.151 | — | — |
| 2900 | — | — | — | — | 2.168 | — | — |
| 3000 | — | — | — | — | — | — | — |

**附表 5　气体的平均定压容积热容**　　单位：kJ/(m³·K)

| 温度/℃ | O₂ | N₂ | CO | CO₂ | H₂O | SO₂ | 空气 |
|---|---|---|---|---|---|---|---|
| 0 | 1.306 | 1.299 | 1.299 | 1.600 | 1.494 | 1.733 | 1.297 |
| 100 | 1.318 | 1.300 | 1.302 | 1.700 | 1.505 | 1.813 | 1.300 |
| 200 | 1.335 | 1.304 | 1.307 | 1.787 | 1.522 | 1.888 | 1.307 |
| 300 | 1.356 | 1.311 | 1.317 | 1.863 | 1.542 | 1.955 | 1.317 |
| 400 | 1.377 | 1.321 | 1.329 | 1.930 | 1.565 | 2.018 | 1.329 |
| 500 | 1.398 | 1.332 | 1.343 | 1.989 | 1.590 | 2.068 | 1.343 |
| 600 | 1.417 | 1.345 | 1.357 | 2.041 | 1.615 | 2.114 | 1.357 |
| 700 | 1.434 | 1.359 | 1.372 | 2.088 | 1.641 | 2.152 | 1.371 |
| 800 | 1.450 | 1.372 | 1.386 | 2.131 | 1.668 | 2.181 | 1.384 |
| 900 | 1.465 | 1.385 | 1.400 | 2.169 | 1.696 | 2.215 | 1.398 |
| 1000 | 1.478 | 1.397 | 1.413 | 2.204 | 1.723 | 2.236 | 1.410 |
| 1100 | 1.489 | 1.426409 | 1.425 | 2.235 | 1.750 | 2.261 | 1.421 |
| 1200 | 1.501 | 1.420 | 1.436 | 2.264 | 1.777 | 2.278 | 1.433 |
| 1300 | 1.511 | 1.431 | 1.447 | 2.290 | 1.803 | — | 1.443 |
| 1400 | 1.520 | 1.441 | 1.457 | 2.314 | 1.828 | — | 1.453 |
| 1500 | 1.529 | 1.450 | 1.466 | 2.335 | 1.853 | — | 1.462 |
| 1600 | 1.538 | 1.459 | 1.475 | 2.355 | 1.876 | — | 1.471 |
| 1700 | 1.546 | 1.467 | 1.483 | 2.374 | 1.900 | — | 1.479 |
| 1800 | 1.554 | 1.475 | 1.490 | 2.392 | 1.921 | — | 1.487 |
| 1900 | 1.562 | 1.482 | 1.497 | 2.407 | 1.942 | — | 1.494 |
| 2000 | 1.569 | 1.489 | 1.504 | 2.422 | 1.963 | — | 1.501 |
| 2100 | 1.576 | 1.496 | 1.510 | 2.436 | 1.982 | — | 1.507 |
| 2200 | 1.583 | 1.502 | 1.516 | 2.448 | 2.001 | — | 1.514 |
| 2300 | 1.590 | 1.507 | 1.521 | 2.460 | 2.019 | — | 1.519 |
| 2400 | 1.596 | 1.513 | 1.527 | 2.471 | 2.036 | — | 1.525 |
| 2500 | 1.603 | 1.518 | 1.532 | 2.481 | 2.053 | — | 1.530 |

续表

| 气体<br>温度/℃ | $O_2$ | $N_2$ | CO | $CO_2$ | $H_2O$ | $SO_2$ | 空气 |
|---|---|---|---|---|---|---|---|
| 2600 | 1.609 | — | — | — | 2.069 | — | — |
| 2700 | 1.615 | — | — | — | 2.085 | — | — |
| 2800 | — | — | — | — | 2.100 | — | — |
| 2900 | — | — | — | — | 2.113 | — | — |
| 3000 | — | — | — | — | — | — | — |

**附表 6　气体的平均定容容积热容**　　　　单位：$kJ/(m^3 \cdot K)$

| 气体<br>温度/℃ | $O_2$ | $N_2$ | CO | $CO_2$ | $H_2O$ | $SO_2$ | 空气 |
|---|---|---|---|---|---|---|---|
| 0 | 0.935 | 0.928 | 0.928 | 1.229 | 1.124 | 1.361 | 0.926 |
| 100 | 0.947 | 0.929 | 0.931 | 1.329 | 1.134 | 1.440 | 0.929 |
| 200 | 0.964 | 0.933 | 0.036 | 1.416 | 1.151 | 1.516 | 0.936 |
| 300 | 0.985 | 0.940 | 0.946 | 1.492 | 1.171 | 1.597 | 0.946 |
| 400 | 1.007 | 0.950 | 0.958 | 1.559 | 1.194 | 1.645 | 0.958 |
| 500 | 1.027 | 0.961 | 0.972 | 1.618 | 1.219 | 1.700 | 0.972 |
| 600 | 1.046 | 0.974 | 0.986 | 1.670 | 1.244 | 1.742 | 0.986 |
| 700 | 1.063 | 0.988 | 1.001 | 1.717 | 1.270 | 1.779 | 1.000 |
| 800 | 1.079 | 1.001 | 1.015 | 1.760 | 1.297 | 1.813 | 1.013 |
| 900 | 1.094 | 1.014 | 1.029 | 1.798 | 1.325 | 1.842 | 1.026 |
| 1000 | 1.107 | 1.026 | 1.042 | 1.833 | 1.352 | 1.867 | 1.039 |
| 1100 | 1.118 | 1.038 | 1.054 | 1.864 | 1.379 | 1.888 | 1.050 |
| 1200 | 1.130 | 1.049 | 1.065 | 1.893 | 1.406 | 1.905 | 1.062 |
| 1300 | 1.140 | 1.060 | 1.076 | 1.919 | 1.432 | — | 1.072 |
| 1400 | 1.149 | 1.070 | 1.086 | 1.943 | 1.457 | — | 1.082 |
| 1500 | 1.158 | 1.079 | 1.095 | 1.964 | 1.482 | — | 1.091 |
| 1600 | 1.167 | 1.088 | 1.104 | 1.985 | 1.505 | — | 1.100 |
| 1700 | 1.175 | 1.096 | 1.112 | 2.003 | 1.529 | — | 1.108 |
| 1800 | 1.183 | 1.104 | 1.119 | 2.021 | 1.550 | — | 1.116 |
| 1900 | 1.191 | 1.111 | 1.126 | 2.036 | 1.571 | — | 1.123 |
| 2000 | 1.198 | 1.118 | 1.133 | 2.051 | 1.592 | — | 1.130 |
| 2100 | 1.205 | 1.125 | 1.139 | 2.065 | 1.611 | — | 1.136 |
| 2200 | 1.212 | 1.130 | 1.145 | 2.077 | 1.630 | — | 1.143 |
| 2300 | 1.219 | 1.136 | 1.151 | 2.089 | 1.648 | — | 1.148 |
| 2400 | 1.225 | 1.142 | 1.156 | 2.100 | 1.666 | — | 1.154 |
| 2500 | 1.232 | 1.147 | 1.161 | 2.110 | 1.682 | — | 1.159 |
| 2600 | 1.238 | — | — | — | 1.698 | — | — |
| 2700 | 1.244 | — | — | — | 1.714 | — | — |
| 2800 | — | — | — | — | 1.729 | — | — |
| 2900 | — | — | — | — | 1.743 | — | — |
| 3000 | — | — | — | — | — | — | — |

附表 7　某些理想气体的标准生成焓、焓和 101.325kPa 下的绝对熵

| T/K | N₂ $\bar{h}_f^o=0kJ/kmol$ $M=28.013$ | | O₂ $\bar{h}_f^o=0kJ/kmol$ $M=31.999$ | | CO₂ $\bar{h}_f^o=-393522kJ/kmol$ $M=44.01$ | | CO $\bar{h}_f^o=-110529kJ/kmol$ $M=28.01$ | |
|---|---|---|---|---|---|---|---|---|
| | $(\bar{h}-\bar{h}^o)$ /(kJ/kmol) | $s_m^o$/kJ /(kmol·K) | $(\bar{h}-\bar{h}^o)$ /(kJ/kmol) | $s_m^o$/kJ /(kmol·K) | $(\bar{h}-\bar{h}^o)$ /(kJ/kmol) | $s_m^o$/kJ /(kmol·K) | $(\bar{h}-\bar{h}^o)$ /(kJ/kmol) | $s_m^o$/kJ /(kmol·K) |
| 0 | −8669 | 0 | −8682 | 0 | −9364 | 0 | −8669 | 0 |
| 100 | −5770 | 159.813 | −5778 | 173.306 | −6456 | 179.109 | −5770 | 165.850 |
| 200 | −2858 | 179.988 | −2866 | 193.486 | −3414 | 199.975 | −2858 | 186.025 |
| 298 | 0 | 191.611 | 0 | 205.142 | 0 | 213.795 | 0 | 197.653 |
| 300 | 54 | 191.791 | 54 | 205.322 | 67 | 214.025 | 54 | 197.833 |
| 400 | 2971 | 200.180 | 3029 | 213.874 | 4008 | 225.334 | 2975 | 206.234 |
| 500 | 5912 | 206.740 | 6088 | 220.698 | 8314 | 234.924 | 5929 | 212.828 |
| 600 | 8891 | 212.175 | 9247 | 226.455 | 12916 | 243.309 | 8941 | 218.313 |
| 700 | 11937 | 216.866 | 12502 | 231.272 | 17761 | 250.773 | 12021 | 223.062 |
| 800 | 15016 | 221.016 | 15841 | 235.924 | 22815 | 257.517 | 15175 | 227.271 |
| 900 | 18221 | 224.757 | 19246 | 239.936 | 28041 | 263.668 | 18397 | 231.066 |
| 1000 | 21460 | 228.167 | 22707 | 243.585 | 33405 | 269.325 | 21686 | 234.531 |
| 1100 | 24757 | 231.309 | 26217 | 246.928 | 38894 | 274.555 | 25033 | 237.719 |
| 1200 | 28108 | 234.225 | 29765 | 250.016 | 44484 | 279.417 | 28426 | 240.673 |
| 1300 | 31501 | 236.941 | 33351 | 252.886 | 50158 | 283.956 | 31865 | 243.426 |
| 1400 | 34936 | 239.484 | 36966 | 255.564 | 55907 | 288.216 | 35338 | 245.999 |
| 1500 | 38405 | 241.878 | 40610 | 258.078 | 61714 | 292.224 | 38848 | 248.421 |
| 1600 | 41903 | 244.137 | 44279 | 260.446 | 67580 | 296.010 | 42384 | 250.702 |
| 1700 | 45430 | 246.275 | 47970 | 262.685 | 73492 | 299.592 | 45940 | 252.861 |
| 1800 | 48982 | 248.304 | 51689 | 264.810 | 79442 | 302.993 | 49522 | 254.907 |
| 1900 | 52551 | 250.237 | 55434 | 266.835 | 85429 | 306.232 | 53124 | 256.852 |
| 2000 | 56141 | 252.078 | 59199 | 268.764 | 91450 | 309.320 | 56739 | 258.710 |
| 2100 | 59748 | 253.836 | 62986 | 270.613 | 97500 | 312.269 | 60375 | 260.480 |
| 2200 | 63371 | 255.522 | 66802 | 272.387 | 103575 | 315.098 | 64019 | 262.174 |
| 2300 | 67007 | 257.137 | 70634 | 274.090 | 109671 | 317.805 | 67676 | 263.802 |
| 2400 | 70651 | 258.689 | 74492 | 275.735 | 115788 | 320.411 | 71346 | 265.362 |
| 2500 | 74312 | 260.183 | 78375 | 277.316 | 121926 | 322.918 | 75023 | 266.865 |
| 2600 | 77973 | 261.622 | 82274 | 278.848 | 128085 | 325.332 | 78714 | 268.312 |
| 2700 | 81659 | 263.011 | 86199 | 280.329 | 134256 | 327.658 | 82408 | 269.705 |
| 2800 | 85345 | 264.350 | 90144 | 281.764 | 140444 | 329.909 | 86115 | 271.053 |
| 2900 | 89036 | 265.647 | 94111 | 283.157 | 146645 | 332.085 | 89826 | 272.358 |
| 3000 | 92738 | 266.902 | 98098 | 284.508 | 152862 | 334.193 | 93542 | 273.618 |
| 3200 | 100161 | 269.295 | 106127 | 287.098 | 165331 | 338.218 | 100998 | 276.023 |
| 3400 | 107608 | 271.555 | 114232 | 289.554 | 177849 | 342.013 | 108479 | 278.291 |
| 3600 | 115081 | 273.689 | 122399 | 291.889 | 190405 | 345.599 | 115976 | 280.433 |
| 3800 | 122570 | 275.741 | 130629 | 294.115 | 202999 | 349.005 | 123495 | 282.467 |
| 4000 | 130076 | 277.638 | 138913 | 296.236 | 215635 | 325.243 | 131026 | 284.369 |

续表

| T/K | N₂ $\bar{h}_f^o = 0kJ/kmol$ $M = 28.013$ | | O₂ $\bar{h}_f^o = 0kJ/kmol$ $M = 31.999$ | | CO₂ $\bar{h}_f^o = -393522kJ/kmol$ $M = 44.01$ | | CO $\bar{h}_f^o = -110529kJ/kmol$ $M = 28.01$ | |
|---|---|---|---|---|---|---|---|---|
| | $(\bar{h}-\bar{h}^o)$ /(kJ/kmol) | $s_m^o$/kJ /(kmol·K) | $(\bar{h}-\bar{h}^o)$ /(kJ/kmol) | $s_m^o$/kJ /(kmol·K) | $(\bar{h}-\bar{h}^o)$ /(kJ/kmol) | $s_m^o$/kJ /(kmol·K) | $(\bar{h}-\bar{h}^o)$ /(kJ/kmol) | $s_m^o$/kJ /(kmol·K) |
| 0 | −9192 | 0 | −10196 | 0 | −9904 | 0 | −8468 | 0 |
| 100 | −6071 | 177.034 | −6870 | 202.431 | −6615 | 152.390 | −5293 | 102.145 |
| 200 | −2950 | 198.753 | −3502 | 225.732 | −3280 | 175.486 | −2770 | 119.437 |
| 298 | 0 | 210.761 | 0 | 239.953 | 0 | 188.833 | 0 | 130.684 |
| 300 | 54 | 210.950 | 67 | 240.183 | 63 | 189.038 | 54 | 138.864 |
| 400 | 3042 | 219.535 | 3950 | 251.321 | 3452 | 198.783 | 2958 | 139.215 |
| 500 | 6058 | 226.267 | 8150 | 260.685 | 6920 | 206.523 | 5883 | 145.738 |
| 600 | 9146 | 231.890 | 12640 | 268.865 | 10498 | 213.037 | 8812 | 151.077 |
| 700 | 12309 | 236.765 | 17368 | 276.149 | 14184 | 218.719 | 11749 | 155.608 |
| 800 | 15548 | 241.091 | 22288 | 282.714 | 17991 | 223.803 | 14703 | 159.549 |
| 900 | 18857 | 244.991 | 27359 | 288.684 | 21924 | 228.430 | 17682 | 163.060 |
| 1000 | 22230 | 248.543 | 32552 | 294.153 | 25978 | 232.706 | 20686 | 166.223 |
| 1100 | 25652 | 251.806 | 37836 | 299.190 | 30167 | 236.694 | 23723 | 169.118 |
| 1200 | 29121 | 254.823 | 43196 | 303.855 | 34476 | 240.443 | 26794 | 171.792 |
| 1300 | 32627 | 257.626 | 48618 | 308.194 | 38903 | 243.986 | 29907 | 174.281 |
| 1400 | 36166 | 260.250 | 54095 | 312.253 | 43447 | 247.350 | 33062 | 176.620 |
| 1500 | 39731 | 262.710 | 50609 | 316.056 | 48095 | 250.560 | 36267 | 178.833 |
| 1600 | 43321 | 265.028 | 65157 | 319.637 | 52844 | 253.622 | 39522 | 180.929 |
| 1700 | 46932 | 267.216 | 70739 | 323.022 | 57685 | 256.559 | 42815 | 182.929 |
| 1800 | 50559 | 269.287 | 76345 | 326.223 | 62609 | 259.371 | 46150 | 184.833 |
| 1900 | 54204 | 271.258 | 81969 | 329.165 | 67613 | 262.078 | 49522 | 186.657 |
| 2000 | 57861 | 273.136 | 87613 | 332.160 | 72689 | 264.681 | 52932 | 188.406 |
| 2100 | 561530 | 274.927 | 93274 | 334.921 | 77831 | 267.191 | 56379 | 190.088 |
| 2200 | 65216 | 276.638 | 98947 | 337.562 | 83036 | 269.609 | 59860 | 191.707 |
| 2300 | 68906 | 278.279 | 104633 | 340.089 | 88295 | 271.948 | 63371 | 193.268 |
| 2400 | 71609 | 279.856 | 110332 | 342.515 | 93604 | 274.207 | 66915 | 194.778 |
| 2500 | 76320 | 281.370 | 116039 | 344.846 | 98964 | 276.396 | 70492 | 196.234 |
| 2600 | 80036 | 282.827 | 121754 | 347.089 | 104370 | 278.517 | 74090 | 197.649 |
| 2700 | 83764 | 284.232 | 127478 | 349.248 | 109813 | 280.571 | 77718 | 199.017 |
| 2800 | 88492 | 285.592 | 133206 | 351.331 | 115294 | 282.563 | 81370 | 200.343 |
| 2900 | 91232 | 286.902 | 138942 | 353.344 | 120813 | 284.500 | 85044 | 201.636 |
| 3000 | 94977 | 288.174 | 144683 | 355.289 | 126361 | 286.383 | 88743 | 202.887 |
| 3200 | 102479 | 290.592 | 156180 | 359.000 | 137553 | 289.994 | 96199 | 200.343 |
| 3400 | 110002 | 292.876 | 167695 | 362.490 | 148854 | 293.416 | 103738 | 207.577 |
| 3600 | 117545 | 295.031 | 179222 | 365.783 | 160247 | 296.676 | 111361 | 209.757 |
| 3800 | 125102 | 297.073 | 190761 | 368.904 | 171724 | 299.776 | 119064 | 211.841 |
| 4000 | 132675 | 299014 | 202309 | 371.866 | 183280 | 302.742 | 126846 | 213.837 |

## 附表 8 平衡常数的对数值 ($\ln K_p$)

| $T/K$ | $H_2 \rightleftharpoons 2H$ | $O_2 \rightleftharpoons 2O$ | $N_2 \rightleftharpoons 2N$ | $2H_2O \rightleftharpoons 2H_2+O_2$ | $2H_2O \rightleftharpoons H_2+2OH$ | $2CO_2 \rightleftharpoons 2CO+O_2$ | $N_2+O_2 \rightleftharpoons 2NO$ |
|---|---|---|---|---|---|---|---|
| 298 | −164.005 | −186.975 | −367.480 | −184.416 | −212.416 | −207.524 | −70.104 |
| 500 | −92.827 | −105.630 | −213.372 | −105.382 | −120.562 | −115.232 | −40.590 |
| 1000 | −39.803 | −45.150 | −99.127 | −46.326 | −52.068 | −47.058 | −18.776 |
| 1200 | −30.874 | −35.005 | −80.011 | −36.364 | −40.566 | −35.742 | −15.138 |
| 1400 | −24.463 | −247.742 | −66.329 | −29.218 | −32.198 | −27.684 | −12.540 |
| 1600 | −19.637 | −22.285 | −56.055 | −23.842 | −26.132 | −21.660 | −10.588 |
| 1800 | −15.866 | −18.030 | −48.051 | −19.652 | −21.314 | −16.994 | −9.072 |
| 2000 | −12.840 | −14.622 | −41.645 | −16.290 | −17.456 | −13.270 | −7.862 |
| 2200 | −10.353 | −11.827 | −36.391 | −13.536 | −14.296 | −10.240 | −6.866 |
| 2400 | −8.276 | −9.497 | −32.011 | −11.238 | −11.664 | −7.720 | −6.038 |
| 2600 | −6.517 | −7.521 | −28.304 | −9.296 | −9.438 | −5.602 | −5.342 |
| 2800 | −5.002 | −5.826 | −25.117 | −7.624 | −7.526 | −3.788 | −4.742 |
| 3000 | −3.685 | −4.357 | −22.359 | −6.172 | −5.874 | −2.222 | −4.228 |
| 3200 | −2.534 | −3.072 | −19.937 | −4.902 | −4.424 | −0.858 | −3.776 |
| 3400 | −1.516 | −1.935 | −17.800 | −3.782 | −3.152 | 0.338 | −3.380 |
| 3600 | −0.609 | −0.926 | −15.898 | −2.784 | −2.176 | 1.402 | −3.026 |
| 3800 | 0.202 | −0.019 | −14.199 | −1.890 | −1.002 | 2.352 | −2.712 |
| 4000 | 0.934 | 0.796 | −12.660 | −1.084 | −0.088 | 3.198 | −2.432 |
| 4500 | 2.486 | 2.513 | −9.414 | 0.624 | 1.840 | 4.980 | −1.842 |
| 5000 | 3.725 | 3.895 | −6.807 | 1.992 | 3.378 | 6.394 | −1.372 |
| 5500 | 4.743 | 5.023 | −4.666 | 3.120 | 4.636 | 7.542 | −0.994 |
| 6000 | 5.590 | 5.963 | −2.865 | 4.064 | 5.686 | 8.490 | −0.682 |

# 参 考 文 献

[1] 庞麓鸣. 水及水蒸气热力性质图和简表 [M]. 高等教育出版社，1982.

[2] 沈维道，童钧耕. 工程热力学 [M]. 第5版. 北京：高等教育出版社，2016.

[3] 沈维道，蒋志敏，童钧耕. 工程热力学 [M]. 第3版. 北京：高等教育出版社，2001.

[4] 曾丹苓，敖越，朱克雄等. 工程热力学 [M]. 第3版. 北京：高等教育出版社，2002.

[5] 严家騄. 工程热力学 [M]. 第4版. 北京：高等教育出版社，2006.

[6] 严家騄，王永青. 工程热力学 [M]. 第2版. 北京：中国电力出版社，2014.

[7] 严家騄，余晓福，王永青. 水和水蒸气热力性质图表 [M]. 第2版. 北京：高等教育出版社，2004.

[8] 朱明善，林兆庄，刘颖等. 工程热力学 [M]. 北京：清华大学出版社，1989.

[9] 冯青，李世武，张丽. 工程热力学 [M]. 西安：西北工业大学出版社，2006.

[10] 童钧耕. 工程热力学学习辅导与习题解答 [M]. 北京：高等教育出版社，2004.

[11] 武淑萍. 工程热力学 [M]. 重庆：重庆大学出版社，2006.

[12] 何雅玲. 工程热力学常见题型解析及模拟题 [M]. 西安：西北工业大学出版社，2004.

[13] 徐达. 工程热力学 [M]. 北京：中国电力出版社，1999.

[14] 陈贵堂. 工程热力学 [M]. 北京：北京理工大学出版社，1998.

[15] 华自强，张忠进. 工程热力学 [M]. 第3版. 北京：高等教育出版社，2000.

[16] 黄光辉. 应用热工基础 [M]. 北京：中国电力出版社，1994.

[17] 许崇桂. 热学 [M]. 北京：国防工业出版社，1997.

[18] 王加璇. 工程热力学 [M]. 北京：水利电力出版社，1992.

[19] 王加璇. 热工基础及热力设备 [M]. 北京：水利电力出版社，1987.

[20] 傅秦生. 工程热力学 [M]. 北京：机械工业出版社，2012.

[21] 黄焕春. 发电厂热力设备 [M]. 北京：中国电力出版社，1985.

[22] 欧阳梗，李继坤等. 工程热力学 [M]. 第2版. 北京：国防工业出版社，1989.

[23] 庞麓鸣，汪孟乐，冯海仙. 工程热力学 [M]. 第2版. 北京：高等教育出版社，1986.

[24] 张学学，李桂馥. 热工基础 [M]. 北京：高等教育出版社，2000.

[25] 邱信立等. 工程热力学 [M]. 第2版. 北京：中国建筑工业出版社，1985.

[26] 童景山. 工程热力学 [M]. 北京：清华大学出版社，1995.

[27] 刘桂玉，刘志刚，阴建民等. 工程热力学. 北京：高等教育出版社，1998.

[28] 沈维道，郑佩芝，蒋淡安. 工程热力学. 第2版. 北京：高等教育出版社，1983.

[29] 蔡祖恢. 工程热力学. 北京：高等教育出版社，1994.

[30] J P 霍尔曼. 热力学 [M]. 曹黎明等译. 北京：科学出版社，1986.

[31] A C Yunus，A B Michael. Thermodynamics, An Engineering Approach [M]. 4th ed. 北京：清华大学出版社（影印版），2004.

[32] B. Adrian, T. George, M. Michael. Thermal Design & Optimization [M]. New York：John Wiley & Sons Inc, 1996.

[33] J M. Michael, N. S. Howard. Fundamentals of engineering thermodynamics [M]. 3rd ed. New York：John Wiley & Sons Inc, 1995.

[34] Hans U. Fuchs. The Dynamics of Heat：A Unified Approach. Springer, 2010.

[35] 凯尔·柯克兰德（Kyle Kirkland），元旭津. 时间与热动力学. 上海：上海科学技术文献出版社，2011.

[36] 刘保顺，赵修建. 半导体异相光催化：热动力学机制研究和实验论证. 北京：科学出版社，2013.

[37] 胡荣祖，高胜利，赵凤起. 热分析动力学. 第2版. 北京：科学出版社，2008.

[38] 史启祯，赵凤起，阎海科，胡荣祖. 热分析动力学与热动力学. 西安：陕西科学技术出版社，2008.

[39] 郭方中，李青. 热动力学. 武汉：华中科技大学出版社，2007.

[40] Hans U. Fuchs. Solutions Manual for the Dynamics of Heat. Springer, 1996.